U0335867

梦游者

THE SLEEPWALKERS

A HISTORY OF MAN'S CHANGING VISION OF THE UNIVERSE

西方宇宙观念的变迁

Arthur Koestler

〔英〕阿瑟·库斯勒 著 莫昕 译

九州出版社
JIUZHOUPRESS

献给 Mamaine

2014年版序

据阿瑟·库斯勒的说法，科学革命的领导者（哥白尼、开普勒和伽利略）在推翻中世纪的宇宙观时，并不知道自己在做什么。他明确表示，这并不是在质疑科学取得的巨大进步。他的观点是，科学进步远不是一个循序渐进的理性进步过程，而是不稳定的，往往是偶然的——一个杂乱无章、脱节的事件，非理性在其中发挥着至关重要的作用。库斯勒批判的不是科学，而是流行的"科学神话学"：

> 科学的发展通常被认为是沿着直线上升的一种清晰而理性的发展；事实上，它走的是一条曲折的之字形路线，有时几乎比政治思想的演变更令人困惑。尤其是宇宙理论的历史，我们可以毫不夸张地称之为集体性强迫症和受控性精神分裂症的历史；一些最重要的个人发现到来的方式令人觉得更像是一位梦游者而不是一台电脑的表现。

库斯勒批评的是这样一种信念——科学在人类活动中是独一无二的，它是典型的理性活动。但实际上，真正非理性的是相信科学独具理性的信念。

如果说这是1959年《梦游者》出版时发出的挑衅性信息，那么今天更是如此。库斯勒批判的神话在现在比以往任何时候都更加根深蒂固。在维多利亚时代关于进化论的一场辩论中，一群颇具影响力的哲学家和公众人物（其中没有多少是从业科学家）鼓吹一种信念，即科学可以将人类从无知和压迫的古老邪恶中拯救出来。这是丹尼尔·丹尼特和理查德·道金斯高调宣扬的信条：如果我们将科学方法应用于我们的问题，世界就可以得到无限的改善；科学不仅仅是一种使我们能够掌控世界的工具。科学是人类理性的最高体现，也是人类自由的钥匙。

可以肯定的是，这种对科学的信仰并不是没有受到挑战。与这本书首次出版时许多人的假设相反，世俗化并没有发展到科学已经驱逐了所有其他类型的信仰的地步。在普遍崇敬科学的同时，宗教激进主义也出现了强大的复兴。数以百万计的人拒绝接受流行的科学世界观，即宇宙没有目的，人类这种动物是全局中无关紧要的意外事件。然而，即使是这些宗教信徒，也经常坚持服从科学的智力权威。特创论者和智创论的支持者与其说拒绝科学观点，不如说是设计了科学的替代版本。这些替代方案是伪科学（对真实事物的粗劣模仿）并不是问题所在。能够说明问题的是，大多数反对当前科学世界观的人感到被迫用科学术语来证明自己的合理性。

通过揭开科学革命的神秘面纱，库斯勒向现代人对于科学的敬畏（这种敬畏要根本得多）发起了攻击。他认为，就像艺术和宗教一样，科学发现是人类创造力的一种表达——并没有更理性。现代科学远非理性对迷信的胜利，而是信仰和魔法的副产品。"启迪和迷惑，富有远见的洞察和教条式的盲目，千年的痴迷和自律的双重思想（double think）——我们的故事试图追溯的这个困惑混沌的状态，也许可以作为一个警示故事，告诫人们警惕科学的傲慢，或者更确切地说，是基于科学的哲学观的傲慢。"科学革命的缔造者不是反对蒙昧主义的英雄战士，而是几乎不自主地发现真理的思想家。库斯勒驳斥了流行的观念，即科学代表自由，教会代表思想压迫。他把科学革命的缔造者描绘成狡猾的，有时是懦弱的人物，一度将他们称为"道德侏儒"。他对科学主义神话中的原型人物哥白尼和伽利略尤为苛刻，将他们与占星家、神秘主义者约翰内斯·开普勒——书中真正的英雄——进行了对比。

很能说明问题的是，库斯勒保留了对开普勒的钦佩。这位17世纪的德国数学家试图提出一种世界观，将信仰与理性、科学与形而上学、物理世界与生活的终极目标联系起来——这是库斯勒一生中的大部分时间都在追求的一种难以找到的综合。库斯勒1905年出生于布达佩斯的一个富裕而有教养的犹太家庭。在目睹了哈布斯堡帝国的解体和随之而来的混乱后，库斯勒投身于行动，成为前线组织的特工。在两次世界大战之间，他过着危险的生活，于西班牙内战期间被佛朗哥的部队俘虏，并作为间谍被判处死刑。在牢房等待处决期间，他有了一次神秘主义经历，这让他确信，迄今为止他赖以生存的唯物主义哲学是一个错误——他将这一改变生活的事件写进了他强有力的小说《中午的黑暗》（1940年）。最后一刻的囚犯交换拯救了库斯勒，他将余生投入到试图构建一个可以解释他所经历的事情的思想体系。他探索了生物学中的不同见解，并形成了对超心理学的终生兴趣，他在科学的边缘地带奔波，寻找一种将所有人类经验统一成一个有序整体的观点。后来他患上了帕金森病和白血病，1983年在与妻子的联合自杀中死去，他捐出了大部分财富，用于资助对超自然现象的研究。

在某些方面，库斯勒对科学革命的修正论解释反映了他对政治的参与。他严厉地批评了将早期现代教会类比为20世纪的极权主义国家的传统看法。即使是宗教裁判所也远远没有达到他在两次世界大战之间观察到的知识压制的程度。自从三十年战争以来，教会对思想和言论自由的压迫，从未达到过可与以纳粹德国的"科学"意识形态为基础的恐怖活动相比拟的程度。由于库斯勒毕生都对所有形式的一神论表现出敌意，他对教会的同情描述可能会让一些读者感到惊讶。但他的实践使他明白：理应以科学为基础的运动可以像宗教一样傲慢，声称能辨别出一种可以适应所有人类经验的模式。这些现代运动甚至比中世纪的教会更愿意大规模地牺牲人的生命，以促进一个包罗万象的信仰体系。

然而，库斯勒对这类体系的态度远不是简单的敌视。正如他坦率承认的那样，它们提供的统一世界观的前景深深地吸引了他。在这本书的开头，关于希腊哲学家毕达哥拉斯的追随者们的部分，库斯勒描述了他们为其所吸引的愿景："他的宇宙观的本质和力量在于包罗万象，统一和谐；它将宗教和科学，数学和音乐，医学和宇宙学，身体、心灵和精神联合起来，组成了一个充满灵感、清晰、明亮的综合体。"和他们的创始人一样，毕达哥拉斯学派也是数学教育的信徒，他们在数字和几何形式中发现了对隐藏秩序的暗示。库斯勒在西班牙监狱里等待死亡时经历了类似的幻觉。毫无疑问，他遗憾现代科学中没有这样的东西。对他来说，科学革命带来的根本性转变并不是从万物环绕地球的宇宙观转变为行星绕太阳运行的宇宙观。这是一种思维方式的转变；在原来的思维方式中，物理学和对事物目的的形而上学解释联为一体，而在新的思维方式中，科学只能解释物质世界的机械运转。结果就是"致命的疏离"——现代灵魂之战，在这种战争中，对知识的追求与对意义的追求相冲突，这是库斯勒一生都在遭受的。

如果库斯勒在某种程度上避开了对开普勒的批判性观点——就如《梦游者》中所呈现的对现代科学创始人的观点，一个原因是开普勒继续坚持类似毕达哥拉斯式的统一愿景。像毕达哥拉斯一样，开普勒的目标是通过与音乐类比的方式来理解宇宙。支配行星运动的定律是和谐的。天文学是对球体之音乐的研究。开普勒并不是唯一一个将新天文学建立在古老的和谐思想基础上的人。正如库斯勒所指出的，新宇宙学的先驱们……把他们对自然的研究建立在一种神秘的信念之上，即这些令人困惑的现象背后一定存在着规律，世界是一个完全理性、有序、和谐的创造物。科学革命的其他领导人被这种神秘信仰的不同版本迷住了，例如，艾萨克·牛顿痴迷于炼金术和《圣经》解释。在库斯勒看来，开普勒的独特之处在于，在他的思想中，古老的神秘哲学与对世界的现代机械论理解的萌芽并存。但这种表面上的综合不会持久。正如库斯勒所指出的，开普勒新的毕达哥拉斯式的统一只持续了很短的时间，随之而来的是一种新的隔阂，在我们看来，这种隔阂比以往任何时候都更加难以改变。在他后来的著作中，开普勒认为几何学为造物主提供了一个世界的模型；但通过暗示上帝在创世行为中应用了预先存在的模型，开普勒实际上使神在智力上变得多余。如果宇宙可以用几何学来理解，为什么要假设上帝呢？现代唯物主义的萌芽隐藏在这位近代毕达哥拉斯神秘主义者的著作中。

库斯勒钦佩开普勒，因为开普勒就像他自己一样是一个分裂的灵魂——他们两人在解决矛盾方面是相似的。正如这位德国占星家和天文学家一样，库斯勒能够将他对某种形而上学信仰的需要和一种拒绝信任任何事情的探索性智慧调和起来。为了寻找一条走出现代科学描绘的机械世界的道路，他转向了对巧合和飘浮（levitation）的研究，还有拉马克生物学和超感官知觉，与蒂莫西·利里一起服用了迷幻药物，并在印度和日本与非西方神秘传统进行了一次激烈但无果的邂逅。他在一生中几次目睹了人类根深蒂固的对破坏的喜爱，为之感到绝望，于是考虑了一种治疗攻击行为的生物化学疗法——一种他曾如此敏锐地批评过的科学崇拜的戏仿版本。他总是在对立的冲动之间摇摆，无法实现他渴望的一元愿景。

通过仔细研究科学形成的决定性时期，《梦游者》表明，科学进步不是在一个知识逐渐增加的稳定过程中——就如许多人想象的在道德和政治方面零星的智识改进——发生的，而是通过一系列的剧变。几年后，托马斯·库恩的《科学革命的结构》（1963 年）出版，并因在大众思维中引入了范式转变的概念而变得闻名。与它相比，库斯勒的开创性研究更有说服力地捕捉到了科学的动荡现实。库恩这本被过誉的书只在一个无足轻重的脚注中提到了库斯勒。库斯勒由于在科学边缘和更远处的远足而不受信任，在科学观念的范式转变方面，他从未被给予应有的承认。

然而，正是库斯勒打破了科学是一个不断理性进步的过程的现代神话。他的方式是让这一神话直面历史现实——著名人物与政治、魔法、宗教发生混乱的相互作用，这一相互作用实际上孕育了我们所知的现代科学。他以一个无法找到信仰的信徒的热情和一位伟大小说家对生动而戏剧性的细节的敏锐眼光来写作，对现代精神中的冲突进行了经典的研究，这种研究具有一种持久的力量，今天仍然可以使我们震撼、不安，让我们受到启发。

约翰·格雷

1968年版前言

阿诺德·汤因比的《历史研究》节选本厚达600余页，然而在书后的索引中并没有出现哥白尼、伽利略、笛卡尔和牛顿的名字。[1]*这个并非罕见的例子足以表明，在人文科学和自然哲学之间仍然有一条将它们分离的鸿沟。我使用"自然哲学"（the Philosophy of Nature）这个过时的表达，是因为近来取代它的"科学"（Science）一词并不包含17世纪的"自然哲学"所具有的丰富而普遍的关联性，那是一个开普勒撰写《世界的和谐》和伽利略撰写《星际信使》的时代。那些发起了我们如今称之为"科学革命"的剧变的人，当时给它起的是一个完全不同的名字："新哲学"（New Philosophy）。他们的发现所引发的技术革命是一个意料之外的副产品，因为他们的目的不是征服自然，而是理解自然。然而，他们对宇宙的探求摧毁了认为宇宙是一个封闭而不可更改的社会秩序，并具有不变的道德价值等级的中世纪宇宙观——并彻底改变了欧洲的风土人情、社会、文化、习惯和一般的世界观，就像在地球上出现了一个崭新的物种那样。

17世纪欧洲思想的这种突变只不过是"诸科学"影响"人文学科"——对大自然本质的探索影响了对人类本质的探索——的最新例证。它也说明了在两者之间树立学术壁垒和社会壁垒是一种固执的错误；这个事实在文艺复兴时期发现了通才式的人（uomo universale）之后近500年，才终于开始得到认识。

这种分裂的另一个结果是出现了科学史，它告诉人们机械钟表或惯性定律何时首次出现于科学中；也出现了天文学史，它告诉人们昼夜平分

---

* 比他们更重要的人物名字见该书末尾的注释。（若无特别说明，本书脚注均为作者注）

点的进动是由亚历山大里亚的喜帕恰斯发现的。但出人意料的是，据我所知，现代宇宙学史还没有出现，还不存在一种研究是综合考察人类不断变动的宇宙观的。

上述文字解释了本书的宗旨以及力图避免的内容。这不是一本天文学史，尽管当我们需要聚焦观点时会引入天文学；虽然面向一般读者，但它不是一本"科普"书，而是我对一个争议题材的个人化和推测性的叙述。它从巴比伦人开始，至牛顿结束，因为我们仍然生活在一个本质上是牛顿式的宇宙中。爱因斯坦的宇宙学尚未定型，现在评估其对文化的影响还为时尚早。为了使这个庞大的主题保持在可控的范围内，我只能尝试写一个大纲。它有详有略，因为选择材料、增添笔墨都是出于我对某些特定问题的兴趣，这些问题也是本书的主旨，在此我必须简要介绍。

首先，科学和宗教的双重线索，从毕达哥拉斯兄弟会中神秘和博学的那种难分彼此的统一开始，时分时合，一时间难分难解，一时间又分道并行，最终消失在我们这个时代优雅而又极度"分道扬镳的信仰与理性之家"。在这里，两条线索上的符号都已经硬化成教条，思想灵感的共同来源已不复得见。对过去宇宙认识之演变的研究，也许有助于让我们搞清楚是否至少可以构想一次新的启航，以及沿哪条航线出发。

其次，长期以来，我一直对探索（作为人类创造性能力的最简洁表现的）心理过程[2]很感兴趣，也好奇使人类蒙蔽而不能求真的逆向过程——那真相只要一被理解，就会变得如此明显而令人心碎。如今这块遮光板不仅存在于伽利略称之为的"愚昧迷信的民众"心中，在伽利略本人、亚里士多德、托勒密或开普勒等其他天才的思想中甚至更为明显。似乎他们的精神有一部分在要求更多的光明，而另一部分一直在渴求更多的黑暗。"科学史"还是个相对新鲜的事物，它的克伦威尔家族和拿破仑家族的传记作者到目前为止还没怎么关心其中的心理学。这种表现的方式在历史学史料编纂方面更为成熟的史学分支中早已过时——他们的主角通常被描绘成朴素的大理石基座上的论证机器。这很可能是基于这样的假设，即对于一位自然哲学家来说，其性格和个性没有政治家或征服者那样重要。然而，从毕达哥拉斯学派到哥白尼、笛卡尔和爱丁顿，所有的宇宙学体系都反映出其作者无意识的成见、哲学上乃至政治上的偏见；从物理学到生理学，无论是古代的或现代的，没有科学的哪一个分支可以夸口称自己摆脱了某种形式的形而上学倾向。科学的发展通常被认为是沿着直线上升的一种清晰而理性的发展。事实上，它走的是一条曲折的之字形路线，有时几乎比政治思想的演变更令人困惑。尤其是宇宙理论的历史，我们可以毫不夸张地称之为集体性强迫症和受控性精神分裂症的历史；一些最重要的个人发现到来的方式令人觉得更像是一位梦游者而不是一台电脑的表现。

因此，在把被科学神话放上神坛的哥白尼或伽利略请下来的时候，我的用意不是要"揭穿"什么，而是要去探索创造性思维那鲜为人知的运作方式。但如果我的探索顺带有助于驳斥所谓科学是一种纯粹的理性追求的神话，或是科学家比其他人更为"头脑清醒""冷静"（因此应该在世界事务中占据主导地位），以及科学家能够为自己和同时代人提供一个从他处而来的道德见解的理性替代物的说法，我也就不留什么遗憾了。

我的理想是让这个困难的主题适于普通读者阅读，但我希望，熟悉这个主题的研究者在本书中也能学到一些新的知识。这主要指的是约翰内斯·开普勒，他的著作、日记和信件迄今为止英语读者都无法读到，也没有一部正经的英语传记。然而，开普勒是一位为数不多的天才，能够让人们沿着那条通向其发现的痛苦之路一步步地追随，并像在慢动作电影中那样真正近距离地一窥其创造性的行动。因此，他在本书中占据了关键位置。

同样，哥白尼的巨著《天球运行论》直到1952年才有了第一个英文译本——这或许解释了为什么几乎所有这个领域的权威作者对他的作品都有某些奇怪的误解。在本书中我力图要纠正这些误解。

拥有科学教育背景的读者，请容忍书中那些似乎有辱你们智商的解释。只要在我们的教育体系中，科学与人文科学之间一直保持着某种冷战状态，那么这种窘况就无法避免。

结束这场冷战的重要一步是赫伯特·巴特菲尔德教授的《现代科学的起源》，首次出版于1949年。除了这部著作本身的深刻和卓越之外，这位剑桥大学的现代史教授冒险进入中世纪科学，担当起这样一个跨越鸿沟搭建桥梁的任务，也令我深受感动。也许这个专家的时代正需要具有创造性的入侵者。正是这个共同的信念让我向巴特菲尔德教授发出请求，请他给另一个入侵者的冒险行动作一篇短序。

真诚地感谢慕尼黑的马克斯·卡斯帕教授和斯图加特的图书馆顾问弗朗茨·哈默博士，他们在关于约翰内斯·开普勒的部分给予了帮助和建议；感谢玛乔丽·格勒内博士帮助解决了中世纪的拉丁语资料及其他各种问题；感谢曼彻斯特大学的兹德涅克·科帕尔教授对该书的批评；感谢索邦大学高等研究所的亚历山大·柯瓦雷教授和班贝格的恩斯特·青纳教授提供了注释中引用的信息；感谢迈克尔·波兰尼教授的赞赏和鼓励；最后感谢辛西娅·杰弗里小姐誊改文稿和排版的耐心劳动。

1959年版序

　　没有哪个思想领域是只用尺子测量的人能展示清楚的。历史的切面很容易被来自历史专业之外的想象改变——这种想象如探照灯般扫过，即使没有改变它，也会使其焕发出极大的生气。古老的直觉因此借由对证据的新应用或不同领域之间意想不到的联系而得到证实。事情被以前所未见的方式排布起来，新东西得以涌现。由于论证发生了新的转向，新的细节被引出，这使得难以理解的具体信息的意义也变得明确起来。

　　我们时常感觉到，一直以来，我们在阅读哥白尼等人的著述时读出了过多的现代性，或者仅仅是选择性地从开普勒的思想中挑出某些具有现代气息的东西（并且脱离了其语境）；或者，我们也以类似的方式，不合时宜地看待伽利略的思想和生活。本书作者将这个过程更加推进了一步，借由很多松散的头绪，理出了主题之下的种种意想不到的脉络。他不仅关注科学上的成就，更着眼于其背后的工作方式。通过大量的私人信件，他照亮了这些伟大的思想家，将他们放回他们的时代，而又不让他们变得毫无意义——不是给我们看古代思想中的奇谈怪论，而是追溯其中的统一性，恢复其纹理，并向我们展示其中潜藏的精神所具有的合理性与自洽性。

　　对于英语读者尤其有益的是，库斯勒先生聚焦于历史中被忽略的一些方面，并且对最应大书特书也引起了最多史学想象的开普勒给予了特别的关注。我们不该以负面的姿态来评判历史。即使是我们中的那些不认可库斯勒先生某些思想框架或是他所讲述的某些细节的人，也必然能捕捉到他的思想光辉。它不仅给历史的图景带来了活力，也让我们看到新的事实，并令逝去的事实在我们眼前栩栩如生。

即便是熟悉这个主题的人，也会感觉自己沐浴在这酣畅淋漓的雨下，每一滴雨珠都熠熠生辉。

赫伯特·巴特菲尔德

目　录

第一部

英雄时代

1

黎　明

1. 初醒

我们可以增加我们的知识，却无法使之减少。当我试着像公元前3000年左右的巴比伦人那样看待宇宙的时候，我就必须摸索回自己的童年。大约4岁时，我觉得自己对上帝和世界都有了一个令人满意的理解。我记得有一次，父亲指着饰有翩翩起舞的人物形象的白色天花板，解释说上帝就在那上面看着我。我立即就相信了那些舞者就是上帝，于是向它们祈祷，请求它们保护我免受日日夜夜的恐惧。我喜欢想象，在宇宙的黑暗天花板上闪闪发亮的那些形象，在巴比伦人和埃及人眼中一定也差不多以同样的方式展现为活生生的精神。双子座、大熊座、巨蛇座在他们看来如此熟悉，就如同我对家里那些随笛声舞蹈的舞者一般；人们认为它们并不遥远，它们拥有主宰生死、决定收成、呼风唤雨的力量。

巴比伦人、埃及人和希伯来人认为宇宙是一只牡蛎，由坚固的苍穹支撑，下面是水，头顶上是更多的水。它尺寸适中，四面封闭，非常安全，就像婴儿室里的小床、子宫中的胎儿。巴比伦人的牡蛎是圆形的，地球是一座空心的山，位于牡蛎的中心，漂浮在深渊的水上，上方是坚固的穹顶，被上层水域覆盖。上层的水化作雨渗过穹顶，下层水域在泉水中喷涌。太阳、月球和星星缓缓地跳着舞横穿穹顶，从东方的门户进入舞台，从西方的门户消失。

埃及人的宇宙更像是一个长方形的牡蛎或盒子，地球是它的地板，天空是一头四蹄安踏在地球四方的奶牛，或是一个手肘和膝盖撑地的女人。再后来，宇宙则是一个弧拱的金属盖子。环绕盒子的内壁有架高的长廊，其中流淌着一条河，太阳神和月球神驾着帆船，穿过不同的舞台入口进进出出。恒星是明灯，悬挂在拱顶上，或由别的神拎在手里。行星驾着各自的小船，沿着发源于银河——尼罗河在天上的孪生兄弟——的各条水道航行。将近每个月的15号，月球神被一头凶猛的母猪攻击，痛苦挣扎两周后被吞噬，然后再次重生。有时母猪吞下整个月球，引起月食；有时巨蛇吞下太阳，引起日食。但这些惨剧如同在梦中，亦真亦幻，在这盒子或子宫内，做梦者觉得相当安全。

　　之所以有这种安全感，是由于人们发现，尽管太阳神和月球神的个人生活比较混乱，但它们的出现和运动仍然是完全可靠和可以预测的。它们有规律地带来白昼和夜晚、四季和雨水、收获期和播种期。俯身于摇篮之上的母亲是一位变化莫测的女神，但她哺育的乳房在需要时就一定会出现。做梦的头脑也许会经历荒野冒险，会穿过奥林匹斯山和塔耳塔洛斯，但做梦者可以数那有规律的脉搏跳动。最先学会数星星脉搏的是巴比伦人。

　　约6000年前，人类的思想还在半睡半醒之间，迦勒底的祭司们就站在瞭望塔上观测星象，制作星图和星体运动时间表。年代可追溯到公元前3800年左右阿卡德的萨尔贡大帝统治时期的陶土记事板，显示出天文学传统早已存在。[1] 时间表成为日历，用来管理有组织的活动，包括种植作物和宗教仪式。阿卡德人的观测结果渐渐精确得令人称奇，他们计算出的一年长度，与正确值的偏差不超过0.001%[2]；他们关于太阳和月球运动的相关数字，误差幅度仅有使用巨型望远镜的19世纪天文学家的3倍[3]。从这一点来看，他们的学问是一门精密科学。他们的观察结果是可检验的，并使他们能够对天文活动做出精确的预测；这个理论虽然以神话学预设为基础，却能够"奏效"。因此，在这漫长旅程开始之初，科学以双面神雅努斯的形象出现：他是门户的守护者，朝前的面孔警醒敏锐，朝后的面孔眼神恍惚，盯着相反的方向。

　　从两个面孔的角度来看，天空中最迷人的物体都是行星，或称流浪星球。在天空上悬挂的数千盏明灯中，只有7颗是行星。它们是太阳、月球、水星（纳布神）、金星（伊什塔尔女神）、火星（涅伽尔神）、木星（马尔杜克神）、土星（尼尼伯神）。所有别的星星都是静止不动的，固定在天穹的图示中，每天绕地球这座山旋转一周，但从不改变它们在图示中的位置。这7颗流浪行星和那些固定的星星一同旋转，但同时也有自己的运动，就像在旋转的球体表面上徘徊的苍蝇。不过，它们并没有在整个天空闲逛，它们的运动仅限于一条环绕在天空中，与赤道呈约23度角的狭窄巷道或环带里。这条环带——即黄道——分为12个区域，每个区域以位于其中的一个恒星星座命名。黄道就是天上的情人巷，行星沿巷道漫步。一颗行星在一个区域内穿行具有双重意义：它既为观测者的时间表提供了数据，也为幕后演出的神话故事提供了象征信息。占星术和天文学至今仍然是现代科学的两个互补的研究领域。

2. 爱奥尼亚热

巴比伦和埃及没完成的工作，由希腊继续进行。起初，希腊的宇宙学大致在相同的方向上发展——荷马的宇宙是另一个更华美多彩的牡蛎，一个被俄刻阿诺斯河环绕的漂浮着的圆盘。然而，大约在《奥德赛》和《伊利亚特》的文本统一于最终版本之时，希腊的宇宙学在爱琴海海岸上的爱奥尼亚开始了新的发展。公元前6世纪是人类的一个转折点，它是佛陀、孔子和老子的神奇百年，是爱奥尼亚哲学家们和毕达哥拉斯的神奇世纪。3月的煦风似乎从中国吹到了萨摩斯岛，就像吹入亚当鼻孔里的气息一样，搅醒了人们的意识。在爱奥尼亚哲学学派之中，理性思想正从神话的梦境中浮现。这是伟大历险的开始，在随后的2000年里，对自然解释和理性原因的普罗米修斯式追求将比此前的20万年更彻底地改变人类。

米利都人泰勒斯给希腊带来了抽象的几何学，并预测了一次日食。他和荷马一样，认为地球是漂浮在水面上的圆盘，但他并没有止步于此。他放弃了神话的解释，提出了革命性的问题：是什么基本原始物质，通过自然的什么样的过程，形成了宇宙？他的回答是，这个基本物质或元素一定是水，因为万物都生于水，包括空气，空气是由水蒸发而形成的。另有人说，基本物质不是水，而是空气或火。不过，他们的答案并没有他们开始学会提出一种新式问题的事实重要，他们不再诉诸神谕，而是问向这喑哑无声的大自然。这是一场令人无比激动的游戏。要理解这个游戏，人们必须再次沿着自己的人生轨迹回到少年时的幻想，那时候人的大脑正陶醉于自己刚被开发出的能力，任由思考肆意奔腾。"一个恰当的例子，"柏拉图写道，"就是泰勒斯，他仰头观看星象时落入井中，被一位来自色雷斯的漂亮聪慧的女仆嘲讽（据说如此），说他只顾观测天象，却不注意眼前，甚至就在脚边的东西。"4

第二位爱奥尼亚哲学家阿那克西曼德表现出了在整个希腊传播的那种智识热忱的所有症状。他的宇宙不再是一个封闭的盒子，而是在空间和时间上无限。原始物质也不是我们熟悉的物质形式，而是一种没有确定属性的物质，只知道它不可摧毁、永远存在。万物都从这个物质中产生，并回归于它；在我们这个世界之前，已经存在过无数的其他宇宙，它们一次次消散，变成无定形的一大块。地球是一根圆柱，被空气包围；它直立飘浮在宇宙的中心，没有任何支撑，下面也没有任何东西，但它不会下落，因为它处于正中，没有可以倾斜的方向；如果倾斜了，就会扰乱整体的对称性和平衡性。球形的天空"像树皮一样"围绕着大气层，而且天空有好几层，以容纳各种星体。但星体并非如人们所见的样子，它们根本不是"物体"。太阳只是一个巨轮轮圈上的一个洞。轮圈上满是火，当它围绕地球旋转，它上面的洞也围绕地球旋转——一个充满火焰的巨大轮圈上的一个小洞。关于月球，我们得到了一个类似的解释：月相的成因是小洞周期性地被部分堵塞，月食也是如此。星星是深色织物上的针孔，透过针孔，我们可以看到两层"树皮"之间充满的宇宙火。

要看明白整个系统是如何运转的并不容易，但这是宇宙的首个机械性模型的研究进路。太阳神的帆船被发条装置的齿轮所取代。然而，这个机械装置看起来像是一个超现实主义画家凭空想象出来的。穿孔的火轮肯定更接近毕加索的思维，而不是牛顿的。当我们继续回顾其他宇宙理论时，我们会一再产生这种印象。

阿那克西美尼是阿那克西曼德的助手，他的宇宙系统就没那么天马行空了。但他似乎是一种重要观点的始创者，即认为星星"像钉子"钉在一个晶体物质构成的透明天球上，这个天球"像头顶的帽子一样"围绕地球旋转。这个观点听起来非常合理、令人信服，因此水晶天球的理论主宰了宇宙论多年，一直到近代开始。

爱奥尼亚哲学家的故乡是小亚细亚的米利都，但是在意大利南部的希腊城邦中也存在相对立的学派，每个学派内部也存在相对立的理论。埃利亚学派的创始人，科洛封的色诺芬尼是一位怀疑论者，他写作诗歌直到92岁，而且似乎曾作为《传道书》作者的一个榜样：

> 万物生于土，归于土。众人生于土与水……人所言的关于众神和万物之事，过去无人确知，将来也无人确知；因他所言的虽完美，他却并不知；所有皆为人之看法……人想象神也会出生，衣着言语身形皆类似于人……然而，埃塞俄比亚人的神黑肤扁鼻，色雷斯人的神红发碧眼……然而，若牛、马、狮有手，能如人一般以手塑形，那马的神即像马，牛的神即像牛……荷马和赫西俄德已将人的所有羞耻之事都归咎于神，盗窃、通奸、欺骗、各种非法勾当……

与此相反：

> ……只有一个神……外形与思想皆不似凡人……他静止不动，长存不朽……他不费力气，只需意念即可移物……[5]

爱奥尼亚人是乐观、不信神的唯物主义者，而色诺芬尼是多愁善感的泛神论者，对他而言，变化是幻觉，努力是虚空。他的宇宙论反映了他的哲学特征，其与爱奥尼亚哲学家的截然不同。他的地球不是一个漂浮的圆盘或柱子，而是"扎根于无限"。太阳和星星都既没有实体，也不会永恒存在，它们只是地球呼出的着了火的气体云。星星在黎明被烧尽，到晚上地球呼出的气再重新形成一组新星。同样，每天早晨，新的太阳从聚集的火花中诞生。月球是一团被压紧的明亮的云，一个月后就消散——然后一朵新的云开始形成。在地球上的不同地区，有不同的太阳和月球，它们全都是云的幻影。

关于宇宙的最早的理性理论就以这种方式泄露了其发明者的偏见和性情。人们普遍认为，随着科学方法的进步，理论会变得更加客观可靠。这种认识是否有所确证，我们总会明白的。然而，关于色诺芬尼，我们会注意到，2000年后的伽利略也坚持将彗星视作大气层的幻象——这纯粹是出于个人原因，并且违背了他通过望远镜观察到的证据。

无论是阿那克萨戈拉还是色诺芬尼的宇宙学，都没有获得许多追随者。这个时期的每一位哲学家似乎都有自己关于宇宙本质的理论。我们引述伯内特教授的话："一名爱奥尼亚哲学家一学会几个几何命题，并听说天文现象会周期性地重现，就立即开始着手寻找自然界的规律法则，并且以可称为狂妄自大的胆量开始构建一个宇宙系统。"[6] 但他们各种各样的推测有一个共同特征，那就是吞噬太阳的巨蛇和奥林匹斯山上的幕后操控者都被摒弃了；每一个理论——无论有多奇特和怪异——关注的都是自然原因。

公元前6世纪的这幅场景令人联想到一个正在准备演奏的管弦乐团，每位演奏者都专注于给自己的乐器调音，对其他人发出的嘈杂声音听而不闻。接着出现了一段戏剧化的寂静，乐团指挥登场，拿他的指挥棒敲了三下，于是和谐之音从混沌中浮现。这位音乐名家就是萨摩斯的毕达哥拉斯，他对人类思想乃至对人类命运的影响，很可能前无古人后无来者。

2

天球的和谐

1. 萨摩斯的毕达哥拉斯

毕达哥拉斯出生于那个精彩的人类初醒的世纪——公元前6世纪早期；很可能活过了公元前6世纪，因为他活了至少80岁，很可能90多岁。用恩培多克勒的话来说，他在漫长的一生中经历了"十代人，乃至二十代人一生中所包含的所有东西"。

我们无法确定毕达哥拉斯宇宙的某个特定细节是这位大师的创造，还是由他的学生完成的——这句评价可同样适用于达·芬奇或米开朗琪罗。但有一点毫无疑问，这个宇宙的基本特征是由同一个人的思想构思出来的。萨摩斯的毕达哥拉斯既是一种新的宗教哲学的创始人，也是今人理解意义上的科学的奠基者。

似乎有理由相信他是一个名叫涅萨尔科斯的银匠兼宝石雕刻师的儿子。他是无神论者阿那克西曼德的学生，也是教习灵魂转世的神秘主义者斐勒库德斯的学生。就像希腊诸岛上的许多教育良好的公民一样，他肯定有在小亚细亚和埃及四处游历的经历。据说，他曾被萨摩斯野心勃勃的独裁君主波利克拉特斯委派执行外交使命。波利克拉特斯是一个开明的暴君，他喜爱商业、海盗活动、工程学和美术，当时最伟大的诗人阿那克里翁和最伟大的工程师马加拉的欧帕利诺斯都在他的宫廷里待过。希腊历史学家希罗多德曾讲过一个故事，说他变得过于强大，为了安抚诸神的嫉妒，他把自己最宝贵的印章戒指扔进了深海；几天后，他的厨子剖开一条新捕获的大鱼，发现戒指在鱼肚里。波利克拉特斯劫数难逃，不久就不慎陷入一个波斯小国的统治者设下的陷阱，被钉死在十字架上。但在那个时候，毕达哥拉斯及其家人已经离开了萨摩斯，在公元前530年左右定居于克罗顿，这是意大利南部最大的希腊小镇，旁边就是它的敌对城市锡巴里斯。在此之前他肯定就已经名声显赫，因为他到达此地后创立的毕达哥拉斯兄弟会很快就控制了该城，并一度占领了大希腊的相当一部分地区。然而，它的世俗力量只是昙花一现。毕达哥拉斯在晚年时被从克罗顿驱逐到了梅塔蓬；他的弟子们或被流放，或被杀害，他们的聚会所也被烧毁。

这是或多或少已被确定为事实的单薄主干，围绕这主干，传奇的藤蔓蓬勃生长，甚至在这位大师在世时就开始流传了。他很快就获得了半神明的地位。根据亚里士多德的说法，克罗顿人认为他是极北王国的阿波罗的儿子，还有句谚语称："在有理性的生物中，有神、人以及如毕达哥拉斯这样的存在。"他能制造神迹，与天上的神灵交谈，入地到冥府，具有凡人不可及的神力，在他首次向克罗顿人布道之后，就有600人甚至都没来得及回家向家人告别便加入了兄弟会的团体生活。他的权威对于他的信徒们是至高无上的，"大师如是说"即他们的法律。

2. 统一的图景

神话就像水晶一样，不断复制自身的结构而生长；但它必须有一个恰当的核来让它从那里开始生长。庸才或怪人没有足以让神话诞生的力量；他们的理论也许会流行一时，但也会很快消亡。然而，毕达哥拉斯的世界观却恒久不衰，它仍然渗透在我们的思维，甚至我们的词汇当中。"哲学"（philosophy）这个词即源于毕达哥拉斯；"和谐"（harmony）一词从广义上讲也是一样；我们称数字为"figures"，这正是毕达哥拉斯兄弟会的专门术语。[1]

他的宇宙观的本质和力量在于包罗万象，统一和谐。它将宗教和科学，数学和音乐，医学和宇宙学，身体、心灵和精神联合起来，组成了一个充满灵感的清晰明亮的综合体。在毕达哥拉斯的哲学中，所有组成部分环环相扣；它呈现的是一个均匀同质的表面，如同一个天球，因此很难确定应该从哪里切入。但最简单的方法是通过音乐。毕达哥拉斯发现，一个音符的音高取决于产生该音符的弦的长度，音阶中的和弦音程是根据简单的数字比率产生的（2∶1为八度音，3∶2为五度音，4∶3为四度音，等等），这些发现都是有划时代意义的。这是人类第一次成功地将质还原为量，是走向人类经验的数学化处理的第一步，因此也是科学的开端。

在这里必须指出一个重要区别。对于这种将人类社会、个人经验和情感"简化"为一组抽象公式，剥夺了色彩、温度、意义和价值的做法，20世纪的欧洲人有着合理的担忧。对于毕达哥拉斯学派而言则恰恰相反，对经验的数学化并不意味着使之简单化，而是使之更加丰富了。数字对他们而言是最纯净的理念，也是最神圣的，因为它不具实体，优雅缥缈。因此，音乐与数字的结合只会让音乐更高贵。从音乐获得的宗教和情感的意出形外（或浑然忘我，ekstasis）在高手的引导下达到智识上的意出形外，即对数字的神圣舞蹈的冥思。古希腊里拉琴上那些粗陋的琴弦本身是次要的；只要保证一定比例，它们的制作材料可以不同，粗细和长短也可以五花八门。产生音乐的是比率、数字、音阶的模式。数字是永恒的，而其他一切都可能会消逝。数字表现的本质无关物质，而关乎心灵，它们给予人的内心最意想不到而又令人愉悦的活动和感受，无须论及粗鄙的感官的外部世界——这正是神性的心灵应该运作的方式。因此，对几何图形和数学法则进行忘我的冥思，是涤净灵魂的俗世情感的最有效手段，也是人与神之间的主要纽带。

爱奥尼亚哲学家们在这个意义上是唯物论者，因为他们探索的重点是构成宇宙的物质。毕达哥拉斯学派的重点在于几何图形、比例和模式规律；在于理念（eidos）和图示（schema），在于关系（relation），而不是被关系者（relata）。毕达哥拉斯之于泰勒斯，就如同格式塔学说之于19世纪的唯物主义。钟摆已经开始摆动，整个历史进程都将听到它的嘀嗒声。钟摆在"皆为肉体"和"皆为心灵"的两端之间摇摆；历史的重点从"物质"转到"形式"，从"结构"转到"功能"，从"原子"转到"模式"，从"微粒"转到"波"，并再次回返。

连接音乐与数字的这条线是毕达哥拉斯哲学系统的中轴线。这条轴线接着朝两头延伸：一头是星体，另一头是人的身体和心灵。轴线及整个系统所凭以支持的轴承，是两个基本概念：和谐（armonia）和净化（katharsis）。

毕达哥拉斯学派的众多身份中，有一个是医师；我们知道的是，"他们用药物来净化身体，用音乐来净化灵魂"[2]。事实上，心理疗法的一个最古老形式，就是利用原始的笛声或鼓乐诱导病人舞蹈，进入迷乱状态，直到精疲力竭，最后进入类似于入定的睡眠疗法——这是休克疗法和精神发泄疗法的古代版本。但这种剧烈的治疗手段仅在病人的灵魂之弦失调——即绷得太紧或太松——的时候才需要使用。这的确是要从字面上来理解，因为毕达哥拉斯学派认为身体是一种乐器，每根弦都必须有恰当的张力，在如"高"和"低"，"热"和"冷"，"湿"和"干"这样相对立的两极之间需要有恰当的平衡。我们借自音乐的比喻，如"调子"（或肌肉的紧张性，tone）、"主调音"（或补药，tonic）、"等程音阶"（或性情温和的，well-tempered）、"适度"（或节制，temperance）等，如今仍应用于医药，是我们拥有的毕达哥拉斯传统的一部分。

然而，和谐（armonia）的概念和我们所称的和谐（harmony）并不具有完全一样的含义。它不是指和声的音弦同时奏响时产生的令人愉悦的效果——这个意义上的和谐在古典希腊音乐中是缺失的——而是指更简朴的东西。armonia仅仅指的是按音阶的音程对音弦进行的调音，以及音阶的节奏模式本身。它意味着平衡和秩序是宇宙的法则，而不是单纯的愉悦。

毕达哥拉斯的宇宙中没有愉悦，但包含了人脑所接受过的效用最强的一味滋补品。它存在于毕达哥拉斯的原理之中，即"哲学是最高级的音乐"，哲学的最高形式与数字有关；因为从根本意义上来说，"万物皆数字"。这句常被引用的名言也许可以被释义如下："万物都有形式，万物皆为形式；所有形式都可以用数字来定义。"因此，正方形的形式对应于一个"正方形数字"（或平方数，square number），即 16 = 4 × 4，而 12 是一个长方形数字，6 是一个三角形数字：

毕达哥拉斯学派认为，数字是组成特定形状的圆点图案，就像骰子每一面上那些有固定图形的数字；虽然我们现在使用阿拉伯数字符号，与这些圆点图案不同，但我们还是称数字为"figures"，即形状。

在这些数字–形状之间，我们发现存在着意想不到、不可思议的关系。例如，将连续的奇数简单相加就可以找到"正方形数字"的数列：

$$\boxed{1} + 3 = \boxed{4} + 5 = \boxed{9} + 7 = \boxed{16} + 9 = \boxed{25}$$

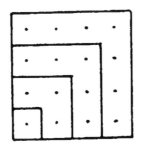

将偶数相加形成"长方形数字"，其中各边的比值恰好表示了音乐上的八度音阶：2（2∶1，八度音）+ 4 = 6（3∶2，五度音）+ 6 = 12（4∶3，四度音）。

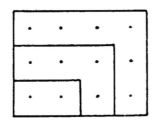

以类似的方式，我们可以获得"正方形"数字和"金字塔形"数字。

涅萨尔科斯曾是宝石雕刻师，所以毕达哥拉斯在小时候一定很熟悉晶体，晶体的形式模仿了那些纯数字形状的形式：石英是金字塔形或双金字塔形，绿宝石是六边形，石榴石是正十二面体。这一切都说明了只要我们知道某些规则，现实世界就可以简化为数列和数字比率。而发现这些规则就是哲学家——也就是爱智者——的首要任务。

数字具有魔法的一个例子是著名的勾股定理，仅仅通过这个定理毕达哥拉斯就被我们牢记到了现在——它只是海面上可见的冰山一角罢了。[*]一个直角三角形的边长之间没有明显的关系；但是，如果我们用每条边去构建一个正方形，两个较小的正方形的面积之和恰好等于最大的正方形的面积。如果这些当时还未为人所知的奇妙而有序的规则可以通过对数字-形状的冥想来发现，那么期望它们在不久的未来揭示宇宙的奥秘又有何不可呢？数字不是被随机地扔到世界上来的；它们根据和谐的普遍法则，排列成均衡的样式，就像晶体的形状和音阶的音程那样。

3. "柔和的静寂和夜色"

如果把这个学说延伸到星体上，我们就得到了"天球的和谐"。爱奥尼亚哲学家已经开始撬开宇宙的牡蛎，让地球飘浮。在阿那克西曼德的宇宙中，地球圆盘不再漂浮在水中，而是立在正中，没有支撑，被空气包围。在毕达哥拉斯的宇宙中，圆盘换成了一个圆球。[3] 在圆球的周围，太阳、月球和行星沿同心圆旋转，每一个都固定在一个轨道或轮盘上。这些星球每一个都快速旋转，在空气中制造出一种嗖嗖声，或悦耳的嗡鸣声。显然每颗行星都会以不同的音高发出嗡鸣，这取决于它们各自轨道的比率——正如一根音弦的音调取决于其长度。因此，行星移动的轨道就形成了一种巨大的七弦琴琴弦，其音弦弯曲成环。似乎同样明显的是，轨道线之间的间隔必须遵循和谐的法则。据普林尼所说[4]，毕达哥拉斯认为地球和月球之间的音程是一度音，月球到水星是半度音，水星到金星半度

---

* 具有讽刺意味的是，毕达哥拉斯似乎没有完成对勾股定理的证明。

音，金星到太阳小三度音，太阳到火星一度音，火星到木星半度音，木星到土星半度音，土星到恒星天是小三度音。由此产生的"毕达哥拉斯音阶"是C、D、♭E、G、A、♭B、B、D——虽然不同作者给出的具体音阶描述略有不同。

根据传统，仅有大师才有天赐的能力，能亲耳听到天球发出的音乐。凡人没有这种天赋，或者是因为他们从出生那一刻起，就不知不觉地沐浴在这天外之音中；或者是因为他们被创造得太过粗鄙了——如罗兰佐对杰西卡所说：

> ……柔和的静寂和夜色，
> 是最足以衬托出音乐的甜美的……
> 坐下来，杰西卡。瞧，天宇中
> 嵌满了多少灿烂的金钹；
> 你所看见的每一颗微小的天球，
> 在转动的时候都会发出天使般的歌声……
> 永远应和着嫩眼的天婴的妙唱。
> 在永生的灵魂里也有这一种音乐，
> 可是当它套上这一具泥土制成的俗恶易朽的皮囊以后，
> 我们便再也听不见了。[5]

音乐的和谐主宰星体的运动，这个毕达哥拉斯式的梦从未失去其神秘的影响力以及它从人类的潜意识深处唤起回应的力量。从克罗顿直到伊丽莎白时期的英国，它在若干个世纪里反复回响。我想再引用两段文字——你们稍后会明白我的用意。第一段是德莱顿的著名诗句：

> 和谐，天国的和谐，
> 这宇宙的框架由此而生；
> 当大自然躺在
> 一堆混乱的原子下面，

无法抬起她的头颅，

从天上传来悦耳的声音；

"起来，汝等还未死去。"*

第二段来自弥尔顿的《阿卡狄亚》：

然而在深夜，当睡意

禁锢了凡人的感官，我倾听

来自天空的和谐乐音……

音乐中藏有如此甜蜜的冲动

令命运的女儿们平静；

令无常的大自然遵循她的法则，

下界的行动亦步亦趋，

跟随这天上的乐曲，

而凡人未经净化的钝耳却无法听闻。

　　但是，有人可能会问，所谓"天球的和谐"是一种诗意的幻想抑或是科学的概念？是一个合理的假设抑或一个神秘主义者的幻听？根据随后几个世纪天文学家收集的数据来看，这确实像是个梦；甚至亚里士多德也基于对严肃精确的科学的追求而嘲笑这"和谐，天国的和谐"。然而，我们将看到，在绕了一大圈之后，在第16个世纪之交，有个叫约翰内斯·开普勒的人又做起了毕达哥拉斯式的梦，并在这幻想的基础上，通过同样不可靠的论证方法，建造起了现代天文学的坚实大厦。这是思想史上最惊心动魄的一段插曲，是对于逻辑推动科学进步的执念的一剂解药。

4. 宗教和科学相遇

　　如果说阿那克西曼德的宇宙令人想起毕加索的一幅画，那么毕达哥

---

* 出自德莱顿，《圣塞西莉亚节颂》，第1节。——译者注

拉斯的宇宙就如同一个宇宙的音乐盒，播放着同一首巴赫前奏曲，从亘古直至永恒。因此，毕达哥拉斯兄弟会的宗教信仰与俄耳甫斯的形象密切相关，也就不足为奇了。俄耳甫斯是神话中的琴手，他的音乐不仅迷住了黑暗之王，还迷住了走兽、树木和河流。

俄耳甫斯是充斥着神和半神的希腊神话舞台上的后来者。关于俄耳甫斯崇拜，我们所知的并不多，而且其中也充斥着猜测和争议；但我们至少大概知道其背景。在未知的某个时间（但很可能在公元前6世纪前不久），对酒神狄俄尼索斯——"狂暴"的山羊神，主生育和葡萄酒——的崇拜从蛮荒之地色雷斯传播到了希腊。酒神崇拜最初的成功可能是由于色诺芬尼曾表达过的那种普遍的挫败感。奥林匹亚神殿已经变得类似于一个蜡像集聚的殿堂，对其形式化的崇拜再也无法满足真正的宗教需求，还不如爱奥尼亚圣贤的泛神论——被称为"文雅的无神论"。精神上的空虚往往会造成情绪爆发；欧里庇得斯《酒神的伴侣》中这位长犄角的神的狂热崇拜者们，成了中世纪的塔兰泰拉舞者、喧闹的20世纪20年代中放荡不羁的年轻人、希特勒青年团的愤怒女孩们的先驱。这种爆发似乎一直是零星短暂的——希腊人终归是希腊人，很快就意识到这些过激行为既不能带来与神的神秘结合，也不能回归自然，而只会导致大众的歇斯底里：

> 底比斯的女人们丢下了
> 她们的纱线和织物
> 投入狄俄尼索斯
> 这令人发狂的迷幻！……
> 张口怒目的残暴禽兽
> 违抗神命，粗鄙恐怖，
> 对人形进行污蔑诽谤。[6]

官方采取的行动似乎相当合理，他们将酒神狄俄尼索斯提升到了万神殿里与阿波罗平起平坐的位置。他的狂暴被驯服，他的美酒也不再香醇，对他的崇拜受到了管制，成了一个无害的安全阀门。

　　但是对神秘主义的渴望一定还是保留了下来，至少在敏感的少数人当中。现在钟摆开始朝相反的方向摆动：从肉体的迷幻摆向了来世。传说中的一个最生动的版本是，俄耳甫斯成了酒神暴怒的牺牲品，当他终于失去妻子时，他决定禁欲，色雷斯的女人们将他撕成碎片，他的头颅顺着赫伯鲁河漂下——仍然在歌唱。这听起来像一个警世寓言。但将这活着的神撕碎、吞下以及他随后的重生，是俄耳甫斯崇拜在另一重意义上不断重复的一个主乐调（leitmotif）。在俄耳甫斯神话中，狄俄尼索斯（或色雷斯传说中的扎格列欧斯）是宙斯和珀尔塞福涅的英俊儿子；邪恶的提坦巨人们将他撕成碎片，吃掉了他，只留下心脏给宙斯，然后他又获得了重生。巨人们被宙斯的雷霆劈死，然而从他们的骨灰中诞生了人类。巨人吞食了神的血肉，获得了一星半点的神性，从而传给了人类，一并传给人类的还有巨人体内的极度邪恶。然而，人类有力量过一种超脱尘俗的生活、执行特定的苦行禁欲的仪式，从而赎回原罪，净化自己身上遗留的那部分邪恶。通过这种方式，人类能够摆脱"轮回转生"，重获失去的神圣状态，不再被禁锢在往生后世的动物乃至植物的身体里（对不朽的灵魂而言那就像肉体的坟墓）。

　　因此，俄耳甫斯崇拜几乎在所有方面都是狄俄尼索斯崇拜的反转；它保留了神的名字和传说中的某些特征，但是侧重点有所改变或者具有了不同的含义（一个将在宗教史的转折点上不断重复上演的过程）。狂暴地企图紧抓住此时此地，以此获得情感释放，这种酒神的技巧被放弃并由对来世的关怀取代。身体的醉酒被精神的陶醉取代，"葡萄藤上流下的汁液带给我们快乐和遗忘"，它现在只是一个圣餐的标志；它最终将被取代，与具有象征意义的吞食被杀的神以及俄耳甫斯崇拜的其他基本要素一起，被基督教替代。在一块俄耳甫斯教的金板上写着诗句，"我快要在焦渴中死去，请让我饮回忆之水"，暗指灵魂的神圣起源：其目的不再是遗忘，而是回想曾一度拥有的知识。甚至连词语也改变了意思，"狂欢"（orgy）不再意味着酒神的狂欢，而是能使人摆脱轮回的宗教狂热。[7]另一个类似的变化则是所罗门王和书拉密（《圣经》中赞美的新娘）之间的肉体结合转化为了基督与其教会的神秘结合；以及在更晚近的时候，"狂喜"

（rapture）和"陶醉"（ravishment）等词语的意思也发生了转变。

俄耳甫斯教是第一个普世的宗教，因为它不被视为是某一个部落或民族所专有的，而是向所有接受其信条的人敞开了大门。它深刻地影响了随后的所有宗教的发展。尽管如此，我们却不该认为它带来了许多智识和精神方面的精进。俄耳甫斯教的净化仪式作为整个系统的中心，仍然包含了一系列原始的禁忌——不吃肉或豆类，不触碰白色公鸡，不照光源旁边的镜子。

然而，恰恰在这一点上，毕达哥拉斯赋予了俄耳甫斯教新的意义，在这一点上，宗教直觉和理性科学以惊人的创意被融合在了一起。这个连接点就是净化的概念。这是酒神崇拜、俄耳甫斯崇拜、提洛岛的阿波罗崇拜，以及毕达哥拉斯医学和科学的一个核心概念，只是含义不同，而且应用不同的方法（现代心理治疗的各个学派也是一样）。在胡言吃语的酒神女祭司和冷傲的数学家之间，在俄耳甫斯的琴声和缓泻药丸之间，有什么共同之处吗？是的，它们都拥有对从各种形式的奴役、身心的激情和紧张、死亡和虚空、巨人留给人类的遗产中获得解放的渴望——是这种渴望重新点燃了神性的火花。然而实现这个目的的方法必然是因人而异的。这些方法必须根据信徒的悟性和入会的程度进行分级。毕达哥拉斯用不同等级的详尽复杂的净化方法，取代了其他教派的包治百病的灵魂净化法。可以说，他净化了"净化"这个概念本身。

其中最低等级的是来自俄耳甫斯教的一些简单禁忌，如禁止食用肉类和豆类，因为克己忘我的苦修是最有效的净化方式。最高级的对灵魂的净化是通过冥想所有实在的本质、形式的和谐、数字的舞蹈等来实现的。因此，"纯科学"（pure science）——这个我们至今仍在使用的奇特用语——既是智性的乐趣，也是精神宣泄的方式；是通往造物的思想与其造物者的精神之间神秘联结的方式。"几何学的功能，"毕达哥拉斯学派的普鲁塔克说，"是使我们远离感官的、堕落的世界，来到智性的、永恒的世界。因为思考永恒是哲学的目的，就像沉思幽玄是宗教的目的。"[8] 但是对于真正的毕达哥拉斯信徒而言，这两者已经变得无法分辨。

不偏不倚的科学通向灵魂的净化以及最终的解脱，这一理念的历史意义极其重大。埃及人对他们的尸体做防腐处理，以便灵魂可以回到之前的身体之中，而无须转世化身；佛教徒实行无执念，以摆脱轮回。这两种态度都是消极、出世的，不具有社会意义。毕达哥拉斯派的这种令科学和对不朽者的沉思并驾齐驱的观念，借由柏拉图和亚里士多德，进入了基督教精神，成为塑造西方世界的一个决定性因素。

在本章前文，我试着说明通过将音乐与天文学相联系，以及将这两者与数学相联系，情感体验如何由于加入了智识的洞见而变得丰富和深刻。宇宙的神奇与审美的愉悦不再与理性的运用相分离，它们全都是彼此关联的。现在，我们已经走出了最后一步，宗教的神秘直觉也被融入整体之中。这个过程再次伴随着某些关键词的含义的微妙改变，如沉思（theoria，希腊语）——理论（theory）。theoria 来自 theorio——"去看，注视"（thea：景象，theoris：观看者、观众）。但在俄耳甫斯教的使用中，theoria 渐渐变为表示"狂热的宗教冥想的状态，在其中观看者被视为受难的神，死去而又获重生"。[9] 由于毕达哥拉斯学派将宗教热情也看成智识上的狂热，将仪式上的狂喜当成发现的迷狂，theoria 的含义就逐渐变成了现代意义上的"理论"。然而，尽管朝拜者沙哑的喊叫声被后来的理论家们"发现了"（Eureka）的呼声取代，但他们仍然保有这两者是来自共同的来源的意识。他们明白神话的符号和数学的符号原是同一种不可分割的真实的不同方面。* 他们并不是活在"信仰与理性分裂之家"的屋檐下；这二者是密不可分的，就像建筑师图纸上的平面图和立面图。这是 20 世纪的人们很难想象的一种思维状态——甚至很难相信它曾经存在过。不过，请记住，前苏格拉底时代的一些最伟大的贤人曾用诗行来表达他们的哲学；那时候人们认为，先知、诗人和哲学家具有同一的灵感来源乃是理所当然的。

这种观念并没有流行很久。在不到几个世纪的时间中，这个统一的认识渐渐消逝，宗教的和理性的哲学思维分道扬镳了——后来出现过一定程度上的"团圆"时刻，然后又再次分离。随着本书故事的展开，我们

---

* 因此，在毕达哥拉斯的神秘数学知识中，不同的符号集合之间有着简捷的关系，如奇数偶数与男女、左右相关，五角星形被认为是具有魔力的。

将看到随之而来的后果。

毕达哥拉斯学派的学说如果不包括关于生活方式的戒律，就是不完整的。

毕达哥拉斯兄弟会是一个宗教团体，但同时也是一个科学院，是意大利的一股政治势力。禁欲苦行的生活戒律似乎是艾赛尼派戒律的前身，苦修派接着又成了原始基督教社团的模板。他们共享所有财产，实行公共生活，给予妇女同等地位。他们循规持戒，花许多时间冥思和内省。教徒根据达到的净化程度，逐渐被接纳进入音乐、数学和天文学理论等更高级的沉思之中。这些东西的神秘性在某种程度上是因为旧的神秘崇拜的传统，那些信徒早已知道，酒神乃至俄耳甫斯崇拜的迷狂之态会给普通人带来灾难。但毕达哥拉斯学派也意识到，类似的危险也存在于论证的狂欢之中。他们显然本能地意识到了科学的傲慢，认识到它既可能解放人也可能摧毁人；因此，他们坚持只让那些身体和精神都得到净化的人加入这些秘密仪式。总之，他们认为，科学家应该是素食主义者，就像天主教徒认为神父应该独身那样。

也许有人认为对毕达哥拉斯学派坚持隐秘性的这种解读是牵强的，或者认为它暗示了他们具有未卜先知的远见。对此的回答是，毕达哥拉斯通过个人的经验，深知几何学巨大的技术潜力。我已经提到，波利克拉特斯和他统治的岛民都曾致力于工程。对这个岛颇为熟悉的希罗多德曾写道：[10]

> 我已经详尽地描写了萨摩斯岛的居民，因为他们是在任何希腊的土地上都可以看到的三个最伟大的工程的制造者。第一个是他们在一座高山脚下打通了的150英寻*的双洞口隧道……丰足的泉水经由这条隧道的管道输送到了萨摩斯城。

希罗多德喜欢讲离奇的故事，因此他的叙述并未受到重视，直到20

---

* 英寻是一种测量深度的单位，1英寻约合1.8288米。——编者注

世纪初人们实际发现并挖掘出了这条隧道。隧道长900码*有余，配有水道和检查通道，隧道形状表明，它是从两端同时开始施工修建的。更多的情况显示，当时施工挖掘的两方，一个是从北面挖掘，另一个是从南面，它们在中间遇上时彼此仅相差几英尺†的距离。看到这样一个不可思议的壮举得以实施（欧帕利诺斯负责施工，他还建造了希罗多德提到的第二个奇迹，即保护萨摩斯舰队的一个巨大防波堤），即便是天分不如毕达哥拉斯者，也可能已经意识到，科学既可以成为一首致造物者的赞美诗，也可以成为一个潘多拉的盒子，而且科学只应该被托付给道德高尚的人。顺便一提，据说毕达哥拉斯和圣方济各一样，也向动物传道，这种做法在现代数学家身上应该是相当奇怪的行为；但从毕达哥拉斯派的视角来看，再没有比这更自然的了。

5. 毕达哥拉斯学派的悲剧和伟大

在大师的生命尽头或者去世后不久，两个灾难降临到毕达哥拉斯学派身上，若是换作任何一个眼界不够宏大的教团或学派，这本会意味着自身的终结。然而，毕达哥拉斯学派在两次灾难中都幸存了下来。

第一次打击是发现了一种新的数字，如 $\sqrt{2}$ —— 2的平方根，它无法被纳入任何点阵图中。而且这种数字很常见，比如它们可以在任何正方形的对角线中看到。设正方形的边为 a，对角线为 d。可以证明，如果赋予 a 任何一个明确的数值，那么就不可能给 d 赋予一个明确数值。边和对角线是"不可通约的"，它们的比率 a/d 无法用任何实数或分数来表示；它是一个"不合理的"数；**它既是奇数也是偶数。**‡ 我可以很容易地画出正方形的对角线，但无法用数字将其长度表示出来 —— 我无法数出它所包含

---

* 长度单位，1码=0.9144米。——编者注

† 1英尺=30.48厘米。——编者注

‡ 最简单的证明如下。假设 d 以分数 m/n 表示，m 和 n 未知。假设 $a=1$，则 $d^2 = 1^2 + 1^2 = 2$，即 $d = \sqrt{2}$。即 $m^2/n^2 = 2$，如 m 和 n 有公约数，约掉公约数，则 m 和 n 必定有一个是奇数。因为 $m^2 = 2n^2$，因此 m^2 是偶数，m 也是偶数，因此 n 是奇数。假设 $m = 2p$，则 $4p^2 = 2n^2$，因此 $n^2 = 2p^2$，则 n 也是偶数，与假设矛盾。因此分数 m/n 不能表示对角线。

的圆点的数量。算术和几何之间的点对点的对应被打破了——数字-形状的世界也随之被打破了。

据说，毕达哥拉斯学派没有公开无理数的发现——他们称之为"不可言说的秘密"（arrhētos），而泄露秘密的信徒希帕索斯被处死。古希腊哲人普罗克洛斯还有另外一个版本：[11]

> 据说那些最先将无理数公之于众的人都在海难中丧生了，无一例外。因为这说不清道不明的东西必须被掩盖。那些将其揭露、触碰了生活这一面的人被立刻毁灭，永远遭受无休止的海浪的蹂躏。

然而，毕达哥拉斯主义大难不死。它具有所有真正伟大的意识形态系统所具有的灵活的适应性，像一个会生长的晶体或生物体一样，当某个部分被砍掉，它会自我再生。将世界用原子般的圆点进行数学化处理，被证明是一条不成熟的捷径；但在螺旋上面更高的一条曲线上，数学方程再次被证明是表示现实的物理特征的最有用的符号。我们将看到更多这样由错误的理由所支持的先知式直觉的例子。我们会发现，它们与其说是例外，不如说是普遍现象。

在毕达哥拉斯学派之前，谁也没有想到过数学关系中包含了宇宙的秘密。2500年后的今天，欧洲仍然为其所庇佑，也仍在受其诅咒。数字是通往智慧和力量的关键，对于欧洲之外的文明而言，这样的想法似乎从未产生过。

第二个打击是兄弟会的解散。我们不知道解散的原因，很可能与团体的平均主义原则和共产实践、妇女的解放以及准一神论学说——永恒救世主的异端学说——有关。但迫害仅限于对毕达哥拉斯学派这个有组织的团体——很可能使他们免于沦为宗派化的正统。大师的主要弟子，包括菲洛劳斯和吕西斯，曾逃亡在外，但很快就被允许回到意大利南部恢复教学。一个世纪以后，其教义成了柏拉图哲学的思想源泉之一，也因此进入欧洲思想的主流。

　　按一位现代学者的话来说："毕达哥拉斯是欧洲文化在西地中海领域的创始人。"[12] 柏拉图和亚里士多德，欧几里得和阿基米德，他们是道路上的地标；但毕达哥拉斯站在出发的起点，确定道路将要前进的方向。在这一点确定之前，希腊-欧洲文明的未来发展方向仍然未定；它也可能会采取与中国或印度或前哥伦布时期的文化一样的方向，所有这些地区在伟大的公元前6世纪破晓之前也都还方向未定。我并不是说，假如孔子和毕达哥拉斯互换了出生地，中国就会在科学革命中战胜我们，而欧洲会成为饮茶的中国人的故乡。气候、种族和精神之间的相互作用，伟人对于历史进程的方向性影响，都是如此模糊难测，即便是以今论昔式的预测也是不可能的；所有关于过去的"如果"和对未来的预言是一样地难以把握。如果说亚历山大或成吉思汗从未出生，那么可能会有其他的什么人去填补他们的位置，并实现希腊或蒙古的扩张，这似乎也还说得过去。但哲学和宗教、科学和艺术领域的亚历山大，似乎就没那么容易被替换。他们的影响受经济上的挑战和社会压力的限定似乎较小，而且他们可能是在更大的范围内对文明的方向、轮廓和结构造成了影响。如果征服者被视为历史的火车头，那么思想上的征服者也许就是扳道工，旅客们或许注意不到他，但他决定了旅程的方向。

3

飘浮的地球

在上文中，我试图对毕达哥拉斯的哲学做一个概述，包括其中只是间接与本书主题相关的部分。在下面的章节，某些重要的希腊哲学和科学学派——埃利亚学派和斯多葛学派，原子论者和希波克拉底——将不会被提及，直到我们到达宇宙学的下一个转折点，即柏拉图和亚里士多德。人类宇宙观的发展不能脱离其哲学背景来看，因为哲学背景影响着这些观点。另一方面，为了不让主线被背景掩盖，那么就只能仅仅在故事的特定转折点，即哲学大气候对宇宙学产生了直接的影响并改变了其进程时，对背景做一些勾勒。因此，例如，柏拉图的政治观点或红衣主教贝拉明的宗教信念深刻地影响了好几个世纪的天文学发展，这些必须得到相应的讨论；而像恩培多克勒和德谟克利特、苏格拉底和芝诺等人，他们有许多关于星体的著述，但没有什么与我们的主题真正相关，因此不予提及。

1. 菲洛劳斯和中央火

从公元前6世纪末开始，认为地球是一个球体，在空气中自由飘浮的观点，一直为人们所接受。希罗多德[1]曾提过一个传闻，说是在极北之地有人居住，一年要睡上6个月——这表明人类已经掌握了一些关于地球是圆的会造成的影响（如极夜）的知识。接下来迈出了革命性一步的是毕达哥拉斯的弟子菲洛劳斯，他是第一个认为地球在运动的哲学家。地球开始在空中运动。

　　具体是什么样的动机促成了这个惊人的革新，我们现在只能猜测。也许是认识到在行星的运动中有些地方显然不合常理。太阳和行星**每天绕地球旋转一周**，但同时又在缓慢地通过黄道，完成它们一年一次的运行，这似乎很不对劲。如果我们假设整个天空每天一次的旋转是由于地球自身运动所造成的错觉，那么一切就变得简单多了。如果地球是自由而独立地存在于空中，那么它为什么不能也在**运动**呢？不过，让地球绕自身轴线旋转的观点尽管是显而易见的，菲洛劳斯却并未想到这一点。相反，他认为地球每24小时围绕空中某个外部的点旋转一周。而地球上的观测者观察天空一天的变化，就会产生错觉，就像一个坐旋转木马的游客，看到这宇宙的展览会正在朝相反的方向旋转。

　　在菲洛劳斯的旋转木马的中心，他放上了"宙斯的瞭望塔"，也被称为"宇宙的壁炉"或"中央火"（central fire）。但这个"中央火"不是太阳。它是看不见的；因为地球上有人居住的地方（希腊及其近邻）总是背对着它，就像月球的暗面总是背对着地球。此外，在地球和中央火之间，菲洛劳斯放入了一个看不见的行星：反地球（antichton，或counter-earth）。它的作用显然是保护地球上的对跖点区域不被中央火烧焦。古代人相信地球的极西之地，直布罗陀海峡之外的区域，被极夜笼罩[2]，此时被解释为是反地球投在这些地区的阴影。但也有可能如亚里士多德轻蔑写到的，反地球的发明只是为了使宇宙中运动的天球数量达到10个，这是毕达哥拉斯学派的神圣数字。[3]

　　于是，围绕着中央火，有9个星体以同心圆轨道旋转。最里面是反地球，接着是地球、月球、太阳和五大行星；然后是带着所有恒星的天球（恒星天）。在这个外壳之外有一面炽热的以太墙，从四面八方包裹着宇宙。这层"外部火"是宇宙获得光和气的第二个也是主要的来源。太阳仅仅充当了一个透明的窗户或透镜，外层的光线通过它被过滤和分散。这幅景象令我们想起阿那克西曼德所说的熊熊燃烧的轮圈上的洞。但这些美妙的想象也许都不如下面这个最为异想天开的想法：一个火球永恒地在天空上急速穿梭，永远不会燃尽。这个荒谬的想法令人困惑。我们不带任何理论地观看天空，把太阳和星星视为包围宇宙的帘子上的洞，这难道不是更有说服力吗？

唯一被认为与地球类似的空中物体是月球。人们认为月球上生活着比地球上要强壮15倍的动植物，因为月球上面能连续15天享受日光。毕达哥拉斯学派还认为，月球上的光和阴影是地球上海洋的反射造成的。至于日食，有时是地球造成的，有时是反地球造成的，反地球还造成了新月时月球圆盘上隐隐的灰光。还有一些人似乎认为有好几个反地球存在。那时的辩论一定相当激烈。

2. 赫拉克利德斯和日心说的宇宙

尽管菲洛劳斯系统的诗意之中透着古怪，它的确开辟了一种新的宇宙观。它与传统的地心说，即坚信地球占据了宇宙的中心，魁伟恢宏，纹丝不动这一宇宙观脱离了。

但它在另一个方面也是一个里程碑。它清晰地分开了两个之前被混淆的现象：昼夜的更替，即整个天空**每日一次**的旋转，和7颗行星**每年**的运动。

模型的下一个进步关于每日的运动。中央火被抛弃了；地球不再围绕中央火旋转，而是围绕自身的轴线，就像一个陀螺。据推测[4]，这是因为希腊的海员与边远地区有了越来越多的接触——从恒河到塔霍河，从极北之地到古斯里兰卡——都未能发现任何关于中央火或反地球的迹象甚至传说，而这两者本来都应该能够从地球的另一边看到。我之前曾说过，毕达哥拉斯学派的宇宙观是富有弹性和适应性的。他们并没有放弃中央火是热源和能量源的想法；但他们把它从外层空间转移到了地球的核心，并简单地认为反地球就是月球。[5]

毕达哥拉斯传统的下一个伟大先驱是本都的赫拉克利德斯。他生活在公元前4世纪，师从柏拉图，可能也跟亚里士多德学习过；因此，按时间顺序，应该在讨论他们两人之后讨论。但我想先全面追溯毕达哥拉斯学派宇宙学的发展过程，这是古代最大胆、最有前景的宇宙学，其发展过程直到赫拉克利德斯之后的一代人才最后终结。

赫拉克利德斯认为地球绕自身的轴线旋转是理所当然的。这解释了天空每天的旋转，但并未解决行星每年运动的问题。到现在，这些每年的运动已经成为天文学和宇宙学的核心问题。这些恒星本身没有问题。它们也从不改变相对于彼此或地球的位置。[6] 它们是宇宙中的法则与秩序以及规律性的永久保证，而且不必费力就可以把天空想象成一个空中的插针垫，恒星就是上面的针头或针眼形成的图案，作为一个整体绕地球转动，或者是由于地球的自转而看起来像是在转动。然而行星，这些流浪的星球，它们的运动却糟糕得毫无规律性。唯一令人欣慰的是，它们全都沿着环绕天空的同一条狭窄环带（黄道）移动，这意味着它们的轨道几乎位于同一平面上。

为了大致了解希腊人是如何看待宇宙的，我们可以想象一下，所有横渡大西洋的交通工具——潜艇、航船、飞机——全都被限制在同一条航线上。所有交通工具的"轨道"将沿着环绕地球中心的同心圆，并都在同一个平面上。假如地球是透明的，一个观测者躺在地球中心的一个洞里，观看交通状况。在他看来，所有的点都沿着同一条线在以不同的速度移动，这条线就是黄道。如果让透明的地球围绕观测者旋转（而他本人保持不动），那么这条交通航线就会随着天球旋转，但各个交通工具仍然继续限制在这条窄道里。航线上有：两艘在航线下方不同深度的水域里破水行进的潜艇，它们是"下层"行星——水星和金星；接着是单独一艘灯火通明的舰艇，那是太阳；然后是3架高度各异的飞机，这是"上层"行星，按顺序为火星、木星和土星。土星很高，在平流层；在它上面仅有恒星天球。至于月球，它与位于中心的观测者非常接近，应该被视为在观测者所在的洞内凹墙上滚动的一个球；但是仍与所有其他的交通工具在同一平面上。这就是宇宙的古代模型的大致轮廓（图A）。

不过，模型A永远不可能正常运行。以我们的后见之明来看，原因是显而易见的：行星的排列顺序错误；太阳应在中心，而地球应该在"下层"和"上层"行星之间太阳所在的位置，旁边是月球（图D）。这个模型中的基本错误造成了行星的视运动（apparent motion）中令人难以理解的不规则现象。

（A）古典地心系统　　　　　　　（B）赫拉克利德斯的"埃及"系统

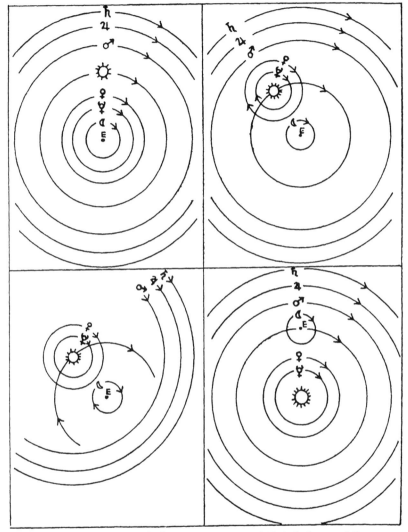

（C）第谷·布拉赫（及赫拉克
　　利德斯？）系统

（D）阿里斯塔克斯的日心系统

✹＝太阳　　　☽＝月球　　　E＝地球　　　☿＝水星　　　♀＝金星

♂＝火星　　　♃＝木星　　　♄＝土星

到赫拉克利德斯的时期，这些不规则运动现象已成为折磨那些关注宇宙的哲学家的主要问题。太阳和月球沿着这条路线移动的方式似乎或多或少较有规律，但五大行星的行进方式极其怪异。一颗行星会沿着路线漫行一阵子，与其他星体的方向相同，由西向东；然而每隔一定时间，它会减慢速度停下来，像是到达了天上的某个站点，开始往回走；然后它又改变了主意，转了一圈又恢复它之前漫步的方向。金星的表现更是反复无常。它的亮度和大小的显著周期性变化，似乎表明它在不断交替着接近和远离我们，这表示它并没有真正地绕着地球运动，而是在沿着一条难以捉摸的波浪线运动。而且，金星和第二颗内行星水星，一会儿冲到稳步前进的太阳的前头，一会儿又落到了后面，但始终紧贴着太阳，就像在轮船边游戏的海豚。因此，有时候金星表现为"晨星"（Phosphoros），和太阳一同升起；有时候表现为"昏星"（Hesperos），跟随在落日之后。毕达哥拉斯似乎是第一个认识到这两个是同一个星体的人。

再一次以我们的后见之明来看，赫拉克利德斯对这一难题的解决似乎非常简单。如果金星相对于地球做不规则运动，而其轨道中心的运动却在迎合太阳，那么它显然是附属于太阳，而不是地球的，也就是说它是太阳的卫星。由于水星也以同样的方式运动，那么两颗内行星一定都是在围绕太阳运动，而太阳围绕地球运动，就像一个车轮套在另一个车轮上转动。

第29页的图B一目了然地说明了为什么金星会交替地接近和远离地球；为什么它有时候在太阳前面，有时候在后面；还有为什么它会时断时续地沿着黄道向相反方向移动。[7]

从我们现在来看，这一切都是明摆着的事。但在有的情况下也需要发挥很强的想象力，并且要有魄力去冒天下之大不韪打破传统的思想，才能发现显而易见的东西。我们仅有的一点关于赫拉克利德斯个性的资料显示，这两者他都有：独创性和对学院传统的蔑视。认识他的人给他起了一个绰号——悖论制造者（paradoxolog），西塞罗讲过他很喜欢讲"天真的童话"和"奇闻异事"，普罗克洛斯告诉我们，他敢顶撞柏拉图，因为柏拉图教人地球是静止不动的。[8]

认为两个下层的行星——也只有这两个——是太阳的卫星，而太阳本身及其余的行星依然围绕地球旋转的观点，后来被误称为"埃及系统"，并且变得非常流行（第29页，图B）。很显然，这个系统是在宇宙的地心说（地球为中心）到日心说（太阳为中心）之间的一个过渡点。我们不知道赫拉克利德斯是否就此止步，还是更进了一步，让3个外层行星也环绕太阳旋转，而拥有5个卫星的太阳，则围绕地球旋转（第29页，图C）。这本该是合乎逻辑的一步，一些现代学者认为赫拉克利德斯的确到达了这个四分之三的过渡点（the three-quarter-way house）[9]。有人甚至认为，他还走出了最终一步，让**所有的**行星包括地球，都围绕太阳旋转。

而至于他是否走完全程，抵达了太阳系的现代观点，这就仅仅是历史学家关心的问题了，因为他的继任者阿里斯塔克斯确实做到了。

3. 希腊的哥白尼

阿里斯塔克斯是毕达哥拉斯学派的最后一位天文学家，和大师本人一样来自萨摩斯。颇具象征意义的是，据说他出生于公元前310年，即赫拉克利德斯去世的同一年。*他只留下了一篇很短的论文，《论太阳和月球的大小和距离》。这篇文章表明了他具有一个现代科学家的基本素养：思想的独创性和观测的谨慎性。他所设计的计算太阳距离的方法，后来被整个中世纪的天文学家所遵循；就算他的实际数字是错误的，这也是由于他出生于距望远镜被发明2000年前的时代。尽管他距离钟摆的发明年代也是2000年的时间，但他提升了太阳年的长度预测的精确度——在之前的365¼天之上增加了1/1623天。

阿里斯塔克斯在另一篇论文中宣称，太阳才是我们世界的中心，而不是地球，所有行星都是围着太阳旋转的。这是毕达哥拉斯宇宙学的最高成就，并且直到1700年后才被哥白尼重新发现。但这一原始文本现在已经失传了。不过幸运的是，我们有阿基米德和普鲁塔克这样的权威人士，

---

* 这些日期是根据推测得出的。但天文学家在安排他们的生命轨迹上确实挺有一套，伽利略去世当年牛顿出生，牛顿出生时正好是哥白尼去世100年后。

以及其他人的证言；而且阿里斯塔克斯讲授日心说的事实，得到了古代文献和现代学者的一致认同。

阿基米德，古代最伟大的数学家、物理学家、发明家，是阿里斯塔克斯同时代的晚辈。他最奇特的作品是一篇小论文，题为《数沙者》，献给叙拉古的僭主盖隆。其中包含了至关重要的一句话："因为他（萨摩斯的阿里斯塔克斯）假定恒星和太阳是不动的，而地球围绕太阳转动……"[10]

普鲁塔克对阿里斯塔克斯的提及也同样重要。他的论文《论月面》所谈及的其中一个人物指的就是萨摩斯的阿里斯塔克斯，他认为"天空静止不动，但地球沿一条倾斜轨道旋转，同时也围绕其自身的轴线自转"[11]。

就这样，萨摩斯的阿里斯塔克斯将毕达哥拉斯建立，并由菲洛劳斯和赫拉克利德斯继续发展下去的理论带到了其逻辑上的结论：以太阳为中心的宇宙。然而，发展在这里戛然而止。阿里斯塔克斯没有弟子也没有追随者。[12] 近2000年来，日心说被人遗忘，或者应该说，被有意识地压抑了？直到在基督教王国的一个边远村落瓦尔米亚，一名不起眼的教士拾起了这个萨摩斯人留下的思想衣钵。

如果说阿里斯塔克斯是个业余爱好者，或者是个外行，没人把他的思想当真，那么这个奇怪的现象还更容易理解一些。但是他的论文《论太阳和月球的大小和距离》是古代的经典著作，这表明他是那个时代最重要的天文学家之一。他当时声名显赫，以至于近3个世纪后，罗马建筑师维特鲁威撰写的历史全能之才的人名表是这样开始的："这类人才世间少有，这样的人就如古代萨摩斯的阿里斯塔克斯……"[13]

尽管如此，他的正确假说却被放弃了，代之以一个畸形的天文学系统，这个占据了思想的最高统治地位长达1500年的系统在今天看来，简直是对人类智力的一种侮辱。这种愚昧无知的原因将会慢慢显现，在这里，我们面对的只是"科学进步"这条曲折迂回的道路中最令人震惊的例子中的一个，而"科学进步"正是本书的一个主要论题。

4

勇气的失败

1. 柏拉图和亚里士多德

到了公元前3世纪末，希腊科学的英雄时代已经结束。从柏拉图和亚里士多德之后，自然科学开始蒙羞和衰落，希腊人的成就要到1500年之后才重新被发现。从大概公元前6世纪开始的普罗米修斯式的奋斗，在3个世纪的时间里耗尽了锐气；随后是一个历时5倍之久的休眠期。

从逻辑上讲，从阿里斯塔克斯到哥白尼只有一步，从希波克拉底到帕拉塞尔苏斯只有一步，从阿基米德到伽利略也只有一步。然而这个连续性被打断了，中断的时间跨度几乎相当于从基督纪元开始直到今天那么长。回顾人类科学所走过的道路，我们可以看到一座被毁坏的桥，两头橡木突出，而中间，则是空空如也。

我们知道这一切发生了；而如果能确切地知道其原因，我们很可能就会找到疗愈我们自己时代疾病的良药。因为欧洲中世纪时期的文明崩塌，在某些方面是启蒙时代所开启的崩塌（尽管没那么剧烈）的相反过程。前者可以大致描述为对物质世界的回避，对知识、科学和技术的轻视，反对身体和身体愉悦，提倡精神生活。它就像对科学唯物主义时代——始于伽利略，终结于极权国家和氢弹——的信条的镜像书写。它们只有一个共同点：理性与信仰的分离。

在分隔科学的英雄时代和衰落时代的分水岭上，立着两座高峰——柏拉图和亚里士多德。有两段引文可以说明在分水岭的两侧哲学气候的对比。第一段来自希波克拉底学派的一位作者，写作时期大概在公元前4世纪。"在我看来，"他在写到如何处理神秘的癫痫症时说，"这个病并不比其他的病症更加'神圣'。它和其他疾病一样，是出于自然的原因。人们认为它神圣只是因为不了解它。但如果他们称一切不了解的东西为神圣，那么神圣的东西就无穷无尽了！"[1] 第二段引文来自柏拉图的《理想国》，总结了他对天文学的态度。他解释说，无论星星多么美丽，都仅是**可见**世界的一部分，而看得见的世界只是**真实的**型相世界的模糊或扭曲的影子或者摹本；因此，想要努力地去精确判断这些不完美的物体的运动是很荒谬的。恰恰相反，"如果我们真的想要理解天文学，按我说，我们就该关注（抽象的）天文学问题，就像在几何学中一样，而无须理会那些天上的东西"[2]。

柏拉图对毕达哥拉斯学派最重要、最受宠的科学分支也持同样的敌视态度。"讲授和谐的人，"柏拉图在著作中借苏格拉底之口批评道，"比较那些只能凭耳朵听到的声响与和音，他们的工作就和那些天文学家的一样，都是徒劳无功的。"[3]

所有这些可能都不该按字面来理解，然而事实刚好相反，这样做的人就是新柏拉图哲学的极端主义学派，他们统治西方哲学长达好几个世纪，阻碍了一切科学进步，直到亚里士多德被重新发现，人们对自然的兴趣才得以复苏。我之前称他们是分隔两个思想时代的双子峰，但是就其对未来的影响而言，柏拉图和亚里士多德应该被称为具有同一个重心点的双子星，两颗星围绕彼此旋转，并交替地将光芒投射到世世代代的后人身上。我们将看到，在12世纪末之前，柏拉图占据了最高统治地位；随后亚里士多德复活，在200年的时间里被称为"哲学家"（the philosopher），这是他常见的称谓；接着柏拉图再次回归，以一个完全不同的面目出现。阿尔弗雷德·怀特海教授的著名评价，"对于欧洲哲学传统最可靠的概述就是，它是对柏拉图的一系列注脚"，可以被修改为："科学，直到文艺复兴时期为止，都不过是对亚里士多德的一系列注脚。"

这两个人物的非凡影响力，在这样一段极其长远的时期里，断断续续地刺激又阻碍着欧洲的思想，其中的奥秘一直是一个激烈不休的争论的主题。这当然不是由于什么单个的原因，而是由于多种原因在历史的一个特别关键点汇合在了一起所致。我们只提几个，首先是最明显的原因，柏拉图和亚里士多德是第一批著作得以存留下来的古代哲学家，存留的不是零散的片段，也不是二手或三手的引文，而是大量完整的著作（单是已经确认的柏拉图的对话录就相当于一本《圣经》的长度），涵盖了全部的知识领域以及他们之前的哲人们的教诲的精髓。这就好比是一场核战争之后，在被炸毁、烧焦的废墟碎片中，保存下来了一部完整的《大英百科全书》那样。除了将所有知识的相关资料汇集为一个综合性的整体之外，他们本身当然也是各个领域具有独创性的思想家，包括形而上学、生物学、逻辑学、认识论和物理学。他们两人都建立了新形式的"学校"：第一所阿卡德米（Academy）和第一所吕克昂（Lyceum），两所学校作为有组织的机构运作了数百年，将其创始人一度易于流变的想法转化为严密的思想意识，将亚里士多德的假说转化为教义，柏拉图的思想转化为神学体系。再者，他们是实实在在的双子星，生来就相辅相成；柏拉图是神秘主义者，亚里士多德是逻辑学家；柏拉图轻视自然科学，亚里士多德观察海豚和鲸鱼；柏拉图是寓言纱线的纺织工，亚里士多德是辩论家、决疑论者；柏拉图晦涩模糊，亚里士多德一丝不苟、学者风范。最后（这个单子可以永远写下去），他们各自发展的哲学体系，尽管观点相异，甚至在细节上针锋相对，但是加在一起，看起来还算是给出了一个对他们时代困境的全面回答。

　　这个困境就是在马其顿征服之前古希腊的政治、经济和道德等方面的衰落。持续一个世纪之久的战争、内耗，折损国家的人力和财力；贪赃枉法与道德的堕落正在毒害公共生活；政治流亡人士成群结队，沦落为无家可归者，在乡村游荡；合法化了的堕胎和杀婴进一步拉低了公民的品格。一位现代权威人士写道，公元前4世纪的历史：

　　　　在某些方面就是历史上最严重的衰落……柏拉图和亚里士多德……各自都以自己的方式（通过对那些令民族陷入政治堕落的法律提出其他的法律形式），试图拯救那个对他们来说意义深远，而其社会与政治又正在快速滑向灾难的希腊世界。但那时的希腊世界已经不可救药了。[4]

我们关注他们提出的政治改革，只是因为它们透露出了在他们的宇宙观中弥漫着的那些无意识的偏见；但在这个背景下，它们是相关的。柏拉图的"乌托邦"比奥威尔的"1984"更为可怕，因为柏拉图希望发生的正是奥威尔担心会发生的事情。"柏拉图的《理想国》在其政治意义上会被体面人士所推崇，这也许是有史以来文学谄媚现象中最惊人的例子了。"伯特兰·罗素如是说。[5] 在柏拉图的《理想国》中，贵族通过"高贵的谎言"进行统治，即假装神创造了3种人，分别是用黄金创造了统治者，用银创造了士兵，用各种贱金属创造了普通人。另一个虚伪的谎言则有助于改善种族：在婚姻制度被废除之后，人们抽签决定交配对象，但统治者根据优生学的原则暗中操纵抽签结果。那里将会有严格的审查制度；年轻人不得阅读荷马的著作，因为他传播不敬神的思想、不体面的欢乐和对死亡的恐惧，从而阻碍了人们在战斗中献身。

亚里士多德的政治学所遵循的路线没那么极端，但在本质上是相似的。他批评了柏拉图的一些最具煽动性的构想，但他不仅把奴隶制视作社会秩序的自然基础（"奴隶完全没有任何论证的能力"[6]），还谴责自由工匠和专业人员等"中产"阶级的存在，因为他们在表面上与统治者相似，破坏了后者的名声。因此，在模范国家里，所有的专业人员都应被剥夺公民权。理解亚里士多德轻视工匠、技工、建筑师、工程师及类似人士的个中缘由是很重要的——相比之下，比如说，他对萨摩斯的隧道修建者欧帕利诺斯就满怀敬意。问题是，亚里士多德认为这些专业人员不再有必要存在了，因为**应用科学和技术已经完成了自己的任务**。我们不再需要，也不再可能有更多的发明使生活更加舒适和愉快，因为"几乎所有的舒适和社会文明的必需品都有了保证"，"所有此类东西也都已经有了"。[7] 亚里士多德认为，只有在实用科学已经完成了它所能完成的一切，物质发展已经进入停滞的时候，"既不能解决必需品的问题，也不能带来生活的享乐"的纯科学和哲学才会出现。

即便是这些粗略的评论，也表明了在这些哲学之下的普遍情绪：在一个摇摇欲坠的世界中，"变化"只能意味着恶化，"进步"只能意味着走向灾难，人们下意识地向往稳定和永恒。"变化"对柏拉图而言是堕落的同义词。他的创世史就是一部越来越低级、越来越无价值的生命形式相继出现的历史，从纯粹的本性善良的神，到仅存在完美形式或理念的实在世界，再到只是前者的影子或摹本的现象世界，一直到人："那些最先被创造的、度过了怯懦和不义的一生的男人，在来世重生时应该被生为女人，正是为这个原因神才在这个特定的连接点设计了交配的欲望。"在女人之后是动物："四足行走的走兽来自对哲学一无所知、从未凝望过天空的人。"⁸ 这是一个永远堕落下去的故事，相对于向上的进化论来说，这算是一个向下的**退化论**。

和往常对柏拉图的解读一样，很难说所有这些是否都应该从字面上来理解，还是应该当作某种讽喻，抑或视为晦涩的嘲弄。但整个体系的基本趋向是毋庸置疑的。

我们将不得不多次重提柏拉图，以帮助我们领会后来的一些特定发展的来龙去脉。就目前而言，我们暂且保留柏拉图宇宙论的这条基本线索：他对变化的恐惧，他对演化和可变性概念的蔑视和厌恶。在贯穿整个中世纪的历史进程中，这条线索将不断回现，伴随着它对一个永恒不变的完美世界的向往：

> 我再次思量自然所说过的话
> 说在那同时，再没有更多变化，
> 万物稳稳静止，纹丝不动地
> 立在那些永恒之柱上；
> 那是可变性的反面。⁹

这种"变化恐惧症"似乎是柏拉图主义在某些方面令人讨厌的主要原因。毕达哥拉斯的宗教和科学、神秘主义和实证方法的综合体如今是一片废墟。毕达哥拉斯学派的神秘主义走向了无果的极端立场，而实证科学则受人嘲笑，灰心丧气。物理学从数学分离出来，成了神学的一个分支。毕达哥拉斯兄弟会被改造为极权主义乌托邦的领路人；灵魂轮回最终成神的过程沦为了老妇的故事或是劝世良言式的谎言，讲的是懦夫被惩罚，转世后生为女人；俄耳甫斯的禁欲主义凝结成对身体的仇恨和对感官的蔑视。研究自然无法获得真正的知识，因为"我们若要获得关于任何东西的真正知识，我们就必须摆脱肉体……只要与肉体相伴，灵魂就无法获得真正的知识"。[10]

所有这些都不是什么谦卑的表达——既没有追寻上帝的神秘主义者的谦卑，也没有理性承认其有限性的谦卑；这是一个劫数难逃的贵族阶层和一个倒掉的文明中的天才人物既恐慌又傲慢的哲学思想。当现实变得难以忍受，精神必须从中逃离，创造出一个人工的完美世界。柏拉图的纯粹理念和形式的世界可以就其本身来说被认为是真实的，而我们所感知的自然世界不过是它的一个廉价的复制品；这其实是在用幻想逃避。在这里，以洞穴寓言表达的直观的真理由于过于具体化而走向了荒谬——就像写出了"这世界是泪之谷"的作者要去进行一项关于山谷中的泪滴分布的实地调查。

我们还得记住，在柏拉图的对话录《蒂迈欧》的超现实主义宇宙起源论中，我们是不可能在哲学和诗歌、隐喻和事实陈述之间划出界线的；而《巴门尼德》中的长篇段落，事实上摧毁了世界是天国中那些模板的复制品的学说。然而，如果说上述的某些段落听起来像是对柏拉图观点的一种严厉而单方面的评价，这其实也正是他给未来的许多代人带来的印象——他所投下的一个单面的阴影。我们将看到，15世纪的**第二次**柏拉图主义复兴突出了柏拉图完全不同的另一面，将他的影子向相反的方向投射出去。但那一次转折点还远远没有到来。

2. 圆周学说的兴起

现在我必须开始讲述柏拉图对天文学的贡献——就具体的进步而言，他的贡献为零；因为他对天文学知之甚少，而且显然觉得它很无趣。在有限的几段文字里，他似乎开始讨论这个话题了，却又如此混乱、含糊不清或自相矛盾，以至于所有试图解释其意义的学术努力都宣告失败。[11]

然而，根据形而上学和先验的推理过程，柏拉图得出了一些关于宇宙的形状和运动的一般性结论。这些结论对于随后的一切都极为重要，它们是：**宇宙的形状必定是一个完美的球体，所有运动都必定是完美的匀速圆周运动。**

> 他给出的宇宙的形状是适当且自然的……因此，当他转动宇宙时，就像在车床上，圆圆的球形，所有方向上的终极点都与中心距离相等，这是最完美的形中之形（figure of all figures），是与自身最相似的形状，因为他认为相似比不相似更美。在整个球体的外部，他给出了一个完美光滑的表面，背后有很多原因。它不需要眼睛，因为在外面没有什么可看；也不需要耳朵，因为在外面没有什么可听；也不需要从外面吸入什么气息……他分配给它与其形状相适合的运动，7种与理解和智慧最为密切相关的运动。因此，他让它固定在同一个地方自转，让它开始以圆周形旋转；所有其他6种运动［即直线上下、前后、左右运动］都被他拿走了，以让它免于这些随意的运动。而且，由于这种旋转不需要脚的存在，因此他让它没有腿和脚……平滑、均匀，所有顶点与中心等距，一个完美纯粹的物体，由众多完美的物体构成……[12]

于是，那时数学家的任务是设计一种系统，来减少行星视运动中的不规则现象，使其表现为按完美的正圆形进行的规则运动。这个任务让他们忙碌了2000年。柏拉图的这个诗意而天真的要求，给天文学施上了魔咒，诅咒的魔法将一直持续到17世纪初，开普勒证明行星是按椭圆形轨道而不是圆形轨道运动的时候。圆形轨道运动的谬论折磨了天文学2000年之久——在人类的思想史上，或许再没别的这般顽固地坚持错误的个例了。

然而这样的事还是再次发生了。柏拉图仅仅是用半寓言式的语言，抛出了一个与毕达哥拉斯传统相当一致的观点；而正是亚里士多德推动了圆形轨道运动的观点成为天文学的一个教条。

3. 对变化的恐惧

在柏拉图的世界里，隐喻性陈述和事实性陈述之间的界限是流变的；而当亚里士多德接管之后，所有这些不确定性都消失了。这种视角被学究式地彻底解剖，其诗意的细胞组织被保存在试管里，其变动不居的精神被浓缩和冻结。其结果就是亚里士多德的宇宙模型。

爱奥尼亚哲学家撬开了宇宙牡蛎，毕达哥拉斯学派让地球在其中漂浮，原子论者让其边界消融在无限之中。亚里士多德砰的一声再次关上了盖子，把地球推回到了宇宙的中心，并剥夺了它的运动。

我先来讲一讲这个模型的外部轮廓，之后再填入具体细节。

和之前的宇宙论一样，静止不动的地球被九个同心的透明天球包围，像洋葱皮一样层层包卷着（见第29页，图A）。最里面一层皮是月球的天球；最外面两层是恒星的天球；再外面，是第一推动者神的天球——是他维持着整个机械系统的运转。

亚里士多德的神不再从世界的内部统治世界，而是从其外部。这终结了毕达哥拉斯的中央火和宙斯的壁炉作为宇宙能量的神圣来源，终结了柏拉图的宇宙灵魂（anima mundi）的神秘主义概念，即宇宙是一个拥有神性灵魂的活物。亚里士多德的神，不动的推动者，从外部旋转这宇宙，这就是抽象神学中的上帝。歌德说："仅来自外部的是什么神？"这似乎就是直接针对的他。将上帝从中心移至边缘，这自动将地球和月球所占据的中心区域转变为离上帝最远的地方，整个宇宙最卑微、最底层的地方。由月球所在的天球包围的区域，即"月下区域"，包含了地球，如今被明确视为非上流社会（non-U）。就在这一区域，并且也仅在此区域，才有对变化、对有限的可变性的恐惧。在月球天之外，天空是永恒不变的。

如此一来，宇宙被分为两个区域，一个是卑微的，另一个是尊贵的；一个会变化，另一个则不会。这在后来成了中世纪的哲学和宇宙论的另一项基本学说。它认定了宇宙本质上的稳定和永恒，给一个恐慌的世界带来了无边无际的平静和安慰，但并没有走得太远以至于假装一切变化只是幻觉，没有否认兴与衰、生与灭的现实。它不是暂时和永恒之间的和解，而仅仅是两者之间的对峙；但能够同时对两者都一目了然，也可以算是一种安慰。

这种划分给宇宙的两个部分分配了不同的基本物质和运动方式，使其在智识上更令人满意，也更容易掌握。在月下区域，所有物质由四种元素——土、水、气和火——的不同组合构成，这些元素本身又是两个对立面的组合，冷和热、干和湿。这些元素的性质要求它们以直线运动：土朝下，火朝上，气和水则是水平运动。大气充满了整个月下区域，不过在它的上层空间不是气，而是有一种一旦开始运动就会燃烧并产生彗星和流星的物质。这四种元素不断相互转化，这就是所有变化的本质。

然而，如果我们到月球之外，就没有任何变化，这四大地球元素也都不存在。天球由一种不同的、纯粹而不可变的"第五元素"构成，离地球越远它就越纯净。与四大地球元素相反，第五元素的自然运动是圆形的，因为球体是唯一完美的形式，圆周运动是唯一完美的运动。圆周运动没有起点也没有终点，它回到自身并永远继续下去：它是没有变化的运动。

这个系统还有另一个优点。它是哲学中的两种对立倾向之间的一个折中。一方面是始于爱奥尼亚哲学家们的"唯物主义"倾向，由阿那克萨戈拉等人继续研习、发展。阿那克萨戈拉认为智人的高等之处在于灵巧的双手，赫拉克利特认为宇宙是永远流变的动态力量的产物，这一倾向在第一批原子论者留基伯和德谟克利特那里达到了一个高峰。相对立的倾向始于埃利亚学派，在巴门尼德那里得到了其极端的表达。他教导说所有表面上的变化、演化和衰落都是感官的幻觉，因为任何存在的东西都不可能来自任何不存在或与它不同的东西；幻觉背后的现实处于静止的完美状态，是不可分割、不可改变的。因此，对于赫拉克利特来说，实在是一个不断变化和形成的过程，一个动态压力的世界，一个充满对立面之间的创造性张力的世界；而对于巴门尼德来说，实在是一个坚实、自存、永恒不变、均衡、静止的球体。[13]

当然了，上面这段话过分简化了一个哲学辩论最为活跃的时期的那些进展。但我的意图仅仅是为了表明，亚里士多德的宇宙模型如何巧妙地将月下区域交给了唯物主义者，并让它遵循赫拉克利特的名言"万物皆流"，从而解决了基本的困境；而在宇宙的其余部分，永恒的、不可改变的部分，则仍然立着巴门尼德的标记"万物恒常"。

我们重申，这并不是两种世界观或"对世界的体悟"的调和，而仅仅是一种并置，这两种世界观都对人类的思想产生了深刻的启发。在稍后一个时期，当并置让位于对立观点之间的**分层**（gradation），当最初的亚里士多德式的双层宇宙——地下室加上阁楼——被精心编排的多层结构取代，这种启发的力量便得到了增强。这是一个宇宙的层级结构，其中每个物体和生物被指定一个精确的"位置"，因为在低层的地球和高层的天空之间的空间被分了很多层，万物在其中的位置定义了它在存在之链的价值尺度上的等级。我们将看到，这个类似于行政机构分级（只是没有升职，只有降职）的封闭式宇宙的概念存活了将近1500年。这像是一个保守的宇宙。在漫长的十几个世纪中，欧洲思想和自身的过去与未来相比都极为不同，与中国或印度哲学更为接近。

然而，即使欧洲哲学只是对柏拉图的一系列脚注，尽管亚里士多德对物理学和天文学有长达千年的束缚，但总的来说，他们的影响力并不那么依赖他们的教诲的原创性，就像在思想进化中的自然选择过程那样。在一些思想意识的突变中，一个特定的社会将选择它潜意识认为最适合其需要的哲学。在随后的几个世纪中，每一次当欧洲的文化气候发生变化时，两颗双子星也改变了他们的外观和颜色：奥古斯丁和阿奎那，伊拉斯谟和开普勒，笛卡尔和牛顿，每一对都在其中读出了不同的启示。柏拉图的含混不清和矛盾，亚里士多德的辩证的反转，容许了各种各样的诠释和重点的转换；而且通过两人的联合或交替，通过结合两人观点的特定方面，总体效果实际上可以颠倒过来。我们将看到，16世纪的"新柏拉图主义"（"New Platonism"）在大多数方面与中世纪早期的新柏拉图主义（Neoplatonism）相反。

在这个背景下，我必须暂时回到柏拉图对变化的厌恶——对"生与灭"的厌恶，这使得月下区域成为宇宙中一个声名狼藉的贫民区。亚里士多德本人并没有这种厌恶。作为一个敏锐的生物学家，他认为自然界的所有变化、所有运动都有目的——甚至是无生命体的运动。一块石头会落到地上，就像一匹马向着马厩慢跑，因为这是它在宇宙层级结构里的"自然位置"。在后面我们将会惊叹于这种亚里士多德式的想法对欧洲科学进程产生的灾难性影响。现在我只想指出，尽管亚里士多德反对演化和进步，但他并不像柏拉图一样对变化持失败主义的态度。[14] 然而，新柏拉图主义的主导趋势忽略了亚里士多德与柏拉图在这个根本要点上的不一致，并成功地吸取了两个世界的最糟糕的一面。它采纳了亚里士多德的宇宙构想，却让月下区域成为柏拉图意义上的影子谷；它遵循柏拉图关于自然世界是理想形式的模糊复制品的学说——亚里士多德反对这一学说——却追随亚里士多德，将第一推动者置于宇宙的范围之外。它遵从两人竭尽心力去构建的封闭的宇宙，以防御"变化"的野蛮入侵；建立了一个层层套叠的球体的巢穴，永恒地旋转，却停留在同一个地方。如此，它就可以隐藏它那唯一的可耻秘密——那被安全地隔离在月下区域的已遭沾染的中心。

在关于洞穴的著名寓言中，人们戴着枷锁站着，背对着光源，只能看到墙上影子的晃动，却不知道这些只是影子，不知道洞穴外那明亮的现实——在这个描述了人类境况的寓言中，柏拉图拨响了一个原型的和弦，蕴含着不断的回声，就像毕达哥拉斯的天球的和谐一样。但是，当我们将新柏拉图主义和经院哲学视为具体的哲学和生活的戒律时，我们可能会忍不住想要把事情反过来看，为阿卡德米和吕克昂的这两位创始人画一幅画——将他们画成完全相同的洞穴中的两个惊恐的人，面对着墙壁，被锁链束缚在一个悲惨的时代中他们自己的位置上，背对着希腊英雄时代的火焰，投下怪诞的影子。这阴影将时时作祟，困扰人类1000多年。

5

与现实的分离

1. 天内有天（欧多克索斯）

在一个封闭的宇宙中，恒星尚未引发具体的问题，对我们理解力的挑战来自那些行星。宇宙学的主要任务就是想出一个可以解释太阳、月球和其余5个行星如何运动的系统。

当柏拉图关于所有天体都做完美的圆周运动的声明，成了拥有"阿卡德米"这个庄严名称的第一所机构的第一个学院化教条时，这项任务涉及的范围进一步缩小了。学院化的天文学的任务现在是要证明，行星的明显不规则的散漫运动，是几个简单的匀速圆周运动以某种方式共同作用的结果。

第一次严肃的尝试是由柏拉图的学生欧多克索斯完成的，并由后者的学生卡利普斯加以改进。这是一次巧妙的尝试——欧多克索斯是一位才华横溢的数学家，欧几里得第5本书的大部分内容都是来自他的贡献。在之前提过的宇宙地心说模型中，我们记得，每个行星有属于自己的透明天球，所有的天球都围绕地球旋转。但是，由于这并没有解释行星运动的不规则性，如偶尔会停止不动并暂时倒退，即"停滞"（stations）和"逆行"（retrogressions），因此，欧多克索斯分配给每个行星的不是一个天球，而是几个。行星附着在天球赤道的一个点上，天球围绕其轴线A旋转。轴线的两端插入一个同心的更大天球S_2的内表面，S_2围绕另一条轴线A_2旋转，并带动着A旋转。S_2的轴线附着于另一个更大的天球S_3，

S_3围绕另一条轴线A_3旋转，如此等等。就这样，行星将参与到形成"嵌套"的各个天球的所有独立旋转中；让每个天球以适当的倾斜角度和速度旋转，就有可能粗略地再现——尽管只是非常粗略地——每个行星的实际运动。[1] 太阳和月球各需要3个天球的嵌套，其他行星各需要4个天球（大量的恒星只需要1个天球），总共是27个天球。卡利普斯改进了这个系统，代价是增加了7个天球，共计34个。这时候，亚里士多德来了。

在前一章中，我重点讨论了亚里士多德的宇宙的大致轮廓及其形而上学推论，并未涉及天文学细节。因此，我谈到了经典的9个天球（九重天），从月球到第一推动者的天球（事实上，在中世纪就只有这一个被记住了），没有提到这9个天球中的每一个实际上都是一个球内有球的嵌套。实际上，亚里士多德一共使用了54个天球来解释7个行星的运动。额外增加了20个天球的原因很有意思。欧多克索斯和卡利普斯并不关心能否构建一个现实上可行的模型，他们不关心天空的真正机械构造。他们建造了一个纯粹的几何图案，自己也知道这只是纸上谈兵。亚里士多德希望做得更好，可以将其转化为一个真正的实体模型。这里的困难在于，所有相邻的天球必须是机械连接的，但每个行星各自的运动却不得传递给其他行星。亚里士多德试图在两个相邻的嵌套之间插入一些"中和的"天球来解决这个问题，中和天球与"运动天球"以相反的方向旋转；以这种方式，如木星对其附近行星运动的影响就被消除了，而火星的嵌套就可以从头开始设计。但是就再现实际的行星运动而言，亚里士多德的模型并没多少改进。

此外，还有一个困难没有解决。虽然每个天球都参与了围住自己的更大天球的运动，但它仍需要一个特殊的力来使它能够围绕自身轴线独立自转；这意味着必须要有不少于55个"不动的推动者"或神，来保持系统的运行。

即使按现代标准来看，这也是一个极其精巧的系统——也是完全愚蠢的。事实证明，尽管亚里士多德德高望重，但这个系统很快就被彻底遗忘了。然而，这只是天文学家从他们饱受折磨的大脑中创造出来的几个同样精巧也同样愚蠢的系统中的第一个，他们都听从了柏拉图的催眠暗示，即所有的天体运动都是围绕地球的圆周运动。

关于这个系统有一点不实之处。欧多克索斯的天球——无论有多不精确——可以解释行星运动中存在的"停滞"和"逆行"现象，但永远无法解释行星的大小和亮度的变化，这是行星与地球的距离变化造成的。这在金星和火星的情况下尤为明显，最突出的则是月球；还有根据月球与地球的瞬时距离不同，太阳的中心食可以是"环食"或"全食"。所有这些在欧多克索斯之前就是已知的，因此欧多克索斯本人及亚里士多德对此都清楚。[2] 然而他们的系统却完全忽略了这个事实：无论行星的运动多么复杂，它都被限定在一个以地球为中心的天球里，它与地球的距离永远不会因此变化。

正是这个令人不满意的情况产生了由赫拉克利德斯和阿里斯塔克斯建立的非正统的宇宙学分支（见第3章）。赫拉克利德斯的系统消解了（尽管仅仅是对于内行星而言）**两个**最惹眼也最尴尬的问题："停滞和逆行"，以及离地球距离的变化。此外，它还解释了（如第29页图B所示）这两个问题之间的逻辑相关性：为什么金星在侧移时总是最亮，且最亮时总是侧移时。当赫拉克利德斯和阿里斯塔克斯使包括地球在内的其余行星围绕太阳运动时，希腊科学走上了通向现代宇宙的笔直大道；接着它又再次迷失了。阿里斯塔克斯以太阳为中心的模型被认为是怪异的而被丢弃；与此同时学院科学一路凯歌高奏，从柏拉图，经欧多克索斯，再到亚里士多德的55个天球，抵达了一个更精巧和不可思议的人工景观：克劳迪乌斯·托勒密设计的本轮迷宫。

2. 轮内有轮（托勒密）

如果称亚里士多德的宇宙为洋葱宇宙，我们不妨称托勒密的宇宙为摩天轮宇宙。这个理论始于公元前3世纪佩尔加的阿波罗尼乌斯，由罗得岛的喜帕恰斯在公元前2世纪加以发展，并在公元2世纪由亚历山大里亚的托勒密完成。托勒密系统是哥白尼之前的最后一个天文学系统（仅出现过细微调整）。

　　任何有节奏的运动，甚至是鸟儿的舞蹈，都可以想象成一个钟表装置的运转，其中有许多看不见的齿轮相互合作产生运动。自从"匀速圆周运动"成为天上世界的法则，天文学的任务就沦为在纸面上构思这样的虚构的钟表装置，将行星的舞蹈解释为正圆形的、缥缈的部件旋转的结果。欧多克索斯使用天球作为部件，而托勒密使用轮圈。

　　也许将托勒密的宇宙想象成一个"巨轮"或"摩天轮"的系统，而不是一个普通的钟表装置更容易理解一些，我们在游乐园里就能见到摩天轮——一个巨大的、直立的、缓慢旋转的轮子，带有座位或小舱，从边缘悬挂下来。让我们想象乘客绑好安全带，坐在小舱里的座位上；让我们进一步想象这个机械装置失灵了——小舱不再静静地悬垂在巨轮的边缘，而是绕着悬挂的枢轴疯狂地旋转，而枢轴本身随巨轮慢慢旋转。不幸的乘客，或者是行星，如今在空中划出了一条曲线，它不是圆形的，而是一组圆形运动的组合。通过改变轮圈的尺寸、小舱悬臂的长度，以及两个旋转运动的速度，就可以产生各种各样的曲线，如图中所示的曲线——还有肾形曲线、花环形、椭圆形，甚至是直线！

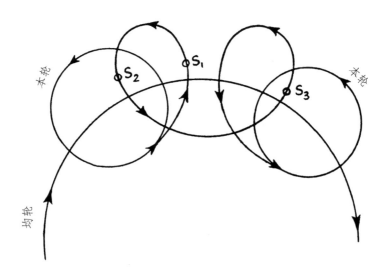

　　从位于巨轮中心的地球上看，小舱中的行星-乘客将顺时针运动，直

到他到达"停滞点"S_1，然后逆时针退回到S_2，然后再顺时针移动到S_3，如此往复。*巨轮的轮圈被称为**均轮**（deferent），小舱画出的圆圈被称为**本轮**（epicycle）。通过选择本轮和均轮直径之间的适当比率，以及本轮和均轮的适当速度，就可以在"停滞和逆行"以及离地球的距离的变化等方面，实现与观测到的行星运动相当近似的运动。

然而，这些并不是行星运动中仅有的不规则现象。还有另一个问题，其原因在于（我们今天已经知道）它们围绕地球运动时的轨道不是圆形的，而是椭圆形的，也就是说这些轨道会"凸出来"。为了消除这种异常，人们引入了另一个设计，称为"可移动的偏心"（movable excentric）：巨轮的轮毂不再与地球重合，而是在地球附近的一个小圆圈上移动；以这种方式产生了相应的"偏心轮"，即"凸出"的轨道。†

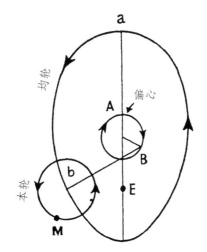

根据托勒密的理论，水星的椭圆形轨道：
E＝地球；M＝水星

---

* 说到这，读者可能会认为我在旧话重提，因为本页的这个图似乎表达了与第29页图B相同的观点，即赫拉克利德斯的理论。但是有一点不同，在赫拉克利德斯的设计中，行星的本轮以太阳为中心。而在托勒密的设计中，它没有任何中心。它是纯粹的几何结构。

† "可移动的偏心"实际上只是一种相反意义上的本轮，而且因为这两者在几何上是可互换的，所以两个我都将使用"本轮"来表示。

在上图中，巨轮的轮毂在小圆上顺时针移动，从A到B；小舱悬挂在轮圈上的点按逆时针方向从a到b以椭圆形曲线移动；最后是小舱围绕本轮旋转。但这还不够，对某些顽固的行星来说，人们发现有必要在悬挂在巨轮的小舱上再悬挂第2个小舱，具有不同的半径和速度；然后是第3个、第4个、第5个，直到最下面的小舱内的乘客能够画出一条或多或少符合他的意愿的轨迹。

等到托勒密系统完善时，这7名乘客，太阳、月球和5个行星，需要一个不少于39个轮子的机械装置来再现在空中的运动；最外层的轮子携带着恒星，使得这个数字达到了40个。这个系统直到弥尔顿的时代仍是唯一在学院科学中被认可的，弥尔顿在《失乐园》的一个著名段落中对此加以讽刺：

> 大建筑师聪明地把其余的事
> 向人和天使隐瞒起来，不向
> 精究者，宁向赞叹者透露秘密。
> 或者，他们若愿意臆测，他就
> 把天球的构造，任他们议论去，
> 也许要笑他们猜测得过分离奇，
> 他们后来会模拟天球，测量星宿时，
> 妄自猜想怎样使用那庞大的构架，
> 怎样建筑、怎样拆毁、发明一套
> 学说，说什么用同心圆和异心圆，
> 天圈和周转圈，圈中的圈，来
> 圈住这个大球等说法，离奇可笑。*

卡斯蒂利亚的阿方索十世被称为智者，他是一个虔诚的人，也是天文学的重要赞助人。他用更简洁的语言说明了这件事。当他得知托勒密的

---

* 译文版本：[英]约翰·弥尔顿，《失乐园》，朱维之译，人民文学出版社，2019年。——编者注

系统时，叹道："如果全能的主在开始创造这世界之前问问我的意见，我会推荐一个简单点的构造。"

3. 悖论

托勒密的宇宙中有某种令人非常讨厌的东西，它是一个耐心有余而创意不足的书呆子的作品，顽固地堆叠着"圈中的圈"。他的前辈喜帕恰斯已经完善了本轮宇宙的所有基本思想及其需要的几何工具。但喜帕恰斯只将它们应用于构建太阳和月球的轨道。托勒密补足了他未完成的工作，没有提出任何具有重大理论价值的思想。[3]

喜帕恰斯在阿里斯塔克斯之后的一个多世纪，即公元前125年左右非常活跃；而在喜帕恰斯时代的近3个世纪之后，即公元150年左右，托勒密也非常活跃。在这段长度几乎相当于整个英雄时代的时期内，实际上没有取得任何进展。路标变得稀疏起来，很快就会在荒漠中完全消失。托勒密是亚历山大里亚学派的最后一位伟大的天文学家。他拾起了喜帕恰斯留在身后的思想的线头，完成了环环相套的图案。这是一块意义深远却又令人沮丧的挂毯，是疲惫的哲学和衰微的科学的产物。但在将近1500年的时间里，没有任何别的东西将其取代。托勒密的《天文学大成》[4]一直到17世纪初都是天文学的《圣经》。

要从一个恰当的角度来看待这个离奇的现象，我们不仅必须警惕后见之明，同时也要小心防备那种与之相反的傲慢伪善态度，即将科学过去的荒唐错误视为无知或迷信所导致的不可避免的结果："我们的祖先只不过是不如我们懂得多。"我要说的是，事实上他们懂得更多；要解释宇宙学是如何把自己诱骗进了这条离奇的死胡同，我们就必须寻找更具体的原因。

首先，亚历山大里亚学派的天文学家们可算不上无知。他们用来观测星体的仪器比哥白尼的更为精密。我们之后会讲到，哥白尼本人几乎不怎么盯着星星看，他所依赖的是喜帕恰斯和托勒密的观察结果。对于天空中实际的运动，他所知道的并不比他们更多。喜帕恰斯的恒星星表和托勒密的行星运动计算表非常可靠和精确，只经过一些微小的修正就成了哥伦布及瓦斯科·达伽马的航海指南。另一位亚历山大里亚学派的天文学家埃拉托斯特尼计算的地球直径为7850英里*，误差仅为0.5%；[5] 喜帕恰斯计算的月地距离为地球直径的30¼倍，误差仅为0.3%。[6]

因此，就事实性知识而言，哥白尼并不比生活在耶稣基督时代的亚历山大里亚学派的希腊天文学家们更优秀，而在某些方面还更糟糕。他们拥有和他相同的观测数据、相同的仪器、相同的几何学技能。他们是"精密科学"的巨人。但是他们却没能领会后来的哥白尼，以及之前的赫拉克利德斯-阿里斯塔克斯曾领会到的东西：行星的运动显然受太阳的控制。

我前面已经说过，我们必须提防"显然"这个词，但在现在这个情况下，使用这个词是恰当的。因为赫拉克利德斯和毕达哥拉斯学派并不是通过猜测侥幸发现了日心说，而是通过观察到的事实，即内行星表现得像是太阳的卫星，并且外行星的逆行和离地球距离的变化同样是由太阳所支配的。因此，到公元前2世纪末，希腊人已经掌握了构成这个拼图的所有图块，[7] 但未能将它们拼凑到一起；或者更确切地说，已经将它们拼到了一起，但又将它们分开了。他们知道5个行星的轨道、周期和速度与太阳有关，并且依赖太阳，然而在他们遗留给世界的这个宇宙系统里，他们却选择完全忽略了这个至关重要的事实。

这种思想上的雪盲症更不同寻常的地方在于，**作为哲学家，他们已经意识到太阳所扮演的主导角色，而作为天文学家，他们却否认了这一点。**

在此我引用一些文字来展现这个悖论。例如，西塞罗，他的天文学知识当然完全来源于希腊，在《论共和国》中他写道："太阳……其余星体的统治者、君王和首领，宇宙唯一的最高原则，它如此宏大，以至于它的光照亮了、填满了一切……**水星和金星的轨道跟随它，作它的随从。**"[8]

普林尼在一个世纪后写道："太阳在行星中间穿梭，**不仅指引着历法和地球，还有群星和天空。**"[9]

---

* 1英里=1609.344米。——编者注

普鲁塔克在《论月面》中也有类似的说法：

> 但总的来说，我们怎么能说：地球处于中心 —— 处于什么的中心？宇宙是无限的；无限，既没有开始也没有结束，也没有中心。……宇宙没有将任何固定的中心赋予地球，漫无目的地摇摆着在无限的空虚中漂泊着的、无家可归的地球……[10]

在公元4世纪，当古代世界的黑暗终于落幕，叛教者尤利安写下了关于太阳的文字："它引领群星的舞蹈，它的远见指引着自然界的世世代代。它是行星的君王，行星围绕着它舞蹈；它们围绕在它周围，相隔完美和谐、精确限定的距离，正如思考天象的哲人们所确认的那样……"[11]

最后是生活在公元4世纪左右的马克罗比乌斯，他对我在上文引用的西塞罗的段落评论道：

> 他称太阳是其他星体的统治者，因为太阳控制着它们在一定空间范围内的顺行和逆行，行星的前进和后退被限制在距离太阳一定的空间范围之内。因此太阳的力量控制着其他星体在固定范围内的运行路线。[12]

这就是证据，表明了在古代世界的最后，赫拉克利德斯和阿里斯塔克斯的教导还是被人们牢记着；真理一旦被找到，它可能被隐藏、被掩埋，但不会破灭。然而，托勒密的地心说宇宙，无视太阳所扮演的特殊角色，却在1500年里一直垄断着科学思想。怎么解释这个神奇的悖论呢？

经常有人提出，原因就是对宗教迫害的恐惧。但所有支持这种观点的证据，都引用自之前提到过的普鲁塔克对话录《论月面》中某个人物所做出的一个调侃的评论。这个人物即卢修斯，他开玩笑地指责有人以为月球和地球一样，由固体物质组成，这是"颠倒了宇宙"；接着他进一步解释他的观点：

卢修斯微笑着说："很好。只是不要指责我亵渎神明，就像克里安西斯曾说希腊人理应控诉萨摩斯岛的阿里斯塔克斯移动了宇宙的壁炉，因为他为了拯救那些现象而试图假设天空静止不动，而地球在一个倾斜的轨道上旋转，同时也围绕自身的轴旋转。"[13]

然而，从未有人提出指控；无论是深受敬重的阿里斯塔克斯，还是赫拉克利德斯或其他任何坚持地球运动说的人，都没有受到迫害或指控。如果克里安西斯曾经真的打算让任何人以"移动宇宙的壁炉"为由被指控，那么第一个被指责为不敬的人就该是德高望重的亚里士多德，因为阿里斯塔克斯仅仅是让壁炉与地球一起在空中移动，而亚里士多德却将壁炉移到了宇宙的边缘，完全剥夺了地球的神圣存在，使其成为宇宙中最底层的地方。实际上，"宇宙的壁炉"只不过是对毕达哥拉斯的中央火的诗意的暗指，将它视为一种宗教教理是荒谬的。克里安西斯本人是一个具有神秘主义倾向的、有些怪脾气的斯多葛派哲学家。他给宙斯写过一首赞歌，并且鄙视科学。阿里斯塔克斯是一个科学家，还是萨摩斯人，这个岛上从来就没有出过什么好事，克里安西斯对他的态度显然是"这家伙应该被绞死"。除了普鲁塔克的这一点学术八卦之外，在希腊化时代，没有任何资料提及了宗教对于科学的不容忍。[14]

4.知道与不知道

因此，无论是无知，还是臆想出的亚历山大里亚学派遭受的宗教裁判所的威胁，都无法解释为什么希腊天文学家在发现日心说系统之后却将之摒弃。[15] 然而，他们从未完全将其摒弃。如先前引用的段落所示，从西塞罗和普鲁塔克到马克罗比乌斯，都表明他们知道太阳主宰行星的运动，但同时又对这个事实视若不见。但也许，正是这种非理性本身提供了答案的线索，让我们摆脱了纯粹从理性的角度入手看待科学史的习惯。为什么我们认可艺术家、征服者和政治家会受非理性动机的驱使，而认为科学界的英雄们就不会这样呢？后亚里士多德时代的天文学家们对太阳统治众行星既予以否认又加以肯定；尽管有意识的推理不接受这样一个悖论，但同时肯定和否认，对同一个问题同时说"是"和"不是"，似乎同时知道又不知道，这些正是无意识的本性。衰落时代的希腊科学面临着一个不可解决的冲突，导致了思想的分裂。这种"受控性精神分裂症"持续了整个黑暗的中世纪，直到它几乎被理所当然地视为人类的正常状态。它的持续不是由于来自外部的威胁，而是因为思想内部深植的一种潜意识压抑，将思想分隔成相互完全不可沟通的隔间。

他们主要关心的是"拯救表象"。这个不祥的短语其最初含义是，一个理论必须对观察到的现象或"表象"做出正确的判断；用简单的话说，它必须与事实一致。但这个词渐渐开始意味着不同的东西。如果天文学家成功地创造了一个假说，将行星沿着不规则形状的轨道进行不规则运动，转化为沿着圆形轨道做规则运动——**无论这个假设是否成立**，无论它在实际上是否可能——那么，天文学家就"拯救"了这一系列现象。亚里士多德之后的天文学变成了一个抽象的天空几何学，脱离了物理现实。它的主要任务是通过解释从而消除天上的非圆周运动的"丑闻"。作为计算太阳、月球和行星的运动表的方法，它具有实践上的用处；但对于宇宙的真正本相，它无话可说。

托勒密本人对此非常明确："我们相信天文学家必须努力实现的目标是：证明天上的所有现象都是由匀速的圆周运动所产生的……"[16] 他还说："我们的任务是证明5个行星、太阳和月球的不规则视运动全都可以通过匀速圆周运动来表示，因为只有这样的运动才符合它们的神圣本性……我们有权利将完成这项任务视为基于哲学的数理科学的终极目标。"[17] 托勒密还明确指出，为什么天文学必须放弃解释其背后的**物理**现实的所有企图：因为天上的物体具有神性，遵循的法则不同于地球上的物体。两者之间不存在联系，因此，我们对天上的物理学一无所知。

托勒密是一个全心全意的柏拉图主义者，现在人们已经充分感受到了双子星对科学进程的影响。他们将月下区域的四元素和天空的第五元素分离，这直接导致了天空几何学与物理学，即与关于物理现实的天文学的分离。分裂的世界反映在分裂的思想之中。它知道**在现实中**太阳对行星有物理学上的影响，但现实已经不再是它的关注点了。[18]

托勒密的同时代人士麦那的塞翁在一段惊人的文字中概括了这个情况。他先是表达了他的观点，即水星和金星毕竟可能会围绕太阳旋转，接着，他说太阳应该被称为宇宙的心脏，因为宇宙既是"一个世界也是一只动物"。

> 但是［他反思道］，在有生命的身体中，动物的中心不同于它身体的中心。例如，我们既是人又是动物，生物体的中心在心脏，总是在跳动，总是温热的，因此是灵魂的所有才能、欲望、想象力和智慧的源泉；但我们的身体的中心却在别的地方，在肚脐附近……同样……宇宙的数学中心是地球所在的地方，寒冷、固定不动，但宇宙作为动物的中心却在太阳之中，也就是说，太阳是宇宙的心脏。[19]

这段文字既给人启发又令人震惊，它敲出的音符将回响于整个黑暗的中世纪。它蕴含着原始的渴望，渴望将宇宙理解为一个活生生的、脉搏跳动的动物；它又过分杂糅了寓言和现实的陈述，对充满灵感的柏拉图式嘲弄进行掉书袋式的变形，令人震惊。肚脐和心脏之间的对比很聪明，但不能令人信服。它没有解释为什么2个行星会围绕心脏旋转，而另外3个围绕肚脐旋转。塞翁及其读者真的相信有这种事情吗？答案是，显然他们的心中有一个部分是相信的，但另一个部分不相信。分离的过程已接近完成。观测天文学仍在发展、前进；但在哲学上，相比于700年前的毕达哥拉斯派，甚至是爱奥尼亚学派，都是何其地倒退！

5. 新神话

看来轮圈已经完整地转动了一周，回到了早期的巴比伦人那里。他们也是非常能干的观察者和日历制作者，他们将精密科学与神话般的梦想世界结合到了一起。在托勒密的宇宙中，环环相扣的正圆形运河已经取代了星神们驾船航行的星河水道。柏拉图式的天空神话更抽象、更素朴，但它与之前的神话一样荒唐如梦。

这个新神话的三大基本幻想是：天上世界和月下世界的二元论；地球在中心静止不动；所有天体运动都为圆周形。我已经试着阐释了这三点的共同特性，以及它们在潜意识中吸引人的秘密，即在一个分裂的文化中人们对变化的恐惧，对稳定和永恒的渴望。为了减轻对未知事物的恐惧，一点点思想的分裂和矛盾也许不算是太高的代价。

但无论代价是高还是低，都必须付出代价：宇宙陷入深度冻结，科学陷入瘫痪，人造卫星和核弹头的制造延迟了1000年甚至更久。在永恒的层面上（sub specie aeternitatis），这是一件好事还是坏事，我们永远都不会知道；但就我们有限的话题而言，这显然是一件坏事。以地球为中心的、二元论的、圆周运动的宇宙观，因为害怕危及其主要原则——稳定性，因而拒绝任何进步和妥协。因此，我们甚至不能承认两个内行星围绕太阳旋转，因为一旦在这个看似无害的小问题上让步，合乎逻辑的下一步就是将这个想法扩展到外行星和地球本身——就像赫拉克利德斯的偏离的发展一样。惊恐的心总是处于防备状态，异乎寻常地在意向魔鬼退让寸步的危险。

后期的希腊宇宙学家的焦虑情结，在托勒密本人写的一段古怪文字[20]中变得几乎非常明显。在这段话中他为地球固定不动的立场辩护。他从惯常的常识论证开始，说如果地球在移动，那么"所有的动物和所有分离的重物将被留在空中飘浮着"。尽管早在托勒密之前，毕达哥拉斯学派和原子论者就已经意识到这个观点的荒谬性，但这话听起来多少还算有点道理。但之后托勒密又接着说，如果地球真的在移动，它应该"已经以极快的速度完全脱离了宇宙"。即使是以一个幼稚的标准来看，这话也是不合理的，因为地球的唯一运动是围绕太阳做圆周运动，不会有脱离宇宙的风险，就像太阳围绕地球旋转也不会产生这样的风险一样。当然，托勒密对此非常清楚，或者更确切地说，他的思想中的一部分知道这一点，而另一部分则被"失去了固定不动的地球，世界就会分崩离析"的恐惧催眠了。

正圆形的神话具有同样根深蒂固且引人入胜的力量。毕竟，它是最古老的符号之一。画一个有魔法的圈将一个人围住，可保护他免遭恶灵侵害，让他的灵魂免遭危险；它标志着此处是不可侵犯的圣所；在建一座新城时，通常会犁出第一条圆形的沟（sulcus primigenius），圈住新城所在的位置。除了是稳定性和保护的象征之外，圆形或轮子可以说具有技术上的合理性，是任何机械设备的适当要素。但另一方面，行星轨道显然**不是**圆形的；它们是偏心的、凸出的、椭圆形或蛋形的。它们能够被几何学上的技法排布成多个圆形轨道的组合**的样子**，但这就要以放弃贴近物理现实为代价。有一些残破的小型希腊星象仪碎片保存到了今天，其年代为公元 1 世纪，这是一个旨在重现太阳、月球，也许还有行星运动的机械模型。但是上面的轮子，或者说至少其中有些轮子不是圆形的，而是蛋形的。[21] 第 49 页上托勒密系统中的水星轨道显示为类似的椭圆形。所有这些线索都被忽略了——被打入冷宫，成了圆形崇拜的牺牲品。

然而，关于椭圆形曲线，并没有任何生来就令人恐惧的东西。它们也是"封闭的"曲线，会回归自身，显示出令人安慰的对称性和数学上的和谐。也许是有点讽刺意味的巧合，第一个对椭圆形的几何性质做全面研究的，也是佩尔加的阿波罗尼乌斯，他从未意识到自己手中已有了答案，却开始建立本轮的怪物宇宙模型。我们将看到，2000 年后，约翰内斯·开普勒治愈了天文学对圆形的痴迷，却仍然犹豫是否应该采用椭圆形轨道，因为，他写道，如果答案那么简单，"那么问题早就该被阿基米德和阿波罗尼乌斯解决了"[22]。

6. 立体主义的宇宙

在告别希腊世界之前，让我们画一条想象中的平行线，这也许有助于将事情看得更清楚。

1907 年，巴黎的塞尚纪念展在开幕的同时出版了一批大师的信件。其中一封信中有这样一段话：

> 自然界中的一切都以球体、圆锥体和圆柱体为模型。人们必须学

会将自己的画作以这些简单的图形为基础，这样就能完成任何你想要完成的绘画。

还有：

> 人们看待自然时必须将自然的形态简化为圆柱体、球体和圆锥体，全都放入透视图中，这意味着物体的每一面，每个平面，都指向一个中心平面。[23]

这个声明成了一个错误地被称为"立体主义"的绘画流派的信条。毕加索的第一张"立体主义"画作实际上完全由圆柱体、圆锥体和圆圈构成；而该运动的其他成员将自然界视为多面体——角锥体、长方体和八面体。[*]

但无论是用立方体、圆柱体还是圆锥体来进行绘画，立体主义者宣称的目标都是将每个物体分解为规则的几何实体组合而成的构造。就像行星轨道不是由规则的圆形构成的一样，人脸也不是由规则的立方体构成的；但在这两种情况下我们都可以"拯救现象"。在毕加索的《镜前的少女》中，模特的眼睛和上唇被简化为球体、锥体和平行六面体的组合，显示出了与欧多克索斯的天球套天球旋转一样的精妙与疯狂。

对绘画来说，塞尚的立体主义宣言要是也像柏拉图的球体主义宣言一样成为一种教义的话，那将是相当令人沮丧的。毕加索会受罚，罚他一辈子都要绘画更精致的圆柱形碗；而没什么天赋的人很快就会发现，在氖灯下的坐标纸上用圆规和尺子更容易拯救现象，而不用直面自然世界中存在的挑战。幸运的是，立体主义只是一时的绘画风尚，因为画家们可以自由选择他们的风格。但历史上的天文学家不能。如我们所见，对宇宙的呈现中所展示的风尚直接关系到哲学的基本问题；后来在中世纪，它还关系到神学的问题。"球形主义"（spherism）对人类宇宙观的诅咒持续了2000年。

---

[*] 这个运动的名称来源于马蒂斯的一个轻蔑的评论，他说布拉克的一幅风景画是"完全由立体小方块构成的"。[24]

在过去的几个世纪中，从大约公元1600年开始，科学的进步一直持续不断。因此，我们禁不住将这种观感延伸到过去，并错误地相信知识的进步一直是一个连续、累积的过程，沿着一条从文明的起点稳步上升的道路，直至我们目前令人眩晕的高度。情况当然不是这样的。在公元前6世纪，受过教育的人知道地球是一个球体；在公元6世纪，他们再次认为它是一个圆盘，或与圣幕（Holy Tabernacle）的形状相似。

我们回顾目前为止所走过的道路，可能会惊讶于以理性思想为指导的科学进步所占的路段是何其短。科学进步的道路上有很多隧道，其长度以英里为单位，而其间阳光普照的路段不过几码的长度。在公元前6世纪之前，隧道里充满了神话形象；接下来的3个世纪，有了一线光芒；接着我们冲入了另一条隧道，里面充满了不同的幻想。

第一部年表*

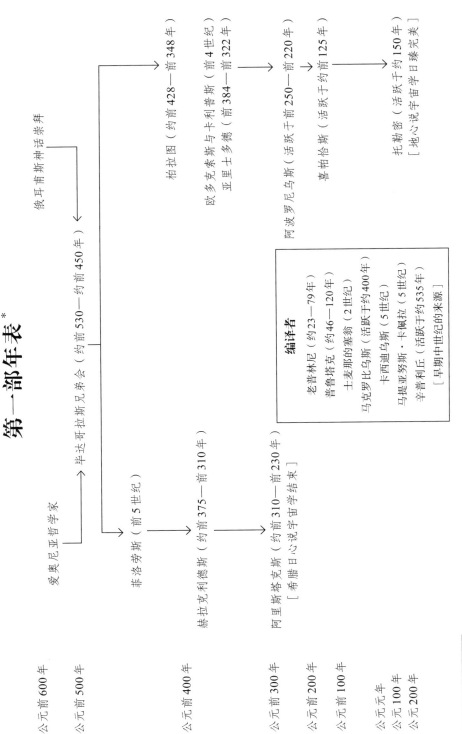

俄耳甫斯神话崇拜

毕达哥拉斯兄弟会（约前 530—约前 450 年）

爱奥尼亚哲学家

菲洛劳斯（前 5 世纪）

柏拉图（约前 428—前 348 年）

欧多克索斯与卡利普斯（前 4 世纪）
亚里士多德（前 384—前 322 年）

阿波罗尼乌斯（活跃于前 250—前 220 年）

喜帕恰斯（活跃于前 125 年）

托勒密（活跃于约前 150 年）
[地心说宇宙学日臻完美]

赫拉克利德斯（约前 375—前 310 年）

阿里斯塔克斯（约前 310—前 230 年）
[希腊日心说宇宙学结束]

编译者
老普林尼（约 23—79 年）
普鲁塔克（约 46—120 年）
士麦那的塞翁（2 世纪）
马克罗比乌斯（活跃于约 400 年）
卡西迪乌斯（5 世纪）
马提亚努斯·卡佩拉（5 世纪）
辛普利丘（活跃于约 535 年）
[早期中世纪的来源]

公元前 600 年
公元前 500 年

公元前 400 年

公元前 300 年
公元前 200 年
公元前 100 年
公元元年
公元 100 年
公元 200 年

* 仅表现了宇宙系统的主要发展方向。

第二部

黑暗的间奏

1

长方形的宇宙

1. 上帝之城

柏拉图曾说，凡人由于身体感官的粗鄙而听不到天球世界的和谐；基督教的柏拉图主义者则说，人类随着堕落失去了这种能力。

当柏拉图的描述拨响了原型的和弦，这和弦会继续在意想不到的意义层面上不断回响，有时会颠倒原本打算传达的信息。因此，人们可以担着风险说，正是柏拉图引起了哲学的堕落，使得他的追随者们对自然的和谐之音充耳不闻。导致堕落的罪恶正是对自然哲学和宗教哲学的毕达哥拉斯式联结的摧毁，即否认科学是一种崇拜形式，将宇宙的结构分裂为卑劣的低地和超凡的高地，两者由不同的材料构成，受不同的法则管辖。

人们也许会称之为"绝望的二元论"，它由新柏拉图主义者带到了中世纪的哲学中。它是一个被倾覆了的文明即马其顿征服时期的希腊，遗留给另一个被倾覆了的文明即日耳曼部落征服时期的拉丁世界的遗产。从公元3世纪到帝国末期，新柏拉图主义在三个主要的哲学中心，亚历山大里亚、罗马和雅典学园，都占据了绝对的统治地位。根据我们已经看到的在思想领域中起作用的自然选择过程，中世纪吸收的正是新柏拉图主义中那些唤起人们对天国的神秘向往、呼应了人们对被称为"万物结构中最底层、最卑劣元素"的世界之绝望的元素[1]；而新柏拉图主义更乐观的方面被忽略了。至于柏拉图本人，只有那部意义不清的杰作《蒂迈欧》的拉丁文译本还可找到（希腊人的知识正在消失）；虽然新柏拉图主义者中最有影响力的普罗提诺断言，物质世界在某种程度上分享了造物主的善与美，然而他最为人所知的是他说自己"因为有肉体而脸红"。在罗马帝国崩塌之后，新柏拉图主义正是以这种扭曲和极端的形态被吸收入基督教之中，并成为古代与中世纪欧洲之间的主要纽带。

这种融合的一个重要象征是圣奥古斯丁《忏悔录》中的一章，他描述了上帝是如何"通过某个人——一个极其自负的人——带给我一些从希腊语翻译成拉丁语的柏拉图学派的书籍"。[2] 这些书对他的影响非常大，以至于"他被所有这一切告诫要回归自我，从而进入了自己的灵魂深处"[3]，因此走上了改变信仰的道路。虽然在皈依后，他抱怨新柏拉图主义者没能意识到基督道成肉身，但事实证明这不是障碍。柏拉图主义与基督教之间的神秘联盟在《忏悔录》和《上帝之城》中达到顶点。

《忏悔录》的一位现代译者如此描写奥古斯丁：

> 在他身上，西方教会产生了第一位卓越的智者——对之后的600年来说也是最后一位……我们只能这么去讲他对未来意味着什么。在他之后六七个世纪，所有那些引领欧洲的人都得到了他的滋养。6世纪末教皇格里高利仍在反复重读《忏悔录》。而8世纪末的查理大帝把《上帝之城》当作了一种《圣经》。[4]

这本中世纪的《圣经》，《上帝之城》，作于公元413年罗马城被洗劫之后；奥古斯丁卒于430年，当时汪达尔人正在围攻他的主教管辖城市希波。这大大有助于我们理解他的有关大难将至的看法：人类是一个原罪之群（massa perditionis），人的堕落以及道德的沦丧使得新生儿也带有继承自先祖的原罪的印记。未受洗就死掉的婴儿与绝大多数的人类（包括异教徒和基督徒）一样要承受永远被诅咒的命运。因为只有通过上帝的恩典才能获得救赎，上帝对享有预定恩典的人的选择，显然是随上帝意愿而定的；因为"堕落的人无法做任何为上帝所悦纳的事"。[5] 这种可怕的预定论在不同年代以不同的形式被清洁派教徒、阿尔比教派、加尔文教派和詹森教派多次提出，同时也将在开普勒和伽利略之间的神学争论中扮演一个奇特的角色。

奥古斯丁的著述中有无数可取之处、含糊之处和矛盾之处，例如：他激动地反对死刑和刑讯；他一再主张"自然界的万物，只要是自然的，就是好的"*；甚至可以说"奥古斯丁本人不是奥古斯丁派"[6]。但这些更为光明的元素被后世的几代人所忽视，他投下的阴影黑暗而压抑，完全抹杀了当时人们对自然与科学仅存的兴趣与爱好。

因为在中世纪，教士成了古代哲学家的继任者，并且从某种意义上讲，天主教会取代了柏拉图的阿卡德米和亚里士多德的吕克昂，其态度决定了当时整个文化大气候和知识的进程。因此，这也决定了奥古斯丁的意义，他不仅是中世纪早期最有影响力的传教士，是罗马教皇作为超国家权威的主要推动者，也是修道制度的创始人；但最重要的是，他是消失的古代与新兴文明之间的传承的一个活生生的象征。对此，一位现代天主教哲学家的话是有充足理由的，他说奥古斯丁是"比任何皇帝或蛮族的领主都更该被称为历史的缔造者和从旧世界到新世界的桥梁的一位建设者"。[7]

2. 通往上帝之城的桥

可悲的是，在奥古斯丁建造的桥上，仅有被神选定的人才可通过。在上帝之城的收费站，所有载有古代学问、美和希望之瑰宝的交通工具都被阻挡而折返，因为所有异教徒的美德都"在淫秽和肮脏的魔鬼中作践了自己……[8] 让泰勒斯丢弃水，阿那克西美尼丢弃空气，斯多葛学派丢弃他们的火，伊壁鸠鲁丢弃他的原子"[9]。

于是这些就都发生了。只有柏拉图及其弟子被允许通过这座桥并受到欢迎，因为他们知道知识无法通过肉体的眼睛而获得，而且他们可以说是为创世纪提供了寓言性的补充：被逐出伊甸园的亚当直接被请入了柏拉图的洞穴，开始当起受锁链束缚的穴居人来了。

最受欢迎的是新柏拉图主义者对所有科学分支的蔑视。奥古斯丁从

---

* Omnis natura, inquantum natura est, bonum est.

他们那里"得到了他之后传给后世几代人的信念，即人们唯一所渴望的知识就是对上帝和灵魂的认识，人从对自然领域的研究中不能获得任何好处"。[10]

　　《忏悔录》中的一些句子可以更生动地说明基督教时代伊始对知识的心态。在个人叙述的最后一卷即第10卷中，奥古斯丁描写了他皈依12年后的心境，并恳求上帝帮助他克服仍在纠缠他的各种诱惑形式：肉体的欲望，他在醒着时能够抵制，在睡觉时却不行；享受食物的诱惑，而非视其为一种必需的药物，"直至汝消灭食欲和血肉的那日"；芳香气味的诱惑，对此他还很能抵御；从教堂音乐中获得的耳朵的愉悦，有"被歌唱感动而不是被赞颂的东西感动"的风险；"各种形式的美丽、绚丽夺目的色彩"对眼睛的诱惑；还有倒数第二个，"为了获知而去认知"的诱惑：

　　　　此时此刻，我要提到另一种形式更为多样也更加危险的诱惑。因为除了令我们所有的感官愉悦的肉体欲望之外——那些臣服于肉体欲望的奴隶们，因远离了你（上帝）而变得消瘦，直至毁灭——在人的心灵之中，通过那些相同的感官，也会产生某种虚荣的欲望和好奇心，并非贪图身体上的愉悦，而是凭借身体的辅助，假借学习和知识的名义，去体验。……愉悦追求的是视觉、听觉、嗅觉、味觉、触觉上美好的东西；但是为了体验而产生的好奇心可能会追求相反的事物，不是为了体验不愉快，而不过是渴望体验以及发现。……由于这种好奇心的病症，你会看到剧院里演出的各种怪异表演。因此，人们开始研究关于自然的现象——我们之外的自然部分——尽管这种知识对他们没有价值；因为他们只是为了知道而想知道。……

　　　　在这陷阱密布、危机四伏的广阔森林里，我已经斩断了心中的许多罪恶，因你赐给我的力量，我的救主；然而，何时我才敢于说——诸如此类的事情在我们每日的生活周围熙熙攘攘——何时我才敢于说这样的事情无法再引诱我去关注它，或是因徒劳的好奇心去渴望它呢？当然戏剧不再吸引我，我也不想去了解星体的运动

轨迹……[11]

但他还没有成功地从人心中剔除对知识的罪恶渴望。

与之相反，他贴近到了一个危险的距离。

3. 圣幕地球

与其他的早期教父相比，奥古斯丁仍然是最开明的。生活在他之前一个世纪的圣拉克坦提乌斯决定摧毁地球的形状是圆形的观点，并取得了巨大的成功。他的《神学要义》第3卷题为"论哲学家的虚假智慧"，包含所有反对对跖点存在的幼稚论证——人不能头朝下倒着走路，雨雪不能从下往上落——这要是在700年前，任何受过教育的人都不可能讲这样的道理而不让人笑话。拉丁文《圣经》的翻译者圣杰罗姆毕生都在抵抗想要阅读异教徒经典著作的诱惑，直到他最终击败了"哲学家的愚蠢智慧"："主啊，如果我再拥有任何世俗的书籍，或者要是我再读这些书，我就否认了你。"[12] 直到大约9世纪末，毕达哥拉斯时代的1500年之后，地球是圆的和对跖点可能存在的观点才得以恢复。

这一时期的宇宙论直接回到了巴比伦人和希伯来人的时代。有两个主要观点占主导地位：地球的形状如同圣幕；天空被水包围。后一个观点基于《创世纪》第1章第6—7节：

> 神说，诸水之间要有空气，将水分为上下。神就造出空气，将空气以下的水，空气以上的水分开了。事就这样成了。

从这段话可以得出这个概念，即天上的水位于天空之上，其目的——如圣巴西略*曾解释的那样[13]——是保护宇宙免受天火。圣巴西略的同时代人塞维利亚努斯进一步解释说，下层天空由晶体状或"凝结"

----

* 公元4世纪。

的水构成，使天空不会被太阳和星星点燃；在天空之上的液态水能使它保持冰凉，到了最后的审判日，上帝会用天空之上的水来熄灭所有的灯火。[14] 奥古斯丁也认为土星是最凉爽的星球，因为它最接近上层水域。对于那些否认在天空之上会存在比较重的水的人，他指出在人的头颅里也存在液体的黏液。[15] 还有人反对说，天空的球面及其运动会引起水的滑落或泼洒，而一些教父解释说，天空的穹顶可能在内部是圆形的，在外部却是平坦的，或者有凹槽和管道可以将水容纳在里面。[16]

同时，还有一个观点也正在传播，即天空本身不是圆形的，而是如帐篷或帐幕的形状。塞维利亚努斯引用《以赛亚书》第40章第22节，神"铺张穹苍如幔子，展开诸天如可住的帐篷"。[17] 也有其他人和他说法相似。然而，教会的教父和圣师们对这些世俗的事务并不十分感兴趣，不愿深入探究。中世纪早期的第一个全面的宇宙系统，注定要取代从毕达哥拉斯到托勒密的异教徒天文学家的教导，这就是修士科斯马斯撰写的著名的《基督教世界风土志》。科斯马斯生活在6世纪，出生于亚历山大里亚，作为商人和海员，他曾走遍已知的世界，包括阿比西尼亚、锡兰和印度西部，赢得了"印度旅行者"（Indicopleustes）的称号。他后来成为一名修士，并在西奈的一所修道院里写下了他的巨著。

该书共12卷，第1卷题为"反对那些想要信奉基督教，却像异教徒一样思考和想象，认为天是球形的人"。《出埃及记》中描述的圣幕是长方形的，长是宽的两倍：因而地球就该具有相同的形状，在宇宙底部从东到西纵向放置。它周围环绕着海洋，就像摆放陈设饼的桌面被波浪形的边界所包围那样。海洋被第二个地球包围，这是天堂的所在地，也是在挪亚越过海洋之前人类的家园，但现在无人居住。从这个荒芜的外层地球的边缘升起四个垂直的平面，这是宇宙的墙壁。它的屋顶是一个半圆柱体，立于北墙和南墙之上，使宇宙看起来像是一个半圆形活动营房，或是一个带弧拱盖子的维多利亚式旅行箱。

然而，这个屋子的地板也就是地球，并不是平坦的，而是从西北到东南倾斜的——因为《传道书》第1章第5节中写道，"日头出来，日头落下，急归所出之地"。因此，像幼发拉底河和底格里斯河一样流向南方的河流比朝"上坡"流动的尼罗河流速更快，朝南和朝东航行的船只比那些必须朝北和朝西"攀升"的船只航行的速度更快；后者因此被称为"徘徊者"（lingerers）。星星被天使们携着在宇宙苍穹下的空中环绕，当它们经过地球朝上倾斜的北部时，那里有一个巨大的圆锥形山顶，这时星星就被遮住了。这座山在夜晚也遮住了太阳，因为太阳比地球小许多。

科斯马斯本人并不是一个教会的高层权威人士，但他的思想全都来自前两个世纪的教父们。那时候在他们中间还有更多的科学开悟者，如塞维利亚的伊西多尔（6—7世纪）和尊者比德（7—8世纪）。然而，科斯马斯的《基督教世界风土志》代表了中世纪早期盛行的普遍宇宙观。在地球是圆形的观点恢复之后很长时间，直到14世纪，印制的地图上仍然根据圣幕的形状用长方形代表地球，或者是以耶路撒冷为中心的圆盘，因为以赛亚曾说过"地球的环线"，以西结也曾说"神曾将耶路撒冷安置在列邦之中"。第三种类型的地图将地球画成椭圆形，算是帐幕形状和环线形之间的一种折中。远东地区通常被天堂占据。

我们不禁再一次自问：他们真的相信这一切吗？答案一定既是肯定又是否定的，这取决于是分裂的心灵的哪个部分在回答。因为中世纪是一个分裂思想最为典型的时代。我将在本章最后再回到这个话题。

4. 地球再次变成圆形

第一位明确提出地球是球体的中世纪教士是英国修士比德，他可以说是重新发现了普林尼，并且经常一字不差地引用他的话。然而他仍然坚持天空之上的水域的概念，并否认有人生活在对跖点区域，因为这些地区由于辽阔的海洋而无法到达，其所谓的居民既不可能起源于亚当，也不可能被基督救赎。

比德去世几年后，发生了一件奇怪的事。萨尔茨堡一座修道院的院长，一个名叫费吉尔或维吉尔的爱尔兰教徒，与他的上司博尼法斯发生了争吵，后者向教皇撒迦利亚告发维吉尔，说这个爱尔兰人教导"在地球的下面有另一个世界和另外的人"存在的学说——指的就是对跖点地区。

教皇回复说，博尼法斯应该召集一个委员会，以维吉尔的学说令人惊心为由将他驱逐出教会。但什么都没有发生，维吉尔最后成了萨尔茨堡的主教，并一直任职到去世。这件轶事令人想起克里安西斯对阿里斯塔克斯的徒然指责；它似乎表明，即使在这个蒙昧黑暗的时期，自然哲学问题上的（那些与神学问题无涉的）正统观点，更多是在内在的冲动之下而不是在教会的威胁中才保存了下来。至少我不知道在这个异端邪说的时代，有任何记载说明神职人员或一般信徒由于其宇宙观而被指控为异端。

在公元999年，当时最有成就的古典学者、几何学家、音乐家和天文学家热贝尔，登上教皇的宝座，成为西尔维斯特二世。这种危险进一步减小了。4年后他去世了，但是这位"魔术师教皇"给世界留下的印象如此强大，以至于他很快就成了传奇。尽管他是一个罕见的人物，远超时代，但他的教皇地位在公元1000年这个充满象征意义的年份，标志着中世纪最黑暗时期的结束，以及对古代异教科学态度的逐渐转变。从此刻开始，地球为球形，处于太空的中心位置，被行星包围，这些观点逐渐地再次为人接受。更重要的是，大约同一时期的几份手稿表明，赫拉克利德斯的"埃及"系统（其中水星和金星是太阳的卫星）已被重新发现，而且这些行星轨道的详细图纸在初学者中流传。但它们并没有对当时的主流哲学产生任何显著的影响。

因此，到公元11世纪时已经形成的宇宙观，大致相当于公元前5世纪的宇宙观。希腊人花了大约250年的时间，从毕达哥拉斯发展到阿里斯塔克斯的日心说系统；而欧洲花了两倍多的时间才实现从热贝尔到哥白尼的相应发展。希腊人一旦认识到地球是一个飘浮在太空中的球体，几乎立刻就让这个球动了起来；而中世纪匆忙将它冻结在严格的宇宙层级的中心，一动也不动。确定下一个发展形态的不是科学的逻辑，也不是理性的思想，而是一个象征着时代需求的神话概念：帐幕宇宙终于被金链的宇宙取代。

2

封闭的宇宙

1. 存在的等级

这是一个封闭的宇宙，就像一座封闭的中世纪小镇。正中是地球，黑暗、沉重、堕落，月球、太阳、行星、恒星的同心圆天球环绕着它，按照完美程度依次上升，直到宗动天（primum mobile）的天球，在那之外是上帝在最高天（Empyrean）的居所。

但是在附属于这个空间层级结构的价值层级结构中，最初的月下区域和月上区域的简单划分现在已经让位于无数的细分区域。粗鄙的尘世的易变性和超凡的永久性之间的原初基本区别得以保留，但是这两个区域都被细分成了一个连续的阶梯或等级，从上帝开始，往下直到最低级的存在形式。马克罗比乌斯有一段话经常在中世纪被引用，在其中他总结道：

> 因为，从至高的神产生灵，从灵产生了灵魂，之后神依次创造了万物，并将它们注满生命……因为万物都按此顺位连续，依次退化到这个序列的最底层，因此，细心的观察者会发现各部分之间的联系，从至高的神往下到最底层的残渣，都一路连接下去，持续不断。这就是荷马所说的金链，他说，神令金链从天上悬至地面。[1]

马克罗比乌斯所说的类似于新柏拉图主义的"流溢说"，后者可追溯到柏拉图的《蒂迈欧》。太一（The One），最完美的存在，"不能封闭在自身体内"；它必须要"溢出"并创造出理念的世界，这随之又会在宇宙灵魂中创造出它自身的摹本或图像，产生"有感觉的和处于植物状态的生物"，依次按照下降的序列，直至"最后的残渣"。这仍然是一个下降而退化的过程，与进化观念完全相反；但是，由于每一个被创造的存在最终都是神的流溢，以一种随距离增加而逐渐减少的方式来分享神的本质，所以灵魂总是会朝着源头努力向上。

在新柏拉图主义者中第二有影响力的人物——众所周知的伪狄奥尼修斯——所著的《天阶体系》和《教阶体系》里，流溢说有了一个更明确的基督教形式。此人大概生活在5世纪，假称他所写之书的作者是亚略巴古的狄奥尼修斯，即《使徒行传》第17章第34节中提到的雅典人，圣保罗的皈依者，这也是宗教史上最成功的宗教骗局。他的著作在9世纪被苏格兰人约翰翻译成拉丁文，从此对中世纪思想产生了巨大的影响。正是他在阶梯的上层安排了一个固定的天使层级，后来就是这些天使附着于星体的天球使它们保持运动：炽天使转动宗动天[2]，智天使负责恒星天，座天使管理土星天；主天使、能天使、力天使主管木星天、火星天和日天；权天使和大天使掌管金星天和水星天，下层的天使们则照管月天。[3]

如果说阶梯的上半部分起源于柏拉图，那么下半部分的梯级则来自亚里士多德生物学。后来，亚里士多德的生物学在约公元1200年被重新发现，其中关于明显分离的自然领域之间的所谓"连续性原则"变得尤其重要：

> 自然从无生命向有生命逐渐过渡，其连续性使它们之间的界限难以区分；常有同时属于两种序列的中间类别。植物紧随在无生命体之后，而植物在分有生命的程度上也彼此不同。这一类别的整体与其他物体相比，显然是有生命的；但与动物相比，则似乎是无生命的。从植物到动物的过渡是连续的；人们可能会质疑某些海洋生命形态是动物还是植物，因为它们中有许多都附着在岩石上，如果与岩石分离就会死亡。[4]

"连续性原则"使我们不仅可以根据"完美程度""灵魂力量"或"潜能的现实化"等标准,将所有生物在层级结构中进行排序(当然,这些标准从未被确切地定义);它还使我们可以将链条的两半——月下区域和天上区域——连接成一个连续的单独个体,而无须否认它们之间的本质上的区别。圣托马斯·阿奎那在人的双重本质中发现了这连接的一环。在所有存在的连续性中,"总是发现较高种属的最低成员与较低种属的最高成员相邻",这种说法适用于植虫类动物,因为它们是半植物、半动物,也适用于人类,因为人类

> 同等程度地具有两个类别的特征,因为他触及了有形体的阶层之上的最低级成员,换句话说,人的灵魂,它位于有理智的生命序列的最底层,因此,被称为物质的事物和属灵的事物之间的分界线。[5]

链条就这样连接起来,从神的宝座向下连至最卑贱的蠕虫。它进一步向下延伸,穿过四元素的层级结构进入无生命的自然。如果找不到明显的线索来确定物体的"完美程度",占星术和炼金术就通过建立"对应关系"和"影响作用"来提供答案,这样每个行星都与一周中的某一天,某种金属,某种颜色、石头、植物等相关联,这规定了它们在层级中的等级。再向下延伸进入了地球的圆锥形空洞,沿着它逐渐缩小的坡壁,排列着九层魔鬼的圆形层级,模仿九重天;撒旦准确地占据了地球中心的锥体顶点,标志着链条的终结。

一位现代学者曾评论说,中世纪的宇宙因此并不是真正地以地球为中心,而是"以恶魔为中心"。[6] 宇宙的中心,曾经是宙斯的壁炉,现在被地狱占据。尽管链条具有连续性,但地球相比于不受玷污的天堂,仍然处于最底层,蒙田曾描述其为"世界的污所和泥潭,宇宙中最糟糕、最卑贱、最无生气的部分,房子的最底层"。[7] 他的同时代人斯宾塞也说过类似的话,他哀叹无常女神在地球上方摇摆不定,使得他:

> 厌恶这种如此令人发痒的生活状态，
>
> 要抛弃对事物的热爱是如此徒劳；
>
> 如鲜花般绽放的骄傲，如此易于凋落，如此变幻无常，
>
> 短暂的时光很快就会被他虚耗的镰刀砍下。[8]

中世纪这种宇宙观的强大影响力由此可见一斑：它控制了16世纪之交伊丽莎白时代诗人的想象力，一如它控制13世纪之交诗人但丁的想象力；直到19世纪，它仍然回响在教皇的一个著名段落中。这段引文的结尾部分为理解这个系统的巨大稳定性提供了一丝线索：

> 巨大的存在之链！从神开始，
>
> 超凡的自然，人类，天使，男人，
>
> 野兽，鸟，鱼，昆虫……
>
> ……从无限到你，
>
> 从你到虚无。——高等的力量。
>
> 我们拥向她，低等的力量要拥向我们；
>
> 不然就在整个创造中留下一个空白，
>
> 在其中，一步被打碎，整个等级就将被破坏；
>
> 大自然的链条中，无论打断哪一环，
>
> 第十个或第一万个，都一样地打破了链条。[9]

这种中断的后果将是宇宙秩序的解体。在严格分级的层级结构中，任何变化，无论多么微小，其对事物的固定秩序的任何扰动，都会带来灾难性的后果。这同样的寓意，同样的对于一个严格等级系统的既定秩序中引入哪怕是小小的变化也会带来灾难的警告，作为主题在《特洛伊罗斯与克瑞西达》里尤利西斯的演说及无数其他地方不断重现。中世纪宇宙的秘密在于它是静止的，不受变化的影响；宇宙中的每个事物都有它在阶梯的梯级上被分配的永恒不变的位置和等级。这令人联想到养鸡场里啄食的先后顺序。没有生物物种的进化，也没有社会进步；在阶梯上没有上上下

下。人类也许会想要更高级的生命形式，或者被迫成为更低等的生命；但他只有在死后才能上升或下降。当他在目前这个世界上时，他预先命定的等级和位置是不可改变的。因此，天赐的不变性即使在变化无常、堕落的低级世界中仍然占主导地位。社会秩序是链条的一部分，是连接天使的等级与动物、蔬菜和矿物的等级的一部分。我们再引用另一位伊丽莎白时代的人物，沃尔特·罗利，他的文风不同，是直白的散文：

> 我们是否因此该视荣誉和财富为粪土，认为它们多余无用而无视它们呢？当然不是。因为神的无限智慧，将天使按等级区分，给天球不同程度的光亮和美丽，在野兽和鸟类之间制造了差别，创造了老鹰和苍蝇、雪松和灌木，在宝石中给红宝石最美丽的颜色、给钻石最活泼的光泽，给人类任命了国王、公爵或首领，还有地方行政官、法官及其他等级。[10]

不仅国王和贵族、骑士和乡绅，他们在宇宙等级中占有固定的位置；存在之链甚至还穿过了厨房。

> 如果主厨不在的话，谁能顶替他的位置：是烤肉师傅还是煲汤师傅？为什么端面包的人和端酒杯的人占据了第一和第二等级，高于切菜工和厨子？因为他们负责面包和葡萄酒，圣餐的神圣性赋予其神圣的特性。[11]

与柏拉图时代相比，中世纪对变化的恐惧更甚，对永久性的渴望也更强，柏拉图的哲学被他们发展到了强迫症式的极致。基督教使得欧洲免于倒退回野蛮；但是，这个时代的灾难性境况和绝望氛围使它无法衍生出一个均衡、完整、演进的宇宙观，以及关于人类在其中担当什么角色的主张。反复出现的对世界末日的恐慌，跳着舞的和自我鞭笞的狂热者的爆发，都是集体歇斯底里的症状。

由于恐惧和绝望，它在受压抑、挨饿和不幸的人群中产生，其程度在今天几乎无法想象。在持续不断的战争、政治和社会解体的苦难之上，又添加了无法逃脱的、神秘而致命的疾病的可怕痛苦。人类无助地站立着，仿佛全无防备地陷入了一个充满恐怖和危险的世界。[12]

正是在这种背景下，封闭的宇宙观被从柏拉图主义者手中接过，作为对变化这种黑死病的一种防御——严格、静态、等级制、固化。与这个被玻璃纸天球包裹着，被神保存在深锁的冰柜中以隐藏其永恒耻辱的学究式的等级制宇宙相比，三四千年前巴比伦的牡蛎宇宙充满了活力和想象力。然而，另一种可能性会更糟糕：

> ……如果众星
>
> 不幸混乱，陷入了无序的漫游，
>
> 那么将有多少瘟疫！多少凶兆！多少暴乱！
>
> 多少海啸！多少地震！
>
> 风暴、惊骇、变化、恐怖，
>
> 将要转移、摧裂、撕碎、毁灭
>
> 这各就其位的
>
> 宇宙间的和谐……
>
> 只需把这等级去掉，调乱琴弦，
>
> 然后，听吧！刺耳的噪音随之而来。一切
>
> 都互相抵触：江河里的水
>
> 泛滥高过堤岸
>
> 淹没整个世界……[13]

2. 双重思想的时代

我曾说过，赫拉克利德斯的系统，即两个内行星环绕着太阳而不是地球旋转，在第一个千年将尽时已经被重新发现。但更正确的说法是，

日心说从未被完全遗忘，即使是在圣幕宇宙的时代。我已经引用过（第52—53页）马克罗比乌斯和其他人的著述，可以说明这一点。如今，马克罗比乌斯、卡西迪乌斯、马提亚努斯·卡佩拉，罗马衰落时期的三位百科全书编纂者（都活跃于公元4—5世纪），连同普林尼（他的作品是希腊复兴之前自然科学知识的主要来源），他们都提出了赫拉克利德斯系统以供讨论。[14] 在9世纪，苏格兰人约翰再次提出，不仅是内行星，所有行星（除了遥远的土星）都是太阳的卫星。从那时起，赫拉克利德斯就在中世纪的科学舞台上牢牢地占据了自己的位置。[15] 引用这方面最权威人士的话说："从9世纪到12世纪，有过天文学著述并且保存下来的大多数作者，都熟悉并采纳了本都的赫拉克利德斯设计的行星理论。"[16]

　　然而同时，宇宙学已经回归到了天真的原始形态的地心说，同心的水晶天球决定了行星的顺序和相伴天使的等级。亚里士多德的五十五重天、托勒密的40个本轮等极其精巧的系统被人们遗忘了，而那些复杂的机关设定被简化到10个旋转的天球——这是一种穷人的亚里士多德体系，与天空中观察到的任何运动都没有共同之处。亚历山大里亚学派的天文学家们至少试图拯救现象，而中世纪的哲学家们却无视现象。

　　但完全无视现实的话生活就过不下去了。因此，分裂的心灵必须为它的两个不同的隔间发展出两种不同的思维规范：一个符合理论，另一个符合事实。到第一个千年结束及之后，受帐幕形状的启发，僧侣们满怀虔诚地制作出了长方形的和椭圆形的地图。它们提供了一种主日学校的观点，根据教父对《圣经》的解释来讲解地球的形状。但与这些同时存在的，还有一种完全不同的极为精确的地图，即所谓的航海图（Portolano charts），供地中海的海员们实际航海使用。这两种地图上的国家和海洋的形状彼此毫无关联，就像中世纪的宇宙观和天空中实际观察到的现象一样，也是彼此无关。[17]

　　同样的分裂可以追溯到中世纪思想和行为最异质的领域。为拥有身体和头脑，拥有对美的渴望和对体验的追求而感到羞愧，这是违背人的本性的，因此人身上失意的那一半就会通过极端的粗俗和淫秽进行报复。吟游诗人或骑士对情人的虚无缥缈的爱情，与对洞房进行残酷的公开（使得婚姻类似于公开行刑）共存。窈窕淑女被比作美德女神，但被迫在她的月下区域佩戴铸铁的贞操带。即使在私密的浴室里，修女们也必须穿着衬衫，因为尽管没有其他人，但神可以看到她们。当思想被分裂，分开的两半都变得更加卑劣了：世俗的爱情沦为动物的层面，与神的神秘结合带上了一种情欲的暧昧。面对《旧约全书》，神学家们宣称王是基督，书拉密是教会，从解剖学的角度对她的身体各个部位加以赞美，对应着圣彼得所修建的宏伟建筑的各个妙处，以此他们拯救了《雅歌》中的现象。

中世纪历史学家也必须靠双重思想来生活。当时的宇宙论用完美圆周的有序运动来解释天空中的混乱现象；年代史编者们面对更多的混乱现象，求助于完美骑士精神的概念，以此作为历史的动力。对于他们，它成了

> ……一把解释政治和历史动机的魔法钥匙……他们在身边看到的基本上仅仅是暴力和混乱……然而他们需要为他们的政治构想找到一种形式，骑士精神的概念就派上用场了……通过这种传统的虚构，他们成功地、尽可能完美地向自己解释了历史的动机和进程，历史进程也因此简化为了王公荣誉和骑士美德的演出，成了说教和英雄守则的游戏。[18]

同样的二分法也被纳入了社会行为之中。一种怪诞而刻板的礼仪管理着每一项活动，旨在将生活冻结在天界钟表装置的形象里，那些水晶天球自发转动着，但始终停留在同一个地方。谦恭谦让，花一刻钟的时间坚持让对方优先通过一扇门，而血腥的争斗也同样激烈。宫廷里的小姐夫人们用言语和春药彼此毒害，打发时间，然而礼仪

> 不仅规定哪些女士可以相互握手，还规定了哪位女士有权用眼神向他人示意，来鼓励他人采取这种亲密的行为……这个时代的那些热情激昂的灵魂，也总是在泪流满面的虔诚和冷漠无情的残酷之间，在尊重和傲慢之间，在消沉和放纵之间摇摆不定，无法逃脱最苛刻

的规则和最严格的形式体系。所有的情感都需要一种严格的传统形式，因为如果没有形式，激情和狂暴就会给生活带来浩劫。[19]

由此出现了一些精神障碍，患者会感觉好像被迫使走在石板的中心，避开边缘；或在就寝前数火柴盒里的火柴，作为对抗恐惧的一种自我保护。在中世纪，大众歇斯底里的戏剧性爆发可能会转移我们的注意力，让我们忽略了其背后存在的那些虽没那么引人注目却长期存在且无法解决的精神冲突。中世纪的生活在其典型的方面类似于一种隔绝罪恶、愧疚和痛苦的强制性仪式，就像隔绝流行的马铃薯枯萎病一样。然而，只要神和自然，造物主和造物，信仰和理性是分开的，这种保护就无法实现。中世纪的象征性序幕是奥利金切断了他的男根——神的荣耀（ad gloriam dei）；尾声则是经院学者们干哑的声音：第一个男人有肚脐吗？为什么亚当吃苹果而不是梨？天使的性别是什么，一根针尖上可以站多少个跳舞的天使？如果一个食人族及其所有的祖先都依靠人肉生活，使得他身体的每一部分都属于其他人，那么在复活的那天，其所有者要求收回自己那部分的身体的话，那个食人族该如何复活以面对最终的审判呢？阿奎那对最后一个问题进行了认真的讨论。

当心灵被分裂，它的那些本应相互完善的部分就通过同系繁殖自主发展起来，仿佛是与现实隔绝的。这就是中世纪的神学，切断了自然研究的平衡作用；这就是中世纪的宇宙论，切断了与物理学的联系；这就是中世纪的物理学，切断了与数学的联系。本章谈的这些似乎是离题了的东西，目的是表明，一个特定时代的宇宙论并不是直线的"科学"发展的结果，而是其时代精神最突出、最富有想象力的标志——时代精神中的冲突、偏见和特殊的双重思维方式——投射到了优美的天空中。

3

经院学者的宇宙

1. 冰融

我曾将柏拉图和亚里士多德比作不断交替闪现的双子星。大致来讲，从5世纪到12世纪，是圣奥古斯丁和伪狄奥尼修斯引入基督教的新柏拉图主义占据了主导地位。从12世纪到16世纪，轮到亚里士多德占据主导。

除了两篇逻辑学专著之外[1]，亚里士多德的作品在12世纪之前一直默默无闻，和阿基米德、欧几里得、原子论者以及其他希腊科学一起被掩埋在无人记起的过去。被拉丁文编者和新柏拉图主义者传承下来的，只有少之又少的一些被粗略、曲解的版本记录下来的知识。基督教世界建立后的头600年对科学来说是一个冰川时期，辽阔的冰原上只有新柏拉图主义的苍白月光。

冰川不是因为什么突然升起的太阳而消融的，而是由于一条从阿拉伯半岛穿过美索不达米亚、埃及和西班牙蜿蜒而来的湾流：穆斯林。在7世纪和8世纪，是这股湾流从小亚细亚和亚历山大里亚拾起了希腊科学和哲学的残骸，并以一种曲折且无心插柳的方式把它们引入了欧洲。从12世纪开始，阿基米德和亚历山大里亚的希罗的作品，欧几里得、亚里士多德和托勒密的作品或作品片段，就像发着磷光的漂浮的杂物一般漂入了基督教世界。亚里士多德的一些科学专著，包括他的《物理学》，从原本的希腊语译成叙利亚语，从叙利亚语译成阿拉伯语，从阿拉伯语译成希伯来语，最后从希伯来语译成中世纪拉丁语。欧洲重获历史遗产的这个过程有多么曲折，由此可见一斑。托勒密的《天文学大成》在整个哈伦·阿尔·拉希德帝国，从印度河到埃布罗河，有多个已知的阿拉伯语版本，直到1175年，克雷莫纳的赫拉尔杜斯将其从阿拉伯语译成拉丁语。欧几里得的《几何原本》由一位英国修道士，巴斯的阿德拉德为欧洲重新发现。阿德拉德在1120年左右偶然于科尔多瓦见到了一个阿拉伯语译本。随着欧几里得、亚里士多德、阿基米德、托勒密和盖伦被重新发现，科学终于可以从1000年前中断的地方重新开始。

但阿拉伯人只是中间人，是遗产的保护者和传播者。他们在科学上没有自己的原创性和创造力。几个世纪以来，他们只是宝藏的守护者，几乎没有使用过它。他们改进了历法天文学并制作了出色的行星表，详细阐述了亚里士多德和托勒密的宇宙模型，将基于零符号、正弦函数和使用代数方法的印度数字体系引入了欧洲，但他们并没有推进理论科学的发展。用阿拉伯语写作的大多数学者不是阿拉伯人，而是波斯人、犹太人和聂斯托利派基督徒。到了15世纪，伊斯兰世界的科学遗产大部分被葡萄牙的犹太人汲取。但是，犹太人也只不过是中间人，是曲折湾流的一个支流，它将希腊和亚历山大里亚的思想遗产带回了欧洲，还兼收并蓄了来自印度和波斯的思想。

这是一件非常奇特的事，占有这个知识宝库长达两三个世纪的阿拉伯人和犹太人，其自身的原创科学思想却一直贫瘠荒芜。然而，一旦重新融入拉丁语文明，它就立即结出了丰硕的果实。显然，如果没有某种特定的接受能力，希腊的遗产就无法使人得益。欧洲的这种重新发现自身的过去并像历史中发生的那样从中汲取养分的能力是怎么回事，是一个属于通史领域的问题。安全感的渐渐恢复，贸易和交通联系的缓慢增长；城镇的发展，新工艺和技术的革新；带给人一种更具体的时空把握的磁罗盘和机械钟的发明；水力的利用，甚至马具的改良，都是一些加速、加强生命脉搏的重要因素，这些进而引起了知识界大气候的逐渐变化，冰冻的宇宙开始消融，对世界末日的恐惧也有所减轻。人们不再因拥有身体而脸红，也不再害怕用脑子思考。要达到笛卡尔的"我思故我在"还有很长的路要走。但至少人们已经重获了勇气，可以说：我在故我思。

这个早期或"第一次"的文艺复兴的曙光，与亚里士多德被重新发现密切相关——更准确地说，是亚里士多德的自然主义和经验主义元素的重新发现，是亚里士多德背对着另一颗双子星的那一面。诞生于灾难与绝望之中的基督教和柏拉图主义的联盟，被基督教和亚里士多德主义之间的新联盟取代，新联盟在"天使博士"托马斯·阿奎那的主持下得以确定。从根本上讲，这意味着战线从否定生命转变为对生命的肯定，转变为一种对自然的积极的新态度，转变为人类努力去了解自然。也许大阿尔伯特和托马斯·阿奎那最伟大的历史成就在于，他们认识到"理性之光"是与"恩典之光"并立的一个独立的知识来源。理性，在此之前被视为信仰的婢女，如今被认为是信仰的新娘。当然，新娘必须在所有重要事项上服从她的配偶；然而，现在她被独立承认是一个生命了。

亚里士多德不仅是一位哲学家，还是一位百科全书编纂者，他在每个领域都有所涉猎。伟大的经院学者们专注于亚里士多德著作中的那些头脑冷静、脚踏实地的非柏拉图式的元素，给欧洲带回了希腊英雄时代的气息。他们教导要尊重"不可再分的、顽固的事实"（irreducible and stubborn fact），他们教导"找到一个确切的观点并且在找到后要坚守这个观点的宝贵习惯。伽利略要感谢亚里士多德的，不仅是表面上那些……：他该为他清醒的、善于分析的头脑感谢亚里士多德"[2]。

阿尔伯特和托马斯把亚里士多德当作一种精神催化剂，教导人们再度开始动脑思考。柏拉图坚持认为真正的知识只能通过灵魂的眼睛凭直觉获得，而不是通过身体的眼睛；亚里士多德则强调了经验（与直觉相对立）的重要性：

> 依据事实来论证的人和依据观念来论证的人很容易区分……每种科学的原则都源于经验，因此，我们正是从天文学观察中推导出了天文学的原理。[3]

可悲的是，无论是亚里士多德本人，还是他的托马斯主义者的弟子，都没有践行他们的崇高戒律，这最终导致了经院哲学的衰落。但是，在新联盟的蜜月时期，最关键的是"哲学家"（在经院学者中，唯有亚里士多德对这个头衔拥有独家垄断权）坚持自然的合理性和可理解性，他认为人类有责任通过观察和推理来关注周围的世界。这个自然主义的崭新观点，使人类的思想从对新柏拉图主义的抑郁厌世（Weltschmerz）的病态迷恋中解放出来。

13世纪知识的复兴充满了希望，如同一个从长期昏迷中醒来的病人一样激动人心。这是林肯的罗伯特和罗杰·培根的时代，后者是第一个远超时代、理解实证科学的原理和方法的人；这是彼得·佩莱格里纳和大阿尔伯特的时代，前者撰写了第一篇关于磁罗盘的科学论文，后者是自普林尼以来第一位严肃的博物学家，研究昆虫、鲸鱼和北极熊，并对德意志地区的哺乳动物及鸟类进行了相当完整的描述。萨勒诺和博洛尼亚，巴黎、牛津和剑桥的年轻大学辐射出了冰融所带来的新的学习热情。

2. 潜能和行动

然而，在这美好而充满希望的悸动之后，自然哲学在学院的僵化中渐渐再次冻结，尽管这次的封冻并不很彻底。这种一时辉煌而长期衰落的原因可以用一句话来概括：对亚里士多德的重新发现鼓励对自然的研究，从而改变了欧洲的知识界大气候；亚里士多德科学的具体教义，被升格成为种种的教条后，又使自然研究陷入了瘫痪。如果学者们只是倾听那个斯塔基塔人*声音中那欢快而鼓舞人心的音调，一切都会好起来；但他们错误地接受了它实际上表达的意思——就物理科学而言，它说的都是垃圾。然而在接下来的300年里，这种垃圾却被视为金科玉律。[4]

我现在必须讲几句亚里士多德的物理学，因为它是中世纪宇宙学的重要组成部分。毕达哥拉斯学派已经证明音调的音高取决于弦的长度，因此为物理学的数学解释指明了方向。亚里士多德将科学与数学分开。对于现代思维来说，中世纪科学最突出的特征是它忽略了数字、重量、长

---

* 指亚里士多德。——编者注

度、速度、持续时间、数量这些东西。亚里士多德不是像毕达哥拉斯学派那样，通过观察和测量来进行研究，而是通过一种他言之凿凿地谴责过的先验演绎推理的方法，构建了一个不可思议的物理系统，"从观念而不是从事实中论证"。借用他最喜欢的科学生物学中的理念，他给所有的无生命体赋予了一种趋向目标的意志，其目标是根据物体的固有性质或本质来定义的。例如，一块石头具有土的性质，当它向地球中心落下时，会加快速度，因为它等不及想要"回家"；火焰会努力向上，因为它的家在天上。因此，所有的运动和变化，总的来讲都是事物本质中潜在的东西的实现：是从"潜能"到"行动"的转换。但是这种转换只能通过另一个本身处于"行动"中的中介物体的帮助来实现。[5] 因此，潜在地热的木头，仅能通过**事实上**热着的火焰而变得在**事实上**"热"。同样，一个从 A 移动到 B 的物体，"处于相对于 B 的潜能状态"，仅能在一个**积极推动者**的帮助下才能到达 B："移动的东西必须被另一个物体移动。"所有这些可怕的言语特技可以用一句话总结，即物体只有被推动才会移动——这明摆着是错的。

事实上，亚里士多德说的"移动的东西必须被另一个物体移动"（omne quod movetur ab alio movetur）成了中世纪科学进步的主要障碍。一位现代学者说[6]，物体只有被推动才会移动的观点，似乎起源于牛车在糟糕的希腊道路上的艰难移动，因为摩擦力非常大，以至于消除了动量。但是希腊人也射箭、扔铁饼、投掷长矛，却决定忽视这一事实——一旦最初的推动力传递给箭头，它就会继续运动而无须被推动，直到重力使它的运动终止。根据亚里士多德的物理学，一旦箭与其推动者即弓弦不再接触，它就应该落到地上。对此，亚里士多德主义给出的回答是，当箭被弓推动开始移动时，它在空中产生了一种扰动，这形成了一种涡流，它在箭之后的飞行路线上一路拖着它。直到14世纪，也就是1700年之后，才有人提出反对意见，说箭启动时引起的空气扰动不足以使它持续逆风飞行；而且，如果一条船被推离岸边之后继续移动，只是因为船只本身引起的水的扰动拉动了它的话，那么最初的推力应该足以让它漂洋过海了。

除非被阻止或偏转，否则运动中的物体会持续运动。对这一事实的视而不见阻碍了真正的物理科学的产生，直到伽利略出现。[7] 每一个运动物体必须一直有一个推动者并被其推动，这创造了"一个必须有看不见的手在不断操纵的宇宙"。[8] 在天上，需要有55个天使来保持行星的旋转；在地球上，每块滚下斜坡的石头，每一滴从天而降的雨，都需要一个类似有意识的目的，作为它的"推动者"，使它从"潜能"转换到"行动"。

"自然"运动和"受迫"运动之间也有区别。天体做完美的圆周运动，因为它们的本质完美；地球上四大元素的自然运动沿直线进行——土和火沿垂直方向，水和空气沿水平方向。受迫运动是一切偏离自然运动的运动。两种运动都需要推动者，精神上的或实体上的推动者；但是天体无法进行受迫运动。因此，天空中的物体，如运动轨道不是圆周的彗星，就必须被放置在月下区域的范围内，这个教义即使是伽利略也是遵循的。

这样一种在现代思维看来如此异想天开的对物质世界的看法，甚至在火药发明之后仍然存在，且一直延续到乱飞着的子弹和炮弹公然挑战盛行的物理定律的时代，这样的现象该做何解释？部分答案就包含在问题本身当中：小孩子的世界更接近原始思想而不是现代思想，他们是顽固不化的亚里士多德主义者——赋予无生命体一种意志、目的，一种它们自己的动物精神（animal spirit）；当我们咒骂一个不受控制的小工具或者一辆时好时坏的汽车，我们也都退化成了亚里士多德。亚里士多德从对物理对象的抽象数学刻画退回到了万物有灵论，后者在思想中唤起了更深刻的原始反应。但是原始巫术的日子已经过去了。亚里士多德的学说是万物有灵论的知识分子版本，具有从生物学引入的"胚胎潜能"和"完美程度"等准科学概念，具有高度复杂的术语和令人印象深刻的诡辩机制。亚里士多德的物理学实际上是一门伪科学，在2000年的时间里没有从中产生出哪怕一个新的发现、发明或是新见解；而且也不可能产生——这是它的第二个深刻的吸引力。它是一个静态的系统，描述一个静态的世界，在这个世界里，事物的自然状态是处于静止，或者会回到它们本来所属的地方停下来，除非被推动或拖动。这种具有不可改变的固定存在等级的架构是封闭宇宙里的理想设置。

如此说来，阿奎那著名的上帝存在的第一证明完全是基于亚里士多德的物理学。移动的一切物体都需要某个别的物体来移动它，但这种倒推不能无限进行下去，必须有一个尽头，有一个移动其他物体而自己不会被移动的推动者。这个不动的推动者就是上帝。在接下来的一个世纪里，奥卡姆的威廉*，方济各会最伟大的学者，把阿奎那的第一证明所基于的亚里士多德物理学原理驳了个体无完肤。但在那个时候，经院神学已经完全处于亚里士多德哲学的魔咒之下了——特别是亚里士多德的逻辑机制中最贫瘠、迂腐，同时也是最含混不清的元素。一个世纪后，伊拉斯谟大声喊道：

> 他们会把我闷死在600个教条之下；他们会称我异教徒，但他们仍然是愚蠢的奴仆。他们被一个由定义、结论、推论、显式命题和隐式命题组成的卫队包围。那些更充分投入的人进一步解释了上帝是否可以成为女人、驴子、南瓜的实质，如果是的话，南瓜就可以显现神迹，可以被钉在十字架上……他们正在全然的黑暗中寻找完全不存在的东西。[9]

起初充满希望的教会和那个斯塔基塔人之间的联合，终究被证明是错误的结合。

3. 杂草

在我们离开中世纪宇宙之前，有必要简单谈一谈占星术，它将在本书的后半部分反复出现。

在巴比伦的时代，科学和巫术，历法的制作和占卜，都是不可分割的统一体。爱奥尼亚人将小麦与麦麸分开；他们接受了巴比伦的天文学，拒绝了占星术。但3个世纪之后，在被马其顿人征服后的精神崩溃中，"占星术就如同一种新的疾病落到偏远小岛的岛民身上那样，降临到了希腊文

---

* 1300—1349。

化的思想之中"[10]。这个现象在罗马帝国崩溃后重演。占星术和炼金术的杂草遍布于中世纪的风景，侵入了被废弃的科学废墟。当重新开始修建时，这些杂草就混杂在建筑材料之中，把它们清理干净需要几个世纪的时间。*

但是，中世纪沉溺于占星术，这不仅仅是"精神错乱"的一个症状。根据亚里士多德的说法，在月下区域中发生的一切都是由天球的运动引起并受其控制的。这一原则是古代和中世纪占星术捍卫者的理论基础。但是，占星术的推理和亚里士多德的形而上学之间的关系更加密切。在缺乏数学规则和因果关系的情况下，亚里士多德哲学考虑的是事物的"形式"或"性质"或"本质"之间的临近和对应关系。他按范畴和子范畴对它们进行分类，根据类比进行推断。这些类比通常是隐喻性的，或寓言式的，抑或是纯粹文字上的。占星术和炼金术采用的是相同的方法，只是更自由，更富有想象力，更少受学界迂腐风气的影响。如果说它们是杂草，那么不如说中世纪的科学本身就已经是杂草丛生，以至于都很难在这两者之间划清界限了。我们将看到，长期以来，现代天文学的创始人开普勒都无法将它们区分开。因此，行星和矿物，体液和性情之间的"影响""感应"和"对应关系"，作为一种对伟大的存在之链的半正式的补充，成了中世纪宇宙中不可或缺的一部分，这也就不足为奇了。

4. 结语

怀特海在他的经典著作[11]的开篇中评论说："公元1500年的欧洲比公元前212年去世的阿基米德懂得更少。"

我将简要总结一下在这个漫长的时期内抑制了科学进步的主要障碍。第一是将世界分裂成两个领域，以及由此产生的思想上的分裂。第二是地心说的教条，不见天日的思想从毕达哥拉斯学派那里走上了光明的道路，却在萨摩斯的阿里斯塔克斯那儿勒马不前了。第三是匀速圆周运动的教义。第四是科学与数学的分离。第五是没能认识到处于静止状态的物体倾

---

* 即使在今天，家庭医生诊断流感（influenza）时，不自觉地会将其归咎于星星的邪恶影响（influence），星星被认为要对所有的瘟疫负责。

向于保持静止，而处于运动状态的物体倾向于继续运动的事实。

科学革命第一个阶段的主要成果是消除了这五个根本障碍。这主要是由三个人完成的：哥白尼、开普勒和伽利略。在此之后，通向牛顿学说的道路敞开了，从那里开始，旅程突然加快速度，直到原子时代。这是人类历史上最重要的转折点，导致人类生存的方式发生了根本性的变化，不亚于获得第三只眼或另外一些生物学上的突变所能实现的变化。

从这里开始，本书叙述的方法和风格将会改变。重点将从宇宙学理念的演变转移到带来这些理念的个人身上。与此同时，我们也投入了一个不同的大气候下的新图景之中：15 世纪的文艺复兴。突然的转换会在读者观感的连续性上留下一些空白，本书将在有需要时对这些空白加以填补。

然而，新时代的第一位先驱者并不属于新时代，而是属于旧时代。虽然出生于文艺复兴时期，他却是一个中世纪的人 —— 被中世纪的焦虑困扰，被各种中世纪的情结折磨。就是这个怯懦、行事谨慎的神职人员，违心地开创了这场革命。

第二部年表

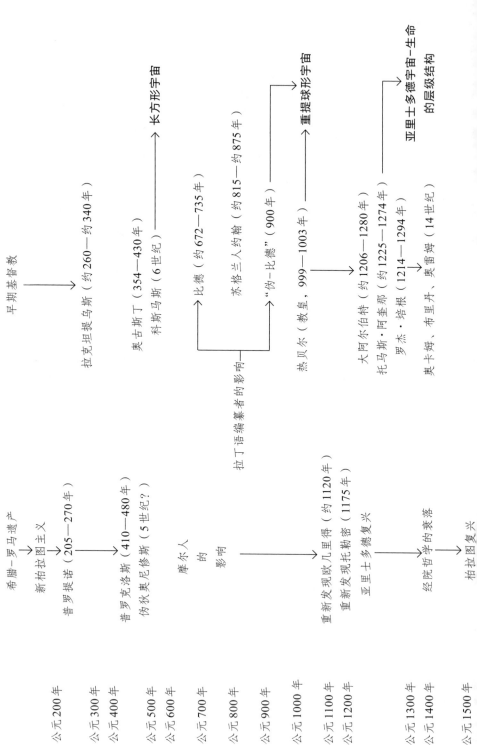

公元 200 年　希腊–罗马遗产

公元 300 年　新柏拉图主义
公元 400 年　普罗提诺（205—270 年）

公元 500 年　普罗克洛斯（410—480 年）
公元 600 年　伪狄奥尼修斯（5 世纪？）

公元 700 年　摩尔人
公元 800 年　　的

公元 900 年　　影响

公元 1000 年　重新发现欧几里得（约 1120 年）
公元 1100 年　重新发现托勒密（1175 年）
公元 1200 年　亚里士多德复兴

公元 1300 年　经院哲学的衰落

公元 1400 年　柏拉图复兴

公元 1500 年

早期基督教

拉克坦提乌斯（约 260—约 340 年）

奥古斯丁（354—430 年）
科斯马斯（6 世纪）　　→　长方形宇宙

比德（约 672—735 年）
苏格兰人约翰（约 815—约 875 年）

拉丁语编纂者的影响

"伪–比德"（900 年）

热贝尔（教皇，999—1003 年）

大阿尔伯特（约 1206—1280 年）→　重提球形宇宙
托马斯·阿奎那（约 1225—1274 年）
罗杰·培根（1214—1294 年）

奥卡姆、布里丹、奥雷姆（14 世纪）

亚里士多德宇宙–生命
的层级结构

第三部

胆怯的教士

1

哥白尼的生平

1. 故弄玄虚的人

　　1543年5月24日，教士尼古拉·哥白尼[1]（拉丁名Copernicus）死于脑出血。他享年70岁，只发表过一部他知道不可靠的科学著作：《天球运行论》。[2] 他推迟了大约30年才发表了他的理论，第一本完整的印本在他去世前几个小时才从印刷厂送到他手里。书放在他的床上，让他能摸到。匿名的作序者在序言中告诉读者，书的内容不必当真，甚至不必认为有可能为真。此时，教士的思维已经在游离了，他无法对该书的匿名序言发表任何评论。因此，后人永远无从得知哥白尼教士是否认可了这篇序言，以及他是否真的相信他的宇宙系统。

　　教士临死时所在的房间位于东普鲁士弗龙堡大教堂山的防御围墙的西北塔上，在文明的基督教世界的外围。他在那座塔楼里住了30年。塔楼高三层，三楼有一扇小门通向墙顶的平台。这是一个阴森恐怖的地方，但它让尼古拉教士能俯瞰北部和西部的波罗的海，南部的肥沃平原，也能望到夜晚的星空。

　　在小镇和大海之间横亘着一个淡水潟湖，宽3—4英里，长约50英里，是波罗的海海岸著名的地标，被称为弗里舍潟湖。但在《天球运行论》中，教士坚持称它为维斯瓦河。在书的一处留白上，他羡慕地批注道，亚历山大里亚的天文学家们"被澄澈的天空眷顾，因为据他们所说，尼罗河并不会像这附近的维斯瓦河这样冒出蒸汽"。[3] 维斯瓦河在弗龙堡以西42英里的但泽流入大海。教士几乎一生都住在这些地方，他非常清楚塔楼下的广阔水域不是维斯瓦河，而是弗里舍潟湖（Frisches Haff），德语的意思为"清新的湖泊"。一生致力于科学上的精确的人却犯了这样一个错误，这实在令人觉得奇怪，况且他还曾受委托制作该地区的地图。在《天球运行论》的另一段中再次出现了这一错误：在"论月球的经线位置和异常现象"一章中，他写道"所有上述观察都是指克拉科夫的经线，因为其中大部分都来自维斯瓦河河口的弗龙堡，它们位于同一条经线上"。[4]但弗龙堡既不在维斯瓦河的河口，也不在克拉科夫的经线上。

后人对哥白尼教士叙述的精确度和可靠性十分笃信，许多学者都不动声色地将弗龙堡转移到了维斯瓦河，甚至到了1862年，还有一本德国百科全书也做了同样的事情。[5] 路德维希·普罗韦先生是哥白尼的传记作者中最重要的一位，他在一个脚注中[5a]提到了这个令人困惑的谜题。他认为，哥白尼想要帮助他的读者找到弗龙堡，因此将它转移到了一条著名的河流的岸边。这个解释被他之后的其他作者接受。但这个解释没有抓住要领。因为在哥白尼就讨厌的蒸汽发牢骚的评论中，他显然并不关心要提供位置的线索；而在第二处引言，他确实是想为其他天文学家说明他的天文台所在的位置，这是一个需要极其精确的问题，40英里的位置错误是毫无理由的误导。

哥白尼教士的另一个突发奇想是将弗龙堡称为"季诺波利斯"（Gynopolis）。在他之前或之后从没有任何人将这个小城的德语名字进行如此的希腊化。这或许提供了一个线索，有助于说明这看似无意义的将潟湖称作维斯瓦河，并将两者都置于克拉科夫的经线上的故弄玄虚。弗龙堡以及整个瓦尔米亚省的土地被挤在波兰国王和条顿骑士团的地盘之间。在哥白尼出生之前以及在他一生当中，这里都经常成为战场。焚烧、掠夺、杀戮农民的骑士和潟湖的蒸汽严重干扰了哥白尼的工作，他憎恨它们。隐居在塔楼里的他渴望着年轻时的文明生活——那是在维斯瓦河的美好河岸和美丽的首都克拉科夫度过的。此外，维斯瓦河确实还有一条半干的小支流，流入了距弗龙堡仅20英里的潟湖。因此，综合这几点来看，他也可以说自己不是住在弗里舍潟湖旁的弗龙堡，而是在维斯瓦河上的季诺波

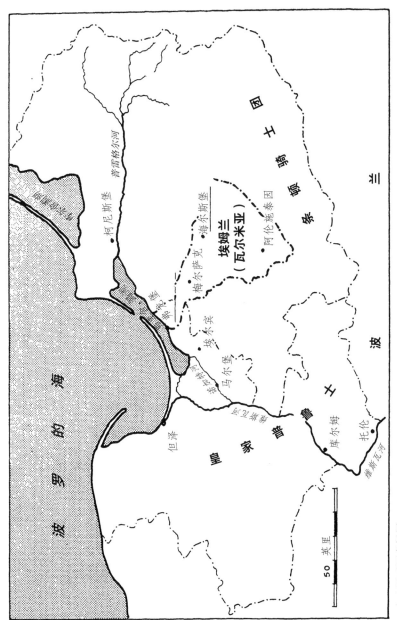

利斯，而且大约就在波兰首都的经线上。[6]

这种解释只是猜测，但无论是否正确，它都符合哥白尼教士性格中的一个奇怪特点：他喜欢将他的同时代人搞得困惑不解。半个世纪的痛苦经历，在悲惨和卑鄙之间的交替，使他变成了一个疲惫而阴郁的老人，惯于隐匿和掩饰；他封闭的情感只在很少的时候才以拐弯抹角的方式泄露出来。在他去世前2年，他终于被老朋友吉泽主教和年轻的说客雷蒂库斯说服，出版了《天球运行论》，在书中他仍然是同样地藏藏掖掖。他是否真的相信他的眼睛看到了远处维斯瓦河的河水，或者他只是希望自己这样相信？当他从塔楼的小窗口俯瞰著名的潟湖时，他相信他的宇宙系统中的48个本轮确实存在于天空中，或者他只是将它们视为比托勒密系统更简便的模型，以便于拯救现象？似乎他在这两种观点之间摇摆不定。也许正是这种对自己理论的真正价值的怀疑摧毁了他的精神。

在通往墙顶平台的房间里，放置着哥白尼观察天空所用的仪器。这些仪器很简单，大部分由他自己根据托勒密在1300年前的《天文学大成》中给出的说明制作而成。事实上，它们比古希腊人和阿拉伯人的仪器更加粗陋和不准确。其中一个叫作三角仪（triquetrum）或"十字弓"，约12英尺高，由三根松木条组成。一根木条直立；第二根木条上有两个瞄准器，就像枪筒上的瞄准器，用铰链连接在第一根木条的顶部，用来瞄准月球或星星；第三根木条是一个十字架，用墨笔标有刻度，就像一根码尺，用它可以读出星体在地平线上的角度。另一个主要仪器是一个直立的日晷，底部指向南北，用来指示太阳在中午的高度。还有一个叫十字测天仪（Jacob's Staff或Baculus astronomicus），就只是一根长木棍，带有一根可移动的短横杆。没有目镜或反光镜。天文学还没有发现镜子的用途。

不过，哥白尼本来可以使用更好、更精确的仪器，四分仪、星盘，以及抛光的黄铜和青铜制作的大型浑天仪，就像伟大的雷吉奥蒙塔努斯在他位于纽伦堡的天文台安装的那一座。哥白尼教士收入宽裕，完全有条件从纽伦堡的制作厂订购这些仪器。他自制的十字弓和十字测天仪十分粗陋。他曾无意中向年轻的雷蒂库斯提到，如果能将观测误差减少到10弧分，他就会像毕达哥拉斯发现他著名的定理那么快乐。[7] 但是10弧分的误差相当于天空中满月的视宽度的1/3，相比之下，亚历山大里亚天文学家的观测更为精确。哥白尼毕生都奉献给了研究星体的事业，那么，究竟是什么原因使得这位富裕的教士从来不曾订制过那些会让他比毕达哥拉斯还要快乐的仪器呢？

除了他随着苦涩岁月的流逝变得越来越严重的吝啬之外，还有一个更深层的令人焦虑的理由：哥白尼并不是特别喜欢观测星体这件事。他更喜欢依赖迦勒底人、希腊人和阿拉伯人的观察结果，这种偏好导致了一些令人尴尬的结果。《天球运行论》总共仅包含哥白尼本人所做的27项观测，而且这是他在32年的时间之中做的！第一次是他24岁，在博洛尼亚当学生时。书中提到的最后一次，金星的月食，是在他将手稿送到印刷厂之前至少14年完成的。尽管在这14年里他继续偶尔进行观测，但他并没有将其写入他的书中。他只是随便在他正在看的书页边潦草地记录下来，或者在其他的纸张边缘，如牙痛和肾结石的药方、头发染色配方，还有一种"皇家药丸"的配方——据说这种药丸"可随时服用，对所有疾病都有疗效"。[8]

总而言之，哥白尼在一生中记录了60—70项观测结果。他认为自己是天空的哲学家和数学家。他仰赖的是古人的记录，而把实际的观星工作留给了别人。就连他所假设的用作界标的基本恒星角宿一（Spica）的位置也偏差了大约40弧分，比月球的宽度还宽。

因为这所有的一切，哥白尼毕生的工作就其有用性来看，都是徒劳无功的。从海员和占星师的角度来看，哥白尼的行星表只比先前的阿方索星表略有改进，很快就被弃用了。就宇宙论而言，哥白尼系统充满了矛盾的、反常的以及武断的架构，同样不令人满意，尤其是他自己都不满意。

在长时间的浑浑噩噩之中的清醒间隙，这位垂死的教士一定痛苦地意识到他失败了。在再次沉入令人宽慰的黑暗之前，他很可能如垂死之人一样，看到自己冰冷的过去因仁慈的记忆之光而变得温暖。托伦的葡萄园，1500年禧年的梵蒂冈花园的金碧辉煌，因可爱的年轻女公爵卢克雷茨娅·博尔吉亚而变得令人神魂颠倒的费拉拉，最可敬的红衣主教勋伯格的珍贵信件，年轻的雷蒂库斯奇迹般的到来。但就算回忆能为哥白尼的过去增添一丝虚假的温暖和色彩，它令人宽慰的慈悲也不会福及后代。哥白尼也许是那些以其功绩或际遇塑造了人类命运的人中最平淡无奇的一个。在文艺复兴时期星光灿烂的天空中，他看上去像是一颗暗星——只有通过它强大的辐射才能感觉到它的存在。

2. 卢卡斯舅舅

尼古拉·哥白尼出生于1473年，正处于旧世界通过哈勒姆的科斯特发明的金属活字印刷机、哥伦布发现海外新大陆而转型的过程中。与他生活的年代相重叠的有鹿特丹的伊拉斯谟，伊拉斯谟"产下宗教改革的蛋"，路德将其孵化；有脱离罗马教廷的亨利八世和将神圣罗马帝国带至顶峰的查理五世；有博尔吉亚家族和萨沃纳罗拉，米开朗琪罗和达·芬奇，霍尔拜因和丢勒；有马基雅维利和帕拉塞尔苏斯，阿里奥斯托和拉伯雷。

他的出生地是维斯瓦河上的托伦，以前是条顿骑士团对抗普鲁士异教徒的前哨，后来成为汉萨同盟的成员，也成了东西方之间的贸易中心。尼古拉·哥白尼出生时，该城已经处于衰落之中，其贸易往来逐渐被更靠近河口的但泽夺走。但他仍然可以看到商人的船队装载着木材、匈牙利矿山的煤炭、沥青和焦油、加利西亚的蜂蜜和蜡，沿着宽阔、泥泞的河面向大海航行；或者是载着佛兰德斯的纺织品、法国的丝绸，还有鲱鱼、盐和香料逆流而上。商人们始终成队出航，以免受到海盗和强盗的骚扰。

然而，小男孩尼古拉不太可能花很多时间观察河上码头的生活，因为他出生在城墙内，在护城河和吊桥的保护下，狭窄的三角顶的贵族房屋被层层包围在教堂、修道院、市政厅和学校当中。只有底层的那些人才生活在城墙外，在码头上、仓库里，在郊外的工匠做工的噪音和恶臭中。这些人里有车轮和马车制造商，铁匠、铜匠和枪管制造商，还有提炼精盐和硝石的商家，以及蒸馏杜松子酒和酿制啤酒的人。

他小混混一样的哥哥安德烈亚斯当时可能喜欢在郊外游荡，希望有一天能成为海盗；但是尼古拉一生都害怕到墙外冒险——各种意义上的冒险。他一定很早就意识到自己是托伦的一位富有的地方法官和贵族的儿子。父亲是一个家业兴旺的商人，仅在一两代人之前，家族船只的航行路线还不能超出布鲁日和斯堪的纳维亚的港口。现在，当城镇的命运在衰落，他们却变得更加傲慢、古板并且极度贵族老爷做派。老尼古拉·哥白尼在15世纪50年代末从克拉科夫来到托伦，是铜矿批发商，这是家族企业，哥白尼家族就是由此而得名。至少人们推测与此有关，因为所有与哥白尼教士的祖先相关的一切就如同他在这地球上的一生一样，也被笼罩在神秘莫测的暮光之中。在那个时代的历史人物，人们对他们的了解更多地来自文件、信件或轶事。

关于他的父亲，我们至少知道他来自哪里，以及知道他在郊外拥有一座葡萄园，他于1483年去世，当时尼古拉10岁。关于他的母亲，我们只知道她在婚前名叫芭芭拉·瓦特泽罗德，但除了名字，我们对她就一无所知了。在任何记录中都找不到她的出生日期、结婚日期和死亡日期。这很值得注意，因为芭芭拉小姐出生于一个名门望族，她的兄弟卢卡斯·瓦特泽罗德后来成为瓦尔米亚的主教和统治者。关于卢卡斯舅舅，甚至是姨妈克里斯蒂娜·瓦特泽罗德，都有详细的生活记录；只有母亲芭芭拉的记录被完全抹去了，也可以说是被儿子投下的阴影永远遮住了。

关于他18岁之前的童年和青春期，我们只知道一件事，不过这一事件对他的一生起了决定性的作用。父亲去世后，尼古拉、哥哥和两个姐姐，由未来的主教卢卡斯舅舅照管。当时他们的母亲是否还活着，我们不知道；不管怎么说，她淡出了画面（并不是说她之前的存在感很强）。此后，卢卡斯·瓦特泽罗德同时扮演尼古拉·哥白尼的父亲和保护者、雇主和资助者。这是一种既紧张而又亲密的关系，一直持续到主教的生命结束，托伦镇的抄写员兼蹩脚诗人劳伦休斯·科尔维努斯，将这段亲密关系比作埃涅阿斯和他忠实的阿查特斯之间的关系。

主教比尼古拉年长26岁，是一个强悍而暴躁、自负又阴郁的人；他独断专行，恃强凌弱，不容忍任何反对意见，也从不听别人的看法，从不会笑，也没有人喜欢他。但他也是一个无所畏惧、敬业奉献的人，对流言无动于衷，他只相信他认准的东西。他的历史功绩是对条顿骑士团的弹压，这为最终解散骑士团铺平了道路。条顿骑士团是"十字军"运动的一个时代错误的残存物，已经堕落为一股为害一方的势力。骑士团的最后一位团长称卢卡斯主教是"人形的魔鬼"，其编年史记录说，骑士们每天都祈祷，盼着他死掉。但他们还是得等到他65岁的时候。当死亡真的降临到这位精力充沛的主教身上时，降临到他身上的是种非常突然和可疑的病症，以至于传说是骑士们给他下了毒。

这位强硬的普鲁士主教唯一讨人喜欢的是他对亲戚们很好，他悉心关爱众多小辈儿女、姻亲以及自己的私生子。他为尼古拉和哥哥安德烈亚斯弄到了弗龙堡丰厚的牧师俸禄。在他的斡旋下，哥白尼姐妹中的姐姐成了库尔姆西多会修道院的女院长，妹妹则嫁给了一位贵族。一位当代编年史家进一步记录称："菲利普·特斯克纳是个私生子，是卢卡*任托伦的地方法官时与一位信女所生。后来菲利普被主教提升任布劳恩斯贝格市长一职。"[9]

但是他最喜欢的，他忠诚的阿查特斯，还是小尼古拉。这是一个典型的异质相吸的例子。主教傲慢骄横，外甥谦卑低调。主教焦躁易怒，外甥温顺驯服。舅舅乐观积极、变化莫测，外甥遵规守纪、书呆子气。无论是私下相处，还是在小城的当地人眼中，卢卡斯主教都是一颗灿烂的恒星，而尼古拉教士则是颗暗淡的卫星。

3. 学生

1491—1492年的冬天，尼古拉·哥白尼18岁，被送往著名的克拉科夫大学。他4年学业的唯一记录是一条账目登记，"托伦的尼古拉之子尼古拉"注册入学并全额支付了学费。哥哥安德烈亚斯也入了学，但记录显示他只支付了部分费用。此外，安德烈亚斯注册的时间稍晚，名单上尼古拉的名字后面还有15个其他人的名字，然后才是哥哥的名字。他们俩都没有获得学位。

---

* 指卢卡斯。——编者注

22岁时，尼古拉在卢卡斯主教的要求下回到了托伦。弗龙堡大教堂的一位教士快死了，主教急着要为他心爱的外甥弄到牧师俸禄。他这么着急的理由很充分，因为托伦的贵族们都正为自己的经济前景忧心忡忡，焦虑万分。几个月来，他们一直从里斯本的商业伙伴和代理商那里收到令人不安的信件，声称一位热那亚的船长开辟了一条通往印度的海路，此外葡萄牙的海员们也在试图绕过非洲好望角实现同样的目标。当哥伦布第一次航海归来，交给财政官拉斐尔·桑切斯的报告以单幅大报印刷发行，首先在罗马，然后在米兰，最后在乌尔姆，这时谣言成真了。再无任何怀疑了，这些通往东方的新贸易路线对托伦和整个汉萨同盟的繁荣构成了严重的威胁。对于一个家境良好但职业尚不确定的年轻人来说，最安全的事就是确保有一份丰厚、舒心的牧师俸禄。他当时确实只有22岁，但毕竟，未来的利奥十世，乔瓦尼·美第奇14岁时就已经成了红衣主教了。

不巧的是，弗龙堡大教堂的领唱，教士马蒂亚斯·罗劳，于9月21日就死了，比预期提前了10天。如果他在10月去世，那么卢卡斯主教本无须再费力就可以让尼古拉成为教士。但在一年中所有的奇数月份，填补瓦尔米亚教会空缺的特权不属于主教，而属于教皇。当时还有其他候选人，这使得谋取俸禄的计划有了变数。尼古拉落败了，他在几封信中抱怨自己的不幸，这些信被一直保存到了17世纪，但此后就遗失了。

然而，2年之后，教会又出现了一个新的空缺，这次恰巧在8月。于是，尼古拉·哥白尼就被正式任命为弗龙堡大教堂的教士；接着，他很快就去了意大利，继续他的学业。他接受俸禄，却既没有行使神职，也没有被要求在接下来的15年里必须待在弗龙堡。在此期间，新教士的名字只在大教堂记录上出现了两次：第一次是在1499年他的任命被正式确认时；第二次在1501年，当时他原本3年的假期又延长了3年。用我们现在的俗话来说，瓦尔米亚的教士似乎是一份美差。

从22岁到32岁，年轻的哥白尼在博洛尼亚大学和帕多瓦大学学习；再加上在克拉科夫的4年，他总共在不同的大学度过了14年。按照文艺复兴时期"通才式的人"的理想，他什么都学了一点：哲学与法律、数学与医学、天文学与希腊文。他于1503年在费拉拉大学获得了教会法博士学位，时年30岁。除了支付学费和获取学位之外，他在各所大学的记录中都没有留下任何荣誉或劣迹。

托伦的大多数年轻人都去德意志莱比锡大学进行预科的学习，而哥白尼去了波兰的克拉科夫；但是在下一阶段，在博洛尼亚大学，他加入了日耳曼人而不是波兰人的学生联谊会，他们在1496年登记的新成员名单上有"托伦的尼古拉·哥白尼"的名字。日耳曼学生联谊会是博洛尼亚大学最强大的社团组织，在频繁的街头斗殴方面和在学校内部都是。它的名单上有许多杰出的德意志学者的名字，包括库萨的尼古拉。卢卡斯舅舅也是先在克拉科夫学习，然后加入了博洛尼亚的日耳曼学生联谊会，年轻的尼古拉不会因追随他的足迹而受到指责。此外，严格种族分化的民族主义此时还是未来的瘟疫，因此，与日耳曼学生联谊会一同存在的，还有独立的施瓦本学生联谊会、巴伐利亚学生联谊会等。然而在过去的400年里，波兰和德意志学者之间的仇恨和愚蠢的争执不断，两者都声称哥白尼是他们国家的儿子。[10] 用所罗门的方式来断案，我们只能说，哥白尼的祖先来自日耳曼人和斯拉夫人之间的边境省份那众所周知的混杂人群；他生活在一块被争夺的土地上；他书写用的语言主要是拉丁语，儿时的方言是德语，而他的政治倾向是支持波兰国王、反对条顿骑士团，支持他的德意志教会、反对波兰国王；最后，他的文化背景和传统既非德意志又非波兰，而是拉丁文和希腊。

另一个讨论得很多的问题是，为什么哥白尼在世界著名的帕多瓦大学完成了教会法的学习，却选择在费拉拉一所规模很小、微不足道的大学获取学位，他从未在这里上过学。直到19世纪末谜底才得以揭晓，一位意大利学者[11]发现在公元1500年左右，在费拉拉获取学位不仅更容易，而且便宜得多。在博洛尼亚或帕多瓦大学，新获得学位的博士要大办招待庆祝这一盛事；哥白尼教士偷偷从老师和朋友那里溜走，来到名不见经传的费拉拉，是参照了日耳曼学生联谊会的其他一些成员的做法，顺利地逃脱了请客的负担。

哥白尼的文凭还揭示了另一个有趣的细节：这位候选人不仅是弗龙堡大教堂的教士，而且还享有第二份缺位的牧师俸禄，是"布雷斯劳圣十字教堂联合会学者"。除了获得稳定的收入外，这个响亮的头衔还有哪些权利和义务，历史学家并不清楚。甚至哥白尼是否去过布雷斯劳都值得怀疑。人们只能猜测这是他通过已故父亲的一些西里西亚的商业关系或卢卡斯舅舅的关照而获得的额外福利。他一生都保守着这个秘密；不管是在弗龙堡教会的记录中，还是在任何其他文件里，都没有提到过哥白尼教士的这第二份神职，它只出现在他的晋升文件上。不难猜测，在这个特定的事情上，这位教会法学位的候选人认为透露他的学术头衔对自己有利。

在博洛尼亚和帕多瓦学习期间，他也在罗马待了一年，即1500年禧年。据他的弟子雷蒂库斯所言，哥白尼"这一年27岁，多多少少在众多的学生和这一领域的专家学者面前讲授了数学"。[12] 由于哥白尼极少向他的"博斯韦尔"*雷蒂库斯谈起他的生活，因此这个说法被后来的传记作者欣然接受了。然而，无论是大学的记录，还是罗马的任何学院、神学院或其他学校都没有提到哥白尼授课。如今我们猜测他可能是有过一些闲谈，就像访问学者和人文学者通常在访问学校所进行的那种研讨。他的授课以及他在意大利的10年，在这个过度亢奋、爱好谈论、喜欢写作的年代所留下的无数信件、日记、地方志或回忆录中都找不到任何痕迹，当时的意大利就像一个灯火通明的舞台，不可能有哪个有名的外来学者能够任意通过而不被人注意到，并且没有以某种方式记录下来。

关于在意大利的这10年，传记作者得到的唯一款待就是一封信，说明了有一次哥白尼兄弟（因为安德烈亚斯和尼古拉一起成了博洛尼亚的学生）没钱了，不得不借了100达克特†。这钱是他们的教会驻罗马的代表伯纳德·斯库尔泰蒂借给他们的，后来由卢卡斯舅舅偿还。这可是哥白尼教士波澜不兴的青年时代唯一一个体现了人情味火花的小插曲，因而饥渴的传记作者们试图从中榨出最后一点意义也就是可以理解的了。不过斯库尔泰蒂写给卢卡斯主教的信——这是故事的出处——只是讲述了借款交易的基本事实，并补充道安德烈亚斯威胁说，除非他能立即偿还兄弟俩按学生的习惯向学校社区借的债务，否则自己就"要为罗马效劳"[13]。老练的

---

* 詹姆斯·博斯韦尔是苏格兰传记作家，被认为是现代传记写作形式的开创者。——编者注
† Ducat，旧时在欧洲许多国家通行的金币或银币。——编者注

斯库尔泰蒂（他后来成为利奥十世的私人牧师和宫廷大臣）告知了安德烈亚斯的勒索却对尼古拉避而不谈，显然意在将这件事归咎于哥哥。因此，无论这个插曲有什么意义，都主要涉及安德烈亚斯这个浪荡子。

4. 哥哥安德烈亚斯

安德烈亚斯显然对尼古拉产生了强烈而持久的影响，因此多了解一点安德烈亚斯会对我们有所帮助。我们已知的关于他的每一件事都证实了兄弟之间性格的反差。安德烈亚斯是哥哥，但他在克拉科夫大学的入学时间比尼古拉稍晚，在博洛尼亚入学更是晚了整整2年时间；他在克拉科夫只支付了部分费用，而尼古拉支付了全额。尼古拉于1497年在卢卡斯舅舅的帮助下成为一名教士，哥哥是在2年后的1499年。1501年，两人都申请延长3年假期。尼古拉很容易就获得了批准；他允诺会学医，人们希望"他以后能对教区的领袖和教会的教士们有用"。而在同一次申请中，安德烈亚斯也获得批准，理由是干巴巴的，"因为学校认为他能够继续学业"。

一切都似乎表明，在小城里那些体面的批发商的口中，大家都预言安德烈亚斯这个年轻人会走上歪路。事实确实如此。在意大利的学业结束后，安德烈亚斯染上了不治之症并回到了弗龙堡，教会的记录称是麻风病。当时欧洲大陆的这种叫法大致就像英国所称的"出疹子"，是种不严格的叫法，可能真的是指麻风病，或者更可能是梅毒，当时梅毒正在意大利肆虐，而麻风病正在减少。

事实上，不管安德烈亚斯患的是麻风病还是梅毒，都没什么区别，因为两者都散布着恐怖和羞耻。回家几年后，安德烈亚斯的状况开始迅速恶化，他想请假回到意大利，在那里寻求治疗。他于1508年获得批准。然而4年后，安德烈亚斯回到了弗龙堡，现在他的样子看起来十分吓人，因此而吓坏了的教会决定使用一切方法摆脱他。1512年9月，教会召集了一次会议，其中包括弟弟尼古拉，会议决定与安德烈亚斯教士断绝所有个人关系；要求他支付交给他执行神职事务的1200个匈牙利弗洛林金币；

没收他的牧师薪俸及所有其他收入；并同意支付他一笔小额年金，条件是他要退出教会。

安德烈亚斯拒绝服从这一决定。他的回击是留在弗龙堡，并在他那些衣冠楚楚、养尊处优的教会弟兄面前展现他麻风病人的面容，作为"死亡警告"（memento mori）。最后，他们不得不放弃，取消没收俸禄，并同意支付他一笔更高的年金，直到教宗下最终决定——这一切的条件是"感染传染性绝症的麻风病人"必须离开该镇。安德烈亚斯接受了这个解决方案，但他在弗龙堡又逗留了两三个月，还在教会的仪式上至少出现过两次，气气他的同行们，包括亲爱的弟弟尼古拉。然后，他回到了当初在博尔吉亚家族统治下的心仪的罗马。

然而，即使是在"感染绝症"的状态下，他也积极参与了罗马教廷关于瓦尔米亚教区主教继任的阴谋。在其中的某个阶段，当波兰国王西吉斯蒙德想去抗议教会的阴谋时，他不是写信给教会驻罗马的官方代表，而是写给正在流亡的麻风病人安德烈亚斯，这也算是安德烈亚斯非凡性格的一种体现。他在几年后去世，去世时的情况未知，日期也未知。

尼古拉教士从未提及安德烈亚斯的病，也不曾提及他不光彩的一生和他的死。关于这个问题，雷蒂库斯只是说，哥白尼有"一个哥哥叫安德烈亚斯，他很熟悉罗马的著名数学家格奥尔格·哈特曼"。[14] 后来的传记作者对哥哥安德烈亚斯的问题同样谨慎。直到公元1800年，才有一位约翰·阿尔布雷希特·克里斯在一本不起眼的杂志上提到了安德烈亚斯的病症。[15] 但他很快就后悔了。3年后，当克里斯编辑利希滕贝格先前撰写的一部哥白尼传记时，他也对这个问题保持了沉默。

如果哥白尼家族生在意大利，而不是普鲁士的一个无名小城，那么安德烈亚斯本可能成为一个鲁莽冒进的雇佣兵队长，卢卡斯舅舅可能成为一个城邦的独裁统治者。夹在这两个顽固强硬的人物中间，受哥哥的欺凌，舅舅的藐视和侮辱，尼古拉变得隐忍、谨慎、遮遮掩掩。最早的版画和后期真实性可疑的肖像画，都表现出他坚毅的面容和怯懦的表情：高颧骨、分得很开的黑眼睛、方下巴、厚嘴唇；但目光飘忽、犹疑，嘴唇噘着，仿佛在生气，表情拒人于千里之外，充满戒备心。

在他意大利的学业即将结束之时，日心说系统开始在尼古拉的脑海里成形。当然了，这个想法并不是什么新东西，在当时的意大利也有许多人在讨论，我在后面会再讲到这一点。尼古拉在意大利求学的早期就开始对天文学产生了极大的兴趣，这成了他坎坷人生的主要慰藉。当他接触到阿里斯塔克斯以太阳为中心的宇宙观时，他就一把抓住了它，再也没有放开过。36年来，据他自己说，他将他的理论深深地埋藏在心中，直到临死前才勉强同意透露它的秘密。

5. 秘书

1506年，教会法博士哥白尼教士33岁。他结束了在意大利的学业，回到了家乡普鲁士。接下来的6年里，他与卢卡斯舅舅一起住在海尔斯堡——瓦尔米亚的主教府邸。

自从被选为弗龙堡大教堂的教士以来，已经13年了，他还从来没有行使过他的工作职能，也仅仅短暂访问过教会两次。不定限期的新休假被批准，官方理由是他将担任卢卡斯舅舅的私人医生。事实上，是主教希望他的心腹常伴身旁，直到去世，他都将尼古拉留在他的身边。

然而，尼古拉被任命为私人医生不仅仅是一个官方借口。他从没有获得过医学学位，但他在著名的帕多瓦大学学习了医学，因为当时的神职人员很适合学这个。他的老师之一是著名的拉托雷的马库斯·安东尼厄斯，达·芬奇曾为他绘制过关于马和人体的解剖图。并无记录显示尼古拉是否曾经为卢卡斯舅舅进行诊治，但后来他确实为卢卡斯的继任者费贝尔主教和但提斯克斯主教诊治过各种疾病，有时是亲自诊治，有时是通过信件。他还被普鲁士的阿尔伯特公爵传召，担任公爵的一位顾问。事实上，哥白尼在瓦尔米亚作为医生远比作为天文学家更知名。

他开的处方都是从各种教科书中抄下来的，从中可看出他学医的初衷。和他研究科学的一般方法一样，他行医的风格是保守型的。他对伊斯兰医学家阿维森纳的学说深信不疑，就像他深信亚里士多德的物理学和托勒密的本轮系统。曾有一个处方他抄了两次（一次是在欧几里得的《几何原本》的背面，另一次是在一本外科书的页边空白处），其中包含以下成分：亚美尼亚海绵、肉桂、雪松木、血根草、白藓、紫檀、象牙屑、番红花（或藏红花）、锂辉石、醋泡甘菊、柠檬皮、珍珠、绿宝石、红锆石、蓝宝石、鹿的心脏里的骨头或由心脏制成的浆汁、一只甲虫、独角兽的角、红珊瑚、金、银、糖。[16] 这是当时很典型的一个处方，再加上用橄榄油煮过的蜥蜴和葡萄酒洗过的蚯蚓，小牛的胆汁和驴的尿液。不过，这个时代也见证了帕拉塞尔苏斯、塞尔维特、维萨里的崛起，以及阿维森纳和中世纪阿拉伯学派的失势。有这么一种天才——培根和达·芬奇，开普勒和牛顿——他们就像是充了电，任何他们碰触到的学科，无论距离他们自己的领域有多么遥远，都会迸发出独创性的火花。但哥白尼不是这样的天才。

然而，在海尔斯堡的6年，他的主要职责不是医疗，而是外交。小小的瓦尔米亚是边境地区，摩擦、阴谋、争斗不断，就像邻近的但泽在400年之后的情况那样。瓦尔米亚的主要城市有大教堂所在的弗龙堡，主教府邸所在的海尔斯堡；再往内陆，是阿伦施泰因。每个城市中心的山上都有一座中世纪城堡，由防护墙和壕沟加固防御。这是四个普鲁士教区中最大的一个，并且，由于卢卡斯主教的精明，也是唯一一个面对条顿骑士团和波兰国王的双重威胁而成功保持了独立的教区。尽管在政治上，卢卡斯主教支持波兰国王，但他从未放弃自治权，并以文艺复兴时期小国国君的堂皇做派统治着这块偏远的领土。

15世纪的一份《海尔斯堡典例》[17]详细描述了主教庭院的人员、他们的级别高低以及餐桌礼仪。用餐的铃声一响，所有宾主等候在各自的门前，直到主教进入铺好的庭院，这个时刻以他的猎犬们被放出来吠叫为信号。头戴法冠、手戴紫色手套、持法杖的主教出现在庭院上后，人们就在他身后形成队列，跟随他进入骑士大厅。仆人们端着洗手盆和毛巾服侍，祷告后，主教登上高台至主桌，这是为最高级别的人物和嘉宾预留的。共有九张桌子，第二张为较高地位的宾主，第三张为低级官员，第四张为主要仆从，第五张用于招待穷人，第六、第七和第八张用于下等仆人和仆人的仆人，第九张招待提供娱乐项目的杂要表演者、小丑和街头艺人等。

　　没有记录说明尼古拉教士被安排在哪张餐桌上，据猜测应该是第二张。他此时将近40岁。他的职责包括陪同卢卡斯舅舅出行及执行外交使命，去过克拉科夫和托伦，往普鲁士和波兰参过会，参加过西吉斯蒙德国王的加冕礼和婚礼；也包括起草信件和政治文件。他大概还协助主教完成了两个主教喜欢的项目：派条顿骑士团去征讨土耳其人从而摆脱他们；在埃尔宾创办一所普鲁士大学。两个项目都失败了。

　　然而，在瓦尔米亚期间生活很悠闲，这些职责给了哥白尼教士足够的自由去追求自己的个人爱好。观察天空并不是他的爱好——在海尔斯堡的6年里，他没有记录下哪怕一个观察结果。但他在起草两份手稿：一份是一本书的拉丁文译本，一份是哥白尼宇宙系统的大纲。译本他已经付印，而大纲还没有。

　　未公开出版的天文学手稿被称为《短论》(*Commentariolus*[18] 或 *Brief Outline*)，我们将在后面讨论。另一份手稿于1509年在克拉科夫出版，当时哥白尼36岁，那也是除了《天球运行论》之外唯一一本他在世时出版的书。它也代表了他在纯文学领域的唯一一次探索，因此也透露了他的个性和品位。

　　这本书是哥白尼教士从希腊文翻译成拉丁文的一位名叫塞奥非拉克特·塞摩卡塔之人的书信集。塞奥非拉克特是公元7世纪拜占庭的一位历史学家，最著名的作品是一部莫里斯皇帝统治时期的历史。吉本在谈到他的文学成就时，说他对琐事滔滔不绝，却抓不住要领。[19] 伯恩哈迪评论说："塞奥非拉克特的风格浅薄，却由于毫无意义的虚饰被高估了……这比人们想象的更早、更彻底地揭示了那个时代本质上的空虚和贫瘠。"[20] 他还出版了一卷有85封书信的集子，形式为不同希腊人物之间虚构的来往信件；哥白尼选择翻译成拉丁文的正是这本书，这是他对文艺复兴时期的文学做出的贡献。

　　塞摩卡塔的《书信集》按三个标题分类："道德""田园"和"爱情"。以下从三类风格中摘选（未删节）的是从哥白尼的拉丁文版本翻译过来的。[21] 这些是书信集中的最后三封信：

第83封信——安提诺乌斯致安姆佩利纳斯（田园）

葡萄收获的季节将至，饱满的葡萄充满甜汁。所以，要小心警惕马路，带一只能干的克里特岛的狗儿做伴。因为流浪者的双手随时准备着摘葡萄——把农民那汗水的成果夺走。

第84封信——克里希帕致索西帕特（爱情）

你被爱情的网困住，索西帕特，你爱安苏西亚。你向美丽少女流露爱情的双眼那么值得赞美。不要抱怨说爱情征服了你，因为你为爱情付出的劳苦将给你带来更大的喜悦。虽然眼泪属于悲伤，但爱情的眼泪却很甜蜜，因为它们混合着欢乐和愉悦。爱神们带来喜悦也带来悲伤，维纳斯备好了多样的激情。

第85封信——柏拉图致狄奥尼修斯（道德）

如果你想要获得控制悲伤的能力，那么就在墓园徜徉。在那里你将找到治愈你的病痛的良方。同时，你将认识到，即使是人类最极致的幸福也无法在墓地中幸存。

究竟是地上或天上的什么，让哥白尼教士花费精力去翻译这些浮夸的陈词滥调？他不是一个学生，而是一个成熟的男人；不是一个粗野的乡下人，而是一个在意大利生活了10年的人文学者和朝臣。下面是他对这个奇怪选择的解释——在他致献给卢卡斯舅舅的序言中：

致瓦尔米亚最受尊敬的卢卡斯主教
尼古拉·哥白尼奉上

祖国最受尊敬的主教大人和神父

在我看来，学者塞奥菲拉克特极为成功地编辑了这些道德、田园和爱情方面的书信。在作品中可以看出，他觉得丰富多样的东西是讨人喜欢的，因此也应该是人们爱看的。人们的偏好各异，因此令他们喜悦的事物非常不同。有人喜欢严肃的思想，有人喜欢轻松的；有人喜欢一本正经，有人喜欢幻想。因为大众对这些不同的东西产生喜欢的感觉，因此塞奥非拉克特在严肃的话题和轻松的话题、轻薄与真挚之间交替，让读者仿佛身在花园，可以选择最能取悦他的花朵。但塞奥非拉克特表现出来的东西带给我们许多裨益，这使他的散文诗看起来不像书信，而像约束人们生活的规则和戒律。证据就是这些书信的内容及其简洁性。塞奥非拉克特从不同的作家那里选择材料，编辑成简短精悍、具有教化意义的形式。道德和田园书信的价值不可否认。也许爱情的书信会让人有不同的判断，因为其主题的原因，这些信件看似快乐轻佻。但是，就如医生给苦药添加甜味的用意是减少患者服药的痛苦那样；即便添加这些轻松愉快的书信是出于这个原因，它们也非常纯真，可同样被称为富有教育意义的书信。在这种情况下，我认为塞奥非拉克特的书信集只有希腊语的文本，这对读者是非常不公平的。为了让这些书信能被更多的人读到，我尝试尽力将它们译为拉丁文。

我最尊敬的主教大人，我将这本小书致献给您，这与您赐予我的恩惠并无关系。我将我的头脑所能实现的成就视为您的财产；因为毫无疑问，这就是奥维德曾致敬恺撒·日耳曼尼库斯时所说：

"您的目光所及之处，我的灵魂跟着起落。"[22]

我们必须记住，这是一个精神上正在发酵、知识上正在革命的时代。若将哥白尼教士的品位和风格和他同时代的杰出人物伊拉斯谟与路德，梅兰希顿与罗伊希林，甚至是哥白尼所在的瓦尔米亚的但提斯克斯主教比较，都会令人倍感沮丧。然而，这项翻译工作并非一时的心血来潮。如果我们仔细研究此事，选择无名的塞奥非拉克特是十分精明的选择。因为在这个时期，翻译重新发现的古希腊文本被认为是人文学者最首要和最崇高的一项任务。正是在这个时期，伊拉斯谟翻译了希腊文的《圣经新约》，揭示了罗马通行的《圣经》文本的堕落，"对于将人们的思想从神职人员的束缚中解放出来做出了极大的贡献，胜于路德的一众小册子所发出的呐喊和怒吼"[23]；也是在这个时期，对希波克拉底和毕达哥拉斯学派的重新发现，实现了另一种类型的理性解放。

然而，在北欧，神职人员中更顽固的少数派仍在进行反对学古复兴的抵抗行动。在哥白尼年轻时期，任何德意志或波兰大学都不教希腊语；克拉科夫大学的第一位希腊文老师格奥尔格·利巴纽斯，抱怨说宗教狂热分子试图阻止他授课，并想要将学习希伯来文和希腊文的人逐出教会。一些德国的多明我会士尤其大张旗鼓地声讨，称所有对未删节希腊语或希伯来语文本的研究为异端邪说。其中有一个修士名叫西蒙·格吕瑙，他在记录中抱怨说："有些人一辈子都没见过一个犹太人或希腊人，却老想着读犹太人或希腊人的书，他们是鬼迷心窍了。"[24]

这个名不见经传的格吕瑙和上面提到的利巴纽斯常常出现在讲述哥白尼的文献当中，目的是证明对哥白尼而言，需要极大的勇气才能出版一本从希腊语翻译过来的书；并且通过这个具有象征意味的行为，他证明了自己支持人文主义者，反对蒙昧主义者。这个行为无疑是有意做出的，但就其涉及选边站而言，哥白尼站在了胜利者那边：当他出版这本书时，伊拉斯谟及人文主义者似乎占了上风。这是伟大的欧洲复兴之时，时间上在西方世界分裂成两个敌对阵营之前，在宗教改革与反宗教改革的恐怖之前，也是在罗马教廷拿着《禁书目录》反对出版印刷之前。伊拉斯谟仍然是无可争议的知识领袖，他可以毫不夸大地宣称他的弟子包括

> 神圣罗马帝国皇帝，英格兰、法国和丹麦的国王，德意志的费迪南德亲王，英格兰红衣主教，坎特伯雷大主教，还有其他的贵族、主教、博学且尊贵的人士，数不胜数，不仅在英格兰、佛兰德斯、法国和德意志，甚至在波兰和匈牙利。[25]

这些考量可能有助于解释哥白尼为什么特别选择了这本书。它是**希腊文**的，因此在人文主义者的眼中翻译这本书值得称赞；但它不是一本**古希腊**的书，而是7世纪的一位拜占庭的基督徒写的，沉闷虔诚，无可指责，就连最狂热的修士也无法予以反对。总之，塞奥非拉克特的书信集亦

僧亦俗，既是希腊文又是基督教概念，总的来说，就如不动产一般安全。这些书信没有引起特别的注意，无论是人文主义者还是蒙昧主义者，而且它们很快就被遗忘了。

6. 教士

1512年，卢卡斯主教突然去世。他启程到克拉科夫出席波兰国王的婚礼，并神采奕奕地参加了典礼。回程时他突发食物中毒，死了家乡托伦。他忠实的秘书和私人医生一贯神出鬼没，在他去世时并不在他身边；其不在的原因也没人知道。

舅舅去世后不久，40岁的哥白尼离开了海尔斯堡，前往弗龙堡大教堂就任教士一职。整整晚了15年——这个职位他忠实地坚持到了生命的尽头。

他的本职工作说不上艰巨。16位教士过着地方贵族悠闲、世俗、富足的生活。他们携带武器（除了参加教会的会议），并按要求每人拥有至少两个仆人和三匹马，以维护教会的威望。他们大多来自托伦和但泽的贵族家庭，并通过联姻相互有亲戚关系。他们每人都分有一套房子（curia），位于防护城墙内——其中之一就是哥白尼的塔楼——另外在乡下还有两块完全私有的土地（allodia）。除此之外，每位教士还享有一份或几份额外的牧师俸禄，他们的收入是相当可观的。

16位教士中只有1人做了更高级别的宣誓，有权主持弥撒；其余的只是在未外出执行公事时，有义务出席并偶尔协助早晚的礼拜仪式。他们的其余职责都是世俗性质的：管理教会的大量财产，他们对其几乎有绝对的权力。他们征税、收取租金和什一税，任命村镇的镇长和官员，出席法庭，制定并执行法律。这些活动一定很符合哥白尼教士节俭和有条理的性格，因为他连续4年在阿伦施泰因和梅尔萨克担任教会偏远地区的行政官，还有一段时期他是管理教会在瓦尔米亚所有财产的总行政长官。他保管着一本总账和一本商业日记账，详细记录了与租户、农奴和劳工的所有交易。

在此期间的1519年，波兰人和条顿骑士团之间的不和再度被点燃。没有发生什么重大战役，但瓦尔米亚的乡村由于双方军队的掠夺搜刮而满目疮痍。他们残杀农民、强奸妇女、焚烧农场，但不去攻击设防的城镇。16名教士中有14人在托伦或但泽度过了这动荡的一年。哥白尼选择了留在弗龙堡安全的围墙之后的塔楼里，由一位年老的教会成员陪伴，在这里照管着教会的事务。随后，他又管理了一年阿伦施泰因，似乎还参与了一起在敌对双方之间进行调解的活动，但以失败告终。当和平最后到来，已经是1521年，那时候他已经将近50岁了。他余下的那看上去平安无事的20多年，主要都是在他的塔楼里度过的。

他有足够的闲暇时间。在1530年左右[26]，他完成了《天球运行论》的手稿，并把它锁了起来，只是偶尔做些修正。他没有做别的什么重要的事。应朋友的要求，他写过一篇评论，评价一位天文学同道的理论，[27]这篇评论和《短论》一样，以手稿的形式传播；他起草了一篇备忘录，记录了战争期间条顿骑士团造成的损失；他还写了一篇关于普鲁士议会货币改革的论文。[28]没有哪位伟大哲学家或科学家发表的作品比他发表的更少的了。

在所有这些年里，他只有一个知心朋友，弗龙堡的另一位教士蒂德曼·吉泽，后来成了库尔姆和瓦尔米亚的主教。吉泽教士是一个温和、博学的人，尽管比哥白尼年轻7岁，他却对哥白尼产生了喜爱和保护的欲望。正是吉泽经过多年努力，在年轻的雷蒂库斯的协助下，终于说服了这位不情愿的教士，允许将《天球运行论》予以出版；也正是他，当哥白尼卷入与新主教的一起肮脏的冲突时，利用自己的影响力平息了事端。尼古拉总是需要一个更强的人来倚靠；然而，卢卡斯舅舅和哥哥安德烈亚斯会欺负他、恐吓他，吉泽却耐心而温和地劝导他度过了后来的岁月。在雷蒂库斯最终出场之前，他是唯一一个认识到了这个孤僻、无人喜欢的老人的天才的人；是他接受了他朋友的性格弱点并理解了他迂回的表达方式，没有让这些东西影响他对朋友的智识上的钦慕。这在仁义待人和想象力上都是很了不起的，因为在那个时代，人的才智和性格仍然被视为不可分割的整体。一个人作为一个整体被全盘接受或全盘否定。和哥白尼教士接触过的大多数人都选了第二种。蒂德曼·吉泽，坚定而温柔的保护者、向导和鞭策者，是历史上的一位无名英雄——他铺平了历史的道路，却没有在上面留下自己的印记。

在这两个朋友之间有一个很典型的小插曲，事关他们对当时的主要时事的态度，那就是他们所服务的教会的宗教改革。

1517年，马丁·路德将他的《九十五条论纲》钉在了维滕贝格城堡教堂的门口。当时哥白尼44岁。不到5年时间，"看吧，整个世界被卷入战争，风暴四起，挣扎和屠戮，所有教会都被辱骂玷污，如同基督在我们返回天堂的路上给我们留下的不是和平，而是战争"。这是温和的吉泽在绝望时写下的文字。[29] 从一开始，路德运动就迅速席卷普鲁士，甚至蔓延到了波兰。条顿骑士团的前团长在1525年骑士团最终解体之时，换上了普鲁士公爵的头衔，接受了新的信仰；另一方面，波兰国王仍然忠实于罗马，强行镇压了但泽的路德运动。因此，小瓦尔米亚再次成为两个敌对阵营之间的无人区。法比安·冯·罗塞宁主教是卢卡斯舅舅的继任者，对路德仍然保有一种仁慈的中立态度，称路德为"一个有学问的修士，对《圣经》有自己的看法，他一定是一个勇敢的人，会挺身面对反对他的斗争"。但他的后任毛里蒂乌斯·费贝尔主教，刚刚就职便发起了反对路德宗的坚定不移的斗争。他在签发于1524年的第一份法令中，就威胁说所有听从教会分裂分子的人"将永远被诅咒，被咒逐之剑毁灭"。这份法令在瓦尔米亚签发的同一周，邻近的扎姆兰教区的主教也颁布了一项法令，劝告他的神职人员勤读路德的著作，并遵从路德宗教义，用普通大众的语言传道和施洗。

2年后，吉泽教士出版了一本小书。[30] 其表面是反击邻区的路德宗同路人扎姆兰主教的一本小册子；而事实上，它在恳求宽容与和解，完全是伊拉斯谟的风格。在序言中，吉泽教士直截了当地说："我拒绝应战。"在书的结尾，他恳求道：

> 哦，只愿基督精神将路德宗教义告知罗马教廷，将罗马教义告知路德宗众，实实在在地，那么我们的教会将会幸免于这些望不到头

的悲剧……说实在话，就算野兽对待彼此也比基督徒更和善。

在这本书的开头，吉泽以一种相当深思熟虑的方式，引入了哥白尼的名字。这个奇特的段落出现在吉泽致另一位教士菲力克斯·赖希的一封用作序文的信中。吉泽请求赖希不要让个人感情干扰了他的判断，"因为，我相信，尼古拉·哥白尼也是如此，他劝我将我写的这篇东西付印，尽管他在其他方面很有鉴赏力"。毫无疑问，吉泽教士已经得到了他的朋友的同意，可以提他的名字，以此表明哥白尼赞同他的看法。毫无疑问，吉泽和哥白尼以及教会的其他人已经就教会大分裂以及他们对此的态度进行了很多讨论。也有可能，鉴于两人之间的亲密友谊，以及序言中的这段话，哥白尼曾直接或间接地参与过吉泽的书的写作。书的内容是如此无可挑剔，吉泽最终成了一名主教。然而，书中有一些段落，诸如开头的"我拒绝应战"，还有对神职人员腐败现象的一些承认，在过度谨慎的人看来可能会招致上级的不满。序言中的那些曲折隐晦的话很可能是温和劝诱的吉泽和他忧心忡忡的朋友长时间讨论之后达成的一个折中方案。[31]

然而，虽然吉泽教士成功从哥白尼教士那儿取得了他宗教观点的间接的公开声明，但直到15年后，他才说服了后者，将他的天文学观点发表出来。哥白尼系统的第一版面世时，那些内容不是由他本人撰写或签署的，而是由他的弟子约阿希姆·雷蒂库斯。这也算是哥白尼的隐晦作风的极致了。

7.《短论》

第一次隐晦地提及哥白尼系统，是在尼古拉教士于海尔斯堡或刚到弗龙堡时写的一篇短论文中。[32] 我前面曾提到过，这篇论文仅以手稿的形式在传播，标题为

尼古拉·哥白尼天球运动假说纲要。[33]

这篇论文开篇是一段历史介绍，在其中哥白尼解释说，托勒密的宇宙系统不尽如人意，因为它不符合古人关于每个行星应该做完美的匀速圆周运动的基本要求。托勒密的行星是在做圆周运动，但不是匀速。[34] "我认识到这些缺陷后，就常常思考是否有可能找到一种更合理的轮圈的组合……一切都是围绕其应有的中心做匀速运动，就如绝对运动的法则所要求的那样。"接着哥白尼声称，他已经构建出了一个系统，以比托勒密系统简单得多的方式，解决了"这个非常困难、几乎不可解决的问题"，条件是要符合某些基本假设或公理，一共有七个。接着，他直截了当地给出了他的七个革命性的公理，翻译成现代语言如下：

1. 天体并不围绕同一个中心转动；

2. 地球不是宇宙的中心，只是月球轨道和地球重力的中心；

3. 太阳是行星系统的中心，因此也是宇宙的中心；

4. 相比于恒星之间的距离，地球到太阳之间的距离可以忽略不计；

5. 天空每天的视旋转是因为地球的自转；

6. 太阳每年的视运动是由于地球和其他行星一样围绕太阳旋转；

7. 诸行星的"停滞和逆行"是由于相同的原因。

接着，他用七个短小的章节，简略地描述了太阳、月球和行星的新的轮圈和本轮，但没有给出任何证据或数学证明，证明"将在我更详尽的书中给出"。论文的最后一段自豪地宣布：

> 那么水星总共有 7 个轮圈；金星有 5 个；地球 3 个；围绕地球的月球有 4 个；火星、木星、土星各有 5 个。全部加起来有 34 个轮圈，足以解释宇宙的整个结构和行星的全部舞蹈。

我将在下一章讨论《短论》的科学意义，目前，我们只关心它产生的影响。哥白尼教士将手稿送交给了一些学者，但不知道是谁，也不知道有几位。但手稿得到的回应令人失望，起初引起的反响几乎为零。然而，池中已经落入了第一粒鹅卵石，在接下来的几年里，涟漪通过流言和传闻在学界渐渐传播开来。这导致了一个矛盾的结果，即哥白尼教士在学者中享有美名或恶名长达约30年，却没有出版过任何作品，没有在任何一所大学教过书或是招收过弟子。这是科学史上独一无二的例子。哥白尼系统可以说是通过蒸发或渗透作用才得以传播。

因此，在1514年，哥白尼教士受邀参加拉特兰会议，讨论历法改革，同时受邀的还有其他天文学家和数学家。发出邀请的是斯库尔泰蒂教士，就是那位为哥白尼兄弟俩安排借款的恩主，他这时已经是利奥十世的专职牧师。哥白尼拒绝出席会议，理由是无法实现令人满意的历法改革，除非我们能更准确地了解太阳和月球的运动；但他直到近30年后才在《天球运行论》的献辞中提到受邀的真相。

据记录，下一个涟漪是1522年由克拉科夫大学的博学的伯恩哈德·瓦珀伍斯基教士提出的一个请求，请哥白尼对约翰·维尔纳的天文学著作《论第八重天的运动》提出专家意见。哥白尼照办了。

10年后，教皇利奥十世的私人秘书在梵蒂冈花园给一群经过挑选的听众讲解了哥白尼系统，得到了很好的反响。

再过了3年，教皇的亲信勋伯格红衣主教迫切恳求哥白尼出版他的著作，"将您的发现传达给知识界"。

然而，尽管有这些鼓励，哥白尼教士还是又犹豫了6年，才将他的书付印。这是为什么呢？

8. 流言和传闻

在16世纪，消息传得又快又远。人类的脉搏正在加快，就仿佛我们的地球在穿越太空的旅途中，刚刚通过了宇宙中某个昏昏欲睡、茫然困惑的区域，正在进入一个沐浴在生机勃勃的光线之中，或是在星际尘埃中充满了宇宙苏醒剂的区域。它似乎同时作用于人类的神经系统的各个层面，既作用于高级的中心，也作用于低级的中心，就像一种兴奋剂、催欲剂，表现为精神上的饥渴、头脑中的渴望、感官的渴求、激情的毒性释放。人类的腺体似乎在产生一种新的荷尔蒙，使得一种异常的贪婪突然激增——那就是好奇心，孩子的那种既天真又露骨，既具创造力又有破坏性，生吞活剥般的好奇心。

新型机器——活字铸造术和印刷机——的出现，有助于满足这种吞噬性的好奇心，潮水般的大幅报纸、通讯稿、年鉴、杂志、张贴文章、小册子和书籍大量涌现。它们以前所未有的速度传播着信息，扩大了人与人之间的交流范围，打破了社会隔离。大幅报纸和宣传册产生的影响不限于读到它们的人；事实上，每一个印出来的字都像一粒落入池塘的鹅卵石，扩散开流言和传闻的涟漪。印刷机只是知识和文化传播的终极来源，这个过程本身是复杂而间接的，是一个稀释、扩散、扭曲的过程，它的影响范围不断扩大，也波及迟钝者和不识字的人。甚至在三四个世纪以后，马克思和达尔文的学说，爱因斯坦和弗洛伊德的发现，也没有以其原始的印刷文本的形式到达绝大多数人的手中，而是通过二手和三手的来源，通过传闻和流言。塑造一个时代基本面貌的思想革命不是通过教科书来散播，它们像流行病一样，通过看不见的介质和无辜的细菌携带者，通过各种形式的接触，或者仅仅是呼吸公共场所的空气而得以传播。

有些流行病的传播速度较慢，如脊髓灰质炎，也有传播速度很快的，如瘟疫。达尔文的革命来得快如闪电，马克思的革命则经过了四分之三个世纪的孕育。而如此决定性地影响了人类命运的哥白尼革命，其传播的方式比其他的都更缓慢、更曲折。这不是因为印刷机是新东西，或者说这个主题晦涩难懂。路德的论纲不太容易被压缩成像"太阳并不围绕地球旋转，而是地球围绕太阳旋转"这样的单单一个标语，但还是立刻在整个欧洲掀起了轩然大波。罗马教廷之所以过了四分之三个世纪才禁止哥白尼教士的书，以及这本书之所以对当时的人几乎没有任何影响，都是另一个层面的问题。

我们所说的哥白尼革命并不是由哥白尼教士本人所发起的。他的书并不是为了发起一场革命。他知道，这本书的很大一部分是不可靠的，与证据相违背，而且其基本假设也是无法证明的。中世纪式的思想上的分裂使得他的头脑中只有一半相信这本书的内容。此外，他不具有先知的必备素质：使命意识、独到的眼界和坚持信念的勇气。

作为个人的哥白尼教士与被称为哥白尼革命的事件之间的关系，在他将自己的书题献给教皇保罗三世的献辞中得到了概括。这段话说道：

> 尊敬的圣父，我有充分的理由相信，有些人读了我的《天球运行论》，知道了我将某些运动归于地球之后，他们就大喊大叫，说我有这样的观点，就应该立刻被轰下讲台……因此我犹豫了很久，不知道是否该发表我写的这些用以证明地球之运动的观点，或者是否应该遵循毕达哥拉斯学派等人的先例，他们习惯于将他们的哲学奥义仅讲授给密友，不是以书面形式，而是通过口口相传，从吕西斯写给喜帕恰斯的信中可以看到这一点……因为这些原因，还有对这些［显然］荒谬的新观点会遭人嘲笑的担心，我几乎决定要放弃我的研究。

接着，他继续解释说，全因朋友持续不断的责备和劝告，他最终被说服，出版了这本他藏起来不愿公开的、藏了"不是9年，而是4个9年的时间"的书。

哥白尼很早就醉心于毕达哥拉斯对隐秘性的崇拜，这种崇拜源于他最根本的个性。他在献辞中提到的吕西斯的信，在确定这一点上起了很大的作用。这封信是当时新发现的，出处存疑；年轻的尼古拉·哥白尼是在1499年出版的包含了塞摩卡塔作品的同一部希腊书信集中发现它的。[35] 他在帕多瓦读书时买的这本书，后来将吕西斯的这封信译成了拉丁文。显然这是除了塞摩卡塔之外，哥白尼翻译过的唯一篇幅较长的希腊文作品，不过当时这封信的拉丁文印本已经有了，哥白尼本人就有。贝萨里翁红衣主教的一部作品中提到过此事，这本书也是由帕多瓦的奥尔德斯出版的。[36] 哥白尼手中的这本书上对吕西斯的信做了特别标记（另一段有标记的是对独身的赞美）。在此，我们从这封给哥白尼留下了深刻印象的伪造信件中引用几段内容。

吕西斯致喜帕恰斯

毕达哥拉斯去世后，我无法相信他的弟子之间的纽带会被切断。

虽然我们就像遇到海难一样，不情愿地被分开，各自四处漂泊，但是我们仍然拥有神圣的责任，要记住大师的神圣教导，不让哲学的宝藏被泄露给那些没有经过初步心灵净化的人。向所有人泄露我们经过这么大的努力才获得的东西是不对的，就像凡夫俗子不被允许踏入乐土女神（Elysian goddesses）的神圣幽境一样……要记住，我们当初是花了多久才从心灵中清除了普通人的污点而得到净化，5年之后，我们才能开始接受他的教导……他的一些模仿者达成了不少的成就，但都是以不恰当的方式得来的，那不是该教给年轻人的方式；就这样，因为这些人不计后果且道德败坏的举止玷污了哲学的纯粹原则，他们的听众变得愈发无情、傲慢。这就好像是有人将洁净的清水倒入了满是泥垢的井中——泥垢只会被稍稍激起，而水则会被浪费掉。这就是发生在那些以这种方式教导别人或者被人教导的人身上的事。茂密、昏暗的森林覆盖了那些没有被以恰当的方式启蒙的人的头脑和心灵，扰乱了人们对理念的温和的思考……很多人告诉我说你公开教授哲学，这是被毕达哥拉斯禁止的……如果你有所变通，我会爱你；如果不这样的话，在我眼中你就是个死人……[37]

为什么在文艺复兴时期意大利的泡泡浴中浸淫了10年之久的哥白尼，会采取这种傲慢的蒙昧主义和反人文主义的态度呢？为什么他像珍藏一个护身符一样，将这封来历可疑的信珍藏了40年，还对它进行重译，将其引用并献给教皇？一个文艺复兴时期的哲学家，一个伊拉斯谟和罗伊希林、胡登和路德的同时代人，怎么会赞同"不应该把清澈的真理之水倒进人类心灵的泥泞之井"这种荒唐的想法呢？为什么哥白尼会这么害怕哥白尼革命呢？

这句话本身就给出了答案：**因为纯净的清水会被浪费掉而泥垢只是被稍稍激起**。这就是使他的工作陷入瘫痪，让他的生活裹足不前的担忧。关于所谓的毕达哥拉斯奥秘的把戏，其用意就在于将他对发表自己的理论后会遭人诋毁的担心合理化。他10岁就成了孤儿，哥哥得了麻风病，监护人又是个阴郁的恶霸——这已经够受的了。何必还要将自己暴露给旁人，去受人蔑视、遭人嘲笑，承担被"轰下讲台"的风险呢？

并不是像传说中的那样，他所担心的是宗教迫害。传说很少关注具体的日期。我们必须记住，《天球运行论》在出版73年后才被列入《禁书目录》，而臭名昭著的伽利略审判要等到哥白尼去世90年之后了。那时候，由于反宗教改革和三十年战争*的缘故，欧洲的知识界大气候已经发生了剧烈的改变——几乎相当于从维多利亚时代中期到希特勒-斯大林时代之间发生的变化。哥白尼教士的青年和中年时期都是在知识宽容的黄金时代度过的——知识和艺术的赞助人利奥十世的时代，教会的最高权威大度地包容自由的、质疑的和革命性的哲学思想的时代。萨沃纳罗拉被烧死了，路德也被开除教籍，但这些都是在他们公开蔑视教皇并且在穷尽了所有息事宁人的努力之后才发生的事。只要学者和哲学家们不直接、明确地挑战教会的权威，他们就不需要担心因为自己的看法而受到迫害。只要他们在措辞中稍加谨慎，他们就不仅可以想说什么就说什么，甚至还可以得到教会的赞助来鼓励他们如此；这正是发生在哥白尼本人身上的事。这个令人惊讶的证据是被收录在哥白尼《天球运行论》中给教皇的献辞之前的前言中的一份文档。这就是我已经提到过的由勋伯格红衣主教写给哥白尼的一封信，这位勋伯格主教在连续三任教皇——利奥十世、克莱门特七世和保罗三世——在位时都担任特别受信任的职位。

卡普阿红衣主教尼古拉·勋伯格，向尼古拉·哥白尼致以问候

几年前，我听说你的勤勉得到了众口一词的赞扬，我开始越来越喜欢你，并由于你的名望而认为我们的国人幸运之至。我得知你不仅完全了解古代数学家的学说，而且还创造了一个新的宇宙理论，认为地球在运动而太阳占据了主要的因而也是位于中心的位置；第八重天［恒星天］保持其固定不动的位置，而月球以及包含在其天球里的元素，处于火星天和金星天之间，每年围绕太阳旋转。此外，

---

* 三十年战争（1618—1648年）是欧洲历史上最为惨烈和复杂的战争之一。起初，这场战争源于神圣罗马帝国内部的宗教冲突，但随着时间的推移，它逐渐演变为一场涉及多个国家和地区的国际战争，深刻影响了欧洲的历史进程。——编者注

你还写了一篇关于这个全新的天文学理论的论文，还计算了行星的运动并制订了行星表，这最为令人钦佩。因此，亲爱的学者，我不揣冒昧，极其强烈地请求你将你的发现传达给知识界，并尽快寄给我你的宇宙理论、那些行星表和你所有的与该主题有关的东西。我已经指示迪特里希·冯·雷登［弗龙堡的另一位教士］制作一份校正本并寄给我，由我支付费用。如果你能帮我完成这些，你会发现同你打交道的这个人是为你着想的，并希望对你的卓越成就进行充分的肯定。祝你顺利。

罗马，1536年11月1日[38]

值得注意的是，这个要哥白尼公布他的理论的"极其强烈"（atque etiam oro vehementer）的要求，是与红衣主教对校正本的要求分开表达的——这说明不存在任何预先审核或审查制度的问题。

此外，红衣主教似乎也不太可能完全是凭自己的意愿敦促哥白尼出版这本书。有进一步的证据表明梵蒂冈对哥白尼理论表示了初步的、善意的兴趣。这是通过历史上一个奇怪的危险事件揭示出来的。在慕尼黑皇家图书馆里藏有一本希腊文手稿，这是一位叫亚历山大·阿弗罗狄修斯的人写的论文《论理智和情感》，这篇文章没有什么用处，除了在扉页写的以下题词：

尊敬的教皇克莱门特七世于1533年在罗马赠予我这份手稿，弗拉·乌尔比诺、红衣主教约翰·萨尔维亚托、埃土尔波主教约翰·佩特罗、医师马蒂亚斯·库尔提欧也在场，我在梵蒂冈的花园，向教皇解说了哥白尼关于地球运动的学说。

约翰·阿尔贝图斯·魏德曼斯塔迪乌斯

亦名卢克莱修

尊贵教皇的私人秘书[39]

换句话说，克莱门特七世追随利奥十世的榜样，对人文学科给予了慷慨的赞助，他将希腊文手稿送给了他博学的秘书，作为对他讲授哥白尼体系的奖励。似乎我们可以合理地假设他的继任者保罗三世通过勋伯格或魏德曼斯塔迪乌斯听说了哥白尼，并被激起了好奇心，他于是鼓励红衣主教写信给这位天文学家。不管怎么说，哥白尼本人完全明白这封信的分量，否则他不会将它印在《天球运行论》中。

尽管这种半官方的鼓励本应让他完全放心了，但我们看到，哥白尼又犹豫了6年才出版了他的书。整个证据表明，他害怕的不是殉道，而是被嘲笑——他为自己的系统中尚存的疑问所撕扯，备受折磨，而且他知道他既不能向无知者证明它，也不能在专家的批评面前捍卫它。因此，他遁入了毕达哥拉斯学派的隐秘性之中，勉强地一点点地让步，公开了他的系统。

然而，尽管他如此小心谨慎，这缓缓蔓延的涟漪确实激起了一些泥垢，这正是哥白尼教士极为恐惧的。不多，只溅出了很少的泥浆——更确切地说，是3个泥点。他的传记作者们对此做了仔细的论证。第一点，是路德粗鄙但无害的餐后笑话，说"那个想要证明地球在绕圈儿的新来的占星家"[40]，这大概发生在《天球运行论》出版前10年左右；第二点，是梅兰希顿的一封私人信件中的一句类似的话，[41] 时间为1541年；最后，在1531年左右，在普鲁士城市埃尔宾上演了一场嘉年华的滑稽剧，其中有一个怪诞的队列游行，里面有一个观星的教士，这是根据当时的习俗对修士、高级教士和达官显贵的嘲弄。这就是哥白尼教士在他一生中不得不忍受的所有迫害——一段饭后谈资、私人信件中的一席话以及嘉年华会上的一个玩笑。然而，就算有所有这些来自私人和官方的鼓励，仅仅是这些来自可怕井底的无害的泥点，仍然足以让他保持缄默。直到他的生活出现了一个伟大的戏剧性转折——格奥尔格·约阿希姆·雷蒂库斯突然出现了。

9. 雷蒂库斯的到来

雷蒂库斯和乔尔丹诺·布鲁诺或泰奥弗拉斯托斯·庞贝士·帕拉塞

尔苏斯一样，是文艺复兴时期的游侠骑士之一，他们的热忱将小小的火花扇成了熊熊的烈火。他们举着火炬，从一个国家到另一个国家，在知识国度的人们看来，他们就像是一群令人感激的纵火者。25岁时，雷蒂库斯来到了弗龙堡，这个"地球上的边陲小镇"。他决心让哥白尼试图抑制的哥白尼革命开动起来。他是个顽童兼机灵鬼、一个科学的雇佣兵、一个懂得敬慕的弟子，而且，幸运的是，他还顺应了当时的潮流，是一个同性恋或双性恋者。我说"幸运"，是因为从苏格拉底时期直到今天，这些因此而受折磨的人们往往都被证明是最有奉献精神的老师和弟子，历史应该感谢他们。雷蒂库斯也是个新教徒，他是"德意志的导师"（Preceptor Germaniae）梅兰希顿的门徒，并拥有一个在16世纪最具冒险精神的工作：数学和天文学教授。

雷蒂库斯于1514年出生于奥地利的蒂罗尔，古时称莱提亚，他出生时名为格奥尔格·约阿希姆·冯·劳亨，后来他将自己的名字改为拉丁化的雷蒂库斯。还是孩童时，他就与家境富裕的父母在意大利旅行；青年时，他在苏黎世大学、维滕贝格大学、纽伦堡大学和哥廷根大学都学习过。22岁时，在梅兰希顿的推荐下，他成了同样年轻的维滕贝格大学里两位数学和天文学教授之一，维滕贝格大学当时是新教徒教育的中心和荣耀。另一位教授只比他年长3岁，那就是伊拉斯谟·莱因霍尔德。

这两位年轻的教授，莱因霍尔德和雷蒂库斯，都转而相信了道听途说来的日心说的宇宙论，而维滕贝格的两位大神——路德和梅兰希顿——都反对日心说。尽管如此，1539年春，雷蒂库斯还是被准假前去天主教的瓦尔米亚，显然是为了拜访哥白尼教士，这个曾被路德称作"违背《圣经》的蠢人"的人。

雷蒂库斯于1539年夏到达弗龙堡。他随身带来了珍贵的礼物：欧几里得和托勒密著作的希腊文初版，还有其他数学书。他本打算在瓦尔米亚待上几周，然而他断断续续地待了2年，这2年在人类历史上留下了它们的印记。雷蒂库斯到达瓦尔米亚的时机"绝佳"：几乎刚好在同一时间，新主教但提斯克斯颁布了一项法令，勒令所有路德宗教徒在一个月内离开瓦尔米亚，并威胁说如果他们回来，就剥夺其生命和财产。法令是3月发布的；而3个月后，这位路德宗的教授就直接从异教之都翩翩而来，向弗龙堡教会致以敬意，包括教会中的但提斯克斯主教，雷蒂库斯形容主教"以他的智慧与雄辩而闻名"。这一切都表明，文艺复兴时期的学者是类似神牛的物种——能够不受叨扰地反刍着，漫步穿过集市的喧嚣。

一年后，但提斯克斯主教发布了第二项更为残忍的法令——《反路德宗法令》。他下令"所有的书籍、小册子……和其他任何来自异教毒害之地的东西，都要当着官方的面被烧毁"。大约在同一时间，这位来自最受异教毒害之地的教授写下了《赞美普鲁士》：

> 愿神爱我……我从没想过，每次进到这个地区任何一位杰出人士的家里——因为普鲁士人是最热情好客的——我都会立即在他们的家门口看到几何图形，或者发现几何学就存在于他们的心中。因此这些善良的人，他们几乎将所有可能的好处与支持全都给予了学习这些学科的学生，因为真正的知识和学问永远不会与善良和仁慈分开。[42]

遗憾的是，雷蒂库斯没有以他生气勃勃的风格，记录下他与哥白尼教士的第一次会面。这是历史上的一次伟大会面，可与亚里士多德与亚历山大、科尔特斯和蒙特苏马、开普勒和第谷、马克思和恩格斯的会面相提并论。在紧张和期待都过了头的雷蒂库斯看来，这无疑是与大师的一见钟情，"吾师"，他总是这么称呼哥白尼，将哥白尼比作把地球扛在背上的阿特拉斯。在他看来，这位孤独、不为人所爱的老人显然被这次突袭搞得神魂颠倒，准备好了要忍受这个年轻的傻瓜。哥白尼那时已经66岁了，他觉得自己的生命已经接近尾声。他在知识界已经取得了一定的名气，但是他不想要的那种名气——那是恶名，而不是美名；是基于流言，而不是证据；因为《天球运行论》的手稿仍然被锁在塔楼里，没有人确切地知道它的内容。只有《短论》为人所知，但曾见过的也只是少数，而这些人中还活着的也很少了——即使那篇粗略的纲要也已经是25年前所写并流传的了。

　　老教士觉得自己真正需要的是一个沿袭毕达哥拉斯传统的年轻弟子，他可以将教导传递给少数精挑细选的传人，而不会搅起井底的泥垢。他唯一的朋友，温和的吉泽，不再住在弗龙堡。吉泽已经成了相邻的普鲁士教区库尔姆的主教。而且，如今吉泽也已经年近六旬，只是个业余天文学家，没有作为弟子的资质。但是这位哥廷根来的年轻热忱的教授身上有。就像是上帝送他来的一样——就算那是路德宗的上帝。从天主教方面来看，无须太多担心，勋伯格的信已经证明了这一点；而另一方面，年轻的雷蒂库斯是梅兰希顿的门徒，他可以防守住路德宗一侧的攻击，并将消息直接带到他们的总部，带到维滕贝格和哥廷根。

　　即便是这样，哥白尼还是犹豫了。没有吉泽，他什么决心也下不了。而且，他的这位新教徒客人在弗龙堡的存在是一种尴尬，即使这位客人是一头神牛。雷蒂库斯到达的几周之后，哥白尼教士就为他打点好了行李，两人一起来到洛宝城堡吉泽主教的宅邸，和他住到了一起。

　　在好一段时间里，老师和弟子都是主教的客人。在中世纪的城堡里，在波罗的海柔和的夏夜中，宇宙学的三巨头一定无休无止地争论过是否要启动哥白尼系统——雷蒂库斯和吉泽极力要求出版，老哥白尼则顽固地反对，但最后被迫一步一步地妥协了。雷蒂库斯描述了这场斗争的几个阶段，行文中带着一种窘迫的克制，这与他一贯的张扬形成了奇特的对比。他引用了他的老师和吉泽主教之间大段的对话，其中夹杂着他参与辩论后随之而来的温和的沉默：

　　　　由于吾师生性还是乐于交际的，而且他也明白科学界需要改进……于是他欣然遵从了他的朋友，尊敬的高级教士的恳求。他答应，他将制订新规则下的天文表，只要这项工作有一点价值，他都会将它公之于世……但他很早就明白这样做［公开这些表格所依据的理论］将推翻关于天球运动和天球秩序的理论……这些理论已经被普遍接受和相信；而且，理论所需要的假设也将违背我们的感官经验。

　　　　因此，他决定，他应该……按照准确的规则制作星表，但不提供证明。这样一来，他就不会挑起哲学家之间的争论……而且毕达哥拉斯的原则也得到了遵循，即我们对哲学的追求必须以这样的方式，使其内在的秘密仅限博学的、受过数学训练的人等才可以得知。

随后，尊敬的主教指出，这样的作品将是给世界的一个不完整的礼物，除非吾师提出他制作星表的依据，并且和托勒密一样，也将他的系统或理论，以及他所依据的基础和证明包括在内……他声称，在科学中，不能采取在王国、会议和公共事务中经常采用的做法，即在一定时期内对计划保密，直到臣民们看到丰硕的成果……至于没有受过教育的人，即希腊人所称"不懂理论、音乐、哲学和几何学的人"，他们的叫喊声应该被忽略……[43]

换句话说，滑头哥白尼在雷蒂库斯和吉泽的强压之下，提议公布他的行星表，但不准备公开它们所依据的理论；地球的运动也不会被提及。

这种逃避的策略失败了，三巨头之间的争辩重新开始。下一个阶段以令人震惊的妥协而告终，哥白尼韬光养晦的主张获得了胜利。从其结果来看，达成的协议内容一定是这样的：

哥白尼的《天球运行论》将不会印刷出版。但是，雷蒂库斯将就未发表手稿的内容写一篇报告并将之出版，条件是他不提到哥白尼的名字，雷蒂库斯将称未发表手稿的作者为"吾师"，在他不可避免地要提到姓名的扉页上，他将称哥白尼为"托伦的学识渊博的尼古拉博士"。[44]

换句话说，就是要让雷蒂库斯去出头，让我们的这位教士把脑袋缩回到他的龟壳里面。

10.《首次报告》

就这样，雷蒂库斯的《首次报告》诞生了，这是以印本形式出版的哥白尼学说的第一份报告。报告的形式假借了雷蒂库斯写给他之前的天文学和数学老师、纽伦堡大学的约翰内斯·舒伦的一封书信。报告为小4开本，共有76页，标题非常冗长：

> 致最杰出的约翰内斯·舒伦博士，对由最博学最优秀的数学家、尊敬的神父、托伦的尼古拉博士、瓦尔米亚的教士所著的《天球运行论》的首次报告。一名年轻的数学学生敬上。

雷蒂库斯自己的名字只在介绍信件的说明文字中提到了一次："致杰出的约翰内斯·舒伦，如致最受尊敬的天父，格奥尔格·约阿希姆·雷蒂库斯致以问候。"

雷蒂库斯先就报告的姗姗来迟致歉，然后解释说，到目前为止，他只有10个星期来研究老师的手稿；手稿涵盖了天文学的全部领域，共有6册。目前他只掌握了其中的3本，理解了第4本的大概思想，而对最后2本只有一个粗略的了解。然后，他熟练地讲述了哥白尼系统，显示出他对这个主题的熟悉和思想的独立性，他没有遵从哥白尼手稿的章节顺序，而是代之以对其内容精要的介绍。在其中，雷蒂库斯插入了一段关于占星术的插曲，其中讲到，罗马帝国和穆斯林帝国的兴衰，基督复临，都直接取决于地球轨道的偏心率的变化。他还介绍说他估计宇宙的寿命为6000年，与先知以利亚的预言相符。

哥白尼本人似乎并不相信占星术，但雷蒂库斯相信，梅兰希顿和舒伦相信，当时的大多数学者也都相信。鉴于这段提及以利亚和基督复临的内容的目的是取悦他们，因此哥白尼显然没有提出异议。

在雷蒂库斯的叙述中还穿插了常常引用的亚里士多德和柏拉图语录，关于古人非凡智慧的颂词，以及对他口中的"吾师"从未想过要违背的权威的声明：

> 如果我由于年轻气盛曾说过任何话（他说，我们年轻人总是心气高，而这不见得有用），或是无意间流露出某些似乎针对珍贵和神圣的古代事物，也许就这个主题的重大和庄严而言显得过于大胆的言辞，我毫不怀疑，你们肯定会对这个问题有善意的解释，而且会牢记我对你们的感情，而不是我的错误。至于我学识渊博的老师，我希望你们知道并充分相信，对他来说，最好不过、最重要不过的，

就是去遵循托勒密的足迹，并像托勒密一样，遵循古人以及那些更早的先人的足迹。然而，当控制天文学家的现象……强迫他违背自己的意愿去做出某些假设的时候，他认为，即使他所使用的弓箭的材料与托勒密所使用的弓箭是大相径庭的，只要他用与托勒密相同的方法，把他的箭瞄准与托勒密相同的目标，这就已经足够了。[45]

然而，雷蒂库斯接着做出了一个讨人喜欢却不合逻辑的结论："这时我们不该忘记那句：'希望有所了解的人，一定要有一个自由的头脑。'"

这篇论文充满了虔诚的声明，称他的老师"断然不会因为追求标新立异的欲望而轻率地违背古人那些了不起的见解"，接着是"……除非有很好的理由，而且事实本身迫使他这样做"。[46] 这些辩护很可能意在安抚哥白尼而不是梅兰希顿或路德。这两位太精明了，不会吃这一套。而且他们虽然坚决反对哥白尼的理论，但对带来它的这位年轻的先知可是宠爱有加的。

不到几个星期，这位弟子真的成了一位先知。在《首次报告》的科学文本中，意外地出现了非常动人的一段话，听起来像是面对一堂当时未及聚集的会众进行的布道：

因此，吾师的天文学可被恰当地称作永恒的天文学，它由过去时代的观察所证明，后人的观察也无疑将确认……[47]上帝将一个无限的天文学王国赐予了我学识渊博的老师。愿他统治它、保护它，并扩大它的疆土，直到天文学真理的回归。阿门。[48]

雷蒂库斯于1539年夏天来到弗龙堡；到9月底，《首次报告》已经完成并发送了出去；几个月后，它被印刷出版。这是历史上罕见的、了不起的10个星期。在那段时间里，雷蒂库斯仔细研读了《天球运行论》庞杂的手稿，其中密密麻麻地满是天文学表格、一行行的数字、相关的图表和大量的计算错误。他提取了其中的精华，用文字表述出来；在一个个夜晚，他在吉泽的支持下，与这位总是想出新招奇招逃避的顽固老人进行无休止的谈判。即使是对这位急躁的年轻先知来说，压力和挫败感似乎也是难以承受的，据说他曾经一度——在他奋力处理特别复杂的火星轨道理论时——暂时地陷入精神错乱。两代人的时间之后，洛宝城堡的事件已经成为学者中间一种荷马史诗般的传奇，约翰内斯·开普勒在他的《新天文学》致鲁道夫皇帝的献辞中，这样写道：

> 关于格奥尔格·约阿希姆·雷蒂库斯，在我们先父的年代哥白尼著名的弟子……有这样一个故事，有一次，他对关于火星的理论感到困惑无措，无计可施之下，万不得已向他的守护天使祈求神谕。这位无礼的精灵于是揪住雷蒂库斯的头发，将他的头撞向天花板，然后放开他，让他倒在地上，如此反复；同时还宣告他的神谕："这就是火星的运动。"传言是恶毒的……然而，人们很有理由相信雷蒂库斯是由于思考陷入死胡同而走火入魔，是他愤而起身，用自己的头撞墙。[49]

这件轶事在开普勒和伽利略的时代一定是众所周知的，因为在开普勒写给一位同事的信中，有一段话进一步显示了这一点：[50]

> 你拿雷蒂库斯的例子来逗我。我同你一起大笑。我明白月球将你折磨得多惨，我记得，它有时候也折磨我。现在我研究火星进行得也不顺利，你既然遭受过类似的苦闷，就该同情我。

雷蒂库斯在《首次报告》中描写过自己精神上受到的折磨，这是一个科学家在中世纪和文艺复兴交替之际所受的折磨。他本能地感觉到宇宙之谜的答案一定是美丽而明亮的，然而却难逃旋转的本轮的梦魇：

> 研究星体运动的天文学家就像一个盲人，只能靠手里的一根手杖〔数学〕引导，却必须要完成一段重大的没有尽头的危险旅程，去蜿蜒穿过无数的荒凉之地。结果会怎样呢？他焦急地行走了一段时间，

伸着手杖摸索着他的路，在有些时候，他会倚在手杖上，绝望地向天空、地球和所有的神哭喊，祈求它们帮助痛苦的自己。[51]

在《首次报告》的附录中，雷蒂库斯按当时的惯例，写了一篇致亲切招待他的国家和人民的颂词——《普鲁士颂》。《普鲁士颂》是人文主义者最为虚浮的风格的夸张流露，其中充斥着希腊众神和牵强的寓言。一开篇就说得天花乱坠：

> 品达以颂歌来祝贺罗得岛的迪亚戈拉斯的英勇，他赢得了奥运会的拳击比赛；据说颂歌以金色字母书写在石板上，并在密涅瓦神庙内展出。颂歌称罗得岛乃是金星的女儿，又是太阳神钟爱的妻子。其中说到，是朱庇特让金雨降落在罗得岛上，因为它的人民崇拜他的女儿密涅瓦。出于同样的原因，密涅瓦亲自让罗得岛的人们因热爱智慧和教育而闻名。在我们这个时代，我不知道有哪个别的国家能比普鲁士更适合继承罗得岛人民所享有的古老声誉。

如此种种。[52] 这篇大杂烩之所以引起我们的兴趣，仅是因为它描写了吉泽在与哥白尼交涉中耗费的那些努力，以及一些透露内情的省略。《普鲁士颂》包括了一篇关于吉泽的颂词，其中写到了使徒保罗；一篇关于但泽市长的颂词，将其比作了阿喀琉斯；还描写了吉泽的天文仪器，一架青铜制成的浑天仪，以及"一台从英格兰带回来的、豪华的日晷，我对它满怀期待"。[53] 但这里没有提到哥白尼的仪器。关于他的天文台，他住在何处，如何生活，是什么样的人，也都没有提到。

要理解这种闭口不谈的吊诡之处，我们就必须记住，这本书代表的，用雷蒂库斯给他之前在纽伦堡的老师写的信中的话说，是对他"朝拜"哥白尼的自我记录。我们可以听到收信人的愤怒之语："那你的这个新老师，他住在哪里？他多大年纪？是什么样子？用什么仪器？你说这位主教有一台日晷和一架浑天仪，那他有什么成果呢？"这些惹人注目的省略的原因，很可能和让雷蒂库斯略去不提"我学识渊博的老师"的名字的原因是同样的，即哥白尼对于保守秘密的执念。这无法用合理的谨慎来解释，因为如果有人真想迫害瓦尔米亚的这位匿名的天文学家，他不费吹灰之力就能认出这是托伦的尼古拉教士。

11. 印刷前的准备

雷蒂库斯在哥白尼警惕的眼光之下写成了《首次报告》。师徒二人从洛宝城堡回到了弗龙堡，《首次报告》的标注地点正是弗龙堡，日期为1539年9月23日。手稿完成后，雷蒂库斯启程去了但泽将其出版，那里有最近的印刷厂。

哥白尼系统的第一批印本于1540年2月从但泽发出。梅兰希顿收到了一本；吉泽送了一本给新教的普鲁士公爵阿尔伯特，他后来为帮助推行哥白尼系统出力不少。雷蒂库斯还送了一本给他一位博学的朋友。这位朋友名叫阿希莱斯·佩米纽斯·加沙鲁斯，一收到书他就立刻行动起来，安排该书的一个独立版本在巴塞尔印刷发行，这离但泽版本的发行仅仅过了几周的时间。就这样，《首次报告》同时从北方和南方推出，毫无疑问地在知识界引起了轰动。温和的吉泽不再是一个人恳求这位固执的朋友。四面八方都在敦促哥白尼出版他的书。

他又硬挺了6个月。估计他又找了些托词和借口。然而，一旦他允许了由他人公开出版他的手稿的内容摘要，之后他再想推脱，那将会比出版本身更可能使他受人嘲笑。

《首次报告》的印刷刚完成，雷蒂库斯就从但泽赶回了维滕贝格，在大学继续授课。当夏季学期结束时，他再次赶到德意志另一端的弗龙堡，表面上是为了给"首次"再增加一个"二次说明"。实际上，他当时正准备向哥白尼发起最后的猛攻，从他颤抖的手中将《天球运行论》夺下。这一次他成功了。雷蒂库斯第二次抵达弗龙堡一段时间后，哥白尼教士的长期反抗终于瓦解了。

雷蒂库斯陪伴着哥白尼，从1540年夏天一直到1541年9月。他用这段时间亲自抄写了《天球运行论》的全部手稿，检查和纠正可疑的数字，进行各种小修正。[54] 他还为老师做其他的杂事。十余年前，瓦尔米亚的前任主教曾要求哥白尼教士和斯库尔泰蒂教士绘制一幅普鲁士的地图。[55] 哥白尼已经开始了这项任务，但他从未完成。雷蒂库斯为他完成了这项工作。并且，因为热情得实在不可救药，他不仅绘制了地图，还增添了一本地名词典和一篇关于地图绘制技术的论文。他把这些东西送到普鲁士的阿尔伯特公爵处，另附一封题献信，信中他煞费苦心地提及了他的老师即将出版的巨著。

　　雷蒂库斯还为公爵制作了"一个小仪器"，可以"显示一年中每一天的长度"。公爵热情地向他致谢，送给他一个葡萄牙达克特作为礼物，但后来抱怨说，他搞不懂这个仪器，还说"我认为制作它的金匠大师并没有表现出多么精湛的技艺"。他请雷蒂库斯代他，也就是说代表公爵，向路德、梅兰希顿和在维滕贝格的所有德意志新教徒致意。通过这些亲切的交往，雷蒂库斯执着地追求一个目标：争取公爵对出版《天球运行论》的支持。送出了地图和小仪器的几天后，他就泄露了秘密——他请求公爵写信给萨克森州的新教选民和维滕贝格大学，建议允许雷蒂库斯将哥白尼教士的著作付印出版。这样做的原因是雷蒂库斯希望《天球运行论》由著名的彼得利乌斯出版社出版，该出版社位于路德宗的纽伦堡，专门出版天文学著作。由于路德和梅兰希顿反对哥白尼的理论，而普鲁士公爵在新教徒中说话很有分量，所以不如去设法得到他的书面支持。公爵欣然照办了，但由于公爵办公室办事出错，两封相同的信件被送到了萨克森州的约翰·弗里德里希和维滕贝格大学，建议他们允许雷蒂库斯出版**他自己的**"优秀的天文学作品"并给予帮助。也许是办公室的抄写员以为自己误解了他收到的指令，因为没有哪一个天文学家会傻到想要发表另一位天文学家的作品。不过，这个错误得到了澄清，这些信起到了应有的作用。

　　1541年8月，雷蒂库斯回到弗龙堡大约15个月后，424页的小字手抄得以完成。这位忠诚的弟子带着这部无价的著作，再次穿越德国赶到维滕贝格，赶在冬季学期开始之前到达。他本来希望能直接前往纽伦堡开始印刷，因为那需要他亲自监督才能完成。但是他已经很长时间未在校履行他的职责，而且，他刚一回来，就当选为本系的系主任，这再次证明了一个几近尾声（唉）的时代的宽广胸襟。

为了利用等待的时间，他将《天球运行论》的其中两章在维滕贝格单独印刷。[56] 这两章涉及三角学的概论，与哥白尼理论没有直接关系；但雷蒂库斯可能认为这篇小论文的出版会有助于引起读者对他老师的关注，为其巨著的出版铺平道路。在献辞中，他为16世纪能拥有哥白尼而感到庆幸。

到了春天，他终于忙完了。1542年5月2日，雷蒂库斯出发前往纽伦堡，带着几封推荐信，是梅兰希顿写给纽伦堡的大贵族和新教神职人员的。

几天后，彼得利乌斯出版社开始排版印刷《天球运行论》。

12. 关于序言的流言

印刷的进展十分迅速。6月29日，雷蒂库斯抵达纽伦堡不到2个月，某位纽伦堡公民T. 福斯特写信给他在罗伊特林根的朋友J. 施拉德：

> 普鲁士给了我们一个杰出的新天文学家，关于他的系统的书正在这里印刷出版，那是一本100页左右的作品，他在其中声称并证明了地球在运动而恒星则静止不动。**一个月前，我看到了印出来的2页；**监督印刷的是来自维滕贝格的某位教师［即雷蒂库斯］。[57]

上面有些字我用了黑体字，因为它们提供了一个线索，指向了可能是科学史上最大的流言。如果印刷出来的书页一从印刷机上出来，就流传到像福斯特先生这样感兴趣的人的手中，那么，我们也可以合理地假设，它们也被送到了作者那里；因此，哥白尼也能够跟进印刷的进展。如果这个假设（我们将看到，这个假设也得到了雷蒂库斯的支持）被接受，那么我们也可以合理地认为，哥白尼知道书中加入了由他人撰写的序言，而这就是流言的起因。

如果雷蒂库斯当时能够以与开始时同样的热情和奉献精神完成这项

工作，那么这个流言也许永远不会出现。但不幸的是，印刷还未完成，他就不得不离开了纽伦堡。那年春天，他申请了一个重要的新职位：莱比锡大学的数学教授。梅兰希顿再次支持了他的申请，在写给朋友的一封私信里，梅兰希顿隐晦地暗示了雷蒂库斯需要换学校的原因：目前在维滕贝格有关于他的谣言在流传，"其内容不能在信中提及"。[58] 这谣言显然与他的同性恋取向有关。

他的申请成功了，因而雷蒂库斯不得不在11月离开纽伦堡去莱比锡的新职位就任。他把监督《天球运行论》印刷的任务交给了一个他完全有理由认为可靠的人——纽伦堡的重要神学家和传教士、路德宗教义的共同创始人之一安德里亚斯·奥西安德。与路德和梅兰希顿形成鲜明对比的是，奥西安德不仅对哥白尼有好感，还对他的著作表现出了积极的兴趣，在过去两年里一直与他通信。

雷蒂库斯相信一切都有了最好的安排，他启程前往莱比锡；于是，当时负责印刷的奥西安德迅速写了一份匿名的《天球运行论》序言，添到了书中。序言为"致读者，关于本书的假设"[59]。序言首先解释说，本书的思想不应该太当真，"因为这些假设不一定是正确的，甚至不一定是可能的"；只要它们能够拯救现象就足够了。然后，序言阐述了"本书包含的假设"不太可能，指出所设定的金星轨道会使它在离地球最近时比最远时要大15倍，"这与古往今来的所有经验相矛盾"。此外，该书还包含"同样重大的荒谬之处，现在没有必要提出"。另一方面，这些新的假设应当"与那些不再可信的古人的假设一起"为人们所知，因为它们"值得赞扬，也很简单，并且带给我们由得力的观察而来的巨大财富"。但由于其固有的性质，"就这些假设而言，任何人都不该指望天文学能提供任何确定的东西，因为它不能。人们要避免将那些为了另外的目的〔即仅仅是为了辅助计算〕而设想的观念当真，以免在完成学习时成了一个比学习之前更加愚蠢的傻瓜。祝好"。

要是说读到这篇序言所引起的震惊（假设哥白尼**确实**读到了它）加速了哥白尼的离世，这一点也不令人奇怪。然而，毫无疑问，奥西安德的做法是出于一片好心。两年前，当哥白尼还在犹豫是否要出版这本书时，他曾写信给奥西安德，倾诉他的忧虑并寻求建议。[60] 当时奥西安德回复说：

> 就我而言，我一直觉得假设不是信条，而是计算的一部分，因此，即使它们是错误的，也没关系，只要它们正确地表示了现象……如果你能在序言中就这个问题做些说明就好了，因为这样你就能安抚那些你担心会反对你的亚里士多德主义者以及神学家们。[61]

在同一天，奥西安德写了同样的文字给当时正在弗龙堡的雷蒂库斯：

> 如果那些亚里士多德主义者和神学家们被告知可以用好几种假设来解释相同的视运动，而且，如果目前的这些假设不是因为它们实际上是正确的，而是因为它们是最便于计算复合的视运动而被提出的，那么安抚他们就会很容易。

这种序言可以使反对者产生一种更温和的和解情绪，他们的敌意将会消失，"最终他们会转而赞成作者的观点"。[62]

哥白尼和雷蒂库斯对奥西安德的建议的回复都没有保留下来。据开普勒所说——他曾看过一些后来被销毁的信件，哥白尼拒绝了奥西安德的提议："性格中带着一种斯多葛式的坚毅，哥白尼认为他应该坦然地公开自己的信念。"[63] 但是，开普勒并没有引用哥白尼回答的文字，而他的这句话出现在一篇论辩的文本中，因此不应该受到过度的重视。* 开普勒狂热地为日心说而战，崇拜哥白尼，并相信他有一种他并不具备的"坚毅"。

序言的措辞当然是非常糟糕的。首先，它没有足够明确地说明它不是哥白尼本人所写的。确实，有一句话中，它以第三人称并以赞美的方式提到了该书的作者；但那个时代的学者并没有过度谦虚的习惯，而要对文本进行仔细的核查才能发现它是由他人执笔的。因此，尽管奥西安德的作

---

* 见后文，第141页。

者身份由开普勒于1609年发现并披露出来，而且伽森狄1647年的传记中也提到过，然而《天球运行论》后来的版本（1566年巴塞尔版和1617年阿姆斯特丹版）直接取用了奥西安德的序言，而未做任何说明，由此给读者留下了序言是由哥白尼所写的印象。只有1854年的华沙版提到了作者是奥西安德。

这篇序言的神秘保持了3个世纪之久，这当然非常符合哥白尼教士的隐晦作风、他对毕达哥拉斯学派的隐秘性的崇拜以及他书中"仅限内行阅读"的格言——**仅限数学家阅读**。传言说哥白尼是奥西安德背信弃义的受害者，但是内部证据以及我即将提到的雷蒂库斯的声明都反对这一点。因为奥西安德知道哥白尼对于发表手稿犹豫不决，长达"4个9年"[63a]；知道哥白尼坚持在《首次报告》中不公开他的作者身份；知道哥白尼试图只发布行星表，而不发表其依据的理论。他一定是推测哥白尼会同意他的谨慎缓和的做法——他只是重申古典的教义，即物理学和天空几何学是分开的事物。我们没有理由怀疑奥西安德是出于善意行事，既打算安抚焦虑的教士，也为他的著作顺利发行铺平道路。

接下来的问题是，哥白尼是否真的阅读了序言，他对序言的反应如何。关于这一点，我们有两个相互矛盾的说法，一个来自雷蒂库斯，另一个来自开普勒。开普勒的文字如下：

> 我承认，认为自然中的现象可以用错误的原因来解释是最为荒谬的谎言。但这个谎言不是哥白尼的错。他认为他的假设是正确的，不亚于那些你提到的古代天文学家。他不只是这么认为，他还证明了它们是正确的。我以这本书作为证据。
>
> 你想知道这个激起你怒火的谎言的作者吗？在我手中的书上写着安德里亚斯·奥西安德，这是纽伦堡的杰罗米·施莱伯的笔迹。负责监督哥白尼著作印刷的安德里亚斯，认为这篇你宣称最为荒谬的序言是最谨慎的（可以从他给哥白尼的信中推断），并将其放在书的扉页。而这时候，哥白尼要么是已经去世了，要么是一定不知道［奥西安德做的事］。[64]

雷蒂库斯的证据存在于数学教授约翰内斯·普雷托利乌斯写给别人的一封信中。普雷托利乌斯是雷蒂库斯的亲密朋友，也是一位可靠的学者。他的信中说：

> 关于哥白尼书中的序言，一直不确定其作者是谁。然而，正是安德里亚斯·奥西安德……写的序言。因为哥白尼的书正是由他负责首先在纽伦堡印刷出版的。而且首次印出的一些书页被送到了哥白尼处，但不久后，哥白尼就去世了，没能看到整本著作。雷蒂库斯曾经严肃地断言，奥西安德的这篇序言显然令哥白尼不悦，而且让他发了不小的火。这是很可能的，因为他自己的意图不同，他本来希望在序言中说的东西从他［给保罗三世］的献辞中可以清楚看出……书名也被修改了，超出了作者的意图，因为它本来该是：《论宇宙的运行》，而奥西安德改作了《天球的运行》。[65]

普雷托利乌斯的信写于1609年。前面引述的段落出自开普勒的《新天文学》，该书于同一年出版。这时前面提到的出版事件已经发生了66年。那么这两个相反的版本我们应该相信哪一个？

要解决这个难题，我们必须比较（a）内容，（b）来源，（c）两个陈述背后的动机。开普勒的内容比较含糊：哥白尼"要么是已经去世了，要么是不知道"奥西安德的序言。这是基于传闻。开普勒的来源是他的老师米夏埃尔·梅斯特林，他自己对事件的了解也是三手的。[66] 普雷托利乌斯的陈述是准确的，关于改书名的附带细节也是令人信服的，他的信息来源于雷蒂库斯，可以说是绝对可靠的。他曾两次拜访雷蒂库斯，分别在1569年和1571年。[67] 至于动机，开普勒关于哥白尼看法的陈述在开普勒的《新天文学》的开头，作为格言出现（该书基于哥白尼的假设），显然是出于宣传的目的；[67a] 而普雷托利乌斯的版本出现在一封闲聊的信中，根本没有明显的动机。

权衡之下，天平显然有利于普雷托利乌斯，结论似乎应该是，与公认的观点相反，哥白尼是知道奥西安德所作的序言的。奇怪的是，就我所知，普雷托利乌斯的信逃脱了所有传记作者的注意，除了最近的、学术性最强的一位，即德国天文学家恩斯特·青纳。由于对自己的结论感到怀疑，我写信给青纳教授，收到以下答复：

> 我不同意你的怀疑。我们可以确定哥白尼是知道奥西安德的序言的，由于奥西安德之前于1540—1541年写的信，他对此已经有心理准备。普雷托利乌斯的陈述是可信的，因为它们是从与雷蒂库斯的直接交流来的，而雷蒂库斯是最了解情况的。普雷托利乌斯……是一位认真尽责的学者，给我们留下了重要的信息和作品。无论如何，他的证词比开普勒的模糊证词更为重要，开普勒的信息来自梅斯特林，而后者与整个事件相距甚远……雷蒂库斯可以说是用武力从哥白尼手中夺走了手稿，然后确实把排版毛条交给了它的作者，这难道不是很明显吗？我想，所有的排版毛条都陆陆续续地送到了哥白尼手中，所以在他去世时，整本书都排好印刷了，正如吉泽所说……[68]

当然，奥西安德称哥白尼教士的金星轨道"与古往今来的所有经验相矛盾"，称该书包含其他"荒谬之处"，等等，此等糟糕的措辞完全有理由让他感到愤怒。这种旨在安抚的外交手段确实用得太过头了。但是，对于奥西安德更基本的观点，即认为他的系统只是一个计算上的假设的看法，他却没有理由抱怨。哥白尼**确实**相信地球真的在运动；但是他不可能相信地球或行星以他的本轮和均轮系统所描述的方式运动，因为本轮和均轮都属于几何学上的虚构。只要天体运动的原因和方式完全依赖纯粹的虚构的基础，天文学家操纵着轮圈套轮圈，而不顾物理现实，那么他就不能反对奥西安德的正确说法，即他的假设完全是形式上的。[69]

哥白尼是否真的反对序言中的话，我们不知道，但是很难相信奥西安德会无视作者的意愿而拒绝改变措辞。也许当时为时已晚；序言写于1542年11月左右，在他生命的最后一个冬天，哥白尼病得很重。也许上一段中提到的那些考虑让他意识到他真的没有反对的理由。更有可能的是，他在拖延，就像他一生中总是做的那样。[70]

在哥白尼的性格与哥白尼式革命从后门进入历史的那种卑微曲折的方式之间，存在着奇特的类似。而且在它从后门进入历史之前，还满怀歉意地说道："请不要当真——这只是为了取乐，仅限数学家阅读，而且实际上是不大可信的。"

13. 对雷蒂库斯的背叛

这本书的出版还引发了另一起关系到个人的流言，它与雷蒂库斯有关。

这位弟子一生中最重要的时刻是他的老师去世之际。正是在这个时刻，他达到了最高峰，获得了新的尊严，成为传统的守护者和传奇的保护者。在这个事件中，老师的去世与他期待已久的作品出版同时发生了。人们原本以为，作为这一事件的主要推动者，作为先知和传播者，雷蒂库斯现在会变得比以往任何时候都更加活跃。这是一个对个人回忆和生活中的琐事进行回味的机会，再也不会被"吾师"对隐秘性的执着所约束了！在他最后一次留在弗龙堡期间，雷蒂库斯写了一本老师的传记，这是大家很期盼的，因为学术界对哥白尼教士本人及其事业几乎一无所知。雷蒂库斯是哥白尼学说名正言顺的继承人和执行者——因此，雷蒂库斯之于这位逝者，注定就像柏拉图之于苏格拉底，博斯韦尔之于约翰逊博士，马克斯·布罗德之于卡夫卡。

令他同时代的人感到惊讶和令后人感到困惑的是，在雷蒂库斯离开纽伦堡并将编辑权交给奥西安德之际，他突然对哥白尼及其教导完全失去了兴趣。他的哥白尼传记从未发表过，手稿也遗失了。他写的一本证明哥白尼理论与《圣经》并无相悖的小册子也遭受了同样的命运。雷蒂库斯教授后来又活了30多年；但使徒雷蒂库斯甚至在他的老师去世之前就死掉了。更确切地说，他死于28岁，1542年夏天的某个时候，当时《天球运行论》还在印刷当中。

是什么让他的热情突然熄灭了呢？同样地，人们只能猜测，但手边就有一个看似合理的猜测。哥白尼本人对这本书的介绍，以致保罗三世的献辞的形式写于1542年6月，[71] 并发送给在纽伦堡的雷蒂库斯，当时他还在负责印刷。很可能就是这篇献辞杀死了雷蒂库斯身上的使徒精神。献辞解释了这本书是如何写成的，因为害怕受到嘲笑，哥白尼是如何犹豫是否该将其出版，并曾想放弃整个项目。献辞接着写道：

> 但我的疑虑和抗拒被我的朋友们打消了。其中居于首位的是尼古拉·勋伯格，卡普阿的红衣主教，他在每个知识领域都十分出色。接下来是一个非常爱我的人，库尔姆的主教蒂德曼·吉泽，他是神学及所有其他文献的一位忠诚学生，他经常敦促甚至强求我出版这部作品……许多其他的杰出学者也向我提出了同样的要求……我在他们的劝说下屈服了，终于同意朋友们发表这部他们长期以来要求出版的作品……

接下来，献辞开始转向了其他话题。雷蒂库斯的名字没有在献辞中出现，也没有在书中的任何其他地方提到过。

这一定令人既震惊又不快。这一忽略显得极其古怪和荒谬，以至于温和的吉泽在哥白尼去世后给雷蒂库斯写了一封尴尬的道歉信，其中提到

> 你的老师在他书的序言中没有提到你，这是个令人不快的疏忽。这真的不是由于他对你漠不关心，而是因为他的笨拙和粗心所致；当时他的头脑已经相当迟钝，并且如你所知，很少注意到任何与哲学无关的东西。我很清楚他非常珍视你不懈的帮助和自我牺牲……你就像忒修斯一样，协助他的繁杂工作……我们对你长期以来的热情十分感激，就如晴空般一览无余。[72]

但这些善意的辩解并没有任何说服力，因为哥白尼写给教皇的献辞既非"笨拙"，也未显得"头脑迟钝"。这是一篇世故精明、拿捏得当的文章。刻意遗漏雷蒂库斯的名字只能解释为他担心提到新教徒可能会给保罗三世造成不好的印象。但如果是这样的话，哥白尼完全可以在其他地方提

到雷蒂库斯，或者在序言中，或者在书中任何地方。对他的名字完全不提是一种卑鄙也是徒劳的行为，因为，《首次报告》的出版已经让哥白尼的名字公开地和雷蒂库斯联系在了一起，而且他的书还是在新教的纽伦堡经由雷蒂库斯的编辑印刷的。

哥白尼的献辞一定是在6月或7月的某个时候送到雷蒂库斯那里。8月15日，雷蒂库斯的一本小册子，包含了他关于天文学和物理学的两篇论文，[73] 由彼得利乌斯出版社出版。在序言中，雷蒂库斯回忆起与老师的初次相识：

> 当我听说德意志北部德高望重的尼古拉·哥白尼博士时，我刚刚在纽伦堡大学被任命为这些科学的教授，但我认为我应该从他的教导中获得更多的知识，才能接受这个职位。没有什么可以阻碍我出发上路，无论是金钱、行程，还是别的什么干扰。*我认为能读到他的作品是非常重要的，因为当时的我为年轻的勇气所驱使，要把他关于这门科学的成熟思想传达给全世界。当这本正在纽伦堡印刷的书正式出版后，所有的学者都会做出和我一样的判断。

体现弟子忠诚的最后声明与老师背叛他的时间不谋而合，这是多么令人失望啊。

14. 但提斯克斯主教

前面的章节讲述了《天球运行论》一书的长期阵痛和在纽伦堡最后的剖宫产。我们现在必须再次返回波罗的海海岸边的弗龙堡大教堂，讲完哥白尼教士最后几年的故事。

这几年甚至比之前更不快乐。除了对这本书出版的疑虑和担忧之外，教士又卷入了与新主教之间的荒唐冲突。这位主教，约翰内斯·但提斯克

---

* 可能暗示着他去拜访哥白尼是冒着令梅兰希顿和路德不快的危险，而且，他前往的正是天主教的领地，而那里的主教刚刚发布了反对路德宗的法令。

斯，压在尼古拉教士生命尽头的分量与卢卡斯主教压在他的生命开始之时的分量相当。在所有其他的方面，光芒四射的但提斯克斯与阴沉忧郁的卢卡斯简直是大相径庭。

他是文艺复兴时期最杰出的外交家之一，一位桂冠诗人，年轻时创作色情诗，晚年创作宗教赞美诗；*是旅行家、人文主义者、健谈的魔术师，总而言之是一个极具魅力和复杂性的人物。卢卡斯主教比尼古拉年长26岁，但提斯克斯比尼古拉年轻12岁，然而尼古拉对他一样地唯命是从。这种对权威的服从，一方面对卢卡斯和但提斯克斯，另一方面对托勒密和亚里士多德，也许正是理解哥白尼性格的主要线索。它削弱了他性格的独立性和思想的独立性，使他处于自我束缚之中，它将他从文艺复兴时期的人文主义者中单列出来，成为一个中世纪的苦行遗老。

有时候，老年时光似乎在重复年轻时代的模式，或者更确切地说，是把在盛年时期被模糊了的模式重新显现了出来。如果说但提斯克斯是一个幽灵，前来代替卢卡斯舅舅的位置，那么，冒险家和煽动者雷蒂库斯，在某些方面不就是哥哥安德烈亚斯的转世吗？安德烈亚斯一直是家族的耻辱，而雷蒂库斯是异教徒；安德烈亚斯是一个麻风病人，而雷蒂库斯是同性恋。他们的大胆无畏使我们这位胆怯的教士既为之着迷，又感到恐惧，而这种矛盾的态度也许能解释他对两者的背叛。

约翰内斯·弗拉克斯宾德注定要成为哥白尼教士晚年的灾星。他是但泽的一个酿酒商的儿子，因此得名但提斯克斯。20岁时，他就已经参加过反对土耳其人和鞑靼人的战争，他曾在克拉科夫大学学习，在希腊、意大利、阿拉伯和圣地游历。回来后，他成了波兰国王的机要秘书，23岁时，他又成了国王派到各个普鲁士教区的特使。正是在那个时期，在完成类似的出使任务时，他初识了当时任卢卡斯主教秘书的哥白尼教士。但是他们的人生轨迹很快就分开了：哥白尼在余生中一直留在瓦尔米亚，而但提斯克斯在接下来的17年里，作为波兰派给神圣罗马帝国皇帝马克西米利安和查理五世的大使，在欧洲各地旅行。他受到两位皇帝的喜爱，也

---

*《大英百科全书》将他后期的作品评为"现代欧洲最优秀的拉丁文诗歌"。[74]

受波兰国王的宠爱。马克西米利安指定他为桂冠诗人，并授以爵位，查理五世给了他一个西班牙的头衔，两人都偶尔借用他为自己执行任务——作为马克西米利安派到威尼斯的特使，以及查理五世派到巴黎弗朗索瓦一世处的特使。然而，这个来自文明世界的边远地区、成功地完成了极其敏感的外交使命的啤酒商的儿子，却既不势利，也没有特别的雄心壮志。在45岁时，在他职业生涯的最高点，他自愿要求退休，回到他的出生地所在的省份，并在那里度过了余生——先是担任库尔姆主教，后来是瓦尔米亚主教。

在任大使期间，但提斯克斯的主要兴趣依次是诗歌、女人以及与知识分子打交道，而且似乎就是按照这么个顺序来的。他与外界的通信达到了伊拉斯谟的规模，甚至延伸到了美洲新大陆——他与征服墨西哥大陆的西班牙征服者科尔特斯还有过信件往来。他的风流韵事同样是海内通吃、兼容并包的，从因斯布鲁克的提洛尔人葛林妮，一直到托莱多给他生了一个漂亮女儿的伊索普·加尔达。他著名的诗歌《颂歌》是一篇迷人的挽歌，哀叹男子气概的辉煌和衰落，但他也很爱他在托莱多的情人和他们的女儿丹提斯卡；他返回瓦尔米亚后，还通过奥格斯堡的富格尔家族银行给她们定期汇去生活费，并通过皇帝的西班牙大使的斡旋收到一幅丹提斯卡的肖像画。即使他成了虔诚的天主教徒，他仍然忠于他以前的那些朋友和情妇；而他与路德宗领导人梅兰希顿的热情友谊，在他改宗后同样不受影响。1533年1月，但提斯克斯已经成为库尔姆的主教，梅兰希顿从前线的另一边写信给他，说他一生都将感激但提斯克斯；他还说，除了但提斯克斯的杰出天赋外，他还钦佩他的宅心仁厚。[75] 另一个同时代人总结了当时路德宗学者对库尔姆这位天主教主教的普遍看法：他就是仁慈的化身（Dantiscum ipsam humanitatem esse）。[76] 但提斯克斯和哥白尼后来的冲突必须在这个背景下进行判断。

1532年，但提斯克斯在库尔姆的主教区立了足，库尔姆到弗龙堡大概骑马一天的距离。此外，他还成了弗龙堡教会的教士，因此也成了尼古拉教士的会友。有人可能会以为，来到被"维斯瓦河的蒸汽"所遮蔽的边远地区的这样一位杰出的人文主义者，应该是寂寞的哥白尼生活中的一件乐事。除了吉泽之外，在整个瓦尔米亚，更不用说在弗龙堡，几乎没有人可以和他谈科学和天文学。而吉泽在这些事情上算不上聪明。而但提斯克斯除了其他爱好之外，对科学也非常感兴趣，他与几位学者（包括伟大的数学家赫马·弗里修斯）通信，拥有好几个天球仪和天文仪器、一幅美洲地图，甚至三个时钟，其中一个他拿链子系着挂在脖子上。

　　在库尔姆安顿下来之后，但提斯克斯立即向哥白尼提出了一些建议——由于某些不可估计的原因，这些建议被一本正经地拒绝了。在保存下来的总共16封哥白尼的私人信件中，有10封是写给但提斯克斯的。[77] 这些信读起来令人心情压抑。第一封日期为1533年4月11日，也就是但提斯克斯在教区安顿下来几个月后。这是一封拒绝信，以官方事务为由，拒绝了但提斯克斯邀请他到洛宝城堡做客的好意。[78]

我主基督的尊敬教父！

　　　　最尊敬的阁下，来信收讫。您对我的仁慈和善意我心知肚明。您的恩典不仅赐予我，也赐予其他优秀的人。我相信，这肯定不是因为我的功绩，而是出于尊敬的阁下众所周知的美德。但愿我终究能不辜负您的好意。能遇到这样的主教大人和保护人，我心中的欢喜之情难以言表。您邀请我本月20日会面（我极为乐意能拜访这么好的朋友和保护人），然而，可惜我无法接受，因为当天有某些事务需要马斯特·菲力克斯和我留在这里。因此，我请求阁下您恕我无法前往。除此之外，我已经准备好在适当的时候为阁下您效劳，因为我义不容辞按您的意愿为您尽力服务，只要您随时提出。我向您明白地讲，我不是要同意您的要求，而是要服从您的命令。

但提斯克斯非常清楚弗龙堡教会"公务"的性质和数量，他本人就是教会成员，因此这个借口没有说服力。第二封信日期是3年后，即1536年6月8日。这又是一封拒绝信，拒绝但提斯克斯邀请他参加主教的某位女性亲属的婚礼庆典。借口仍然是"公务"：[79]

最仁慈的我主基督的尊敬教父！

阁下来信收悉，满是您的仁慈和好意，令我回想起年少时与您的彼此熟悉和喜爱［我们要记得哥白尼比但提斯克斯年长12岁］。我知道这种熟悉和喜爱至今仍在洋溢。我因此被列入您的密友之中，所以您邀请我参加您的亲戚的婚礼。确实，尊敬的阁下，我应该遵从尊驾的意思，不时与您这么好的阁下和保护人见面。无奈我现在公务缠身，皆因最尊敬的瓦尔米亚主教的信任所赐，我无法推辞。因此，望阁下体察，应允我的缺席，并且请不要因此对我改变看法。因为心中的联系比两人的团聚更可靠。尊敬的阁下，谦卑的我能为您效劳是我的大幸，我祝您永远健康。

与同时代的人文主义者之间的通信，特别是但提斯克斯本人的信件相比，哥白尼的这些信及随后信件的语调令人感到难以置信和笨拙可怜。这个将地球移出宇宙中心的人写给桂冠诗人和前任大使的信，用的完全是一个逢迎的办事员的口吻，顺从却并不友善，夹杂着令人厌烦的隐晦的嫉妒、怨恨，或仅仅是在人际交往中无法轻松处事的感觉。

第三封信日期为一年后，即1537年8月9日，用的是另外一种腔调，但并不是更愉快。这封信写于瓦尔米亚主教毛里蒂乌斯·费贝尔去世之后，当时预期但提斯克斯会被选中继任这个职位。信中包括了一些无关痛痒的政治八卦，是哥白尼从2个月前寄自布雷斯劳的信件中得知的；其中有一个，是关于皇帝和弗朗索瓦一世之间停战的传言，恰好是无凭无据的。很难猜测为什么哥白尼教士要将这个过时的二手消息告诉给但提斯克斯，因为但提斯克斯本身就消息灵通，唯一可能的原因是但提斯克斯马上就要成为他的顶头上司。

1537年9月20日，弗龙堡教会的教士们庄严地聚集在大教堂里，选举他们的新主教。根据瓦尔米亚错综复杂的教会程序，提名候选人的特权由波兰国王享有，而选举本身是教会的特权。然而，实际上，名单上的候选人在之前就已经在教会和国王的官署之间达成了协议，由但提斯克斯作为中间人负责接洽。该名单包括但提斯克斯本人（所有各方先前已同意他获选）和其他三名候选人。另外三人是齐默曼教士、冯·德·特兰克教士——这两位跟我们的书无关——和海因里希·舍伦博格教士）。

这位舍伦博格教士在大约20年前欠了哥白尼教士100马克的债务，只偿还了90马克。哥白尼教士于是写了一封老套的信（16封珍贵的现存信件中的一封）给当时的主教，请求他让舍伦博格支付10马克。这件事的最终结果我们并不清楚；时光飞逝，现在这位懒惰的欠债人舍伦博格被提名为主教职位的候选人。这只是一个纯粹为了走形式的提名，因为即将当选的是但提斯克斯，然而这件事却引发了一个可笑的小插曲。蒂德曼·吉泽，我们忠诚的如天使般的吉泽，给但提斯克斯写了一封信，要求他将舍伦博格从候选人名单中删除，因为他"将使教会沦为笑料"，并代之以哥白尼教士的名字。但提斯克斯显然并不在乎，因此照办了。结果哥白尼心满意足地成了主教的候选人，但提斯克斯则全票通过当选，包括哥白尼的投票。

之后但提斯克斯主教在海尔斯堡安顿了下来。过去哥白尼曾在那里生活了6年，担任卢卡斯舅舅的秘书。1538年秋天，但提斯克斯对所辖教区的城镇进行正式的巡视，由赖希教士和哥白尼教士陪同。普罗韦称，这"是旧友但提斯克斯和哥白尼之间最后一次友好的相处"[80]，不过现在并没有证据表明他们曾经是朋友。

在那次正式巡视期间或稍后，但提斯克斯一定是提到了一个令人尴尬的话题，涉及了某位安娜·席林斯，哥白尼教士的一位远房亲戚，也是他的管家（focaria）。据哥白尼的传记作者所说，focaria意思是管家。而根据巴克斯特和约翰逊的《中世纪拉丁词汇表》[81]，它的意思是"管家或情妇"。我们知道弗龙堡另有一位教士亚历山大·斯库尔泰蒂[82]，也有一个管家，还和她生了几个孩子。但提斯克斯不是个顽固的人，他不停地给以前的情妇汇钱，对对漂亮女儿的肖像画爱不释手。但是，一个人年轻时远在海外，有一些风流韵事，这是一回事；而在自己的教区内公开与情妇生活在一起，就是另一回事了。此外，这两个人不仅已经年老，他们的时代也过去了。反宗教改革运动决心要恢复神职人员的清白生活，神职人员的堕落已经滋生出了路德和萨沃纳罗拉等人。哥白尼教士已经63岁；无论是个人的还是历史的时钟，都已经敲响，要他向他的情妇说再会了。

然而，63岁了，要换管家或要改习惯都并不容易。可以理解，哥白尼教士犹豫了，他一拖再拖，也许是希望但提斯克斯会淡忘这件事。在11月，但提斯克斯提醒了哥白尼信守他的承诺。但提斯克的来信没有保留下来，但哥白尼的回信是这样的：

最仁慈的我主基督的尊敬教父，垂怜我吧！

我承认，最尊敬的阁下，您的警告如慈父一般，并且比慈父的慈爱更多；我从内心深处欣然接受。至于阁下早先对同一件事的暗示，我远远没有忘记。我打算采取相应的行动。尽管要从亲属中找到一个适合的人并不容易，但我打算无论如何在复活节之前终止此事。然而，我不希望阁下您认为我在利用借口加以拖延，因此我把时间减少到1个月，即圣诞节之前；再短也不可能了，相信阁下您能够理解。我希望尽最大努力避免违反礼教，更不用说避免违背阁下您的意愿，您应该受到尊敬、爱戴，最重要的是为我所爱戴。我将自己全部的力量奉献给您。

来自季诺波利斯，1538年12月2日

尊敬的阁下您最顺从的尼古拉·哥白尼

即便是忠诚的普罗韦也评论说，这封信"读起来令人生厌"，"就算考虑到罗马教廷的虔敬规矩……这也仍然是丢尽了脸"。[83]

6个星期后，哥白尼给但提斯克斯写了一封确认信：

最仁慈的我主基督的尊敬教父！

我已经完成了那件事，我既不会也不能再拖下去了。因此我希望我已经遵从了阁下您的警告。至于您需要我提供的信息，即阁下您的前任、我的舅舅卢卡斯·瓦特泽罗德享年几何，他享年64岁零5个月，任主教23年，死于公元1522年3月的倒数第二天。随着他的离世，这个可以在托伦的古迹和许多［公共］设施中找到印记的家族，也终结了。我将我的顺从致献给阁下您。

自弗龙堡，1539年1月11日

您最忠诚的尼古拉·哥白尼

但是情妇并没那么容易摆脱。斯库尔泰蒂的管家，同时也是他的孩子们的母亲，"威胁、狠狠发誓要毁掉这位教会的顺从的仆人，并不知羞耻地用脏话辱骂他"。[84] 至于哥白尼的安娜，她似乎断然拒绝离开弗龙堡，并决心要让所有涉事的人都下不来台。哥白尼写给但提斯克斯的上一封信的2个多月后，另一位教士普罗托乌斯基写信给主教，信的内容如下：

关于弗龙堡的那些丫头，亚历山大的那位在他家里藏了几天。她答应会和儿子一起离开。亚历山大［斯库尔泰蒂］从洛宝兴高采烈地回来了，不知道带回来了什么消息。他和尼德霍夫及他的情妇待在府邸里，这女人看起来像是个集各种罪恶于一身的啤酒馆女招待。尼古拉博士的女人把她的东西先送到了但泽，但她本人还留在弗龙堡……[85]

整整6个月后，事情仍然没有解决。但提斯克斯显然已经厌倦了向哥白尼寄出父亲般的告诫，然后收到感激涕零的回信这样的戏码。因此他私下请吉泽（如今是库尔姆的主教）利用他对哥白尼的影响，让哥白尼结束与安娜的秘密会面，并避免进一步的丑闻。

1539年9月12日，吉泽回信如下：

……按阁下您的意愿，我已经认真地与尼古拉博士谈过了此事，并将此事的各种事实摆在了他的眼前。他似乎没有一点不安，［得知］尽管他毫不犹豫地服从了您的愿望，但不怀好意的人仍然莫须有地诬告他秘密会面，云云。他否认在辞退那个女人之后还见过她，除了一次在去柯尼斯堡市场的途中他们碰上了，她对他说了几句话。我可以肯定他没有像许多人认为的那样受其触动。此外，他的高龄和他无休无止的研究，以及他的名望，也让我相信这一点。不过我还是敦促他，即使是罪恶的假象也应该避免，我相信他会照办的。但是我也认为，阁下您不该过多地相信告密者，因为嫉妒总是与君子相伴，就连尊敬的阁下您恐怕也难以幸免。致上，云云。[86]

吉泽的最后一句话属于主教之间善意的挖苦。尽管早先他们曾是竞争瓦尔米亚主教职位的对手，但是吉泽获得了库尔姆主教的位置作为相互妥协之后的折中方案，结局算是皆大欢喜，因此他们的关系仍然不错。因而但提斯克斯才能多次开口请求吉泽出面协调哥白尼的事，好给老教士留些面子。

与关于安娜的不愉快事件同时发生的，还有教会的政治麻烦。其原因极其复杂[87]；但主要人物又是无所畏惧的斯库尔泰蒂教士，他不仅公开与他的"啤酒馆女招待"及一群儿女住在一起，还带头反对但提斯克斯使东普鲁士安于波兰王室统治的努力。这是一场政治风险极高的斗争，导致1年后斯库尔泰蒂被革职和流放，几年后瓦尔米亚教会的大多数人被暂时地逐出了教会。由于哥白尼教士一直与斯库尔泰蒂交好，而且在情妇丑闻的事件上与他是难兄难弟，但提斯克斯急于让这位老先生跟这一切划清界限。1539年7月4日，他写信给吉泽：

我听说尼古拉·哥白尼博士正在你处做客。你也知道我视他如亲兄弟。他与斯库尔泰蒂关系甚密。这不太好。你得劝他，让他知道这样的来往和友谊对他有害，但不要告诉他这话是我说的。你一定知道了斯库尔泰蒂已经娶妻，而且他被怀疑是无神论者。[88]

我们记得，但提斯克斯是哥白尼教士的顶头上司，而吉泽正在掌管另一个教区。这封信证明了但提斯克斯曾千方百计地想避免令哥白尼感到难堪，以至于不想表明这是来自自己的警告，因为来自教会上司的直接警告对于老教士而言很可能是种羞辱。然而关于哥白尼的传说讲的是，但提斯克斯"突然强令他立即断绝与他的朋友斯库尔泰蒂的关系"，而且还曾试图通过迫害哥白尼来阻止他完成他的著作。[89]

　　事实是，在1541年，但提斯克斯刚得知哥白尼最终决定发表他的《天球运行论》的时候，就立即给哥白尼写去了一封热情友好的信，内附一首短诗，作为这本书的格言。哥白尼教士回信写道：[90]

最仁慈的我主基督的尊敬教父。

　　我已收到阁下您最仁慈、最亲密的信，在信中，您屈尊以短诗相赠，致我的书的读者，朴素优美又恰如其分——不是符合我的卑微地位，而是符合阁下您常常赐予学者们的特别的仁慈。因此，我将把它放在我的作品的扉页，只愿我的书能配得上阁下您如此的眷顾。虽然，一些博学之士称我还是有一些价值，听从他们的话也算妥当。其实，只要我还有能力赢得您特别的仁慈和父亲般的喜爱，我还是希望去努力配得上您的抬爱。我知道您一直给予我荣光，因而尽我所能为您服务，是我的责任。

弗龙堡，1541年6月27日

阁下您最顺从的

尼古拉·哥白尼

　　这是哥白尼写给但提斯克斯的信中现存的最后一封，很可能也是他实际写的最后一封。我们的那位桂冠诗人为哥白尼写的那首诗并没有出现在这本书中，也没有出现在哥白尼的手稿中，并且遗失了。哥白尼感谢但提斯克斯的"特别的仁慈"之后，悄悄地将他的短诗扔进了垃圾桶，就像他对待但提斯克斯早前的邀请信一样。他还真是个讨厌的老头。

15. 哥白尼的离世

　　他生命的最后几个月一定很孤独。他离弃了雷蒂库斯，雷蒂库斯也抛弃了他。吉泽如今远离弗龙堡，斯库尔泰蒂也被流放。他那一代的教士们一个接一个离开了人世。他本来在同时代人中就不受喜爱；对于如今上前要取而代之的后一代人，他更是不受待见。对这个住在塔楼里的老人，他们甚至无法因为他的年纪而把他视作一个无趣但令人尊敬的老头子，因为关于安娜的丑闻给他带来了好色和吝啬的恶名，而他以前与维滕贝格那位路德宗狂人的来往更是雪上加霜。他实际上就是被排斥了。

他的孤独状况可以从一封信中看出端倪，这是哥白尼最后一次生病时，吉泽从洛宝城堡写给弗龙堡的一位教士乔治·唐纳的一封信：[91]

> ……即便在身体健康的时日，他〔哥白尼〕也喜欢独来独往，所以，我想，如今他病了，更是没什么朋友来帮他渡过难关——尽管我们都应该为他个人的正直和了不起的学说而感激他。我知道他一直视你为挚友。因此，我请求你，鉴于他就是这样的个性，你可否担任他的监护人，承担起保护他的责任，帮帮这个我们都爱的人，令他在需要时能得到兄弟般的帮助，也让我们不至于看起来对他忘恩负义，因为他值得我们的感激。祝顺利。
>
> 洛宝，1542 年 12 月 8 日

1542 年末，哥白尼教士脑出血，接着半身瘫痪，永久地躺在了床上。1543 年初，但提斯克斯写信给在鲁汶的天文学家赫马·弗里修斯，说哥白尼已在弥留之际。但在几个月后的 5 月 24 日，死神才最终到来。几周后，在一封致雷蒂库斯的信中，吉泽仅以一句悲伤的话记录了这一事件：

> 许多天以来，他已经失去了记忆和活力，在他去世的那一天，在最后一刻，他才看到他完成的书。[92]

我们知道，人的心灵有一种力量，它能够吊住一丝活气，在一定限度内推迟身体的死亡。哥白尼的思想一直在游离，但也许其中残留有足够的决心，能坚持到他的手终于得以摩挲他的书的封面的那一刻。

他在最后阶段的思想状态，可以用托马斯·阿奎那的一段文字表达，这段话是阿奎那草草写在一张书签上的，字迹细小，歪歪扭扭：[93]

Vita brevis, sensus ebes, negligentiae torpor ct inutiles occupationes nos paucula scire permittent. Et aliquotiens scita excutit ab animo per temporum lapsum fraudatrix scientiae et inimica memoriae praeceps oblivio.

生命的短促、感觉的迟钝、冷漠带来的麻木与报酬微薄的种种营生，令我们所知甚少。然而，一次又一次，飞速的遗忘——知识的盗贼和记忆的敌人——随时间流逝，把我们一度所知的也从头脑中掏空。

为哥白尼所立的最早的纪念碑，设在他的家乡托伦的圣约翰教堂，上面有一段奇特的铭文，据说是从他的物品里发现的一张字条上抄来的。[94] 这是埃涅阿斯·西尔维厄斯的一首诗：

Non parem Pauli gratiam requiro, Veniam Petri neque Posco, sed quam In crucis ligno dederas latroni, Sedulus oro.

我不渴求保罗获赐的恩典，
也不奢望彼得所得的宽恕，
我热切地祈祷，但求赦免
正如您曾赦免那些被钉在十字架上的盗贼那样。

另有一段更接地气的铭文，出现在17世纪哥达的一位名叫克里斯蒂安·韦穆特之人所打造的一个铜制圆牌上。正面是一个半身像，铭文为："数学家尼古拉·哥白尼，1473年生，1543年卒。"圆牌背面是一首德文的四行诗：[95]

Der Himmel nicht die Erd umgeht
Wie die Gelehrten meynen
Bin jeder ist seines Wurms gewiss
Copernicus des seinen.

天空不绕地球转，

即便博士如此言；

人人注定见蛆虫，

哥白尼也难幸免。

在法兰克尼亚当地的方言中，"koepperneksch"一词仍然表示牵强、荒唐的建议。

16. 雷蒂库斯之死

雷蒂库斯比他的老师多活了30多年。他过着一种不安分、丰富多彩又忙乱的生活，但他的生活目标已经没有了，他的主发条坏掉了，他的活动变得暴躁、古怪。他在莱比锡大学的新职位任职不到3年；1545年，他去了意大利，而且不顾学校的两次要求，以健康原因为由拒绝返回。他似乎在瑞士学了一段时间的医学，但没有人知道他的情况。维滕贝格的一位学者果里卡斯在雷蒂库斯的星座运势里写道："从意大利归来，发了疯，死于1547年4月。"[95a] 这令人想起了开普勒的一段描述，称雷蒂库斯在洛宝城堡发了疯。

然而，1548年，他又回到了莱比锡，试图翻开新的一页。在接下来的3年中，他出版了两部作品，一本是1550年的天文学年鉴，另一本是包含大量表格的三角学。在书中，他提到哥白尼是他的老师，提到他曾监督哥白尼著作的出版，并说："书中并无需要更改之处。"[96] 这也许是出于自我辩护，因为雷蒂库斯受到各方压力，要他纠正《天球运行论》中的计算错误，并继续阐述他老师的学说。但他没做这样的事。相反，他的那本三角学的前言提出了一个惊人的建议，称普罗克洛斯对托勒密系统的评注应该在德意志所有大学进行讲授。关于哥白尼系统的教学，他只字未提。在同一篇前言中，他列出了一个雄心勃勃的未来出版作品名单，其中也没有提到他已经完成了草稿的哥白尼传。[97]

回到莱比锡2年后，雷蒂库斯不得不再次离开，这一次的情况更具戏剧性。一位名叫雅各布·克勒格尔的人写的书中的题词为此提供了解释：
"他［雷蒂库斯］是一位杰出的数学家，曾在莱比锡居住和任教，但在约
1550年匆忙离开了该镇，原因是非法性行为（鸡奸和意大利变态）；我认
识此人。"[98] 这是8年前同一事件的重现，当时他被迫从维滕贝格搬到莱
比锡，委托奥西安德负责《天球运行论》的印刷。

接下来的7年，雷蒂库斯的行踪不清。他似乎因惧怕被逮捕，离开了
德意志。1557年，他在克拉科夫出现。他的良心正在备受煎熬，因为他
宣布，为遵照已故老师的意愿——老师曾坚持认为需要更多更精确的星
体观测结果——他立起了一座45英尺高的方尖碑。"因为没有别的设备
可与卓绝的方尖碑相比；浑天仪、十字测天仪、星盘、四分仪是人类的发
明，而方尖碑是按神的旨意建造的，高于所有别的仪器。"他选择克拉科
夫作为观测地点，"因为它与弗龙堡位于同一经线上"。[99]

但是这个努力似乎最后一无所获。6年后，他再次受到多位学者的压
力，要他继续完成并阐释哥白尼的工作。他对这个想法并未当真，找了一
位同事帮忙；然后再度放弃了此事。

1567年，他写信给一个朋友说，他喜欢天文学和化学，却不得不当
一名医生谋生，[100] 说他赞同帕拉塞尔苏斯的教导。一年后，他写到他关
于伟大的法国数学家皮埃尔·拉莫斯的计划，解释说摇摇欲坠的托勒密理
论必须被基于观察的真正的系统所取代，特别是基于埃及人使用方尖碑所
得到的观察结果。这样，他将"为我的德意志同胞创造一门德语的天文
学"。[101] 他还提到许多其他项目：完成他已经花了12年时间研究的三角学
的巨著；一部关于天文学的作品，共9本书；几本占星学的书以及7本他
已经开始撰写草稿的化学书。

在所有这些专题中，只有三角学的表格具有科学上的价值；这些表
格由他的学生奥托在他死后发表，为雷蒂库斯在数学史上赢得了一席之
地。它们代表着他付出的大量枯燥的劳动，显然这是使他一直能保持心智
正常的职业疗法。

他现在50多岁，仍然无法安定下来。他成为一位波兰贵族的家庭医
生，接着移居到匈牙利的卡索维亚，在那里有一些马扎尔贵族为他提供生

活来源。1576年他死在了那里，终年62岁。[102]

在他生命的最后岁月，年轻的数学家瓦伦丁·奥托从维滕贝格长路迢迢地跑到塔特拉山脉脚下的卡索维亚，去当他的学生。20多年后，他出版了雷蒂库斯毕生努力写就的著作《三角法的宫殿》。奥托为该书作序，其中有这段关于格奥尔格·约阿希姆·雷蒂库斯的墓志铭：

> ……当我回到维滕贝格大学，命运告诉我应该去读一读雷蒂库斯的一篇对话录，他与那位教士关系非常亲密。我非常兴奋和激动，迫不及待地踏上了旅程，想要见到作者本人，并从他本人那里了解这些事情。因此，我前往匈牙利，雷蒂库斯当时在那里工作，他非常友好地接待了我。我们刚交谈了几句，在得知我的来意之后，他突然说了这么几句话：
>
> "你来见我的年纪和我当初去见哥白尼时一样。如果我当时没有去拜访过他，那么他的作品都将无法见之于世。"[103]

2

哥白尼系统

1. 没人读的书

《天球运行论》在当时及现在都是最滞销的书。

它的第一版，纽伦堡1543年版，印数1000册，从来没有卖完。它在400年里一共重印了4次，巴塞尔1566年版，阿姆斯特丹1617年版，华沙1854年版和托伦1873年版。[1]

这是一个了不得的滞销记录，而且在创造了历史的书籍当中相当独树一帜。要理解其意义，必须与同时代其他天文学作品的发行量进行比较。其中最畅销的是一个约克郡人约翰·荷里伍德（以萨克罗博斯科即Sacrobosco的名字闻名，他死于1256年）写的教科书，不少于59个版本。[2]耶稣会神父克里斯托弗·克拉维乌斯的《论天球》出版于1570年，在之后50年里19次重印。梅兰希顿写的教科书《物理学理论》，出版于哥白尼的著作之后6年，试图反驳哥白尼的那些理论；这本书在《天球运行论》第一次重印（1566年）之前就重印了9次，之后又重印了8个版本。卡斯帕·潘策尔的天文学教科书，出版于1551年，在接下来的40年里被重印了6次。上述的著作加上托勒密的《天文学大成》和普尔巴赫的《行星理论》，在16世纪末之前总共在德国重印了大约上百次，而《天球运行论》仅有1次。[3]

这般不受重视的主要原因是这本书极其难读。有趣的是，就连最尽责的现代学者在写到哥白尼的时候，都会无意间泄露出他们从未读过他的作品。令他们露馅的是哥白尼系统中本轮的数量。在《短论》的结尾,哥白尼宣称(见第118页):"因此,总共34个轮圈就足以解释宇宙的整个结构和行星的全部舞蹈。"但《短论》只是一个乐观的初步公告;当哥白尼在《天球运行论》中讨论到细节,他不得不给他的机械装置添加越来越多的轮圈,其数量增长到近50个。但由于他没有在任何地方提到过总数,书中也没有任何总结,因此这个事实没有引起关注。即使是前皇家天文学家哈罗德·斯宾塞·琼斯爵士也误入歧途,在《钱伯斯百科全书》中指出,哥白尼将本轮的数量"从80个减少到了34个"。同样的错误还出现在1943年丁格尔教授在皇家天文学会上纪念哥白尼的演说中,[4] 以及若干优秀的科学史著作中[*]。他们显然是想当然地接受了被经常引用的《短论》最后那句哥白尼的自豪宣言。

事实上,如果我没计算错的话,哥白尼总共使用了48个本轮。[9]

此外,哥白尼还夸大了托勒密系统中所用的本轮数量。[10] 15世纪时普尔巴赫对此进行了更正,托勒密系统中所需的轮圈数目不是如哥白尼所说的80个,而是40个。[11]

换句话说,与流行的看法,甚至与学术观点相悖的是,哥白尼**并没有减少轮圈的数量,而是增加了**(从40个加到48个)。[12] 这个错误的观念为什么会存在这么久,被这么多杰出的权威人士不断重复呢?答案是,极少有人读过哥白尼的书,就连研究科学史的专业历史学家也包括在内,因为哥白尼的系统(相对于日心说来说)几乎不值得关注。我们将在后文看到,甚至就连伽利略似乎也没有读过。

《天球运行论》的手稿共有212张小对开本的纸张。既没有作者的姓名,也没有任何的序言文字。[13]

印本的第一版以奥西安德的序言开始,随后是红衣主教勋伯格的信和哥白尼给保罗三世的献辞。

整部书分为6卷。

第1卷包括理论大纲,接着是讲述天球三角学的两章。第2卷全部讲

---

[*] 其中有伯特的《近代物理科学的形而上学基础》[5],赫伯特·巴特菲尔德的《现代科学的起源》[6],H. T. 普莱奇的《1500年以来的科学》[7],查尔斯·辛格的《科学简史》[8]。

述的是天文学的数学原理。第3卷讲述了地球的运动。第4卷是月球的运动。第5和第6卷是行星的运动。

第1卷的前11章全面陈述了这部著作的基本原则和规划，可归纳如下。宇宙占据了有限的空间，其边缘由恒星所界定。太阳在中心。恒星与太阳都静止不动。围绕太阳旋转的行星依次分别是水星、金星、地球、火星、木星和土星。月球围绕地球旋转。整个天空每天的视旋转是由于地球围绕自身轴线在自转。太阳每年在黄道上的视运动是由于地球在其轨道上每年公转一周所致。行星的停滞和逆行也是由于相同的原因。季节变化的轻微不规则性和其他轻微的不规则运动，是由于地球轴线的"振动"（振荡、摆动）。

这个理论大纲占据了开头的不到20页，或者说整本书的5%。剩下95%讲的是这个理论的应用。这些讲完之后，这个原创学说就基本讲完了。可以这么说，在这个过程中这个理论自我毁灭了。这可能就是为什么在书末没有任何总结、结论，或某种结束，尽管在文中一再地承诺会有一个结论。

在开头（第1卷第10章），哥白尼指出："太阳安坐在宇宙的中心……它坐在王位上，掌管着围绕它旋转的行星家族……我们因此在这种安排中发现宇宙令人敬慕的和谐。"但在第3卷中，当谈到使理论与实际观测结果相符合时，地球不再绕太阳旋转，而是围绕空中距太阳约3倍于太阳直径的一个点旋转。行星也不再像每个小学生都认为是哥白尼说的那样，围绕太阳旋转了。行星在环环套叠的本轮上转动，不是以太阳为中心，而是以**地球轨道**的中心为中心。因此，有两个"王位"：太阳，以及在空中的那个地球围绕其旋转的假想点。一年，也就是地球围绕太阳运转一周所需要的时间，对所有其他行星的运动有决定性的影响。总之，对于太阳系的运转而言，地球的重要性与太阳等同，事实上与亚里士多德系统或托勒密系统中的地球几乎同样重要。

相比于托勒密系统，哥白尼系统的主要优点是在一个基本方面上具有更大的几何上的简洁性。通过把宇宙的中心从地球转移到太阳附近，曾经困扰古人的行星退行现象消失了。我们记得，行星沿着黄道面进行一年一次的行进，偶尔会进入停滞，而后倒退一段时间，然后再重新开始行进。只要地球是宇宙的中心，这种现象就要通过给机械装置增加更多的本轮从而得到"拯救"，但至于行星为什么会这样表现，却没有什么自然的理由。但是，如果宇宙中心靠近太阳，而地球与其他行星一起围绕这个中心旋转，这就很明显了，每一次地球"超过"一颗外行星（它以较慢的速度前进），这颗行星就会看上去在暂时倒退；每一次地球被速度更快的内行星超过，就会出现视运动方向的反转。

这在简洁性和精确性上是一个巨大的进步。另一方面，将宇宙中心移动到太阳的附近，这在可信度上又几乎造成了同等的损失。之前，宇宙拥有一个坚实的中心，即地球，那是一个非常坚实、有形的中心；如今，整个宇宙都依据空中的一个点而定。不仅如此，这个假想的点还是由地球轨道确定的，因而整个系统的运动依然依赖于地球的运动。甚至行星的轨道**平面**都不会在太阳处会合；它们在空中振荡，同样也是依据地球的位置而定。哥白尼系统不是一个真正的日心说系统；可以说，它是一个以虚空为中心的系统。

如果这仅仅被看作天空几何学，而不涉及物理现实——就如奥西安德的序言中所说的那样，那么这还没有太大的关系。但是在书中，哥白尼一再重申，地球**确实**在运动，从而将他的整个系统置于以真实物理考虑为基础的判断之下。从这个角度来看，整个系统是站不住脚的。托勒密的40个水晶的轮圈套轮圈（wheels-on-wheels）已经够糟糕了，但至少整个机械系统是由地球支撑的。哥白尼的机械系统有更多的轮圈，但它既不由地球也不由太阳支撑。它没有物理的中心。此外，土星轨道的中心在金星天球之外，而木星轨道的中心在水星天球附近。这些天球怎么可能不发生碰撞，不相互干扰呢？还有水星，所有行星中最具有反抗性的一个，不得不进行一种沿直线振荡的运动。但亚里士多德和哥白尼都认为直线运动对天体来说是不可能的，因此它必须被分解为两个天球组合的运动，一个在另一个之中旋转。相同的方法也必须用来"拯救"地球轴线的摆动和地球的所有运动。现在地球已有不少于9个独立的圆周运动。但是，阅读哥白尼著作的迷惑不解的读者会问，如果地球的运动是**真实的**，那么它旋转所需的9个轮圈也一定是**真实的**，可它们在哪里？

与《天球运行论》开篇所承诺的和谐简洁相反，哥白尼系统已经变成了一个混乱的噩梦。我们在此引述一位带着无偏见的眼光闯入了科学领域的现代历史学家的话：

> 比方说，当你第三次遭受失败时，你早已忘记了这堂课上讲的其他的一切，但那模糊的图景仍然浮现在你眼前，那圆周和球体的幻想曲就是哥白尼的标志。[14]

2. 证明地球运动的论证

事实上，哥白尼对圆周和球体正统理论的推进已经超过了亚里士多德和托勒密。在他试图通过物理上的论证来证明地球的运动时，这就已经很明显了。他说，反对者可能会说，所有的重物都被宇宙中心吸引，但是如果地球动了，地球就不再位于中心。针对这种反对意见，他回答如下：[15]

> 其实在我看来，重力乃是一种自然的趋向，被造物主施加于物体的各个部分，使它们组合起来形成球体，从而促成它们的联结和完整。我们可以相信这个属性也存在于太阳、月球和众行星上，从而使它们尽管具有不同的运动轨迹，却能保持球形。

如此，整体的各个部分因为想要构成一个完美的形状而抱成了一团。重力在哥白尼看来，就是想要变成球体的一种愿望。

其他的经典反对意见主要是，如果地球在运动，下落的物体就会被地球"落在后面"；大气层也将被抛在后面；由于旋转产生的破坏性力量，地球自身也会分崩离析。对于亚里士多德主义的这些反对意见，哥白尼回以对亚里士多德理论的更正统的诠释。亚里士多德对"自然"运动和"受迫"运动加以区分。哥白尼说，自然的运动不可能导致受迫的结果。地球的自然运动是旋转，由于是球形，它无法不旋转。它的旋转是它作为球形的自然结果，就像重力是对球形的自然向往。

> 但是，假设地球**在动**，这个运动应该是自然的，而不是受迫的。按照自然本性发生的现象与因为外力的作用而发生的现象，两者产生的结果相反。承受暴力或力量的物体会分裂，其系于一体的状态无法持久。但按照自然发生的所有现象都恰当地发生，并且令事物保持其最佳状态。因此，托勒密担心地球及地球上的万物由于旋转会分崩离析，这是毫无根据的，因为旋转是一种自然的作用，完全不同于人为的或者人类智慧创造出来的设计……[16]

总之，地球的旋转不会产生离心力。

在这段学术戏法之后，哥白尼又开始逆向论证：如果宇宙以快得多的速度围绕地球旋转，岂不是分崩离析的危险更大？但显然，在哥白尼自己的论证中，自然旋转是不具有破坏性的，在这种情况下宇宙也同样是安全的，因此这个问题仍然悬而未决。

接下来，他转而处理地球运动会将落体和空气抛在后面的反对意见。他的回答又是严格意义上的亚里士多德式的：因为更靠近我们的大气中含有泥土样和水样物质的混合物，它遵循与地球相同的自然法则。"因为有重量而下落的物体，由于具有的土的性质最多，因此必定会加入它们所属性质的整体中去。"换言之，云和落石与地球同步，不是因为它们具有与地球相同的物理动量——哥白尼完全没有这个概念——而是因为它们具有"土的性质"这个形而上的特质。因此，圆周运动是它们的"自然"运动。它们由于本性上的类同或联系而随着地球运动。

最后，

> 我们认为静止不动比易变性和不稳定性更高贵、更神圣，后者因此更适合于地球，而不适合宇宙。对此我再补充一点，把运动赋予包含他物并为其定位的东西，而不是被包含和被定位的东西（即地

球），这似乎相当荒谬。

哥白尼系统作为拯救现象的手段更具有几何上的简洁性，除此之外，他就只有上述这些借助**物理**论证的论述来支持地球运动了。

3. 最后的亚里士多德主义者

我们已经看到，哥白尼的物理学观点纯粹是亚里士多德式的，他的演绎方法也严格遵循着经院哲学的路线。在写作《天球运行论》的时代，亚里士多德在保守的学术界仍然具有相当高的权威，但受到了更进步的学者们的反对。1536年，在索邦大学，彼得·拉莫斯写下论文《亚里士多德一无是处》，受到了热烈的欢迎。伊拉斯谟称亚里士多德的科学贫瘠迂腐，"在全然的黑暗中寻找并不存在的东西"；帕拉塞尔苏斯将学院教育比作"训练狗跳圈"，将比韦斯比作"捍卫无知城堡的正统"。[17]

在哥白尼求学的意大利大学里，他与一群后亚里士多德的新学派的学者们接触，这就是新柏拉图主义者。亚里士多德的衰落恰逢柏拉图的又一次复兴。我前面将这两位四季常青的学者称作双子星。让我换一个比喻，将他们比作维多利亚时代的玩具晴雨表上那对人们熟悉的夫妻，一位是穿外套、撑着伞的先生，另一位是身着艳丽夏裙的女士，他们围绕一个共同的枢轴旋转，交替地从各自的小房间里冒出来宣布晴或雨。上一次是亚里士多德，现在又轮到柏拉图了，但这个柏拉图与基督纪年早期的那个面色苍白、言必称型相的人物完全不同。在柏拉图统治的第一阶段之后，在自然和科学被全面轻视的时候，亚里士多德，这个海豚和鲸鱼的记录者、前提和综合的特技演员、不知疲倦的辩论家，他的再次出现，受到了大家如释重负般的欢迎。但是从长远来看，在辩证法的钢丝上不可能有思想的健康发展。就在哥白尼的青年时期，玩具晴雨表上的柏拉图再次从他的小房间里出来，受到了进步的人文学者更欢欣的迎接。

但这种来自15世纪下半叶的意大利的柏拉图主义，几乎在各个方面都与早期的新柏拉图主义相反；除了一个神圣的名字之外，两者并无共同之处。前者带来了柏拉图属于巴门尼德的那一面，后者带来了他属于毕达哥拉斯的那一面。前者以其"绝望的二元论"将精神与物质分离，后者将毕达哥拉斯学派的智识"狂喜"与文艺复兴时期的通才对自然、艺术和工艺的愉悦相统一。达·芬奇那一代，热情的青年男子都是全才，兴趣广泛，极度好奇，心灵而手巧；他们冲动、不安分、怀疑权威——他们与亚里士多德主义衰落时期那些沉闷古板、思想狭隘的正统迂腐学者是两个极端。

哥白尼比达·芬奇年轻20岁。在意大利的10年间，他就生活在这群新人类中间，但他并没有成为其中一员。他回到了他的中世纪塔楼，回到了他的中世纪人生观之中。他带回来的只有毕达哥拉斯的复兴所带来的一个流行观点——地球的运动。他用他的余生去试着把这个观点融入基于亚里士多德物理学和托勒密轮圈系统的中世纪框架中。这就像试图把一个涡轮螺旋桨发动机装配在一架摇摇欲坠的旧马车上。

哥白尼是科学伟人中最后一位亚里士多德主义传人。在他之前一两个世纪的人，如罗杰·培根、库萨的尼古拉、奥卡姆的威廉、让·布里丹等，对于自然的态度都比哥白尼更"现代"。巴黎的奥卡姆学派兴盛于14世纪，我之前略微提到过，他们在运动、动量、加速度的研究以及落体理论方面都已经取得了长足的进步，而所有这些都是哥白尼宇宙中的基本问题。他们已经证明了，亚里士多德物理学以及"不动的推动者"，"自然"运动和"受迫"运动等，全是空话连篇。他们已经几乎要构想出牛顿的惯性定律了。1337年，奥雷姆的尼古拉斯写了一篇关于亚里士多德《论天》的评论——实际上是一篇檄文。在文中，他将天空每日一次的旋转归因于地球的旋转，并将他的理论建基于更为坚实的物理学基础之上，远胜于作为亚里士多德主义者的哥白尼。哥白尼对于巴黎学派在动力学方面的发现并不熟悉（这些发现似乎在德国不受重视）；但我的意思是，在索邦大学的默顿学院，在比哥白尼早一个半世纪的时候，就曾有一群名气不如后来的哥白尼的人，他们的成果已经撼动了亚里士多德物理学的权威地位，而之后的哥白尼却仍然终身为奴，为其效力。

正是这种近乎受人蛊惑因而不加反思的对权威的服从，成为哥白尼无论是作为人还是作为科学家都失败的原因。正如开普勒后来所说："哥白尼试图解读的是托勒密，而不是自然。"他不仅完全依赖当时的物理学教条，还完全依赖古人的天文观测，而这正是造成哥白尼系统错误和荒谬的主要原因。当纽伦堡的数学家约翰内斯·维尔纳发表论文《论第八重天的运动》，破例在文中质疑托勒密和提摩卡利斯的一些观测结果的可靠性时，哥白尼对他进行了恶毒的攻击：

> ……［他写道］我们应当严格遵循古人的方法，谨守他们的观测结果，这是他们传承给我们的东西，就像是圣约书一样。对于那个认为我们不该完全信赖这些东西的人，我们科学的大门对他肯定是关闭的。他将躺在门前，脑子里转动着关于第八重天的疯狂梦想。他以为他可以通过诽谤古人从而支持自己的幻觉，他终将咎由自取。[18]

这可不是一个狂热年轻人的一时意气，哥白尼1524年写下这段话的时候已经50多岁了。他一反惯有的谨慎和克制，激烈的语言令人倍感意外，这源自他迫切需要紧抓住他对古人已经动摇了的信念。10年后，他将向雷蒂库斯吐露心声，声称古人欺骗了他，"他们在工作中并不是公正、客观的，而是编排了许多符合他们个人关于行星运动的理论的观测结果"[19]。

除了他自己的27项观测结果外，整个哥白尼系统都基于托勒密、喜帕恰斯及其他希腊和阿拉伯天文学家的观测数据。他全盘接受了这些人的陈述，奉之为金科玉律，从不停下来思考一下粗心的抄写员和翻译者从这些众所周知已经腐坏的书页抄写或翻译下来的时候有没有出错，也不考虑古代观测者他们自己是否有可能搞错或者篡改了观测的数据。当他最后意识到他使用的数据不可靠，他一定明白了他的系统的基础已经崩溃，但那时要挽回已经太晚了。[20] 除了害怕被嘲笑之外，他一定还意识到了自己的书其实根本站不住脚，所以他才会那么不情愿将其付梓出版。他确实认为地球事实上是在动的，但他已经不再相信地球或其他行星真的是以他的书上所写的那种方式、沿着他的书上所确定的轨道在运动了。

迷信古代权威的悲剧使哥白尼成为这样一个可悲的人物，这个悲剧可以用一个奇特的例子来说明。这个例子很技术化，因此在这里我必须要加以简化。哥白尼相信了2000年来所谓的由喜帕恰斯、墨涅拉俄斯、托勒密和阿尔·巴塔尼观测的结果中一些非常不可靠的数据，被误导以至于相信了根本不存在的现象，即地球轴线振动速度的周期性变化。[21]事实上，地球轴线的振动速度是稳定不变的，古人的数据是完全错误的。此事导致的结果是，哥白尼感到有必要构建一个极其复杂的理论，给地球的轴线赋予两个独立的振荡运动。然而，沿着一条直线的振荡是亚里士多德物理学所禁止的"受迫"运动，因此哥白尼用了整整一章[22]来说明这个在直线上的运动如何通过两个"自然"运动——即圆周运动——的组合来产生。追踪幻影的结果是，他不得不在地球已经有了的5个圆周运动之外又增加了4个。

在这痛苦的一章中，可以说哥白尼对圆周的痴迷已经达到了极致。在手稿的这章末尾，有着这样一段话："顺便一提，我们应该已经注意到，如果这两个圆周的直径不同，而其他条件保持不变，那么产生的运动不会是一条直线，而是……**椭圆形**。"*这其实是不正确的，因为所产生的曲线将是一条摆线，只是近似于椭圆形，但奇怪的是，哥白尼已经提到了椭圆形，而这正是所有行星轨道的形状。他已经得到了这个结论，只不过是出于错误的原因和错误的推断；而之后，他又很快将它放弃了。这段话在手稿中被划掉了，并且在《天球运行论》的正式印本中也未被包括。人类思想史充满了歪打正着和灵光一闪的发现；但对这种与成功失之交臂的记录极为罕见，错过的机会通常都不留痕迹。

4. 哥白尼系统的诞生

从远处看哥白尼的身影，那是一个无畏的思想革命的英雄。当我们走近，他的形象逐渐变成一个古板的学究，没有那种天分——原创性天才所拥有的梦游者般的直觉。他有一个好想法，却将之发展成了一个糟糕

---

* 黑体由我所加。

的系统，他耐心苦干，塞进去更多的本轮和均轮，将这本书打造成了历史上最枯燥、最难以卒读的一本书。

否认哥白尼是一个具有独创性的思想家，这听起来有点荒谬或不敬。让我们来回溯一下尼古拉·哥白尼构建哥白尼系统的推理过程。这是一个极有争议的问题，对发现的心理学和人类思想史都有一定的意义。

我们的出发点是他的第一本天文学论文《短论》。一开篇就非常典型：

> 我们的祖先假定大量天球存在有一个具体的原因，即为了用规律性原则来解释行星的视运动。他们认为，如果天体不总是进行匀速圆周运动，这是完全荒谬的。

阐述了这条教义之后，哥白尼转向了托勒密，他说，托勒密的系统与观测事实一致，**但是**……接下来的一段话解释了哥白尼是如何开始他的探索的，这里揭示了真相。他震惊地意识到，在托勒密的系统中行星确实是以正圆形运动的，**但实际上并不是以匀速运动**。更确切地说，从行星的圆形轨道的中心来看，在相等的时间内，行星走过的距离并不相等。只有在某个特定的点进行观察，行星才会**表现为**在做匀速运动。这个点被称为均衡点或匀速点（punctum equans 或简称为 equant）。托勒密发明了这个点来拯救匀速运动的原则，这个匀速点使他能够宣称，在空中毕竟存在着某个点，观察者从那里可以享受行星稳定运动的错觉。然而，哥白尼气愤地评论说，"一个这样的系统似乎既不够纯粹，也不够令理智愉悦"[23]。

这是一个无法容忍其匀速圆周运动的理想受到侵犯的完美主义者的不满。这是一种臆想中的不满，因为在现实中行星本来就没有做圆周运动，而是本轮套着本轮，产生出椭圆形曲线。匀速运动得到了拯救，无论它是相对于想象中的本轮的中心，还是相对于同样是想象出来的匀速点来说的，除了对于一个强迫症的头脑之外都没有任何区别。然而，正如哥白尼本人解释的，正是这种不满启动了整个连锁反应：

在意识到这些缺陷之后，我常常思考，也许可以为这些圆周找到更合理的安排……让一切都围绕其应有的中心匀速运动，这正是绝对运动的法则所要求的。[24]

因此，哥白尼想要改革托勒密系统的第一个动机，源于他迫切地想要消除这个系统的一个小瑕疵的愿望，他想要修正这个没有严格遵循保守的亚里士多德原则的细节。他那时候想保护托勒密系统，结果反而将其颠覆了，就像那个被爱人脸颊上的痣所困扰的疯子，最后砍掉了爱人的头，想要让她恢复完美。然而，这样的事在历史上不是第一次发生了：一个清教徒式的改革者开始是想处理一个很小的问题，最后却意识到这是一个根深蒂固、不可挽回的疾病的症状。托勒密的匀速点没什么可令人不安的，但它表明这个系统有着并不和谐的人为性。

一旦开始将托勒密式的机械装置分解开来，哥白尼就在注意寻找有用的线索，想看看如何以不同的顺序重新安排这些轮圈。他没有寻找太久：

因此我又花时间去重读所有我能找到的哲学家的著作，想找到是否有人认为存在着与那些在学校里教数学的人所认为的不同的天体运动。我先是发现在西塞罗的作品中提到，说希克塔斯曾认为地球在运动。之后我在普鲁塔克*的书中发现，还有其他人也持有这种观点。在这里我将引用他的话，让大家都可以读到：

"但也有人认为地球在运动，例如毕达哥拉斯学派的菲洛劳斯认为，地球围绕中央火以倾斜的圆周旋转，就像太阳和月球一样。本都的赫拉克利德斯和毕达哥拉斯学派的埃克凡图斯也认为地球在动，但不是直线运动，而是像一个轮子一样，绕着自己的轴心由西向东转动。"

所以，从此开始，我也开始思考地球的运动。虽然这似乎是一个荒谬的观点，但是，因为我知道别人在我之前已经可以自由地猜想

---

* 他指的实际上是伪普鲁塔克的著作《诸哲学案》Ⅲ，13。

任意的轨道来解释星体的现象，因此，我认为我应该也可以尝试一下，通过假设地球的某种运动，看能否更合理地解释天球的运行。[25]

还有更多地方提及[26]"毕达哥拉斯学派的赫拉克利德斯和埃克凡图斯"，以及"叙拉古的希克塔斯，他认为地球在宇宙的中心转动着"。接着，在第1卷第10章"论天球轨道的顺序"，哥白尼给出了他的系统的创世纪版本：

> 因此，在我看来，无视曾写过百科全书的马蒂亚努斯·卡佩拉以及一些别的拉丁人所熟知的某些事实，是错误的。他认为金星和水星并不像其他行星一样围绕地球旋转，而是以太阳为中心，因此它们离太阳的距离不能超过它们的轨道所允许的范围。这难道不就意味着太阳是它们的轨道的中心，它们围绕太阳旋转吗？因此，水星会被两倍大的金星所包围，并且里面有足够的空间。如果我们抓住这个机会，将土星、木星和火星也指向同一个中心〔即太阳〕……那么它们的运动将具有一个有规律、可解释的顺序……现在所有这些都围绕同一个中心排列，因此金星球面的凸面和火星球面的凹面之间留下的空间必须由地球以及伴随地球的月球，还有月下区域里的所有物质填满……因此，我们毫不犹豫地指出，月球和地球每年运动所画出的圆形轨道处于围绕太阳的外行星和内行星之间，而太阳处于宇宙的中心静止不动。一切表现为太阳在运动的现象，事实上都是因为地球在运动。

所有这些依据对于现在的我们而言都很熟悉。哥白尼首先提到的是赫拉克利德斯的所谓"埃及"系统*，即"过渡系统"，两个内行星围绕太阳旋转，而太阳本身及外行星还是围绕地球旋转。接着他走了下一步（即让外行星也围绕太阳旋转），这在古代是赫拉克利德斯或阿里斯塔克斯也同样走过的一步。最后第三步完成了日心说，**所有的**行星，包括地球，都

---

* 见第一部，第3章，"赫拉克利德斯和日心说的宇宙"。

围绕太阳旋转，这和萨摩斯的阿里斯塔克斯提出的观点相同。

毫无疑问，哥白尼很熟悉阿里斯塔克斯的观点，他只是在拾人牙慧。关于这一点的证明可以在哥白尼自己的《天球运行论》手稿中找到，在其中他提到了阿里斯塔克斯，但是，如他惯常的作风，提到的这一段也被用笔划掉了。因此阿里斯塔克斯的前人在书中得到了肯定，但阿里斯塔克斯本人却没有——和雷蒂库斯以及令哥白尼受惠良多的老师布鲁楚斯基和诺瓦拉的名字都被略去了一样。他不得不提到，日心说的观点古人是熟知的，可以说是以此来证明这个观点应受尊重；但他故意遗漏了他们中间最重要的人，用他惯常的手法模糊了线索。[27]

然而，要说哥白尼仅仅是翻阅古代哲学家的著作就得到了他的想法，这基本不太可能。在他的青年时代，关于地球运动，关于地球是行星还是恒星的讨论正变得越来越多。我们已经知道，在中世纪后期（见第78页及之后），大多数对天文学感兴趣的学者已经开始青睐赫拉克利德斯的系统。从13世纪开始托勒密的影响再次重现，也仅仅是因为当时还没有比《天文学大成》更详尽、更全面的行星理论；但不久之后就兴起了一股强劲的批评和反对的浪潮。此前，欧洲最伟大的阿拉伯哲学家阿威罗伊（1126—1198）就曾评论说："托勒密天文学在存在问题上毫无用处，但是用来计算不存在的东西倒是很方便。"[28] 他提不出更好的替代理论。但这句意味深长的话可以代表人们对宇宙学中弥漫的矛盾思想的日益不满。

这种形而上学的不适在哥白尼出生的那个世纪的上半叶恶化了，并成为公开的反抗。库萨的尼古拉（1401—1464）是一位德意志教士，他从一位摩泽尔河上的船工的儿子平步青云直到红衣主教的职位，他第一个用脚踢开了中世纪宇宙的盖子。在他的《论有学识的无知》（写于1440年，出版于1514年，《天球运行论》出版前20多年）[29] 中，他声称，宇宙没有边界，因此也就没有边缘，没有中心。它并不是无限的，而是"没有界定的"，即没有边界，其中的一切都在变化：

> 既然地球不可能是中心，那么它就不可能完全没有运动……我们很清楚地球的确在运动，虽然这也许并不显而易见，因为我们只

有与固定的物体做比较才能感知运动。[30]

地球、月球和行星全都围绕着一个中心转动，而这个中心并未确定；但库萨明确否认它们做圆周运动或匀速运动：

此外，无论是太阳、月球，还是任何天球，[它的]运动都不可能是正圆形的——虽然似乎在我们看来就是如此——因为它们并没有围绕某一个固定的基点转动。哪里都没有真正的正圆形轨道，也没有[什么东西]在此时与彼时[完全]一样，任何东西也不可能以完全相同的[方式]运动，其运动轨迹也不可能是一样的正圆形，虽然我们并没有意识到这一点。[31]

库萨否认宇宙有中心或边界，实际上也就否认了宇宙的层级结构，否认了地球在存在链条上的低等位置，否认了可变性是仅存在于月下区域的罪恶。"地球是一颗高贵的星球，"他得意地宣称，"人类的知识不可能确定地球的区域相对于其他星球的区域，是否在一定程度上更完美或更低级……"[32]

最后，库萨确信，星体是由和地球一样的物质构成的，在上面同样居住着生命体，不比人类更好或更坏，而只是**不同而已**：

……不能说宇宙的这个地方[没那么完美，是因为这里]居住着与太阳和其他星球上的居民相比没那么完美的人、动物和植物……按照自然的秩序来看，似乎不可能有比这个地球上的智慧自然更高贵或更完美的自然了，就算在其他星球上居住着属于另一种属的居民。人类事实上并不渴望另一个自然，而是渴望自身的完美。[33]

库萨不是职业天文学家，也没有设计出宇宙系统；但他的学说显示，早在哥白尼之前，不仅牛津的方济各会修士和巴黎的奥卡姆学派已经与亚里士多德以及封闭的宇宙分道扬镳，而且，在德意志也有人拥有远比这位弗龙堡的教士更现代的眼光。库萨去世于哥白尼出生前7年，他们两人都是博洛尼亚大学日耳曼学生联谊会的成员，而且哥白尼对库萨的学说非常熟悉。

他同样熟悉他的直接前辈——德意志天文学家普尔巴赫及其学生雷吉奥蒙塔努斯——的工作。这两人共同带来了天文学在1000年的停滞之后作为精确科学在欧洲的复兴。乔治·普尔巴赫（1423—1461）来自巴伐利亚边境的一个小镇，就读于奥地利和意大利，在那里他认识了库萨的尼古拉，随后成为维也纳大学的教授，以及波希米亚国王的御用天文学家。他写了一本关于托勒密系统的优秀的教科书，这本书后来有56个版本，并被译成意大利语、西班牙语、法语和希伯来语。[34] 在维也纳担任教授期间，他主持了一场支持和反对地球运动观点的公开讨论。[35] 虽然普尔巴赫在教科书中采取的是保守的态度，但他强调指出，所有行星的运动都是由太阳主宰。他还提到，水星轨道的本轮中心不是以圆周运动，而是沿蛋形或椭圆形的轨道运动。还有一些别的科学家，从库萨直到哥白尼的启蒙老师布鲁楚斯基，也都曾试探性地提到过椭圆形轨道。[36]

普尔巴赫的工作由柯尼斯堡的约翰·米勒继续进行。约翰·米勒，被称为雷吉奥蒙塔努斯（1436—1476），曾是文艺复兴时期的天才和神童。他12岁时就发表了1448年最优秀的天文学年鉴，15岁时被皇帝腓特烈三世请求为皇家新娘占星。他11岁上了莱比锡大学，16岁成为普尔巴赫在维也纳大学的学生及同事。后来，他与红衣主教贝萨里翁一起到意大利学习希腊语并研究托勒密著作的原文。普尔巴赫去世后，他编辑了普尔巴赫关于行星运动的著作，然后发表了他自己论球体三角学的论文。哥白尼论三角学的章节应该是从这篇论文中借用了大量的内容，但并没有注明出处。[36a]

雷吉奥蒙塔努斯在晚年表现出对传统天文学越来越多的不满。一封写于1464年的信就包含了这种一贯的不满的爆发：

> ……我无法不对我们天文学家中普遍的思想惰性感到震惊，他们就像是容易轻信的女人，相信在书上、记事板上和评注里看到的一切东西，就好像这些是神圣不可改变的真理。他们相信作者却无视真相。[37]

在另一处，他写道：

> 我们有必要坚持不懈地把星体放在人们的眼前，并且要让后人摆脱古代的传统。[38]

这听起来像是一个针对当时尚未出生的哥白尼系统的宣战声明，其"严格遵循古人的方法，谨守他们的观测结果，这是他们传承给我们的东西，就像是圣约书一样"。

在他三十五六岁时，雷吉奥蒙塔努斯在匈牙利国王马蒂亚斯·科维努斯的宫廷中担任了一个收入颇丰的职位。他说服国王相信托勒密已经不再可靠，如今有必要利用最新的发明，如校正了的日晷和机械钟，将天文学建立在耐心观察的新基础之上。马蒂亚斯同意了。1471年，雷吉奥蒙塔努斯去了纽伦堡，在当地的一个富有贵族约翰·瓦尔特的帮助下，他装配了欧洲的第一个天文台，并为其发明了部分仪器。

雷吉奥蒙塔努斯最后几年的手稿和笔记都遗失了，只存留下极少的一些片段，阐述了他计划中的天文学改革。但我们知道，他特别重视阿里斯塔克斯的日心说系统，这在他一份手稿的一处注解中可以得到说明。[39]更早一点的时候，他也已经注意到是太阳在主宰着行星的运动。在他生命的最后，他在一封信中附着的一张纸上写了这样的话："因为地球的运动，有必要对星体的运动做一些更改。"青纳认为，这句话似乎表明"地球的运动"在这里指的不是每日的旋转，而是地球每年环绕太阳一周。[40]换句话说，雷吉奥蒙塔努斯也得出了与阿里斯塔克斯和哥白尼同样的结论，但由于他的早逝而没能走得更远。他死时40岁，那是哥白尼出生的3年之后。

在哥白尼学习过的大学，库萨和雷吉奥蒙塔努斯的传统都非常流行。他在天文学方面的主要老师有：克拉科夫的布鲁楚斯基、博洛尼亚的马利亚·诺瓦拉，这两人都自称为雷吉奥蒙塔努斯的学生。最后，在费拉拉，哥白尼遇到了年轻的诗人和哲学家切利奥·卡尔卡尼尼，卡尔卡尼尼后来出版了一本小书，标题意味深长——"论天空如何静止不动，地球如何运动，或论地球每年的运动"。[41]卡尔卡尼尼曾写过一首美丽的诗向来到费拉拉的卢克雷茨娅·博尔吉亚致敬，但他并不是一个有精辟见解的知识分子。他关于天空静止不动、地球永远在动的论文是受到了库萨的启发，而他只是重复了当时流行的一种观点。很可能他的见解都借自他在费拉拉的朋友雅各·齐格勒，齐格勒是当时颇有些成就的天文学家，曾写过一篇关于普林尼的评论，其中有这个金句："所有行星的运动都取决于太阳。"

类似的例子还有更多，但以上已经足以表明地球在运动、太阳是行星系统的真正主宰的观点，既属于宇宙学的古代传统，在哥白尼的时代也得到了广泛的讨论。不过，哥白尼教士无疑仍然是将这个观点发展为一个综合性系统的第一人。他的系统具有诸多矛盾和不足之处，但这仍是他永恒的功绩。他不是一位具有独创性的思想家，而是思想的结晶者；而结晶者往往能比新思想的发起人在历史上取得更持久的名望，具有更强大的影响力。

有一个众所周知的化学过程，可以说明我说的结晶者是什么意思。把厨房用盐放入一杯水中，待水"饱和"，无法再溶解更多的盐，此时把一根打结的线悬垂在溶液中，经过一段时间后，在线头打结处会形成晶体。线结的形状和纹理与是否结晶并不相关；重要的是溶液已经达到饱和点，一旦提供一个核心，围绕核心就会开始结晶。中世纪末的宇宙学已经溶入了地球旋转和运动的模糊概念，加上毕达哥拉斯学派、阿里斯塔克斯和赫拉克利德斯、马克罗比乌斯和普林尼的回应，以及库萨和雷吉奥蒙塔努斯投入的令人激动的论述，已经达到了饱和点。哥白尼教士正是耐心的线结，他悬浮在溶液之中，使其得以结晶。

在前文中，我试图从起点重建过程，从哥白尼对托勒密匀速点的不满开始——他认为这是一个缺陷——到在他求学期间正在复兴的古代观点的帮助下，他重塑了托勒密系统。但是，如果事情真的这么简单，那么就会有个同样简单的问题，为什么在他之前没有人设计出一个日心说系统呢？如果问为什么莎士比亚之前没有人写出《哈姆雷特》，这是毫无意义的；但是，如果哥白尼真的是如我前文中看起来的那样全无独创性和想象力，那么就有理由问为什么"结晶"的任务就落到了他的身上，而比如思想更灵活、更"现代"的雷吉奥蒙塔努斯却只留下了一些线索，从未建立起一个系统的日心说理论。

答案的关键也许是前面所述的开普勒的话，即哥白尼解释的是托勒密（及亚里士多德），而不是自然。对于一个15世纪的"现代"头脑来说，这样的任务必然是看上去既不可能又浪费时间的。只有一个如哥白尼般思想保守的人，才能全身心地投入协调亚里士多德物理学和托勒密轮圈几何学与以太阳为中心的宇宙这两个不可调和的论题的任务中。要去构建一个自洽的在物理学上合理的日心说体系，就有必要首先使头脑摆脱亚里士多德物理学的桎梏，摆脱对轮圈和天球的痴迷，粉碎这想象出的轮圈套轮圈的蹩脚的机械装置。我们看到，科学中的重大发现往往在于揭示被埋藏于传统偏见的废墟之下的真理，在于走出形式推理与现实线索分离的死胡同，在于解放被困于教条的铁齿之间的思想。在这个意义上，哥白尼系统不是一个发现，而是一次通过改变轮圈的位置安排来修补一台过时机器的最后努力。正如一位现代历史学家所说，地球运动的事实"在哥白尼系统中差不多只是一个偶然事件，因为从几何学的角度来看，哥白尼系统只是在旧的托勒密系统中交换了一两个轮圈并去掉了一两个轮圈"。[42]还有一句名言，说马克思"将黑格尔颠倒了"。哥白尼对托勒密也是一样。在这两种情况下，被颠覆的权威都仍然是其弟子的祸根。

从13世纪的罗杰·培根到16世纪的彼得·拉莫斯，一些杰出的个人和学派都曾或多或少地意识到，必须摒弃亚里士多德物理学和托勒密天文学，才能开辟出一条新的道路。他们也或多或少地这样表达过。也许这就是为什么雷吉奥蒙塔努斯为自己建了一座天文台，而不是创建了一个新的系统。当他完成了普尔巴赫生前留下的对托勒密的评述之后，他意识到有必要"让后人摆脱古人的传统"，从而将天文学建立在一个新的基础之上。在哥白尼的眼里，这样的态度无异于亵渎神明。如果亚里士多德曾说上帝只创造了鸟类，那么哥白尼教士就会将智人描述为没有羽毛和翅膀的鸟类，还没下蛋就开始先孵蛋。

哥白尼系统恰恰就是这种架构。除了我前面已经提到的矛盾之处，它甚至并没有成功补救它本来打算补救的托勒密系统的特定缺陷。诚然，"匀速点"已被消除，却不得不引入被哥白尼称为"比疾病还糟糕"的直线运动来取而代之。在他的献辞中，除了匀速点之外，他还提到确定一年长度的现有方法的不确定性，这也是他开始这番事业的主要缘由。然而《天球运行论》在这个方面并没有任何进展。托勒密的火星轨道明显不符合观测到的数据，但哥白尼系统中的火星轨道也同样有错误，而且还不少，以至于后来伽利略谈起哥白尼为自己的系统辩护的勇气时语气颇显钦佩，因为这个系统是如此明显地与我们观测到的火星运动相矛盾！

这个系统的最后一个也许也是最重大的缺陷，并非出于作者的过错。如果地球围绕太阳以一个巨大的圆周在运动，直径大约为1000万英里，[43] 那么星体的排列模式应该根据地球在运动过程中的不同位置而不断改变。因此，当我们接近某一组星体，它们应该看起来会"散开"，因为随着我们的接近，星体之间的距离看上去应该会增大，而当我们远离时，星体之间的距离看上去应该会减小。由于观察者的位置变化而引起的对象的视位移，被称为视差。

但星体的表现并不符合这种预期。它们没有表现出视差，其排列模式是保持固定不变的。[44] 这就说明，要么地球运动的理论是错误的，要么星体之间的距离非常遥远，与之相比，地球轨道的圆圈可以忽略不计，产生不了明显的影响。这事实上就是哥白尼的回答。[45] 但这令人难以接受，并增加了系统本身的不可能性。如伯特所言："现代的经验论者若是生活在16世纪，必定是第一个对这个新宇宙观嗤之以鼻的。"[46]

5. 最初的反响

如此说来，难怪《天球运行论》的出版并未引起多少关注。它制造的轰动还不如雷蒂库斯为此书出版的《首次报告》。雷蒂库斯曾预言这本书将是一个大发现，但事实证明它是令人失望的。50多年来，直到17世纪初，无论是在公众中还是在职业天文学家中，它都没有引起任何特别的争论。无论他们对于宇宙的结构持怎样的哲学观念，他们都明白哥白尼的书经不起科学的审查。

尽管如此，他仍然在后一代人中享有一定的声誉，这并不是因为他的宇宙理论，而是因为他编写的天文表。这些天文表于1551年由伊拉斯谟·莱因霍尔德出版，莱因霍尔德是雷蒂库斯在维滕贝格大学的前助理。天文表出版后受到了天文学家们的欢迎，被认为早该用来替换从13世纪启用的阿方索星表。莱因霍尔德校正了所有的数字，去除了频繁的错误，在序言中，他对哥白尼作为实践天文学家付出的劳动不吝赞美之辞，却丝毫没有提到哥白尼的宇宙论。后一代的天文学家将这套星表称作哥白尼计算表（Calculatio Coperniciano），这有助于保持哥白尼的声誉，但这与哥白尼系统没什么关系。如果暂时不包括非天文学家如托马斯·迪格斯、威廉·吉尔伯特和焦尔达诺·布鲁诺的话，可以说直到17世纪初开普勒和伽利略登上历史舞台之前，哥白尼的理论事实上一直是被忽略的。直到那时，日心说体系才突然降临，就像一颗延时炸弹突然爆发。

哥白尼去世后的半个世纪中，教会的反应也同样是无动于衷。在新教方面，路德发出了几声粗鲁的咆哮，梅兰希顿则优雅地证明了地球是静止不动的，但他并没有撤回对雷蒂库斯的资助。在天主教方面，最初的反应正如我们所看到的，是一种鼓励，《天球运行论》在出版后73年即1616年才被列入《禁书目录》。偶尔也有关于地球的运动是否符合《圣经》的讨论，但直到1616年的法令之前都一直悬而未决。

牧师们对新系统那颇具讽刺意味的态度在约翰·邓恩《依纳爵的秘密会议》中有所反映。哥白尼在诗中被表现为觊觎仅次于撒旦王位之侧一个重要位置的四人之一，另三人为洛约拉的依纳爵、马基雅维利和帕拉塞尔苏斯。哥白尼为支持自己的要求，声称已经将魔鬼和他的监狱即地球升入了天堂，而将太阳——魔鬼的敌人——贬到宇宙的最下层："我，扭转了宇宙的整个框架，可谓是一个新的造物主，难道这些门会把我关在外面吗？"

而嫉妒的依纳爵，自己想要占据地狱里的荣誉之位，于是揭穿了哥白尼：

　　　　但你，又发明了什么新东西，让我们的撒旦得到了任何好处呢？谁关心地球是在运动，还是静止不动？莫非你把地球升上了天堂，莫非你给人类带来了信心，能建造新的高塔，再次威胁上帝？或者人类从地球的运动中得出结论，宇宙中没有地狱，或是不存在对罪孽的惩罚？人类不是不相信吗？难道他们不是像以前一样地活着？此外，如果你的那些看法很可能是正确的，这将贬低你的学识的尊严，减损你能坐上这个位置的权利……但你的发明却不能称之为你的，因为在你之前，早有**赫拉克利德斯、埃克凡图斯、阿里斯塔克斯**把这些思想塞给了世界，他们却仍然甘于留在底层的位置上，和其他哲学家一起，不去奢望这个仅为**反基督教的英雄**所保留的位置。……因此，可怕的君主，让这个小**数学家**回到他自己的人群中去吧。

《依纳爵》发表于1611年。大体上讲，它反映了哥白尼和邓恩之间的两代人的态度。但是，忽略了哥白尼的这两代人错了；这个"小数学家"，这个脸色苍白、尖酸讨厌、无足轻重的人物，被他的同时代人以及随后的人无视，却即将给人类历史笼罩上一个巨大的阴影。

在这个看似矛盾的故事中，这最后一个矛盾该如何来解释？这个错误的、自相矛盾的哥白尼理论，包含在一本无法读、无人读的书中，被其时代否定，怎么可能在一个世纪后催生了一种改变世界的新哲学？回答是，细节并不重要，我们不需要去读那本书就能把握它的精髓。那些有力量改变人类思维习惯的思想，并不仅仅能改变有意识的心灵；它们能渗入更深的地层，渗入那些对逻辑矛盾漠然处之的心灵深处。它们影响的不是某些特定的观念，而是人类心灵的整个视界。

宇宙的日心说观点由哥白尼结晶而成为一个系统，由开普勒以现代形式重新表述，它改变了思想的大气候，这并不是由于它所确切地叙述出来的内容，而是它暗示的东西。哥白尼当然没有意识到其中隐含的意义，他的后继者们也同样是通过秘密的脉络受到影响的。这些东西否定着、破坏着中世纪哲学的坚实大厦，削弱了它得以建立的基础。

6. 迟来的影响

中世纪的基督教宇宙对于空间、时间和知识有着严格的限定。宇宙在时间上的跨度仅限于相对短暂的一个时期，始于约5000年前的创世，终结于未来的基督复临——许多人认为这将在可预见的未来发生。因此，宇宙的历史被认为从始至终仅限于约两三百代人的时间。上帝以短篇小说的艺术形式为模板，构建了他的世界。

在空间上宇宙同样也仅限于九重天，九重天之外是天国的最高天。有头脑的人不必严格相信关于天堂和地狱所传说的一切；但时间和空间存在着坚实的界限这一点，他们已经习以为常，仿佛它如房间里的墙和天花板以及人的生死那样自明。

第三，知识、技术、科学、社会组织的发展同样有着严格的限制。所有这些在很久以前就已经完成了。所有学科都有一个最终的真理，就像宇宙本身一样有界有限。宗教的真理由《圣经》揭示，几何的真理由欧几里得揭示，物理学的真理则由亚里士多德揭示。古人的科学被视为金科玉律，不是因为对异教的希腊人有着任何特殊的尊重，而是因为他们是前人，显然已经收获了这些领域所有的果实，留下的只有几根散落的麦秆供后人捡拾。既然每一个问题只有一个答案，而古人已经填补了所有的答案，那么，知识的大厦业已完成。如果答案碰巧不符合事实，那就归咎于古代手稿的抄写员。古人的权威地位并不是由于偶像崇拜，而是由于对知识的有限性的信念。

从13世纪起，人文主义者、怀疑论者和改革派开始在这个稳定和静态的宇宙的墙壁上凿洞。他们在各处敲下碎片，放进了气流，松动了框架。但它仍然矗立着。邓恩口中的"小数学家"没有用头撞门，他没有正面进攻，他甚至都没有意识到他是在进攻。他是个守旧者，在中世纪的大厦中感到非常舒适，但他比怒吼的路德更有效地削弱了它的基础。他把无限和永恒变化的破坏性观念放了进来，就像溶解性的强酸一般摧毁了我们熟悉的宇宙。

他并没有说宇宙在空间上是无限的。他以他一贯的谨慎，情愿"把这个问题留给那些哲学家"。[47]但他使地球而不是天空旋转起来，因而在无意中改变了思想的潜意识习惯。只要我们认为是天空在旋转，我们头脑中就会自动假定天空是一个坚实有限的天球——否则它如何能作为一个整体每24个小时旋转一圈？然而一旦天空每日的视旋转用地球的自转来解释，星体就可以存在于任何距离之上；现在再把它们放在一个立体的天球上就变成了一种武断的、没有说服力的做法。天空不再有界限，无限性张开了无边的巨口，帕斯卡的"自由思想者"染上了宇宙的广场恐惧症，将在一个世纪后呼号："无限空间的永恒沉默使我恐惧！"

无限空间不是哥白尼系统的一部分，但其中隐含了这个概念。它把人的思想不可抗拒地推向那个方向。明显的后果和无意识地隐含的后果之间的区别，在哥白尼对宇宙的形而上学的影响中更加明显。如我们所知，亚里士多德物理学已经分崩离析，而哥白尼是它的最后一位正统的捍卫者。但是，在一个最基本的方面，它仍然主宰着人类的头脑，就如一个不言自明的命题或一个出于信仰的行动一样，我们可以称之为宇宙的地貌图。而哥白尼，这位亚里士多德的捍卫者，在无意中摧毁了这个基本图样。

亚里士多德的宇宙是集中式的。它有一个重力的中心，一个硬核，所有运动都以它为参照。一切有重量的物体都落向中心，一切轻飘的东西，如火和空气，都试图远离中心；而星体，既不重也不轻，属于完全不同的性质，则围绕中心做圆周运动。这个架构的细节无论是对是错，都是一个简单、合乎常理、令人心感安慰的有序架构。

哥白尼宇宙不仅向着无限**扩展**，同时还是**分散化**、复杂无序的。它没有一个方向上的自然中心，一个万物可以参照的中心。所谓的"上下"在方向上不再是绝对的，沉重和轻飘也不再是绝对的。之前，一块石头"重"意味着它倾向于落向地球的中心，这就是"重力"的含义。现在太阳和月球成为自己的重力中心。空间中不再有任何绝对意义上的方向。宇宙已经失去了它的核心。它拥有的不再是一个心脏，而是千万个心脏。

稳定、静止、有序而令人安慰的感觉消失了；地球自转、摆动、旋转，同时有着八九种不同的运动。而且，如果地球是一颗行星，变化的月下区域和超凡的天界之间的区别也就消失了。如果地球是由四大元素所构成的，那么行星和恒星也可能有着相同的土、水、火、气的性质。甚至可能有其他类型的人类在上面居住，就如库萨和布鲁诺所声称的那样。在这种情况下，上帝是不是得在每一个星体上都降临一次呢？上帝难道就是为了数以百万计星球中的某一个星球上居住的生灵而创造了这个巨大而多重的世界吗？

所有这些问题都并没有在《天球运行论》中提出，但所有这些都隐含在了书中。所有这些问题都不可避免，迟早会被哥白尼学说的追随者们提出来。

在哥白尼之前的所有宇宙图谱中，尽管有少许变化，但出现的总是同一个令人欣慰的、熟悉的画面：地球在宇宙的中心，被空中一层层同心圆的天球层级结构所包围，与之相关联的是巨大的存在等级上的价值层级结构。**老虎在这里**（Here be tygers），炽天使在那里，世间万物在宇宙的货柜之中都有其被指定的位置。但是，在一个浩瀚无边的宇宙里，没有中心、没有周边，没有哪个区域或天球无论是在空间上还是在价值等级上位列"更高"或"更低"。这个等级结构不再存在了。金链被扯断，链环掉落在宇宙各处。同质的空间暗示着宇宙的民主。

隐含于哥白尼系统之中的无限或无穷的概念，势必要吞噬掉中世纪天文学家的图表上为上帝保留的位置——他们理所当然地认为天文学和神学的领域是相连接的，中间只隔着第九个水晶天球的厚度。从此，太空和精神的统一体，将由空间和时间的统一体所代替。这意味着，和很多事情一道，人与神之间的亲密关系结束了。智人一直居住在被神性包裹的宇宙当中，就像在子宫中一般；现在，他被从子宫中驱逐出来了。因此帕斯卡发出了恐惧的叫喊。

但是，这声叫喊发生于一百年之后。弗龙堡塔楼里的哥白尼教士永远不会明白，为什么可敬的约翰·邓恩要让他成为撒旦王座之侧的觊觎者。他天生缺乏幽默感，因此在发表他的书，写下那句隽语"仅限数学家"的时候，他并没有预见到这些后果，他的同时代人也没能预见。在16世纪余下的日子里，宇宙的新系统就像一场传染病一样，经过了一段时间的潜伏期。直到17世纪初，它才开始公然爆发，引发了自希腊英雄时代以来人类思想领域最伟大的革命。

公元1600年很可能是公元前7世纪以来人类命运最重要的转折点。大步跨立在这个里程碑上的，是诞生于哥白尼之后差不多一百年的这位现代天文学的创始人，他一只脚还在16世纪，另一只脚已经踏进了17世纪；这是一个备受折磨的天才，在他身上似乎体现了他那个时代的所有矛盾，他就是约翰内斯·开普勒。

第三部年表

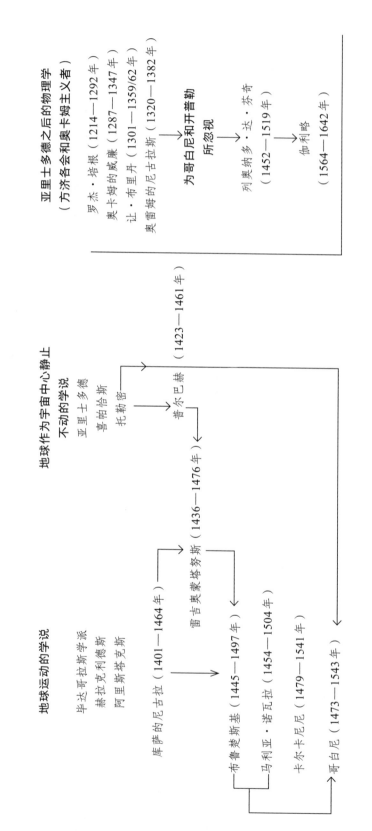

地球运动的学说

毕达哥拉斯学派
赫拉克利德斯
阿里斯塔克斯

库萨的尼古拉（1401—1464年）

雷吉奥蒙塔努斯（1436—1476年）

布鲁楚斯基（1445—1497年）

马利亚·诺瓦拉（1454—1504年）

卡尔卡尼尼（1479—1541年）

哥白尼（1473—1543年）

地球作为宇宙中心静止不动的学说

亚里士多德
喜帕恰斯
托勒密

普尔巴赫（1423—1461年）

亚里士多德之后的物理学（方济会会和奥卡姆主义者）

罗杰·培根（1214—1292年）
奥卡姆的威廉（1287—1347年）
让·布里丹（1301—1359/62年）
奥雷姆的尼古拉斯（1320—1382年）

为哥白尼和开普勒所忽视

列奥纳多·达·芬奇（1452—1519年）

伽利略（1564—1642年）

1473年	2月19日，尼古拉·哥白尼出生于皇家普鲁士的托伦
1483年	父亲去世。家人被卢卡斯·瓦特泽罗德收养
1491—1494年	在克拉科夫大学学习
1496年	成为瓦尔米亚教会的教士
1496—约1506年	在博洛尼亚大学和帕多瓦大学学习
1503年	在费拉拉大学获教会法博士学位
1506—1512年	成为卢卡斯主教在海尔斯堡的秘书
1509年	出版奥非拉克特·塞摩卡塔的作品译本
约1510年	（最晚1514年）《短论》以手稿形式流传
1512年	加入弗龙堡大教堂教会
1517年	路德宗教改革开始
1522年	《反维尔纳书》
1533年	韦德曼斯特德在梵蒂冈花园讲课
1536年	助伯格红衣主教的信
1537年	但提曼斯克斯被选为瓦尔米亚主教老堡
1539年	夏，雷蒂库斯到达弗龙堡 9月，《首次报告》完成
1540年	2月，《首次报告》在但泽出版。雷蒂库斯回到弗滕贝格 7月1日，哥白尼写信给奥西安德
1541年	4月20日，奥西安德写信给哥白尼和雷蒂库斯
1540—1541年	1540年夏—1541年9月，雷蒂库斯第二次在弗龙堡逗留；誊写《天球运行论》的手稿
1542年	5月，雷蒂库斯到纽伦堡，印刷开始 6月，完成了头两张印刷页面 6月，哥白尼写了《致保罗三世的献辞》，送交给雷蒂库斯 11月，雷蒂库斯离开纽伦堡。奥西安德接手
1543年	5月24日，《天球运行论》的第一份印本抵达。哥白尼去世
1576年	雷蒂库斯去世

第四部

分水岭

1

年幼的开普勒

1. 家族的衰落

约翰内斯·开普勒（Kepler、Keppler、Khepler、Kheppler 或 Keplerus），于 1571 年 5 月 16 日凌晨 4 点 37 分受孕，于 12 月 27 日下午 2 点半出生，孕期 224 天 9 小时 53 分钟。他的名字的五种不同拼写都是他自创的，关于受孕、怀孕时长和出生的数字也是一样，记载在他为自己占星的记录里。[1] 他对自己名字的粗心和对日期的极端精确之间的反差，从一开始就体现出了这样一个头脑，对于这个头脑而言，所有的终极现实以及宗教、真理和美的本质都包含在数字的语言之中。

他出生在葡萄酒之乡施瓦本的魏尔镇，这里是德意志西南部黑森林、内卡河和莱茵河之间的一个福佑之地。魏尔德施塔特（Weil-der-Stadt），这是个怪异的名字，意思是魏尔镇，但其中用的是阳性的 "der" 而不是阴性的 "die"。这个小镇直到今天还保存着其美丽的中世纪特色。*它沿着一个坡顶而建，这道坡十分狭长，就像一艘战舰的舰体，四围环绕着有垛口的巨大赭色围墙，还有细高的瞭望塔，带着尖顶和风向标。山形墙的房屋，上面是不规则的小方形窗户，歪斜的外立面覆盖着甲虫绿、托帕石蓝和柠檬黄的泥灰；泥灰剥落的地方，泥土和板条透了出来，就像农民衣服上的破洞里露出的风吹日晒的肌肤。敲门无果之后，你推开一座房子的

---

* 为准确起见，至少直到 1955 年 5 月我拜访开普勒的出生地之时。

门，可能会受到一头小牛或山羊的欢迎，因为一些老房子的地面一层仍然用作牲畜棚，里面有楼梯通往家庭的生活区。在鹅卵石铺成的街道上，堆肥产生的热气四处飘浮，但街道井井有条，干净整洁。人们普遍讲一种施瓦本方言，就算是陌生人也常用"你"来称呼。他们质朴随和，但也警觉聪慧。在墙外有些地方仍然被称为"上帝之土"和"绞架山"；古老家族的名字，从市长奥伯多弗先生到制表师施派德尔先生，还和开普勒时代的文件上的名字一样，而当时的魏尔只有200位居民。尽管这里还诞生了别的杰出人物——包括颅相学家加尔，他将头脑的每一项能力都溯源到头骨上的某个突起——但约翰内斯·开普勒才是这个镇子的英雄，在这里他就如同一位主保圣人一般受人尊崇。[2]

在市政总账中有一项记录，日期为1554年，记录了约翰内斯的祖父塞巴尔杜斯·开普勒租用一块卷心菜地：

> 丹尼尔·达特和毛皮商塞巴尔德·开普勒，租用位于约尔格·雷希滕家的地和汉斯·里格尔的子女的地之间、克林格布伦纳路上的卷心菜地，应在圣马丁节之日支付17便士。如果他们放弃卷心菜地，应将6车堆肥倒入菜地。

看到这个田园诗般的序幕，我们以为会看到小约翰内斯的快乐童年。然而，那是一个可怕的童年。

祖父塞巴尔杜斯，一位有卷心菜地的毛皮商，据说出身贵族家庭，[3]后来成为魏尔镇的镇长；但在他之后，可敬的开普勒家族陷入了衰落。他的后代大多是自甘堕落者或精神病患者，选择的配偶也是同类。约翰内斯·开普勒的父亲是一个雇佣兵冒险分子，差点上了绞刑架。他的母亲凯瑟琳，是一个旅店老板的女儿，由姨妈养大，这位姨妈后来被当作巫婆活活烧死，而凯瑟琳本人也在晚年被指控与魔鬼来往。和父亲险些被绞死一样，母亲也险遭火刑。

祖父塞巴尔杜斯的房子（在1648年被烧毁，后来以相同的样式重建）立在市场的一角。房子面对着一座美丽的文艺复兴时期的喷泉，这个喷泉上用石头雕刻着4张人脸，人脸上伸出来4个细长、带凹槽的铜喷口，其中3张人脸戴着风格化的面具；第4张人脸转向市政厅和开普勒家的房子，看起来像一个五官粗俗的傲慢男人的写实肖像。在魏尔镇有一个传说，据称这张人脸就是镇长塞巴尔杜斯的肖像。这个传说或真，或假，但它符合开普勒自己对祖父的描述：

> 我的祖父塞巴尔德，帝国的魏尔镇的镇长，生于1521年圣詹姆斯日前后……现年75岁……他极其傲慢，穿着光鲜……脾气暴躁，顽固不化，他的脸暴露了他放荡的过去。那是一张红润、满是横肉的脸，络腮胡子让他显得有些权势。他能说会道，算是愚昧之人中的佼佼者……从1578年起他的声誉开始下降，资产也开始下滑……4

这段简笔画般的素描以及后面另外一些描写，是一份家族占星记录的一部分，这份记录涵盖了他家庭的所有成员（包括他自己），是开普勒26岁时编写的。这不仅是一份重要的文件，也是研究这位天才谱系背景的宝贵文献，因为历史学家很少有这么丰富的材料可供使用。*

祖父塞巴尔德29岁时娶了附近马巴赫村的凯瑟琳·米勒。开普勒将她描述为：

> 浮躁、聪明、爱撒谎，但热爱宗教；苗条，性格火辣；活泼，顽固的爱闹事者；嫉妒，一旦恨上谁就走极端，暴力，心怀怨恨……而且她所有的子女都有这样的特点……5

他还指责他的祖母结婚时是假装的18岁，其实当时她已经22岁了。无论如何，她在21年内为塞巴尔杜斯生了12个孩子。前3个，分别名为塞巴尔杜斯、约翰、塞巴尔杜斯，全都夭折了。第4个是开普勒的父亲海因里希，我们稍后再讲他。关于他的第5到第9个叔叔或姑姑，开

---

* 因为这份文件是一份星座运势报告，所以事件和人物性格都来自行星星座，在这里大部分都略去了。

普勒写道：[6]

5. 库尼贡德，出生于 1549 年 5 月 23 日。月球的位置很不好。她生了
   许多个孩子，死于 1581 年 7 月 17 日，他们说她是中毒而死的。[后
   来添加："此外她虔诚敬神，也很聪明。"]*

6. 凯瑟琳，1551 年 7 月 30 日出生。她也死了。

7. 塞巴尔杜斯，生于 1552 年 11 月 13 日。†他是一名占星家、耶稣会信
   徒，他接受了神职人员的第一级和第二级任命；虽然是天主教徒，
   但他效仿路德宗信徒，过着极不纯洁的生活。早年多病，最后死
   于水肿。妻子富有且出身高贵，但兄弟姐妹众多。她得了法国病‡。
   品行不端，受到同乡人的厌恶。1576 年 8 月 16 日，他离开魏尔镇，
   前往施派尔，18 日到达；12 月 22 日，他违背上司的意愿离开了施
   派尔，身无分文，在法国和意大利游荡。[人们都认为他很善良，
   是很好的朋友。]

8. 凯瑟琳，生于 1554 年 8 月 5 日。她心灵手巧，但婚姻不幸，生活奢
   侈，大肆挥霍，现在沿街乞讨。[死于 1619 或 1620 年。]

9. 玛丽亚，生于 1556 年 8 月 25 日。她也死了。

关于第 10 和第 11 个，他什么都没说；第 12 个，叔叔和姑姑中最小的
一个，也在婴儿时期就夭折了。§

所有这些奇形怪状的子孙后代——除了那些夭折的——都和暴躁的
老塞巴尔杜斯及他的泼妇妻子住在一起，挤在狭窄的开普勒家族的房子
里，这房子实际上只是一栋小屋。开普勒的父亲海因里希虽然是第 4 个孩

---

* 后来，开普勒给他的文字添加了一些批注，这些批注缓和了他年轻时的尖锐描写，有时甚至
是矛盾的。我把这些批注放在括号内。

† 祖父母第 3 次也是最后一次给孩子起名为塞巴尔杜斯，这个孩子终于活了下来。

‡ 指梅毒。——编者注

§ 克雷奇默说："人们不禁会说，在世代更替的过程中天才的出现，往往是在一个极有天赋的
家族开始衰落之时……这种衰落经常出现在天才所属的那一代，甚至在前一代，而且通常以心
理疾病和精神疾病的形式出现。"[6a]

子，却是活下来的孩子中最年长的，因而继承了这所房子，自己也生了7个孩子。开普勒这样描述他的父亲：

> 4.海因里希，我父亲，生于1547年1月19日……恶毒、顽固、争强好辩，注定不得善终。金星和火星增添了他的邪恶。木星燃烧[7]下行，使他成了一个穷光蛋，但给了他一个富有的妻子。土星落入第7宫，使他开始学习枪炮射击；四处树敌，争吵不休的婚姻……对荣誉虚荣爱慕、虚荣妄想；一个流浪者……1577年：他差点被绞死；他卖掉了家传的房子，开了一家小酒馆。1578年：一罐火药爆炸，炸裂了我父亲的脸……1589年：虐待我的母亲，最终流亡而死。

在文字的最后没有他通常添加的用以缓和语气的批注。这些记录背后的故事简要说明如下：

海因里希·开普勒24岁结婚。他似乎没有学过任何手艺；除了"枪炮射击"，这是指他后来的雇佣军活动。他与凯瑟琳·古登曼结婚七个月又两周后，约翰内斯·开普勒诞生了。3年后，在第2个儿子出生之后，海因里希拿了皇帝的酬劳，前去荷兰与新教叛乱分子作战——这一行为极为可耻，因为开普勒家族是魏尔镇最古老的新教家族之一。次年，凯瑟琳跟随她的丈夫，把孩子们留给了祖父母照料。他们两人一起回来，但没回到魏尔镇，因为在那里他们已经丢尽了脸。海因里希在附近的莱昂贝格买了一所房子。但不久后他再次前往荷兰，加入阿尔巴公爵的雇佣兵部队。很显然就是在这次出征中，他因为某些未记载的罪行而"差点被绞死"。他再次回来，卖掉了莱昂贝格的房子，在埃尔门丁根经营一家小酒馆，后来再次回到莱昂贝格，1588年从家人的视线中永远消失了。有传言说他参加了那不勒斯的舰队。

他的妻子凯瑟琳是旅店老板的女儿，个性也极不安分。在家族的星座运势中，开普勒将她形容为："瘦小黝黑，爱闲聊好争吵，性格不好。"母亲和祖母，两个凯瑟琳，两个都差不多；然而母亲是两个人中更可怕的，浑身上下带着魔法和巫术的光环。她收集草药，炮制药水，相信其具有魔力。我前面提到过将她养大的姨妈被火刑结束了性命，而凯瑟琳差不多也是同样的命运，我们后面将看到。

为了全面反映这个田园诗般的家庭，我必须提到约翰内斯的兄弟姐妹。一共有6个；其中3人童年时夭折，2人成为正常的守法公民（格雷琴，她嫁给了一位教区牧师；克里斯托弗，成为一名锡器工人）。但是约翰内斯的大弟弟海因里希，是一个癫痫病患者，也是家族遗传精神病的受害者。他是一个惹人生气的问题孩子，青少年时期似乎就是由一连串的挨揍、惹是生非和生病组成的。他被动物咬伤过，曾差点被淹死，也曾差点被活活烧死。他给一个服装商当过学徒，后来又跟过一位面包师学艺，当他慈爱的父亲威胁要卖掉他时，他终于离开了家。在随后的几年里，他当过土耳其战争中匈牙利军队的随军人员、街头歌手、面包师、贵族的男仆、乞丐、军团鼓手和戟兵。在这段丰富多变的职业生涯中，他仍然是一个倒霉的受害者，一个又一个不幸接踵而至——他总是生病，每一份工作都被解雇，被盗贼抢劫，被土匪殴打——直到他最后放弃，一路乞讨回家，回到母亲身边。他就像是拽住了妈妈围裙上的带子一样紧紧地跟母亲黏在了一起，直到42岁去世。在童年和青少年时期，约翰内斯明显和弟弟具有一些相同的特征，特别是他容易遭遇事故的奇怪倾向，以及长期的不良健康状况与疑病症。

2. 约伯

约翰内斯是一个病弱的孩子，四肢瘦弱，一张苍白的大脸，一头乌黑的卷发。他先天患有视力缺陷——近视加上视物显多症（重影）。他的胃和胆囊不断出现问题。他患有疖疮、皮疹，可能还有痔疮，因为他说他不能静坐不动，必须走来走去。

位于魏尔镇市场的那座山形墙房子横梁歪斜，窗户像是玩偶屋，那时候这里一定就像一所精神病院。红脸老塞巴尔杜斯的欺凌，母亲凯瑟琳和祖母凯瑟琳的尖声争吵，优柔寡断、恃强凌弱的父亲的横暴，弟弟海因里希癫痫病发作时的痉挛，十几个脏兮兮的叔叔和姑姑、父母和祖父母，全都拥挤在那座令人糟心的小房子里。

母亲跟随丈夫前往战争的前线时，约翰内斯才4岁；他5岁时，父母归来，一家人开始颠沛流离，先到莱昂贝格，之后是埃尔门丁根，再后来又回到莱昂贝格。他只能断断续续地上学，9岁到11岁之间根本没上学，而是"在乡间努力干活"。结果，尽管早慧，他还是花了两倍于正常孩子的时间才完成了拉丁语小学的3门课。13岁时，他终于得以进入阿德尔贝格的初级神学院。

在家族的星座运势中关于他自己的童年和青少年时期的记录，读起来像是约伯的日记：

> 关于约翰·开普勒的出生，我调查了我的受孕时间，发生于1571年5月16日凌晨4点37分……我出生时的虚弱消除了对我母亲结婚时（结婚日期为5月15日）已经有孕的怀疑……因此我是早产，32周，224天又10小时……1575年［4岁］我差点死于天花，病得很重，双手的问题很严重……1577年［6岁］，生日那天，我掉了一颗牙，是自己用手拉着一根线把它扯下来的……1585—1586年［14岁到15岁］，在这两年中，我一直患有皮肤病，经常是严重的疮，还有脚上长期溃烂的疥疮，尚未愈合便再度复发。我右手的中指上有一只蠕虫，左手有一个巨大的疥疮……1587年［16岁］4月4日，我发高烧……1589年［19岁］，我开始剧烈头痛、四肢不适。疥癣又找上了我……然后又得了一种干燥症……1591年［20岁］，寒冷使得疥癣久治不愈……由于嘉年华戏剧带来的兴奋——我在其中扮演玛丽安娜——我的身体和精神又都遭受了不适……1592年［21岁］，我去了魏尔镇，赌博输掉了1/4个弗洛林……在库平加的家里，我有了机会与处女交媾；在新年前夜，我极其困难地完成了这件事，经历了最剧烈的膀胱疼痛……

只有两段短暂的回忆没有那些童年的阴郁和悲惨。6岁时：

> 我听到人们经常谈论那年的彗星，那是1577年，我被母亲带到
> 高处观看彗星。

在9岁时：

> 我被父母叫到室外，去看月食。月球看起来很红。

这就是他生活中阳光的一面。

毫无疑问，其中某些苦难和疾病只存在于他的想象中；而另外一
些——所有的疱疹、手指上的蠕虫、疥疮和疥癣——似乎都是他自我憎
恨的圣痕（stigma），是他内心形成的自我印象的物理投射：他让一个孩
子的肖像画看起来就像一只浑身疥疮的狗。我们将看到，他的描写毫不
夸张。

3. 俄耳甫斯式的净化

命运总会给予补偿。在开普勒的例子中，命运提供的补偿是他家乡
优越的教育设施。

符腾堡的公爵们接受了路德宗的教义，创建了一个现代化的教育体
系。他们需要博学广识的神职人员，以便在当时席卷全国的宗教论战中能
够坚持自己的立场；他们也需要有效的行政服务。维滕贝格和图宾根的新
教大学是新教义的知识库。被充公的修道院和女修道院为中小学教育网提
供了理想的住宿环境，为大学和政府输送了聪明的年轻人。为"勤奋向
上、笃信基督、敬畏上帝的穷人和信教者的子女"设立的奖学金和助学金
制度，提供了有效的候选人甄选机制。在这方面，三十年战争前的符腾堡
是一个微型的现代福利国家。开普勒的父母肯定无须为他的教育感到担
忧，这孩子的早慧自动保证了他从小学进到中学，再到大学，就像在传送
带上一样。

中学的课程采用拉丁语，严格要求学生甚至在彼此之间也必须使用

拉丁语。在小学他们就已经被要求阅读普劳图斯和泰伦提乌斯的喜剧，以求为学术的精确性增添口语的流畅度。德语方言虽然通过路德的《圣经》翻译获得了新的尊严，但尚未被认为是可为学者们所用的表达媒介。而这造成的一个可喜的结果是，在开普勒用德语写的那些小册子和信件中，他的风格具有一种迷人的天真和朴实，与干巴巴的中世纪拉丁语形成鲜明对比，就像是在严肃的课堂之后乡村集市上的欢乐喧嚣一样。哥白尼教士的德语似乎是在模仿官僚机构中僵硬呆板、拐弯抹角的"政府风格"；而开普勒的德语似乎效仿了路德的声明："我们不应该模仿那些向拉丁语请教如何说德语的蠢驴，而是应该问家里的母亲、贫民区里的孩子们、市集上的普通人，看着他们说话时的嘴巴，跟他们学。"

从拉丁语小学毕业时，约翰内斯的聪慧头脑、欠佳的健康状况以及对宗教的兴趣使得牧师的职业生涯成了他的不二选择。从13岁到17岁他上的是神学院中学，分为低级课程（阿德尔贝格）和高级课程（毛尔布隆）。课程内容广泛全面，拉丁语外又增加了希腊语，除了神学外，还包括异教经典研究、修辞学和辩证法、数学、音乐。纪律严明：上课时间夏季为早晨4点，冬季为早晨5点；神学院学生必须穿无袖的宽大斗篷，长及膝盖以下，几乎不允许请假外出。年轻的开普勒记录了他在神学院时期最大胆、最诡辩的言论中的两个：学习哲学是德意志衰落的表现，法语比希腊语更值得学习。难怪他的同学们认为他是一个令人无法容忍的书呆子，一抓住机会就揍他。

确实，他当时在同学中并不受欢迎，不像后来那样受到朋友们的爱戴。在他的星座运势中，与他身体上的痛苦相关的记录中也夹杂着些其他记录，这揭示了他精神上的苦闷与孤独：

　　1586年2月，我遭受了可怕的痛苦，几乎死掉。原因是我丢了脸，我的同学们恨我，恐惧令我谴责他们……1587年4月4日，我发高烧，身体很快恢复了，但同学们仍然对我怒火冲天，我和其中一人在一个月前打过架。柯林成了我的朋友。我喝醉了之后被雷比斯道克打了。与柯林各种争吵……1590年，我被晋升为学士。同学们中最邪恶的是米勒，我的同伴中还有许多敌人……

对星座运势的叙述在同年（他26岁这一年）另一份值得注意的文件中继续着，这是一份比卢梭的作品更不留情面的自我剖析。[8] 这份文件写于他的第一本书出版的那一年，当时他经历了一种俄耳甫斯式的净化，找到了他最终的使命。这可能是文艺复兴时期最内省的一篇文章。其中几页描述了他与神学院以及后来图宾根大学的同事和老师们的关系。在这篇文章中他大多以第三人称提及自己，文章是这样开始的："从他来到［神学院］开始，一些人就是他的敌人。"他列出了5个人，接着写道："我记下了那些与我为敌最久的人。"他又列出了另外17个，"还有许多其他人"。他解释说对他们的敌意主要是因为"他们在财富、荣誉和成功等方面始终是竞争对手"。接着是一篇关于这些敌意和争吵的单调且令人压抑的记录。这里是一些例子：

> 柯林努斯并不恨我，是我恨他。他与我成了朋友，却不断地反对我……我对消遣的喜爱和其他习惯使得布劳堡姆从朋友成为劲敌……我有意招致了赛福的仇恨，因为其他人也讨厌他，虽然他没有伤害我，但我还是招惹了他。奥索尔福斯讨厌我，因为我讨厌柯林努斯，虽然我反而喜欢奥索尔福斯，但是我们之间的争斗可是方方面面的……我经常自讨苦吃地激怒所有人，在阿德尔贝格，是我背叛了他们［谴责他的同学们］；在毛尔布隆，是我为格雷特辩护；在图宾根，我强烈要求他们肃静。伦德林努斯和我由于愚蠢的文章而疏远，斯潘根堡是我的老师，我却鲁莽地纠正他的错误；科雷博努斯讨厌我因为我是他的竞争对手……我的天分还有轻狂，令雷伯斯多克感到恼火……胡塞留斯反对我的进步……道博对我总有暗地里的竞争和妒忌……我的朋友耶格尔背叛了我的信任，他骗了我，浪费了我许多钱。在这两年的时间里，我变得对人充满敌意，并写了愤怒的信件来发泄我的仇恨。

诸如此类。化友为敌的名单最后以可悲的评论结束：

> 最后，宗教将克里奥利斯同我分开，但他也背叛了信仰；从此我对他极为愤怒。上帝下令说他将是最后一个被拯救的。所以部分原因在我，部分在于命运。在我这边是愤怒，对讨厌鬼的不宽容，对惹人烦和戏弄别人的过度热爱，自以为是……

名单中有一个例外更令人感到可悲：

> 罗哈德从未与我交流过。我很钦佩他，但他从来不知道，也没有其他人知道。

在这场凄凉的独奏会之后，开普勒带着种刻薄的幽默，描绘了一幅自己的肖像画——其中过去时和现在时交替出现，令人深受启发[9]：

> 那个人［即开普勒］在各方面都具有类似狗的特征。他的外表是一只小哈巴狗。他的身体敏捷、结实、匀称。甚至他的胃口都曾相似：他曾喜欢啃骨头和干面包，曾非常贪婪，无论眼睛看见什么他都一把抓住；然而，他也像一只狗，喝得很少，满足于最简单的食物。他的习惯也曾经很相似。他过去总是寻求别人的喜爱，一切都依赖于他人，服务于他们的愿望，当他们责骂他时他从不生气，而当他跟别人和好的时候心里又很忐忑。他过去总是在忙碌，在科学、政治和私人事务中来回忙活，其中也包括那种最低级的事务；他总是跟着别的什么人，模仿别人的思想和行动。如今他对谈话感到厌倦，但就像一只小狗一样迎接访客；当别人从他身上抢走最后一样东西时，他会突然翻脸、大声咆哮。他坚持找不法分子的麻烦，这是指，他会对他们狂吠。他心怀恶意，用他的讥讽来咬人。他对很多人都极为讨厌，他们也不理他，但他的主人们喜欢他。他像狗一样害怕洗澡、药酒和乳液。他鲁莽轻率，行事没深没浅，这肯定是

因为火星与水星正交，与月球呈三分相；但他把他的生活照料得很好……［他］对最伟大的东西都有着巨大的胃口。他的老师曾称赞他的好性格，尽管在道德上他是同时代人中最差的……他曾笃信宗教，到了迷信的程度。10 岁时，他第一次读到《圣经》……他曾悲痛，因为他生活中的不纯洁，他被剥夺了成为先知的荣耀。每次犯了错误，他就进行一次赎罪仪式，希望能使自己免于受到惩罚，这包括了公开讲述他的错误……

在这个人身上有两种相反的倾向：总是为浪费时间感到后悔和总是心甘情愿地浪费时间的倾向。因为水星让人想要消遣、游戏和做其他轻松的乐事……因为他过去怕花钱而远离玩乐，所以经常自娱自乐。［"玩乐"一词在这里可能指的是赌博或者性生活。］必须指出的是，他的吝啬并不曾为了积聚财富，而是为了消除对贫穷的恐惧——尽管也许导致贪婪的是过度的恐惧……

没有提到爱情生活，仅有两处例外。一是新年前夜与处女的痛苦情节。还有一条单独的模糊记录，指的是他 20 岁时：

1591 年，感冒带来了长时间的疥癣。当金星经过第 7 宫时，我与奥索尔福斯和解了。她回来后，我把她带给他看。当她第 3 次回来时，我仍然挣扎着，为爱所伤。爱情的开始：4 月 26 日。

就是这些了。关于这个无名的"她"，我们没有更多信息。

要记得开普勒是在 26 岁时写的这些东西。就算对于一个在充斥着精神病学、焦虑、受虐狂等东西的时代长大的现代年轻人来说，这也算是一段非常苛刻、严酷的自我描述了；而这竟然出自一位在 16 世纪末的粗鲁、野蛮、乳臭未干的文化中长大的德意志青年之手，真是令人震惊。这彰显了一个童年在地狱里度过，并且靠努力挣扎而出的人在理智上毫不留情的坦诚。

这些文字通篇满是东一句西一句的絮叨，心计与天真别扭地搅成一团，展现了这个神经质的孩子的永恒病史。他来自一个问题家庭，浑身疥疮和疮疤，觉得无论自己做什么都会被他人嫌弃，让自己丢人。这一切是多么熟悉：用一套吹牛、叛逆和好强的架势来隐藏自己极度的脆弱；自信心的缺失，对他人的依赖与为得到认同而不惜一切的渴望，让卑屈和傲慢令人困窘地掺杂在一起；那种令人心生怜悯的对玩乐，也是对逃避那种如影随形、牢笼一般的孤独的渴求；那种嗔怪他人和自怨自艾的怪圈；那种把生活变成了向罪恶的九重地狱一连串坠落的苛刻的道德标准。

开普勒属于血友病患者家族，是那些情感上的血友病患者中的一员，对他们来说，每次受伤都意味着成倍增加的危险，然而他们必须继续让自己去承受种种的明枪暗箭。但他的作品显然略去了一个常见的内容：那种使患者在精神上萎靡不振、无法将痛苦转化为果实的舒缓剂。他是约伯，他让树木从他的疥疮上长出来，令他的主蒙羞。换句话说，他发现了不可思议的诀窍，能够找到释放内心压力的独特的出口；就像一部涡轮机从紊乱的湍流中提取电流一样，他将他的痛苦转化为创造性的成就。他目力上的缺失似乎是命运所能给予一位观星者的最无情无义的戏弄；但是谁又能说清，一种先天病症的折磨到底会令一个人变得麻木无力还是带给他更多的激情？这个近视的孩子，有时看到的世界带有双重或四重的影子，却成了现代光学的创始人（眼科医生处方上的"屈光度"一词来源于开普勒的一本书的书名）。这个只能看清近距离的东西的人，发明了现代天文望远镜。我们将有机会观看这个神奇的"发电机"是如何工作的——他将痛苦转化为成就，将诅咒转化为祝福。

4. 任命

他20岁时毕业于图宾根大学文学院。然后，他继续他所选择的职业道路，被神学院录取。他在那里学习了近4年，但在他通过期末考试之前，命运插手了。这位神学学位的候选人意外得到了在奥地利施蒂里亚州首府格拉茨担任数学和天文学教师的工作。

施蒂里亚州是由一位信奉天主教的哈布斯堡贵族统治的一个地区，

其主要领土为新教教区。因此，格拉茨既有一所天主教大学，也有一所新教学校。1593年，新教学校的数学家去世时，学校董事们就照例请图宾根的新教大学推荐候选人。图宾根大学的评议会推荐了开普勒。也许他们想要摆脱这个爱发牢骚的年轻人，他曾在公开辩论中宣扬过加尔文主义的观点，还为哥白尼辩护。他可能不是一名好牧师，但他是一位优秀的数学老师。

开普勒感到很惊讶，起初他打算拒绝，"不是因为我害怕这个地方太远（我总是指责别人有这样的担心），而是因为这个职位出人意料，而且职位太低，还有我在这个哲学分支的知识也不足"。[10] 他之前从未想过成为一名天文学家。他早年对哥白尼的兴趣只是他的众多兴趣之一；而且他之所以产生兴趣，不是出于对天文学本身的兴趣，而是因为以太阳为中心的宇宙的神秘含义。

然而，一阵犹豫之后，他还是接受了这个职位，似乎主要原因是它意味着经济独立，也因为他天生热爱冒险。不过，他提出了一个条件，即日后应该允许他重回他的神学研究——但他再也没有回过头。

这位新的天文学教师和"州级数学家"——这是随之而来的称号——于1594年4月抵达格拉茨，当时仅23岁。一年之后，他偶然产生了一个将主宰他余生的想法，并从中诞生了他一系列的革命性发现。

到目前为止，我一直专注于他的童年和青春期的情感生活。现在我必须简要谈谈他的智识发展。在这里，我们再次用他的自我描述来指引我们：

> 这个人天生要花很多时间处理令其他人退缩的艰巨任务。小时候，他就过早地尝试了诗韵学。他尝试写喜剧，选择从最长的诗来背诵……他最初专注于离合诗和字谜。后来他开始尝试各种最困难的抒情诗形式，写过一首品达风格的叙事诗、一些热情洋溢的诗歌和文章，涉及各种非同寻常的主题，如太阳的安息之地、河流的源头、透过云层看到的亚特兰蒂斯的风光。他还喜欢谜语和精妙的俏

皮话，兴之所至还写了许多寓言故事，细节写到细致入微，并且运用了许多牵强附会的类比。他还喜欢编写悖论……最喜欢的是数学，胜于所有其他的学科。

在哲学上，他读过亚里士多德作品的原文……神学上，他以预定论开始，喜欢上了路德宗关于人没有自由意志的观点……但后来他又反对这一观点……由于相信神的仁慈，他不相信任何国家注定要受诅咒……他探索数学的各个领域，仿佛自己是探索这一领域的第一人［还做出了许多发现］，后来才知道这些早已经被发现过了。他与各行各业的人争论，使自己的思想受益。他谨慎地保留着他写下的所有东西，保留任何能够找到的书，以备这些东西可能在将来某个时候有用。他对细节的关注可与克鲁修斯*相比，不如克鲁修斯勤勉，但比克鲁修斯更善于判断。克鲁修斯收集了事实，而他对事实进行了分析；克鲁修斯是一把锄头，他是个楔子……

在他的星座运势中，他进一步记录说，在大学的第一年，他写了一些关于"天堂、灵魂、神怪、元素、火的本质、潮汐、大陆的形状以及其他类似东西"的论文。

关于他的学生时代，他的最后评价是：

> 在图宾根，我常常在与同学的争论中为哥白尼的观点辩护。我撰写了一篇关于初动（first motion）的辩论文，其中包括地球的旋转；然后我加上了地球出于物理原因，或者可以称之为形而上学的原因，而围绕太阳的运动。
>
> 如果在月球上有生物（关于这个问题我很高兴地于1593年在图宾根写了一篇辩论文章，是按照毕达哥拉斯和普鲁塔克的方式进行思考的），那么应该假定它们适应它们特定的地区特征。

---

* 开普勒的一位老师。

到现在为止，这些东西都没有指出任何明确的方向。事实上，他一次次对自己抱怨的就是他的"反复无常、虑事不周和轻率鲁莽"。他"由于思维敏捷，缺乏对工作的坚持"。他的"前一项工作还未完成，又开始了很多新的工作"。他"心血来潮又不能持久，因为无论多么勤勉，他在骨子里都憎恨工作"。他"做事有始无终"。

我们再次看到了神奇的心智发电机的运转。血液中的不负责任和躁动不安的倾向，曾使他的父亲、弟弟和叔叔们变成了无法在任何地方或职业中安顿下来的流浪者，如今将开普勒带入他另类的，往往暴躁的知识事业，让他成了科学革命中最不顾后果、最不安分的精神冒险家。

这位新老师的授课经历一定很有意思。他认为自己是一个水平低劣的教员，如他在自我剖析中所说，每当他感到兴奋时——他大部分时间都是如此——他就"洋洋洒洒开始说起来，没有时间去权衡他在说的是不是他该说的"。他的"热忱对他无益，甚至是一种障碍"，因为热情不断地让他偏离主题，因为他总是想到"新的词语、新的话题，表达或佐证自己观点的新方式，甚至改变本来的授课计划或者收回本来打算讲的东西"。他解释说，这个缺点的原因在于他独特的记忆方式，这种记忆方式使他迅速忘记他不感兴趣的一切东西，却能奇妙地将一个想法与另一个想法联系起来。"这就是为什么在他的授课中有许多插入内容。他的脑中有着太多东西，因为记忆中所有的这些思想的意象都在骚动，他必须在讲课中把它们倾盆倒出。基于这些理由，上他的课非常累，或者说令人困惑，而且不是很容易理解。"

难怪在他授课的第一年，他班上只有几个学生，而在第二年，就根本没有学生了。在到格拉茨后不到12个月，他就写信给正在图宾根的之前教过他的天文学教师米夏埃尔·梅斯特林，说他大概不能指望再坚持一年，恳求梅斯特林帮他在老家找个职位。远离了他高水平的母校，待在思想闭塞、守旧的施蒂里亚州，他并不开心。他刚到这里，就患上了"匈牙利热"。此外，该城的宗教紧张局势正在加剧，这让前景更加黯淡。

然而，学校董事会的看法比较乐观。在关于这位新老师的报告中[11]，他们解释说，来上课的学生少不应该归咎于他，"因为学习数学不是人人都要做的事情"。他们让他开办了一些讲授维吉尔和修辞学的课程，"这样他就不会无功受禄，也好让学生们做好从他的数学中受惠的准备"。关于这些报告的不寻常之处在于，他们不仅对开普勒的学识，而且对他的品格都有着绝对的认可。他"先是洋洋洒洒地演说（perorando），然后是讲课（docendo），最后也进行辩论（disputando），考虑到他自己的这种说法，我们只能这样判断，尽管当时还很年轻，他却已然学识渊博且为人谦虚，对这个重要州的学校来说，是一名合适的教师和教授了"。这种赞扬与开普勒自己的说法相矛盾，他说学校的校长是他的"危险的敌人"，因为"我不像对自己的上司那样对他有足够尊重，还无视过他的命令"。[12] 但是，年轻的开普勒对于自己与他人的关系就像对自己的健康状况一样，是有疑心病的。

5. 占星术

在格拉茨的4年间，他暗自享受的另一项繁重任务是发布占星预测年历。这是施蒂里亚州的官方数学家的例行职责，每本年历能带来20弗洛林的额外奖金——开普勒急需这笔额外收入，他的薪水每年只有可怜的150弗洛林。

在做第一本年历时，开普勒显然非常幸运。除了其他事项外，他还预言了一次寒潮和土耳其人的一次入侵。6个月后，他向米夏埃尔·梅斯特林得意地报告道：

> 顺便说一句，到目前为止，年历的预测被证明是正确的。我们的土地正受到前所未闻的寒潮的侵袭。在阿尔卑斯山的农场里有人死于酷寒。有可靠消息称他们在回家擤鼻子时，鼻子都直接掉了下来……至于那些土耳其人，1月1日他们毁坏了整个国家，从维也纳到诺伊施塔特，纵火烧毁了一切，还掠走了人口和财产。[13]

第一本年历的成功预言大大提升了这位新数学家的知名度，远甚于

他在空荡荡的教室里热情洋溢、东拉西扯的授课。就像任何一个历史转折
的时代一样，在16世纪，对占星术的信仰再次盛行起来——不仅是在无
知的人当中，而且也在著名的学者之间。占星术在开普勒的生活中发挥了
重要作用，有时甚至占据了主导地位。他对占星术的态度极其典型地表现
了他性格中的矛盾，也表现了一个过渡时代的特征。

他的职业生涯以占星年历的出版开始，以华伦斯坦公爵宫廷占星师
的身份结束。他以此为生，还半开玩笑地称占星术是"天文学的继女"，
流行的预言是一种"可怕的迷信"和"巫师耍猴"。[14] 有一次他在他一贯
的情绪爆发下写道："一个习惯了数学推导的头脑，在遭遇［占星术］错
误的基础时，就像一匹顽固的骡子，会抵抗很长的时间，直到鞭打和咒骂
迫使它把蹄子踏入肮脏的泥潭。"[15]

但尽管他鄙视这些不讲究的做法，也鄙视不得不向其妥协的自己，
同时他却相信一种新的、真正的占星术有可能成为一门精确的实证科学。
他写了一些关于他所理解的占星术的严肃论文，这个主题甚至也不断侵入
他的经典科学著作中。其中一篇论文中有一句格言："给某些神学家、医
生和哲学家的一个警告……虽然他们有充分的理由反对占星的迷信，但
他们不应该把孩子与洗澡水一同倒掉。"[16] 因为"在我们可见的天空上存
在的、发生的一切，都能被地球和自然的能力以某种隐秘的方式感知到；
［因此］地球上的灵魂的这些能力与天空一样受到同样的影响"。[17]还有：
"天对人做了些什么，这是显而易见的；但是具体做的是什么，却是隐秘
的。"[18] 换言之，开普勒认为当时的占星实务如同骗术一般，但他怀疑的
程度只相当于一位现代医生不相信一个未经证实的减肥食谱，而一刻都不
曾怀疑这个食谱会对健康和身材造成影响。"相信星座会产生作用的想法
首先来自人的经验，这经验是如此令人信服，只有没有检验过它的人才会
否认它。"[19]

我们已经在他的自我剖析中看到，尽管其中满是令人惊讶的现代风
格的内省段落和对他家人的敏锐刻画，然而所有的主要事件和人物性格都
来自行星星座。不过细想起来，在那个时代还能有什么别的解释呢？一个
在探索中的头脑对遗传和环境塑造人的性格的过程毫无头绪，占星术，在

某种程度上，就是把个人和宇宙整体相联系起来的最显而易见的方式。它通过建立一种小宇宙和大宇宙之间的感应和联络来让人反映出宇宙无所不包的星座排列："人的自然灵魂在尺寸上不过一个点那么大，在这个点上却可能刻画了整个天空的形状和特征，就算它要大上100倍。"[20] 除非仅凭预定论就能解释一切，从而使得对自然之书做进一步的探究没有意义，否则我们只能合乎逻辑地假设，人的境况和命运是由同样决定天气和四季、收成的好坏、动植物的多产等的天体运动所决定的。总之，占星术的决定论，对于开普勒这样的科学头脑而言，是生理学和心理学决定论的前身。

还在孩提时代，他就对过去的自己为什么会变成现在自己的样子这个问题感到着迷。我们记得他在自我剖析中写道："神学上，我以预定论开始，喜欢上了路德宗关于人没有自由意志的观点。"但他很快就将它否定了。他13岁时，"我写信给图宾根大学，请求把某一篇神学论文寄给我，我的一位同辈这样责备我：'学士先生，难道你不是对预定论也有所怀疑吗？'"[21] 在那个认识初醒的世纪，个人意识正从中世纪的蜂巢等级结构（蜂王和兵蜂、工蜂和雄蜂，全都居住在规定好的巢房内）的集体意识中浮现，"为什么我会是我？"这样的谜题，一定曾强烈地折磨过这个早慧的不开心的少年。然而，如果没有上帝的预定的话，那又该如何解释同一种族的成员之间性格和个性、才能和价值观的差异（他们全都是亚当的后裔），或者是小约翰内斯这个天才神童和他患癫痫症的弟弟之间的差异？现代人对此有成套的解释，包括染色体和基因、适应性反应和创伤经历等；而16世纪的人只能从宇宙整体在他受孕或出生那一刻由地球、行星和恒星星座所呈现出来的状态中寻求解释。

其中的困难在于要搞清楚这种影响究竟是如何起作用的。"天对人做了些什么"，这是不言而喻的；但具体做了什么呢？"说实话，就我全部的占星术知识而言，我所知道的确定的东西并不足以让我敢有把握地预测任何具体的事情。"[21a] 然而，他从未放弃希望：

没有人会认为这难以置信 / 即从占星家的愚蠢和亵渎神明之中 /

可能会产生一些有用的、神圣的知识 / 从肮脏的烂泥当中 / 可能会出现一只小蜗牛 / 或贻贝 / 或牡蛎或鳗鱼，全是有用的养料；/ 从一大堆低级的蠕虫当中 / 可能出现会吐丝的蚕 / 最后 / 从恶臭的粪便当中 / 忙碌的母鸡可能会找到一粒不错的玉米 / 不，一颗珍珠或一粒金子般的玉米 / 只要它花足够的时间去搜寻。[22]

在开普勒的著作中——20余卷厚实的对开本，没有哪一页不是生机勃勃、激动人心的。

渐渐地，在混沌之中的确出现了一种图景。24岁时，他在一封信中说：

> 在一个人出生的那一刻的天象是怎么决定他性格的呢？它对人的一生所起的作用，就像是农民随意地绕在地里南瓜上的线圈一样。南瓜不是因为被套了线圈而生长的，但它们决定了南瓜的形状。同样的道理也适用于天空。它并不会赋予人他的习惯、经历、幸福、子女、财富或妻子，但它塑造他的境况……[23]

因此，宇宙确定的只是这个模式，而不是任何特定的事件。在这个模式之中，人是自由的。在他的晚年，这个宇宙规定命运的格式塔概念变得更加抽象也更精纯了。带有整个天空潜在印记的个体的灵魂，根据行星彼此形成的角度，以及由此产生的几何和谐或不和谐，而对来自各个行星的光线做出反应——就像耳朵对音乐的数学和谐做出反应、眼睛对色彩的和谐做出反应一样。灵魂的这种如宇宙谐振器一般的能力既展现了其神秘主义的特征，也带来了一个后果：一方面，它肯定了灵魂与宇宙灵魂之间的密切关系；另一方面，它又受严格的数学规则的约束。这时候，开普勒独门的占星学融入了他那无所不包、全面统一的关于天球和谐的毕达哥拉斯式图景之中。

2

《宇宙的奥秘》

1. 正多面体

为了逃避在格拉茨第一年时的挫败感，开普勒遁入了对宇宙学的思索当中。在图宾根的那些日子里，他就早已开始随意地琢磨这些问题，但现在这些思索变得更严肃认真，也更数学化了。在他到格拉茨一年后——更确切地说，是1595年7月9日，因为他仔细记录了日期——一次课堂上他在黑板上画一个图，突然产生了一个强烈的想法，他感觉自己握住了打开宇宙秘密的钥匙。"这个发现给我带来的喜悦，"他后来写道，"我永远无法用言语来形容。"[1] 它决定了他的人生道路，成了贯穿他一生的主要动力。

这个想法是，宇宙是建立在一些特定的对称图形之上的，三角形、正方形、五边形等，可以说这些构成了它无形的骨架。在我们讨论细节之前，最好先说明，这个想法本身是完全错误的；然而，它最终带来了开普勒定律，带来了古代轮圈宇宙的毁灭和现代宇宙学的诞生。这个开启了一切的伪发现在开普勒的第一本书《宇宙的奥秘》*中有详细阐述。这本书出版时他25岁。

在该书的序言中，开普勒说明了他是如何完成这一"发现"的。还在图宾根当学生时，他就从他的天文学老师梅斯特林那儿听说了哥白尼，

---

* 全名为《宇宙志论文绪论，包含天体轨道之间优美比例的宇宙秘密，以及它们的数量、大小和周期运动的真正原因》，著名的施蒂里亚州图宾根数学家约翰内斯·开普勒著，1596年。

也同意太阳"由于物理学上的，或者可以说是形而上学的原因"一定是宇宙的中心 。随后，他开始思考，为什么刚好只有6颗行星，"而不是20颗或100颗"，以及为什么行星的间距和速度是现在这样的。由此他开始了对行星运动定律的求索。

起初，他想看看一个轨道是否可能是另一个轨道大小的2倍、3倍乃至4倍。"我花了太多的时间做这项工作，摆弄数字；但无论是在这些数字的比例或是从这些比例的偏差上都没有发现任何规律。"他告诫读者说，他的各种徒劳的努力以失败告终的故事，"会像大海里的波浪一样，把你一会儿推向西，一会儿推向东"。由于毫无头绪，他尝试了"一个惊人的大胆方案"，他在水星和金星之间插入了一个辅助行星，又在木星和火星之间插入一个，两个辅助行星都设想为极小而不可见，希望这样能得到一些明确的比例。但这也没有奏效。他尝试过的各种其他方案也都失败了。

整个夏天我就埋头在这项繁重的工作里。最后，借由一个极不起眼的时机，我才接近了真相。我相信这是天意的安排，将我用尽全部努力都不能得到的东西在偶然之间给予了我，因为我一直在向上帝祷告，如果哥白尼所说的是真的，那么上帝应该让我的计划成功，于是我更加相信事实就是如此。[2]

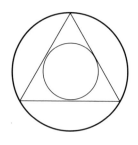

这个关键的时机就是上面提过的他的一次授课，他为了讲别的一些东西而在黑板上画了一个几何图形。这个图表现为（我必须要用简化了的方式来描述）一个三角形嵌在两个圆形之间；换言之，外圆与三角形外

接，内圆与三角形内切。

他看着这两个圆，突然想到它们的比例与土星和木星轨道的比例是一样的。剩下的灵感就一闪而现了。土星和木星是"第一批"（即最外围的两个）行星，并且"三角形是几何学的第一图形。我立即试着在下一个木星和火星之间的间隔放入了一个正方形，在火星和地球之间放入了一个五边形，在地球和金星之间放入一个六边形……"

还是没有用——暂时还没用，但他感觉自己已经接近答案了。"那么现在我再向前推进一步。为什么要拿二维的图形去适应立体空间里的轨道呢？我们必须寻找三维的图形，之后，看着吧，亲爱的读者，我的发现马上就要到你的手中了！……"

关键点是这样的。我们可以在二维平面上构建无穷多个正多边形，但是在三维空间中，我们只能构建有限数量的正多面体。这些每一面都完全相同的"正多面体"是：（1）由4个等边三角形界定的正四面体（金字塔）；（2）立方体；（3）八面体（8个等边三角形）；（4）十二面体（12个五边形）；（5）二十面体（20个等边三角形）。

它们也被称为"毕达哥拉斯式"或"柏拉图式"多面体。这些多面体完全对称，每一个都可以**内接**入一个球体中，使其所有顶点（顶角）都位于球体的表面上。同样，每一个都可以**外切**一个球体，使球体能接触到它的每一面的中心点。这是一个奇特的情况，是三维空间所固有的，（如欧几里得所证明的那样）这类正多面体的数量仅限于这5种。无论你选择什么形状的侧表面，只能构建出这5种对称的正多面体。其他的组合形式无法符合。

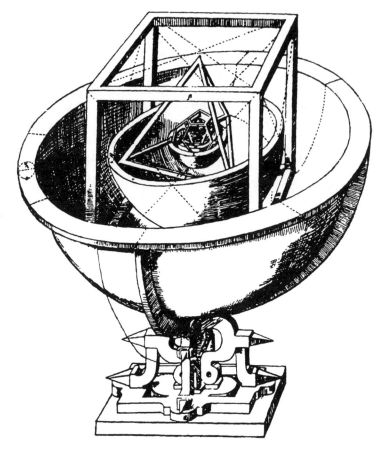

宇宙模型，最外层是土星的天球。
插图出自开普勒的《宇宙的奥秘》

　　如此说来，只存在5种正多面体，而行星之间的间隔也正好是5个！
这让人无法相信是偶然而非神的安排。这也完美地回答了为什么只有6颗
行星，而"不是20颗或100颗"。也回答了为什么行星轨道之间的距离会
是现在这样。它们必须如此间隔，才能刚好使5个多面体可以被放入这些
间隔之中，就像是一个不可见的骨架或框架一样。瞧啊，严丝合缝！至少
它们看上去或多或少是配套的。开普勒在土星的轨道内或者说是在它的天
球内，内接了一个正方体；又在正方体中内切另一个天球，即木星的天
球。在木星天球内接正四面体，里面再内切火星天球。在火星和地球之间

放入十二面体。地球和金星之间是二十面体。金星和水星之间是八面体。尤里卡！宇宙的奥秘被格拉茨新教学校的教师、年轻的开普勒解开了。

局部图，显示火星、地球、金星和水星，太阳在中心

真是不可思议！［开普勒告诉读者］尽管我暂时对这些正多面体排列的顺序还没有定论，但我已经成功了……我欣喜若狂地把它们排列了起来，后来，当我检查时，发现完全不需要更改。现在我再也不为我花的那些时间而惋惜。我对我的工作不再厌烦。就算再难，我再也不回避那些计算了。我日日夜夜都在计算，想知道我构建的这个答案是会与哥白尼的轨道相吻合呢，还是说我的喜悦会随风飘走……几天之后，一切都尘埃落定了。我看到一个个对称的多面体如此精确地嵌合在恰当的轨道之间。如果一个农民来问你，是什么样的吊钩把九重天挂住，让它们不至于倒塌的，你要回答就太轻松了。祝顺利！[3]

我们有幸能目睹这样一个少有的被记录下来的、错误灵感产生的个例。这是一个苏格拉底式的神灵（daimon）——带着那种绝无错误的、直觉上的笃定向着受了哄骗的心灵讲话的声音——犯下的超级恶作剧。站在黑板上的图形前的那个难忘的时刻承载着与阿基米德的"尤里卡"或牛顿在苹果落地时的灵光一现同样的坚定。然而很少有错觉会导致重大的、真正的科学发现，并得出新的自然法则。这是开普勒作为个人和作为历史个例的终极魅力。因为开普勒对于这5个正多面体的误入歧途的信念不是心血来潮，而是通过一个后来修正后的版本一直跟随着他，直到他的生命尽头，从而表现出了一种偏执妄想的所有症状，并且它还是发挥余热（vigor motrix），鞭策着他实现了不朽的成就。他25岁时写成了《宇宙的奥秘》，而他在25年后，才出版了该书的第二版。当时他已经完成了他毕生的工作，发现了他的三大定律，摧毁了托勒密式的宇宙，并奠定了现代宇宙学的基础。第二版的献辞写于他50岁时，透露了他长久的执念（idée fixe）：

> 自从我发表这本小书以来，快25年了……虽然当时我还很年轻，它也是我的第一部天文学著作，但是在接下来的岁月中它的成功大声地向世人宣告了之前从未有人发表过一本比它更重要、更欢快，以其主题而言更有价值的处女作。若是把它纯粹当成我头脑的产物则是错误的（我称我们触碰到了造物主的智慧的七弦琴，既不是出于自己的骄傲之心，也没有夸大读者们的赞赏）。因为这本小书就如同经由一道上天的神谕降予我的一般，它的所有部分一经出版就立即得到了肯定，被认为都非常精妙与准确（神的手笔向来如此）。

开普勒的风格往往是热情洋溢的，有时还有点夸大其词，但很少会到这个程度。表面上的傲慢实际上是他的执念——这样的思想所携带的巨大的情感电荷的流射——在散发光芒。当精神病院的病人宣称他是圣灵的代言人时，他不是在吹嘘，而只是在陈述一个事实。

现在，这个24岁的年轻人，以神学为抱负，带着对天文学的一知半解，脑子里冒出了一个奇特的想法，让他坚信自己已经发现了"宇宙的奥秘"。塞涅卡曾说，"伟大的才智没有不掺杂了痴狂的"，不过依照常理来说，痴狂往往会吞噬掉这种才智。开普勒的故事将告诉我们例外是怎么发生的。

2.《宇宙的奥秘》的内容

开普勒的这本处女作，如果我们不考虑它古怪的主旋律，实际上包含了他未来的主要发现的种子。因此，我必须简要介绍一下这本书的内容。

《宇宙的奥秘》有一个前奏曲、第一乐章和第二乐章。前奏曲包括序言和第1章，序言"致读者"我已经讨论过，第1章是一篇对哥白尼的热情洋溢、坦诚明晰的"入教誓言"。[4] 这是在哥白尼教士去世50年后由专业天文学家正式发表的第一次明确的公开表态，也是他身后荣光的开始。[5] 比开普勒年长6岁的伽利略以及梅斯特林等天文学家，仍然要么对哥白尼表示沉默，要么只是谨慎地在私底下对他的观点表示赞同。开普勒本打算在这一章中做出一个证明，证明哥白尼的学说和《圣经》之间没有冲突；但图宾根大学神学系的主任——该书的出版需要获得他的官方许可——指示他不要提及任何神学的思考，并且和著名的奥西安德的序言一样，要将哥白尼的设想视为纯粹形式上的、数学上的假说。[*]开普勒于是将他的神学辩解放到了后来的一本著作中，但除此之外，他所做的与主任建议的完全相反，他宣称哥白尼的系统是真正地、遵循自然规律地、无可争辩地正确的，是"对地球及宇宙中诸天球所系的奇妙秩序的真知灼见，是个取之不尽、用之不竭的宝藏"。这听起来像是对日心说的美丽新世界的一番炫耀式的赞誉。开普勒引证的支持论据大多可以在雷蒂库斯的《首次报告》中找到，开普勒将其重印作为《宇宙的奥秘》的附录，以方便他的读者，让他们不必在哥白尼那难以阅读的书中去辛苦翻寻。

在这首前奏曲之后，开普勒引入了他的"主要证据"，即行星是被5个正多面体分开的，或者可以说是围起来的。（当然，他的意思并不是空间中就真的立着这些多面体，他同样也不相信这些天球本身是实存的，我

---

[*] 我们知道，在几年后，正是开普勒发现了《天球运行论》的序言是奥西安德而不是哥白尼写的。

们将在下文看到。）大致来讲，这个"证明"就在于，上帝创造的宇宙只可能是完美的，既然只有5个对称的多面体存在，显然它们就是命中注定要被放在6个行星轨道之间"它们完美契合的位置"上的。然而，事实上，它们根本就不契合，开普勒很快就痛苦地发现了这一点。另外，行星不是6个，而是有9个（更不用说木星和火星之间的小行星带），不过还好，起码在开普勒生前，另外3个行星即天王星、海王星和冥王星*还没有被发现。

接下来的6章（第3章到第8章）解释了为什么在地球轨道的外侧有3个行星，在内侧有2个；为什么轨道的位置恰好是现在这样；为什么2个最外面的行星之间是正方体，2个最里面的行星之间是八面体；在各个行星和各个多面体之间存在着什么样的密切关系和应和作用，等等——所有这些都是直接从造物主的隐秘思想中先验推导得出的，而支持它的理由竟是如此地异想天开，以至于让人很难相信说出这话的还是现代科学的创始人之一。例如：

> 第一级［即那些位于地球轨道以外的］的正多面体按其性质是直立的，第二级的正多面体是浮动的。因为，如果后者是立在一个侧面上，而前者立在一个顶角上，那么这两种情况都会让人觉得丑陋不堪。

通过这种论证，年轻的开普勒成功地证明了他所相信的一切，也成功地相信了自己所证明的一切。第9章讲述了占星术。第10章说的是命理学。第11章讲黄道的几何学象征。在第12章，他提及了毕达哥拉斯关于天球的和谐的学说，在其中寻找他的正多面体和音乐中的和谐音程之间的相关性，但这仅仅是其梦想中的又一个阿拉伯式花纹而已。本书的前半部分在此结束。

第二部分有所不同。我之前讲过这个作品有两个乐章，因为它们是

---

* 2006年，国际天文学联合会根据新的行星定义，将冥王星划为矮行星。目前太阳系只有八大行星。——编者注

以不同的调式和音高写成的，仅仅因为具有共同的**主旋律**才合在了一起。第一乐章是中世纪的、先验论式的、神秘主义的；第二乐章是现代的、实证的。《宇宙的奥秘》是伟大的分水岭的完美象征。

第二部分的开篇第一段一定让他的读者们吃了一惊：

> 我们到目前为止所讲述的，仅仅是用可能的论证来支持我们的观点。现在，我们将着手进行轨道的天文学测定和几何考量。如果这些结果不能确证我们的论点，那么我们之前所有的努力无疑都是徒劳的。[6]

因此，所有的神启和先验的确定性仅仅是"可能"；它们的真伪要经由观察得来的事实来决定。没有任何过渡，凭这惊人的一跃，我们就翻过了形而上学思考的边界，来到了实证科学的领域。

开普勒这次开始考虑实质性问题，拿他的宇宙模型的比例与观测得来的数据进行比较核查。由于行星不是按正圆形，而是按照椭圆形轨道围绕太阳旋转的（开普勒第一定律在几年后将其确定为椭圆形），因而每个行星离太阳的距离都是在一定范围内变化的。为了对这种变化（或偏心率）进行刻画，他给每个行星都设定了一个足够厚实的天球壳，以令其适应壳壁之间的椭圆形轨道（见第212页的模型图）。内壁代表行星离太阳的最小距离，外壁代表最大距离。我们已经提到，开普勒并不认为这些天球是真实存在的，他仅仅是在给每个轨道设定一个限制好的空间。每个外壳的厚度以及彼此之间的间隔，都是由哥白尼的数字设定好的。那么这些轨道之间的间隔能够刚好放下这5个多面体吗？在序言中，开普勒曾满怀信心地宣布，它们可以。现在他却发现，不行。火星、地球和金星轨道的契合度相当不错，木星和水星的则不然。对于木星的问题，开普勒用一句打消人疑虑的话将它放到了一边，他说："考虑到它的距离这么远，没有人会对此感到吃惊。"至于水星，他则坦然地运用了他的骗术。[7] 水星就像是一种穿过移动的天上环圈的天境槌球一样。

接下来的几章，开普勒尝试了各种方法去解释他与哥白尼理论中那些余下的不相匹配之处。不是他的模型有误，就是哥白尼的数据有误；开普勒自然说是后者的错。首先，他发现，哥白尼放入宇宙中心的其实并不是太阳本身，而是地球轨道的中心，目的是"省事，并且不至于偏离托勒密太多，以免把他好学的读者们搞糊涂了"。[8] 开普勒着手解决这个问题，希望由此为他的5个多面体获得更有利的生存空间（Lebensraum）。他当时的数学知识尚不足以完成这个任务，因此他转而求助于他的老师梅斯特林，后者欣然答应了。新的数字也没能对开普勒有任何帮助。但他几乎在不经意间，已经一举把太阳系的中心转移到了它应该在的地方。这是幻影追逐的第一个重大的意外结果。

下一个补救他的梦想和观测事实之间差异的尝试与月球有关。月球的轨道是否应该被纳入地球天球的厚度之中呢？他坦率地向亲爱的读者解释说，他会选择其中最符合他规划的假设：把月球塞入地球的天球壳；或者放逐到外面的黑暗当中；抑或让它的轨道从中途伸出去，因为现在并没有先验的理由倾向于其中任何一个方案（开普勒的先验证据大多被发现其实是后天的）。但摆弄月球也无济于事，于是年轻的开普勒开始对哥白尼的数据进行正面进攻。他以令人钦佩的粗莽无礼宣称这些数据极不可靠，因而要是开普勒自己的数字与哥白尼的数据一致，那么他自己的数据也就会是极不可信的。不光是那些星表不可靠，也不仅仅是哥白尼的观测结果不准确（雷蒂库斯是这样说的，而开普勒长篇大论地引用了他的文字）；我们这位老教士还在研究中耍了花招：

> 哥白尼本人是如何采纳那些在一定限度内符合他自己需求的数据来为他所用的，细心的读者可以自行检验……他从托勒密、沃尔特及其他人的观测结果中，选择易于他计算的数据，而且，他还毫无顾虑地忽略或更改某些观察的时间和1/4的角度。[9]

25年后，开普勒打趣地谈到了自己向哥白尼发起的第一个挑战：

> 毕竟，对于一个挑战巨人的三岁小儿，无论谁都会赞许的。[10]

到目前为止，在这本书的前20章，开普勒寻找确定行星数量和空间分布的依据。他自己满意地认为（就算读者并不满意）这5个多面体的方案有了全部的答案，不一致的地方是由哥白尼虚假的数据造成的。接下来，他转向了一个他之前的天文学家们从未提出过的很特别而又有前景的问题。他开始寻找行星与太阳的距离和该行星上的"年"（即行星公转一周需要的时间）的长度之间的数学关系。

这些周期当然自古就已经相当精确了。以整数计，水星需要3个月完成环绕一周，金星需要7个半月，地球要1年，火星2年，木星12年，土星30年。因此，行星距离太阳越远，环绕一周所需的时间就越长，但这只是大致正确，还缺乏一个精确的数学比例。例如，土星到太阳的距离是木星的2倍，因此环绕一周的时间应该为2倍，即24年；但事实上土星需要30年。其他行星也是一样。如果我们从太阳往外行进至太空，诸行星沿其轨道运动的速度就会逐个变慢。（再解释清楚一些：距离太阳较远的行星不仅环绕一周需要运动更长的距离，而且其运行的速度也更慢。如果它们运行的速度相同，那么轨道长度是木星2倍的土星环绕一周所需的时间就应该是木星的2倍，但事实上它所花的时间是木星的2倍半。）

在开普勒之前，没有人提出过这个"为什么"的问题，就像在他之前没有人问过为什么只有6颗行星一样。而事实上，后一个问题在科学上后来被证明是缺乏实际价值的，[*] 前一个问题之下则硕果累累。开普勒对它的回答是，一定有**一种来自太阳的力**在驱动着行星在它们轨道各处的运转。外行星移动速度较慢，是因为这股驱动力随距离按比例减小，"就像光的力量一样"。

这一提议的革命性意义不可低估。自古以来第一次，人们不仅试着用几何术语去**描绘**天体运动，而且试图为天体运动找到一个**物理上的原因**。在天文学和物理学长达2000年的分离之后，我们已经到达了它们再次汇合的节点。分裂了的心灵的两个部分这次重聚，带来了石破天惊的答案——开普勒的三大定律，也是支撑后来牛顿所建立的现代宇宙的支柱。

---

[*] 至少，我们的数学工具尚不足以解决太阳系的起源和形态的问题。在正确的时间提出正确的问题，这是非常重要的。

再一次，就像在慢动作影片中一样，我们有幸可以看到开普勒是如何被引导走出了这决定性的一步的。在下面这个出自《宇宙的奥秘》的关键段落中，注释号是开普勒自己写的，指向的是他在第二版中的注释：

如果我们想更接近真相，建立［行星的距离和速度之间的］比例之间的某种对应关系，那么我们就必须从这两个假设之间做出选择：要么是离太阳越远，移动行星的灵魂[ii]就越不活跃；要么是只存在一个移动行星的灵魂[iii]，位于所有轨道的中心，那就是太阳，行星越近，它驱动行星的力量就越强，但它作用于外行星的力量几乎耗尽，因为距离太远，它所能产生的力量就减弱了。[11]

在第二版中，开普勒作的注释如下：

（ii）这样的灵魂不存在，我在《新天文学》中已经证明了。

（iii）如果我们将"灵魂"一词替换为"力"，那么我们就得到了《新天文学》中我的天空物理学的基础原理……我曾经一度坚定地认为，推动行星的力量是一种灵魂……然而，我想到这引起运动的作用随距离而成比例地减小，就像阳光离太阳越远而成比例地减弱一般，于是我就得出了这样一个结论——这个力量必须是具有实质性的，这里所谓的"实质性"并非指它如字面意思所示的某种实质的东西，而是……类似于我们说，光是有实体的东西，意思是指从一个具有实体的物体中流射出来非实质性的实体。[12]

在此我们见证了"力"和"辐射能量"这两个现代概念的遮遮掩掩的出现，它们既是物质的，也是非物质的，而且，总体而言，它们与被它们所替换掉的那些神秘概念一样意义含混、令人困惑。在我们看到开普勒（抑或是帕拉塞尔苏斯、吉尔伯特、笛卡尔）的思路的同时，我们不免会发现，认为人类在文艺复兴和启蒙运动之间的某一个时刻就像一只跳出水面的小狗一样，浑身一抖就甩掉了所谓的"中世纪的宗教迷信"，转身走上了科学的光明大道，乃是全然的谬误。在这些人的头脑里，我们看到的不是与过去的生硬断裂，而是他们关于宇宙的经验符号的逐渐转变——从致动灵魂（anima motrix）转变为致动力量（vis motrix），从神话意象转变为数学的象形文字——一个从未被彻底完成，以及我们希望永远不会被彻底完成的转变。

开普勒理论的细节再次全错。他赋予太阳的驱动力与引力全无相似之处，它更像是一条鞭子，在驱赶着慢吞吞的诸行星沿自己的轨道行进。其结果是，开普勒在确定行星距离与周期定律的第一次尝试中错得是如此离谱，以至于连他自己也不得不承认。[13] 他伤感地补充道：

> 虽然我本该从一开始就预见到这一点，但我却不想向读者们隐瞒我的冒失，让他们去白费力气。哦，真希望我们能活着看到两组数字相互吻合的那天！……我只求有人能沿着我已经开辟出的道路奋发前行，继续去寻找答案。[14]

然而，找到正确答案的正是开普勒自己，在他的生命接近终点的时候——这就是他的第三定律。在《宇宙的奥秘》第二版中，他给这句话"哦，真希望我们能活着看到……"加了一条注释，是这么写的：

> 22年后，我们已经活着看到了这一天，并且为之欢欣鼓舞，至少我是这样的；我相信梅斯特林和许多其他人……都将分享我的快乐。[15]

《宇宙的奥秘》最后一章回到开普勒思想洪流的中世纪之滨。它被描述为"饕餮大餐后的甜点"，讲述了宇宙的第一天和最后一天天空上的星座。我们眼前是一个为创世做出的前景广阔的星座运势，始于公元前4977年4月27日星期天。但关于最后一天，开普勒谦虚地讲："我发现不大可能从内在的依据中推断出这些运动的终结。"

开普勒的第一本书，一个由5个正多面体来确定宇宙架构的梦，就在这句孩子气的话中结束了。人类的思想史见多了贫瘠无用的真理和硕果累累的错误。事实证明，开普勒的错误带来了极为丰硕的成果。"我整个人生、我的研究和工作的方向，就由这本小书来盖棺论定了。"25年后他这样写道。[16] "因为从那以后我发表的几乎所有天文学书籍，都与这本小书的某个主要章节有关，要么是那个章节更完整的阐述，要么是对那个章节的补全。"[17] 然而，他也暗示了这一切的本质上的矛盾，因为他还说：

> 人类在形成对天体世界的见解中所走过的道路，在我看来，几乎与这些问题本身一样，值得惊叹。[18]

3. 回归毕达哥拉斯

在前面的章节中有一个关键的问题没有解释。究竟是什么如此有力地吸引了当时还是神学学生的开普勒，让他开始关注哥白尼式的宇宙呢？在自我剖析中，他明确写道，这不是出于对天文学本身的兴趣，他是出于"物理的，或者可以说是形而上学的原因"而发生的转变。在《宇宙的奥秘》的序言中他几乎一字不差地重复了这句话。这些"物理的或形而上学的原因"，在不同的段落中他的解释不同；但是，它们的主旨是一样的，即太阳必须在宇宙的中心，因为它是天父上帝的象征，是光与热的源泉，是驱动行星在其轨道上运行的力量的产生者，而且因为以太阳为中心的宇宙在几何学上更简单、更令人满意。这似乎是四个不同的原因，但它们在开普勒的头脑中形成了一个单一的、不可分割的复合体——一个新的神秘主义和科学相结合的毕达哥拉斯式的综合体。

我们回想一下，在亚里士多德把第一推动者放逐到宇宙的边缘之前，毕达哥拉斯学派和柏拉图认为，神的生命力是从宇宙的中心向外辐射的。在哥白尼系统中，太阳再次占据了毕达哥拉斯的中央火的位置，但神仍然在外面，太阳既没有神的属性，也没有对行星的运动产生任何物理性的影响。在开普勒的宇宙中，所有的神秘属性和物理作用都集中于太阳，而第一推动者回到了他所属的焦点位置。看得见的宇宙是圣三位一体的象征和"标志"：太阳代表圣父，恒星天代表圣子，来自圣父、穿过星际空间发生作用的那些无形的力则代表圣灵：

> 位于移动的群星正中的太阳，本身静止不动，却是运动的根源，它代表着上帝的形象，天父和造物主……他通过某种媒介来发散他的推动力，就像天父借助圣灵创造万物一般，而这个媒介中包含着移动的天体。[19]

空间具有三维，这一事实本身就体现了神秘的三位一体，是它的"标志"：

> 因而就有了实体，这些是有形的物质，以三维的外观得以体现。[20]

令上帝的思想和人的思想相统一的真理，就通过这"神圣的几何学"的永恒、终极的真相被呈现在了开普勒面前，就像它当年显现在毕达哥拉斯兄弟会那些人面前一样。

> 为什么要废话？几何学在创世之前就已经存在，与神的思想永远共存，就是神本身（在神自身存在的岂不就是神自己？）；几何学为神提供了一个创世的模型，它与神的形象一道被植入了人的身上——它并非只通过眼睛进入人的心灵。[21]

但是，如果神是按照一种几何模型创造了世界，并赋予人以几何学知识，那么，年轻的开普勒认为，通过纯粹先验的推理，或者可以说通过阅读造物主的思想，就完全能够推断出整个宇宙的蓝图。天文学家是"神的祭司，是被召唤来解释自然之书的"，祭司肯定有权利知道答案。

如果开普勒的发展只是到此为止的话，那么他就只是一个怪人而已。不过，我已经指出了这本书第一部分中的先验推理和第二部分中的现代科学方法之间的对比。正如我们即将看到的，这种神秘主义与实证主义并存、天马行空的臆想与顽强勤勉的研究并存的特点，将是开普勒从青年时期一直到晚年的主要特征。生活在分水岭时代的其他人也显示出相同的双重性，但在开普勒身上，这种双重性更为纠缠也更为突出，他将其发挥到了极致，近乎疯狂。它解释了他作品中的鲁莽轻率和迂腐谨慎、烦躁和耐心、天真烂漫和哲学深度的高度混杂。这让他敢于问出一些没人敢去问的问题，那些人若去问，一定会为自己的大胆而颤抖，为自己明显的愚蠢可笑而脸红的。其中的一些问题在现代人看来是毫无意义的，另一些则促成了地球物理学与天空几何学的和解，成了现代宇宙学的开端。他自己的某些答案是错误的，这没有关系。和英雄时代的爱奥尼亚哲学家一样，文艺复兴时期的哲学家之所以了不起，也许更多是因为他们所提问题的革命性意义，而不是因为他们所给出的回答。帕拉塞尔苏斯和布鲁诺、吉尔伯特和第谷、开普勒和伽利略，他们给出的一些答案至今仍然有效；但最重要的是，他们是伟大的问题大师。然而，在事后看来，我们总是难以体察要问出一个从未被问过的问题所需要的创造性和想象力。在这方面，开普勒也保持了纪录。

他问的一些问题，是受中世纪的一个神秘主义流派的启发而来的，但事实证明它们具有惊人的创造力。第一推动者从宇宙的边缘位移到太阳——上帝的象征——物理上的实体内部，这为控制行星的引力——圣灵的象征——的概念扫清了道路。因此，以开普勒定律的尘世三位一体为基础而建立的宇宙动力学的首个理性化理论，是根植于一个纯粹的神秘主义灵感而产生的。

开普勒所犯下的那些错误的丰富程度也同样令人惊讶，这些错误从围绕5个多面体构建的宇宙到音乐和声统治的宇宙不一而足。在《宇宙的奥秘》中，开普勒通过自己的话阐明了这个由谬误中生出真理的过程。这些话就在25年后第二版的注释中，我已经提到过多次。这与他之前所宣称的这本书仿佛是聆听"上天的神谕"而写下，而且还展现了"显然是上帝的手笔"这一说法形成了强烈的反差，开普勒的注释以尖刻的讽刺谴责了这个声明的错谬。我们还记得，这本书开篇是"我的主要证据之纲要"，而开普勒的评论开头则是"悲哀如我，犯下大错"。第9章讲述了5个多面体和各个行星之间的"感应关系"，在注释中，它仅仅被称作一个"占星术幻想"而遭到了拒斥。第10章"论特殊数字的起源",在注释中被描述为"空话连篇"。第11章"论正多面体的位置和黄道的起源",在注释中被描述为"不着边际,错误,还是基于不合理的假设而来的"。第17章论水星的轨道,开普勒的评论是,"根本就不是这样","整章的推理都是错误的"。重要的第20章预示了第三定律,讲的是"论运动与轨道的关系",也一样被斥为错误,"因为我用的是没有把握的、模糊的语言,而没有使用算术的方法"。第21章讨论理论和观测之间的差异,在注释中被他以一种几乎是偏激的暴躁的口吻大加抨击,如:"这个问题是多余的……既然没有不一致,我为什么非要找一个出来?"

然而,这一章的注释中却有两条处在另一个调门上的评论:

> 如果说我的错误数字接近了事实,这只是偶然的……这些见解不值得发表。但是,它是让我欣慰的纪念:在我找到并打开那扇门让真理之光照进来之前,我走了多少弯路,在无知的黑暗中摸索了多少墙壁……我就这么做着求真的梦。[22]

在他完成了第二版的注释时(注释的长度几乎相当于著作原文的长度),老开普勒实际上已经推翻了年轻的开普勒在书中讲述的每一个观点——除了其中的个人意义。对他而言,这本书是他漫长旅程的出发点,是一个尽管在每一个细节上都是错的却是"一个求真的梦"的憧憬——"受一个善意的神的启发而来"。这本书确实包含了他后来的大部分发现的梦想或者萌芽,这些都是其错误的中心思想的副产品。但在后来的岁月里,如注释所示,这种执念被许多知识上的能力与谨慎中和掉了,没有妨碍到他思想的运作;而他对其基本真理的非理性的信仰,在情感上来讲,依然是他的成就背后的动力。如何利用非理性的痴迷产生的巨大精神能量来驾驭一种理性的追求,这似乎是天才的另一个秘密,至少是某类天才的秘密。这也许也解释了在他们身上常见的对自己成就的扭曲看法。因此,在开普勒对《宇宙的奥秘》的注释中,他骄傲地提到了他后来的著作中的一些次要发现,但一次都没有提到过他不朽的第一和第二定律——每个小学生都会把它们与他的名字联系在一起。注释主要讲述了行星轨道，但轨道是椭圆形的（开普勒第一定律）这个事实没有被提及；这就像爱因斯坦在晚年讨论他的著作时不提相对论一样。开普勒的出发点是想证明太阳系就像个围绕5个神圣的多面体建立而成的完美晶体，但他懊恼地发现，它其实是由倾斜的、难以区分的曲线所主宰的；因此才有了他对"椭圆形"这个词不自觉的避讳，对他最伟大成就的视而不见，以及对执念的影子的严防死守。[23] 他太过理智，无法无视现实，但又太过激动，无法为它估价。

一位现代学者这样评价科学革命："这整场宏伟运动最奇特、最令人气愤的特点之一是，它的伟大代言人当中没有一个人似乎足够清楚自己在做什么，或者是怎么做的……"[24] 开普勒同样发现了他的美洲，却以为那里是印度。

但是，激励他坚持下去的动力不是任何实际的好处。在开普勒头脑的迷宫里，阿里阿德涅之线就是毕达哥拉斯的神秘主义，他向宗教-科学的探索所寻求的是一个由完美的晶体形状或完美的和弦所主宰的和谐的宇宙。正是这条线，在百转千回之间牵引着他，走出了死胡同，来到最重要的几个确切的自然定律面前，愈合了天文学和物理学之间长达千年的裂痕，实现了科学的数学化。开普勒用数学的语言祈祷，将他的神秘主义信仰提炼为一位数学家的《雅歌》：

> 于是上帝他/太仁慈而不会袖手旁观/他玩起了迹象的游戏/用这世界的样子比画出他的模样，因此我碰巧想到/整个大自然和优美的天空/用几何学的符号来表示……/如此这般，作为造物主的上帝一边玩着/一边将这游戏教给了自然/他以他的形象所创造的自然/教授他曾经给它玩过的……[25]

我们终于喜迎对柏拉图的洞穴喻的反驳。现实的世界不再是实在的一个暗淡的影子，而是由上帝设定了曲调的自然的舞蹈。人的荣耀就在于他对这舞蹈的和谐与韵律的理解，他身上由神所赐予的理解数字的天赋使这种理解得以成为可能：

  ……这些数字使我感到高兴，因为它们是数量，也就是在天空之前就存在的东西。因为数量是在创世之初，随着物质一起被创造的；但天空在第二天才被创造出来……[26]　关于数量的理念曾是且仍是在神之中的，它们就是神自身；因此，它们也都以原型的形式存在于按神的形象所创造的所有心灵之中。这一点无论是那些异教的哲学家还是教会的老师都是同意的。[26a]

  在开普勒写下这一教义之际，这位年轻朝圣者的天路历程的第一阶段已经完成。他在宗教上的疑问和忧虑已经转化为神秘主义者成熟的纯真，圣三位一体转化为一个宇宙象征，他对预言能力天赋的渴望转化成了对终极原因的追寻。浑身疥癣、混乱一团的童年的苦难，留下的是一种对宇宙法则与和谐的清醒的渴求；对残暴的父亲的记忆也许促成了他对一个没有人的特征而且被不允许任性妄为的数学规则所约束的抽象上帝的想象。

  他的容貌也发生了同样剧烈的变化：那个有着肿胀的脸、纤细四肢的少年已经成长得身形精瘦、结实，皮肤黝黑，浑身充满了紧张不安的能量，刀凿斧削般的五官，如恶魔梅菲斯特一般的轮廓，而那温和、近视的双眼中的忧郁却又将他背叛。这个不安分的学生过去总是有始无终，如今却已经变成一个工作能力、体力和毅力都令人刮目相看的学者，还有一颗在科学史上无可比拟的狂热的耐心。

  在弗洛伊德的宇宙中，开普勒的青春期是一个通过升华作用成功治愈了神经官能症的故事；在阿德勒的宇宙中，这是一个自卑情结得到成功补偿的故事；在马克思的宇宙中，这是历史对航海图表需要改进的回应；在遗传学家的宇宙中，这是基因的一个畸形组合。但是，如果他的故事不过就是如此的话，那么每一个口吃者就都会成长为一个德摩斯梯尼，那些暴虐的父母也应该非常珍贵。也许水星与火星合相，以一点宇宙学的保留态度来看，也会是一种很好的解释。

3

成长的烦恼

1. 宇宙之杯

5个正多面体的灵感到来的时间是1595年7月，当时开普勒24岁。在接下来的6个月中，他激动地撰写着《宇宙的奥秘》。他写信给图宾根的梅斯特林报告每一阶段的进展，在洋洋洒洒的长信中倾吐他的想法，请求他的前老师的帮助。梅斯特林虽然牢骚满腹，但还是给予了他慷慨的帮助。

米夏埃尔·梅斯特林对于开普勒而言，是一个年龄上反向的雷蒂库斯。他比开普勒年长20多岁，却比他长寿。一幅当时的版画将他表现为一位满脸络腮胡子的杰出人士，有着一副快活却有点茫然的面容。他曾任海德堡大学数学和天文学教授，后来又在家乡图宾根任教授，是一名称职的教师，享有扎实的学术声誉。他出版过一本传统天文学的教科书，是以托勒密系统为基础的，然而在授课中，他带着钦慕之情讲到了哥白尼，从而为年轻的开普勒那活跃的思想点燃了火花。身为一个好脾气的平庸之才，他知道并接受自己的局限，对这位前学生的天分有着天真的钦佩，不怕麻烦地尽力帮助他，虽然偶尔会对开普勒没完没了的要求咆哮几句。在《宇宙的奥秘》完成后，图宾根大学的评议会询问梅斯特林的专家意见，他热情地提议说这本书应该得到出版；在获得许可之后，他又亲自监督了书籍的印刷。这在当时，实际已经是一份全职的工作；因此梅斯特林还被大学教务处训斥疏忽了自己的本职工作。他向开普勒抱怨，恼怒的语调也可以理解；而开普勒的回答除了通常的感激之词外，还说梅斯特林不用担心被训斥，因为梅斯特林会以监督《宇宙的奥秘》的印刷出版而青史留名的。

1596年2月，这本书的草稿完成了。开普勒向他在格拉茨的上司请假回家乡符腾堡，并安排该书的出版。他请假2个月，但过了7个月都还没回来，因为他陷入了一场典型的开普勒式的妄想之中。他说服了符腾堡公爵弗雷德里克，制作一个整合了那5个正多面体的宇宙模型，制成酒杯的形状。他后来承认说，是"一种幼稚、致命、想得到贵族们的青睐的渴望"，驱使他前往斯图加特，去了弗雷德里克的官邸。在一封信中他向公爵解释了自己的想法：

> 在漫长、严酷的辛劳和努力之后，去年夏天上帝曾赐予我一个天文学的重大发现；我在一本特别的小册子里解释了这个发现，我现在随时愿意将其付梓出版。整本书及有关的证明可以恰当而得体地以一个直径为1厄尔*的酒杯来展示，这个酒杯将是宇宙真实、真正的样子，是人类理性所能探索到的宇宙创造的模型，在此之前从未有人见过或听说过这样的东西。因此，我迟迟未准备这样一个模型，也没有把它给任何人看过，直到现在，我从施蒂里亚来到这里，打算把这个真实而正确的宇宙模型呈现于阁下您的面前，让您——我天生的主人，成为这世上看到它的第一人。[1]

开普勒接着建议酒杯的各个部分应该由不同的银匠制造，然后装配到一起，以确保宇宙的秘密不会被泄露出去。行星的标志可以用宝石切割——土星用钻石，木星用红锆石，月球用珍珠，等等。酒杯将盛装7种不同的饮品，通过被隐藏起来的管道从各个行星天球传到杯口边缘的7个龙头。太阳将提供一种美味的生命之水（aqua vita），水星是白兰地，金星是蜂蜜酒，月球是水，火星是高度的苦艾酒，木星是一种"好喝的新白

---

* 旧时英制长度单位，等于45英寸（约1.14米）。——编者注

葡萄酒"，土星是"劣质陈酒或啤酒"，好"借此羞辱和嘲笑那些对天文学一无所知的人"。开普勒向弗雷德里克保证，定制这样一个杯子，是为了学问，也是为了全能的上帝，这样他仍是弗雷德里克顺从的仆人，希望这可以被允许。

公爵在开普勒来信的信纸边缘写道："让他先制作一个铜质的模型，等我们看到这个模型再决定是否值得制作一个银质的，我们会有办法的。"开普勒的信写于2月17日，公爵的回复于次日传达给他。弗雷德里克的兴趣显然已经被勾起来了。但是开普勒没钱做铜质的模型，他在下一封信中向公爵怨懑地表达了这一点。作为替代，他决定实施一项极为艰巨的任务，自己制作一个包含所有行星轨道以及轨道之间的5个正多面体的纸质模型。他当时没日没夜地苦干了一个礼拜；多年之后，他还怀念地说，那个模型还挺漂亮，是他用不同颜色的纸制作的，所有的轨道是以蓝色标示的。

做好这个纸糊的大家伙以后，他把它送到了公爵处，并为其硕大和粗陋而道歉。公爵的反应再次非常及时，第二天就下令给他的官署，征求梅斯特林教授的专业意见。好人梅斯特林写信给弗雷德里克，说开普勒的酒杯模型将是一件"值得称道的学术成果"，公爵在信纸的页边写道："既然这样，我们同意制作这件作品。"

然而显然，上帝围绕这5个多面体建造宇宙要比银匠制作一个宇宙的复制品容易些。此外，弗雷德里克并不想把宇宙的奥秘以酒杯的形式呈现，而是想把它包裹在一个天球仪里。于是开普勒又制作了另一个纸质模型，留给了银匠，并于9月返回格拉茨，此时他在弗雷德里克的宫廷浪费了将近半年时间。但公爵不愿意放弃这个项目，这事于是又拖了几年。1598年1月，开普勒写信给可怜的梅斯特林（他现在担任这两位的中间人）："如果公爵同意，最好的办法是把整个废品打碎，把银子退还给他……这个东西简直一文不值……我当时太急于求成了。"[2] 但是6个月之后，他又通过梅斯特林提交了一个新的方案。之前的那个酒杯，上次变成的是一个天球仪，这次又变成了一个活动星象仪，由一个发条装置来驱动。这东西的说明书有10页对开纸那么长。开普勒向公爵汇报说，一位法兰克福的数学家雅各·库诺，提出要建造一个星象仪来模拟天球的运动，它"在未来6000年到1万年的时间里，误差都不会超过1度"。但是，开普勒解释说，这样的仪器会很臃肿，而且建造费用太高，因此他提议建造一个小一点的星象仪，只保证使用一个世纪。"因为我们不指望（除了最后的审判之外）这样一件作品会在一个地方待上百年而不被打扰。太多的战争、大火及其他变故常常发生。"[3]

这种往来通信又持续了2年；随后这个话题终于幸运地被遗忘了。但是这个堂吉诃德式的轻率之举难免令人想起他的父亲、叔叔和弟弟的命运多舛的流浪生活。他用大胆的设想和明明白白的苦干，发泄掉了自己体内与生俱来的躁动不安；但不时地，在他的血液里残留的一些毒素会让他在面对一连串糟心事的时候突然爆发，把这位智者转瞬间变成小丑。这个事实在开普勒第一段婚姻的悲喜剧中表现得极为明显。

2. 婚姻生活

在他奔赴符腾堡之前，开普勒在格拉茨的朋友为这位年轻的数学家找到了一位准新娘，那是个富裕的磨坊主的女儿，才23岁就已两度丧偶。芭芭拉·米勒克，16岁被迫嫁给了一个中年木匠，2年后木匠就死了；然后嫁给一个老年丧偶的出纳员，这位出纳员还带着一群畸形残疾、有慢性病的子女。在他适时地归天后，他的子女骗取他信托金的事情也败露了。开普勒描述芭芭拉是个"头脑简单、体态丰腴"的女人，当时正与她的父母住在一起，想来他们对她的未来也没什么太高的期望。然而，当开普勒通过两位可敬的中间人（一位督学，一位执事）向芭芭拉的父母提亲时，却还是被这位自负的磨坊主拒绝了，理由是他不能把芭芭拉和她的嫁妆托付给这样一个地位卑微、薪水微薄的人。由此开始了开普勒的朋友们与这家人旷日持久而又卑鄙的谈判。

他前往斯图加特时，什么都还没定下来，但在春天时他朋友写信给他，说他的提亲已被接受，劝他赶紧回家，并从乌尔姆带"一些足够为你自己和新娘做婚服之用的上好丝绸，或者至少是最好的双层塔夫绸"。但是开普勒太过专注于他那个模拟宇宙的银酒杯，就推迟了归期，等他回到格拉茨时，芭芭拉小姐的父亲又再次改变了主意。开普勒似乎没有太在意，但他那些不屈不挠的朋友继续努力，学院院长，甚至教会当局都加入了。"现在他们争先恐后地又是找寡妇，又是找她的父亲，快速把他们攻下，得以给我选了一个新的日子举办婚礼。就这样，一下子，我开始另一种生活的所有计划崩塌了。"4

根据星象所示，"在一片惨淡的天空下"，婚礼于1597年4月27日举行。《宇宙的奥秘》第一批印本送达，令他感到稍许安慰，但就算这件事也并非全都令人高兴。他不得不以现金购买200本书，以补偿出版社所冒的风险；而在法兰克福书展目录上的作者名字则由于印刷错误从开普勒变成了"雷普勒"。

对婚姻的总体态度，尤其是对自己妻子的态度，开普勒以惊人的坦白口吻在几封信中有所吐露。第一封是写给梅斯特林的，日期是在婚礼前一个星期。这封信有对开本近6页那么长，而直到最后一页才提到即将到来的大事：

> 我只想请你帮一个忙，在婚礼那天，请你为我祈祷。我的财务状况这个样子，若是我明年不幸离世，那么死后的状况没人比我更悲惨的了。我必须要花一大笔我自己的钱，因为这儿的习俗就是婚礼要大办特办。但是，如果上帝允许我多活几年，我就被限制、被约束在这个地方了……因为我的新娘在这里有地产、朋友和一个富裕的父亲；似乎几年后我就不再需要我的薪水了……这样的话我就不能离开这个州，除非发生天灾人祸或个人不幸。天灾人祸包括国家变得对路德宗教徒而言不再安全，或者是已经集结60万人的土耳其人打过来。个人不幸即我的妻子去世。5

没有一个字提到他的未婚妻是怎样的人或者他对她的感情。但在2年后的另一封信中，他抱怨了她的星相，说她"命运悲惨不幸……在所有的事情上她都糊涂拘谨。此外，她还难产。其他事也都一样糟心"。6

她去世后，他描述她的用词更加令人郁闷了。她知道如何给陌生人留下好印象，但在家里她不是这么做的。她憎恶她的丈夫作为天文学家的卑微地位，对他的工作一点也不了解。她从不读书，连故事都不看，只是日日夜夜地啃着她的祈祷书。她"表情麻木、愠怒、孤独、忧郁"。她总是病恹恹的，受忧郁症的折磨。当他被扣发薪水时，她不肯让他碰她的嫁妆，甚至连个杯子都不愿意让他去典当，也不愿动她的私房钱。

> 因为一直生病，她的记性很差，我常常提醒和告诫她，否则她没办法控制，经常无法处理自己的事，结果搞得她很生气。很多时候我甚至比她更无奈，但由于我的愚昧无知，我们总是在争吵。总之她本性狂暴，表达她的愿望也全是愤怒的声调；这刺激我忍不住想招惹她，我觉得后悔，因为我的研究工作有时让我考虑不周；但我接受了教训，我学会了对她要有耐心。当我看到她把我说的话当了真，我宁可咬掉自己的手指也不愿再去招惹她……[7]

她的贪欲使她忽视自己的外表，但她对孩子非常舍得花钱，因为她是个"完全被母爱束缚"的女人；对于她的丈夫，则是"没有多少爱给我"。她唠唠叨叨地埋怨，不仅埋怨他，也埋怨女佣，结果"一个女佣都留不住"。她会在他工作时拿家务事打扰他。"她听不懂就一直问，我可能不耐烦了，但我从来没有骂过她是傻瓜，不过她可能觉得我认为她傻，因为她非常敏感。"[8]对这个多年悍妇的描述基本上就是这些了。

婚礼后9个月，他们的第一个孩子出生了，是个小男孩，生殖器畸形，"构造看上去就像一只被煮熟的乌龟缩在壳里"[9]。开普勒解释说，这是他妻子爱吃乌龟导致的。2个月后，这个孩子死于脑膜炎，第二个孩子是个小女孩，在出生1个月后死于同样的疾病。芭芭拉夫人又生了3个孩子，其中一男一女活了下来。

总之，他们的婚姻持续了14年；芭芭拉死时37岁，心智狂乱。婚姻的星座运势灾祸不断，开普勒的占星术在预言灾祸方面几乎总是对的。

3. 热身活动

　　1597年春季，《宇宙的奥秘》终于印讫，骄傲的年轻作者把一本本书送到他能想到的所有著名学者那里，包括伽利略和第谷·布拉赫。当时还没有科学杂志，幸运的是，也没有书评家；另一方面，在学者之间和一个广泛的国际学术网络中，信件来往交流非常深入。通过这些手段，这位无名年轻人的书引起了一定的反响；虽然不是书的作者所预期的大轰动，但考虑到德意志在一年中出版的科学（和伪科学）书籍的平均数量远远超过1000本，[10] 这已经算是够不简单的了。

　　但这种反应并不令人感到意外。从托勒密到开普勒，天文学一直都是对天空的纯粹描述性的地理学。它的工作是提供恒星的星图，太阳、月球和行星的运动时间表，以及如日食/月食、冲相、合相、夏至、冬至、春分、秋分及其他特殊事件的时间表。这些运动的物理上的原因，其背后的自然力量，都不是天文学家关心的问题。只要需要，随时都可以往现有的轮圈装置里面再加上几个本轮，反正它们都是虚构的，没有什么关系，也没有人相信它们确实存在。负责轮圈转动的智天使和炽天使的层级结构，自中世纪末期以来，就被视为另一个优雅而诗意的虚构。因此，天空的物理学已经成了一片完全的空白。有事件发生但没有原因，有运动但没有推动的力量。天文学家的任务是观察、描述和预测，而不是寻求原因——"他们的任务不是问为什么"。让对天文现象进行任何理性和因果的研究都变得不可想象的亚里士多德式物理学开始逐渐衰落，但它在身后留下的只是一片真空。耳旁仍然回响着转动星体的天使们已经消失的乐音，但一切都归于寂静。在这片饶沃的静谧之中，这个由神学家转为天文学家的年轻人那未成形的、结结巴巴的声音立即得到了聆听。

　　学者们的意见根据其思想原则上的不同而产生了分歧。具有现代的、实证思想特征的，如帕多瓦的伽利略、阿尔特多夫的普雷托利乌斯，反对开普勒神秘主义的先验思考，因而也就反对整本书，却没有意识到在谷糠之下隐藏的爆炸性的新思想。尤其是伽利略，似乎从一开始对开普勒就有偏见，我们将在后面详细讨论。

然而，那些居住在分水岭另一侧的人，那些相信对宇宙秩序的先验推导的永恒之梦的人，他们倒是兴高采烈。当然，尤其是可爱的梅斯特林，他写信给图宾根大学的评议会说：

> 这本书的主题是崭新的，过去从未有人想到过。它极为独到，非常值得在知识界加以推广。以前有谁敢于去想，甚至去尝试，从造物主隐秘的知识中先验地揭示和解释这些天球的数量、次序、大小和运动呢？但开普勒就去动手做了，而且他成功地完成了这一工作……从今以后，[天文学家们]应该再不必根据托勒密和哥白尼的方式，用观察的方法（许多观察结果即便不说是可疑的，至少也是不精确的）去后验地探索天球的大小了，因为现在天球的大小已经先验地确定好了……借此天球运动的计算将变得更加顺利……[11]

耶拿的利姆纽斯也十分兴奋，表达了类似的感受。他祝贺开普勒、天文学所有学者以及整个知识界，称"古老、庄严的[柏拉图式的]做哲学的方法终于被复活了"。[12]

简而言之，这本带着新宇宙学的种子的小书，得到了未能看到其内涵的"反变革派"的欢迎，受到了同样未能看到其内涵的"现代派"的反对。只有一个人采取了中间路线，在反对开普勒天马行空的幻想的同时，立刻意识到了他的天才，这就是当时最杰出的天文学家第谷·布拉赫。

然而，开普勒不得不等到3年后才与第谷会面，成为他的助手，开始他真正的毕生的事业。在这3年中（1597—1599），他终于静下心来认真进行数学研究，在他写作《宇宙的奥秘》时他的数学还非常差劲，此外他还进行了很多五花八门的科学的和伪科学的研究。这就像在大赛前热身一样。

他给自己定下的第一个任务是找到地球围绕太阳运行的直接证据，即证明恒星视差的存在。恒星视差指的是由于地球每年在轨道上运行的位置变化而产生的恒星视位置的偏移。他缠着所有与他通信的人，请他们帮他提供观测数据，却一无所获，最后决定自己去观测；但他的"天文台"

不过是他自制的一根用绳子从天花板上悬吊下来的木棍。"这来自一个与我们祖先的木屋类似的工作间 —— 先别笑，朋友们，你们马上就能看到这一奇观。"[13] 虽然如此，开普勒预想它本该是足够精确的，足以显示从地球轨道的极值点所看到的北极星位置小到半度的差异。然而，他没有发现任何差异，缀满群星的天空面无表情，看起来一成不变。这意味着要么地球是静止不动的，要么宇宙的大小（即恒星天的半径）比以前估计的要大许多。准确地说，它的半径必须至少是日地距离的500倍。这相当于24亿英里，按我们的标准算是小数目，即使按开普勒的标准，也不算太多，只比他此前预期的多了5倍。[14] 但是，假设甚至更精确的仪器也不能显示出视差的话，这意味着恒星离我们的距离远得不可思议，在上帝的眼中，这样的宇宙大小还好，缩水的只是人类的大小。但这不会降低他的精神高度，"否则，鳄鱼或大象会比人更接近上帝的中心，因为它们比人更大。有了这个以及类似的知识药丸的帮助，我们或许能把这巨大的一口消化掉"。[15] 事实上，从那之后还没有发现有什么药丸能消化这无穷大的一口。

　　别的让他忙碌的问题则包括：他对光学的初期研究，从中最终产生了一门新的科学；对月球轨道，对磁性，对气象的调查研究 —— 他开始记录天气日志，并且坚持了二三十年；对《旧约》年表的研究；等等。但是在这些兴趣中最主要的是对天球和谐的数学法则的探索 —— 这是对他的执念的进一步发展。

　　在《宇宙的奥秘》中，开普勒曾试图围绕5个毕达哥拉斯多面体建立他的宇宙。由于理论并不完全符合事实，他现在打算围绕毕达哥拉斯体系的音乐的和谐来建立他的宇宙。20年后，这两种思想的结合才带来了他的巨著《世界的和谐》，其中论述了开普勒的第三定律，但是他在格拉茨的最后几年就已经为此打下了基础。

　　这个新的想法甫一出现，他的信中就开始洋溢着兴高采烈的"尤里卡"了："让诸重天充满空气，它们就会发出真正的音乐。"但是，当他开始为他的宇宙音乐盒进行详细的测算的时候，他遇到了越来越多的困难。他总是能找到借口，把大概刚好能契合的音程分配给任意一对行星。当事情变得棘手，他就向毕达哥拉斯的影子寻求帮助，"除非毕达哥拉斯的灵魂已经与我合一"。他成功地建立了一个系统，但它的不足之处在他自己看来也是显而易见的。最主要的问题在于行星并非匀速运动，而是在接近太阳时速度较快，远离太阳时速度较慢。因此它并不是按照固定的音高发出"嗡鸣"，而是在一个高音音符和一个低音音符之间交替往复。两个音符之间的间隔取决于行星轨道的倾斜度或"偏心率"。但偏心率只能不准确地估计。这与他在试图确定那些正多面体之间的天球壳的厚度时遇到的问题是同一个难题，球壳的厚度也是取决于偏心率的。如果这些值未知，又如何能建造出一系列的水晶天球或是一件乐器呢？在这个世界上只有一个人拥有开普勒所需要的精确数据：第谷·布拉赫。

现在他所有的希望都集中在第谷和新的世界奇迹——他的天堡天文台之上了：

> 让我们全都保持安静，倾听第谷的话，他35年来一直致力于观察……我等待的就是第谷，他会给我说明行星轨道的次序和安排……然后我希望有一天，如果上帝还让我活着，我将筑起一座奇妙的宏伟大厦。[16]

因此，他知道那座大厦的建设还在遥远的将来，虽然他在心情愉快的时候会声称大厦已经落成了。在他头脑发热的时候，理论和事实之间的不符在他看来就都是些无须重视的细节，可以要点小花招搪塞过去；然而他自我分裂的另一半却谦卑地承认自己有遵循学术上的精确和耐心观察的义务。他一只眼用来阅读神的思想，而另一只眼却羡慕地瞟向第谷那光芒四射的浑天仪。

但第谷拒绝公布他的观察结果，要等到他完成他自己的理论才行。他小心守护着他的宝藏——大量的数据，那是他毕生工作的成果。

> 他的任何一件仪器的花费，[年轻的开普勒痛苦地写道，]都超过了我以及我全家所有财产的总和……我对第谷的看法是这样的：他是最富有的，但是和大多数富人一样，他不知道如何正确地使用他

的财富。因此，我们必须设法从他手中攫取他的财富。[17]

在这一声呐喊中，开普勒表明了他对第谷·布拉赫的意图，这是在他们初次会面的前一年。

4. 等待第谷

如果开普勒没有如愿获得第谷的宝藏，他就永远也不可能发现他的行星定律。开普勒去世后仅12年，牛顿就出生了，如果没有行星定律，牛顿也无法得出他的综合理论。无疑就算他们不做也会有其他人去做，但这样的话至少这次科学革命可能就会带有不同的形而上学意味，如果它不是被英国的实证主义者创立，而是，比方说，被一个有托马斯主义倾向的法国人或是一个德国的神秘主义者创立的话。

这些无端的猜测仅仅是试图在不同的地方插入问号，对人们所认为的科学思想的演变具有的逻辑必然性和严格的决定论提出疑问。埃及艳后克里奥帕特拉的鼻子的形状不仅影响了战争，也影响了意识形态。牛顿宇宙的数学无论由谁解答出来结果都是一样的，但是它带来的形而上学气候可能就大相径庭了。[18]

然而，当时的开普勒定律能否就位留待牛顿的到来，还很难说。[19] 这些定律只能经由第谷的帮助才能被发现；而等到开普勒与他见面的时候，第谷只剩下18个月可活了。如果是天意注定了他们会面的时间，那么可以说天意是选择了一种颇为执拗的方式：开普勒被宗教迫害撵出了格拉茨，被赶到了第谷的怀抱之中。尽管他总是努力体会上帝的思想，但他从未感谢过上帝这番马基雅维利式的韬略。

他在格拉茨的最后一年——也是那个世纪的最后一年，确实是难以忍受的。哈布斯堡王朝年轻的斐迪南大公（后来的皇帝斐迪南二世）决定清除奥地利各州的路德宗异端分子。1598年夏天，开普勒的学校被关闭，9月，所有的路德宗传教士和教师被勒令在8天之内离开各州，否则就没命。后来其中只有一人被允许返回，这就是开普勒。他的这次流放，也是第一次流放，持续了不到1个月的时间。

为什么会对他例外，其原因也相当有趣。他自称[20]大公"对我的发现感到很高兴"，说这就是他讨得大公欢心的原因；此外，作为一位数学家，他所占的是一个"中立的职位"，使他有别于其他教师。但事情并没有那么简单。开普勒当时还有一个幕后的强大盟友：耶稣会。

2年前，巴伐利亚大法官、天主教徒赫尔瓦特·冯·霍恩堡，业余哲学家兼艺术赞助人，曾询问开普勒及其他天文学家对某些年代性问题的意见。这是两个人之间长达一生的通信和友谊的开始。赫尔瓦特把他给开普勒的信件交由驻布拉格皇宫的巴伐利亚使者，由其转交给驻格拉茨斐迪南皇宫的一位圣方济各会长老，以此巧妙地表达了他对这位新教数学家的呵护与关注。他也指示开普勒使用同样的渠道。在写给赫尔瓦特的第一封信中，[21] 开普勒欣喜地写道："您的信给我们政府的某些人留下了非常深刻的印象，再没有什么比这更有助于我的名誉的了。"

这一切都做得非常巧妙。不过在后来，天主教会尤其是耶稣会更是公开地积极代表开普勒的利益。这个善意的举动似乎有三个原因。首先，在宗教纷争的混乱中，学者在一定程度上仍然被视为圣人，想想但提斯克斯主教颁发法令处置路德宗异端的时候，雷蒂库斯是如何在天主教的瓦尔米亚受到款待的。其次，耶稣会继多明我会和方济各会之后，正开始在科学，特别是天文学方面，起到主导作用，这不光指的是他们允许派驻在偏远国家的传教士预测日食、月食及其他天文事件，产生巨大的影响。最后，开普勒本人不同意路德宗学说的某些教义，这使得他的天主教朋友们希望——尽管是无谓的希望——他可以改宗天主教。他被敌对双方的教会神职人员排斥，他们在讲道坛上相互大吼大叫的时候就像泼妇一样，或者说就像老塞巴尔杜斯的房子里他的父母和亲戚一样。而他的态度就如同温柔的吉泽主教一般："我拒绝应战。"他有时候也会两面讨好。然而，他拒绝改变立场，甚至当他被自己的教会驱逐时也是如此，我们将在后面讲到。当他怀疑赫尔瓦特指望他转变信仰，就写信给他：

> 我是一个基督徒，路德宗的教义是我的父母教给我的，我反复思

考过它的基础，每日追问，然后接受了它，恪守不渝。虚伪我从未学过，我对信仰非常认真，我不会拿信仰开玩笑。[22]

这是一个有着基本良知的人的爆发，他被迫在时代的波涛汹涌中游弋。对于宗教的问题，他在环境允许的情况下做到了尽可能地真诚；无论如何，他与正道的偏差或许还不如他的行星轨道与上帝的5个正多面体之间的偏差。

然后在1599年10月，开普勒破例被允许从流放中返回。由于学校已经关闭，他可以用大部分时间进行对天球和谐的思考。但他知道，流放的撤销只是暂时的，他在格拉茨可待的日子已经屈指可数了。他陷入了严重的抑郁当中，他第二个孩子的去世更加深了他的抑郁。1599年8月，在一封绝望的信中，他请求梅斯特林帮他在家乡即新教的符腾堡找一份工作。

> 时机再合适不过了。上帝给我这果实，只是为了再次把它拿走。孩子死于脑膜炎（和一年前她的哥哥一样），活了35天……要是她的父亲很快随她而去，也不算奇怪。因为在匈牙利，随处可见带血的十字架，立在男人的尸体上，还有类似的血迹，出现在房屋的大门口、长椅上和墙壁上，历史告诉我们这是一种瘟疫的标记。就我所知，我是我们镇上第一个在左脚上看到一个小十字的，它的颜色从血红色变成黄色。这个十字的位置是在脚上，在脚背的中间，脚趾到胫骨之间的正中，我想这就是基督的脚被敲钉子的地方。我还得知，有人在手心上有血滴形状的标记。但到目前为止，我的手上还没有出现……
>
> 痢疾肆虐，屠杀这里的男女老少，特别是儿童。树木林立，它们的树冠上都是枯叶，仿佛被一阵灼热的风吹过一样。然而，毁掉它们的不是炎热，而是虫子……[23]

他还有更大的恐惧。有流言说要酷刑拷问异端分子，甚至要用火刑。

他因为按照路德宗的仪式埋葬死去的孩子而被处以10个塔勒*的罚金，"其中一半在我的请求下被免除了，但我必须支付另一半，否则不得把我的小女儿送进她的坟墓"。如果梅斯特林不能马上给他找到工作，能否至少告诉自己符腾堡的生活费用："酒多少钱，麦子又是多少钱，熟食的供应情况如何（因为我的妻子不习惯于吃豆子过活）。"

但是梅斯特林知道，他所在的大学绝不会给任性难管的开普勒提供工作，而且他也烦透了开普勒没完没了的要求和纠缠；更何况，开普勒在求助信之后还写了这些愚蠢的话：

> 当然，没有人会驱逐我。国会成员中最智慧的先生们最喜欢我，总是想在吃饭时和我谈话。[24]

这就难怪梅斯特林低估了形势的紧迫性，在5个月之后才回了一封闪烁其词、充满怨气的信："但愿你向比我更睿智，在政治上更有经验的人寻求建议，我承认，在这些事务上，我就像个孩子一样懵懂无知。"[25]

只剩下一个希望了：第谷。在前一年，第谷曾在一封信中表示希望开普勒"哪天"能去拜访他。虽然开普勒渴望得到"第谷的宝藏"，但这份邀请措辞太过笼统，旅途太漫长，费用又高。然而，这时候，对于开普勒而言，这已经不再是科学求知上的事了，他已经到了为一个新家和一个新营生而火烧眉毛的地步了。

这时，第谷已被鲁道夫二世任命为皇家数学家，并居住在布拉格附近。开普勒期待已久的机会来了——有一位霍夫曼男爵是皇帝的顾问，必须从格拉茨回到布拉格，他同意带开普勒一起作为随从人员。承蒙历史的好意，开普勒启程去与第谷会面的日期很好记——公元1600年1月1日。

---

* 15世纪早期到19世纪末德意志地区被广泛使用的银币，在开普勒的时代，1塔勒等于3马克。——编者注

4

第谷·布拉赫

1. 对精确的追求

约翰内斯·开普勒是一个来自怪胎家庭的穷苦人；而第谷·布拉赫是来自哈姆雷特故乡的大老爷，有着纯丹麦血统，是野蛮好斗、堂吉诃德式的贵族子弟。他父亲曾任赫尔辛堡的总督，赫尔辛堡隔着松德海峡与赫尔辛格相望；他的伯父约根是个乡绅、海军中将。

这个约根伯父膝下无子，他要他的兄弟也就是总督答应，如果到时候他有儿子，约根就可以抱去收养，当自己的儿子一样把孩子养大。老天爷似乎不同意这种安排，1546年，总督的妻子为他生下了一对双胞胎儿子；但不幸的是，其中一个是死胎，于是父亲食言了。约根，一个真正的、顽固的布拉赫，等到他兄弟又生了一个儿子，就拐走了他的头生子，也就是第谷。总督本人也是一个真正的布拉赫，他威胁要杀人，但在知道孩子会得到很好的照顾，而且还会继承约根的一些财产之后很快就冷静下来，大方地肯定了既成事实。结果很快就出事了，比预期的更快，在第谷还是学生时，他的养父就过早地光荣牺牲了：那次，他刚从一场对瑞典人的海战归来，骑马跟随国王过桥前往哥本哈根的皇家城堡，途中国王弗雷德里克二世不幸落水了，海军中将约根于是跟着跳下水，救起了国王，之后自己则因患上肺炎而死了。

第谷在襁褓之中被拐走，是否因此受到了创伤性的惊吓，我们无从知晓；但是布拉赫家族的血统和脾气暴躁的海军中将给他的教育，足以把他变成一个派头十足的怪人。这一点只需看一眼便知，甚至从他的外表就可以看出——如果说第谷出生时嘴里衔着个银勺子的话，那么他后来又添了个披金挂银的鼻子。在还是学生时，他与另一位丹麦贵族青年决斗，在决斗中，第谷的鼻子被削掉了一部分。根据当时的记录[1]，争吵源于一场争论——两位高贵的丹麦人都称自己是更优秀的数学家。鼻子丢失的那一块似乎是鼻梁，用一块金银合金补上了。据说第谷总是随身带着一个鼻烟壶，"装着某种药膏或者是黏糊糊的什么东西，他经常把它擦到鼻子上"。[2] 在他的肖像画上，他的鼻子在那硕大、光秃的蛋形脑袋的曲线之中，坐落在冷傲的双眼和夸张地卷翘起来的八字胡之间，看上去太过直挺，颇具立体主义风格。

年轻的第谷得到了家族传统的真传，打算从政，因此13岁时便被送到哥本哈根大学学习修辞学和哲学。但在第一学年结束时，他目睹了一个事件，给他留下了极深的印象，这决定了他人生的整个未来的航向。那是一次日偏食，当然，事先已经有人预告了这次日偏食，让男孩感到震惊的是，"人类竟可以如此准确地知道恒星的运动，能够提前很长时间预测它们的位置和相对位置，这是十分神圣的事"。[3] 他立刻开始购买天文学书籍，包括托勒密的文集，花了不菲的两个塔勒银币。从这时起，他的航向已经确定，再没有偏离过。

日偏食根本算不上什么壮观的景象，那么它为什么会对这个男孩产生这样的决定性影响呢？伽森狄告诉我们，这个事件对于第谷的巨大启发在于天文事件的**可预测性**，我们可能想到，这与一个生活在喜怒无常的布拉赫家族中的孩子所经受的反复无常、凡事难以预知的童年时光形成了鲜明的对比。这算不上什么心理学解释，但值得注意的是，第谷对星体的兴趣从一开始就与哥白尼和开普勒的方向完全不同，事实上几乎是相反的方向。这不是一种思索性的兴趣，而是对精确观察的热情。第谷从14岁开始研究托勒密，17岁开始第一次观测星体，比另外两位走上天文学道路时的年龄要小得多。胆怯的哥白尼教士秘密地苦心经营他的系统，从中找到了逃避生活失败的避难所；开普勒在他的神秘主义的天球和谐中转移了他年轻时的痛苦与不堪。第谷既未遭受挫败，也没有不幸福，他只是无聊和烦躁，身为一个丹麦贵族，他感觉自己的存在毫无意义，用他自己的话说，活在"声色犬马"当中。相比之下，天文学家对星体的预测之中的那种可靠性和可信度，让他心中充满了天真的憧憬。他走上天文学的道路，不是为了逃避或是作为形而上学的救生圈，而是出于一个与环境抗争的贵族子弟全身心投入的爱好。他后来的生活似乎证实了这种解释，因为他在他的奇迹岛上招待王公贵族，但是房子的那位女主人，那个和他生了一大群子女的女人，却来自社会地位比他低很多的家庭，甚至他的婚礼都不是在教堂举办的。

在哥本哈根待了3年后，海军中将认为现在是第谷去外国读大学的时候了，因此将他送到了莱比锡，由一位家庭教师陪同。这位家庭教师就是安德斯·索伦森·韦德尔，后来成为丹麦第一位伟大的历史学家萨克索·格拉玛提库斯的译者和北欧传奇故事的收集者。韦德尔当时20岁，只比他的学生年长4岁；他收到的指示是要治愈年轻的第谷那不甚体面的对天文学的兴趣，让他回归到更适合贵族子弟的学习中。第谷买了一个小天球仪学习星座的名字，但他不得不把它藏在毯子下面；他后来又得到了一个十字测天仪，但只在家庭教师睡着时他才敢使用。然而，这样过了一年之后，韦德尔意识到第谷已经成了一个无药可救的"追星族"，于是他也就放弃了，两人成了终生的朋友。

到了莱比锡之后，第谷又接着在维滕贝格大学、罗斯托克大学、巴塞尔大学和奥格斯堡大学学习，直到26岁，他一直在搜罗更大更好的观察行星的仪器，后来又开始自己动手设计。其中有一个巨大的由黄铜和橡木制作的四分仪，直径38英尺，有4个用以旋转的把手——这是后来成了世界奇迹的一系列不可思议的仪器中的第一个。第谷只做出过一个划时代的发现，这个发现使他成了现代观测天文学之父；但是，对于现代人的思想来说，这一发现已经是不言自明的，以至于我们很难看出它的重要性。这个发现就是：天文学需要**精确**和**连续**的观测数据。

我们记得，哥白尼教士在整本《天球运行论》中只记录过27个他自己的观测结果，其余的他依赖于喜帕恰斯、托勒密和其他人的数据。这是在第谷之前的通常做法。人们自然而然地认为，用于日历和航海目的的行星表必须尽可能地准确，但除了这些实用原因所需的有限数据外，人们还没有意识到精确的必要性。这种态度对于现代人来说几乎是不可理解的，其原因的一部分在于亚里士多德主义传统强调的是性质而不是数量的测定；在这个思想框架内，只有怪人才会为了精确本身而对精确度感兴趣。此外，更具体地说，由圆周和本轮组成的天空几何学不需要很多，或者说是不需要非常精确的观测数据，原因很简单，已知圆的中心和圆周上的某一个点，或者，如果中心未知，已知圆周上的3个点，那么这个圆就已经确定了。因此，大体而言，确定行星在其轨道的几个典型的点的位置，然后以最有利于"拯救现象"的方式安排其本轮和均轮，这样就足够了。我们再看分水岭的另一侧，第谷对测量、对弧分的几分之一的执着，似乎是非常独特的。难怪开普勒称他为天文学的凤凰。

另一方面，如果说第谷超越了他的时代，那么他只比开普勒领先了一步。我们已经看到了开普勒多么渴望得到第谷的观察结果，多么渴望得到平均距离和偏心率的精确数据。要是搁在一个世纪之前，开普勒很可能就会满足于他解决宇宙之谜的桂冠，而不会为与观察数据之间的小小不符而烦恼了；但这种对待事实的形而上学意义上的轻慢态度在当时的先进思想中已经逐渐式微了。海洋导航、磁罗盘和钟表精度的不断提高，以及技术的总体进步，创造了一种尊重无可动摇的事实和精确测量的新气象。因此，例如哥白尼系统和托勒密系统之间的争论已经不再仅仅围绕理论上的论证来进行了；开普勒和第谷都各自决定让实验成为仲裁者，试图通过测量来确定恒星的视差是否存在。

实际上，第谷追求精确度的原因之一是他想检验哥白尼系统的正确性。但这也许是他另一个更深层次的诉求的合理化表现。细致的耐心和为精确而精确的态度对他来说是一种形式的崇拜。他的第一次重大经历令他满怀敬畏地认识到，天文事件是可以被准确预测的；他的第二次经历则与此相反。1563年8月17日，当时他17岁，趁韦德尔睡着的时候，他注意到土星和木星是如此靠近，几乎无法区分开来。他查看他的行星表，发现阿方索星表关于这次事件的预测偏差了整整一个月，哥白尼星表则偏差了几天。这件事让他觉得震惊而且难以容忍。如果他的家人如此看不上的天文学家们无法做得更好，那么就让一位丹麦贵族来给他们看看该怎么做吧。

　　然后他就这么做给他们看了——用的方法和装置都是世所未见的。

2. 新星

　　26岁时，第谷认为自己的学业已经完成，因此回到了丹麦。接下来的5年里即直到1575年，他先是在克努特斯楚普的家族房产中居住，然后与舅舅斯滕·比勒住到了一起，这是家族中唯一认可了第谷的不正当爱好的人。斯滕创办了丹麦的第一家造纸厂和玻璃厂，并大量涉足炼金术，第谷也给他帮了些忙。

　　像开普勒一样，第谷的一只脚站在了过去，对于炼金术和占星术都很上心；像开普勒一样，他成了一名宫廷占星家，也就不得不花费大量时间为赞助人及其朋友占星估算运势；像开普勒一样，他拿他做着的这些事当回事，看不起所有其他的占星师，认为他们就是帮江湖骗子，但又深信星象影响人的性格和命运，尽管没有人知道是怎么影响的。然而，与开普勒不同的是，他对占星术的信仰不是来自神秘主义——这与他专横霸气的本性格格不入——而是完全出于迷信。

　　在这几年中有一个重大事件沸沸扬扬传遍全世界，并且一举建立了第谷作为当时最重要天文学家的名声，这就是1572年新星的发现。在第谷的一生中，所有决定性的里程碑都是天上的标记：14岁时的日食让他走上了天文学的道路；17岁时木星和土星的合相让他意识到天文学的不足之处；26岁时他发现了新星，5年后的1577年又发现了彗星。在所有这些事件中，发现新星是最重要的。

　　1572年11月11日晚上，第谷从斯滕的炼金术实验室走回家吃晚饭，在路上瞥了一眼天上，在一个之前从没见到过有星星的方位上看到了一颗比金星最亮时还要亮的星星。这个位置在我们熟悉的"W"——仙后座——的偏西北方向一点，仙后座此时正在其最高点。这个景象太惊人了，惊得他不敢相信他自己的眼睛。他先是叫来了几个仆人，然后是几个农民，来确认一下确实是有一颗星星出现在了以前没有星星的位置。它就好好地待在那儿，非常明亮，以至于后来视力好的人甚至可以在白天看到它。而且，它在18个月里一直都保持在同一位置不动。

除了第谷以外，还有别的一些天文学家也在11月的头几天看到了这颗新星。当时是它最亮的时期。12月，它开始非常缓慢地暗淡下来，但直到第3年的3月底，才变得完全看不见了。据普林尼的《自然史》第二卷所载，公元前125年，喜帕恰斯曾在天上看到过一颗新星出现。在此之后，人们还从未见过或听说过这样的事。

这个轰动事件的重要性在于，它违背了亚里士多德主义、柏拉图学派以及基督教的基本教义，即所有的变化、所有的生成与衰败都仅限于地球的附近——月下区域；而恒星所在的遥远的第八重天，从创世之日起就是永恒不变的。历史上唯一已知的例外就是上面提到的喜帕恰斯看到的新星的出现，但那是很久以前的事了，可以假设喜帕恰斯只是看到了一颗彗星（当时认为是月下区域的大气现象）来合理解释。

这次就不同了，恒星与行星、彗星或流星的不同之处在于它是"固定的"，除了参与整个天空每日的旋转之外，它不会移动。那个明亮的布谷鸟蛋出现在"W"星座的顶端，亮度远远超过鸟巢中我们已知的那些乖乖待着的恒星。这一事件刚一发生，欧洲各地的天文学家们就热烈地开始试图确定它是否移动了。如果它动了，那么它就不是一颗真正的恒星，学院科学就得到了拯救；如果它没有移动，那么我们就必须换个方式思考宇宙。

图宾根大学的梅斯特林虽然是当时最重要的天文学家之一，却似乎没有任何仪器，他拿了一根线，伸直胳膊，让线穿过这颗新星和另外两颗恒星。几个小时之后，3颗星星仍然在同一条直线上，由此他得出的结论是新星没有移动。[4] 英格兰的托马斯·迪格斯使用了类似的方法，得出了同样的结果。其他人发现了位移，但是位移极小，当然是由于他们粗陋的仪器所导致的误差。这是第谷的绝佳机会，而且他充分地把握住了这一良机。当时他刚刚做好了一架新仪器，一个带有5英尺半长的支臂的六分仪，由一个青铜铰链连接，带有一个金属弧度盘，刻度精确到弧分，而且作为一项创新，它还带有一个旨在校正仪器误差的数字表。与他的同行们所用的投石索和石弩相比，它就相当于一门重炮。第谷的观察结果十分明确：这颗新星在天空中是静止不动的。

整个欧洲都为此而激动不已，既是为了这个发现的宇宙学意义，也是为了其中的占星学意义。这颗新星正好在圣巴托洛缪之夜对法国新教徒发动大屠杀后大概3个月出现，难怪关于这颗新星的那些洪水般涌现的小册子和文章大多都将它视为一个凶兆。例如，德意志画家乔治·布施解释说，这实际上是一颗彗星，是人类罪恶的蒸汽上升到空中凝结而成的，将它点燃的乃是上帝的怒火。它产生一种有毒的尘埃（就像氢弹的辐射尘一样），飘落到人们的头上，引发各种罪恶，如"恶劣天气、瘟疫和法国人"。更严肃的天文学家几乎无一例外地都试图将它解释为来自第八重天的来客，称它为无尾彗星，移动速度极慢，还搬来了好多其他的托词，这让第谷轻蔑地称他们为"那些观天的睁眼瞎"（O caecos coeli spectatores）。

第二年，他出版了他的处女作《新星》。在发表之前，他犹豫了一段时间，因为写书对贵族来说是一件不体面的事，他还没有完全克服这种看法。这本书是一本囊括了冗长的前言、日复一日的关于气象的日记、星座运势的预测、诗化的倾诉等内容的大杂烩，其中还包括一首长达8页的《致乌拉尼亚的挽歌》；但里面有27页详细描述了第谷对新星的观测，以及他用于观测的仪器——27页"顽固可靠的事实"，仅凭这个就足以建立他经久不衰的名望。

5年后，他给了亚里士多德宇宙学致命的一击，证明了1577年的大彗星也不是像之前认为的那样是一种月下区域的现象，而应该是在比月球遥远"至少6倍"的空间中。

关于这颗新星的物理性质以及它是如何出现的，第谷明智地承认自己并不知道。现代天文学称新星为"novae"，将它们亮度的突然增加解释为是由于一个爆炸的过程。公元前125年和公元1572年之间无疑还出现过其他的新星，但是人类对天空的新意识和对精确观察的新态度，为1572年的这颗新星赋予一个特别的重要意义：这次使它突然亮起来的爆炸摧毁了古人那稳定、封闭的宇宙。

3.魔法师的岛屿

丹麦国王弗雷德里克二世，就是被第谷的养父、已故的海军中将救了的那位，是一位哲学和艺术的赞助人。当第谷24岁还是个学生时，国王就对这位才华横溢的年轻人产生了兴趣，并且许诺，一旦大教堂第一牧师空缺，就让他挂名担任这个闲职。1575年，第谷已经小有名气，他向来喜欢旅行，并且像做其他事一样，旅游时也讲排场，于是他做了一次欧洲的巡游，去了法兰克福、巴塞尔、奥格斯堡、维滕贝格和威尼斯，拜访了许多朋友，大多是天文学家，其中也包括卡塞尔的威廉四世方伯。这位方伯不仅是一位贵族中的业余爱好者；他在卡塞尔的一座高塔上还给自己建造了一座天文台，并且对天文学非常投入，以至于一次观星时得知他家起火了，他还是平静地完成了观测，然后才开始关心起火的事。

他和第谷意气相投，在这次拜访之后，方伯就敦促弗雷德里克国王为第谷行方便，让他建造他自己的天文台。当第谷回到丹麦时，弗雷德里克给出多个城堡供他选择；但是第谷拒绝了，因为他已经决心在巴塞尔居住。巴塞尔是一个迷人的古城，人杰地灵，曾获得伊拉斯谟、帕拉塞尔苏斯和其他杰出的人文主义者的青睐。弗雷德里克真的希望能为丹麦留住第谷，1576年2月，他派遣了一位信使——一个出身贵族的青年，命令他日夜兼程，带着王室的指令，要第谷立刻去面见国王。第谷照办了，国王提出了一个童话般的提议：在哥本哈根和赫尔辛格城堡之间的松德海峡里有一个岛，长达3英里，从海边升起的白色峭壁上有一片连绵两千多英亩的台地，第谷可以在这里建造自己的住宅和天文台，费用由丹麦王国承担；此外，他还将得到一笔年度拨款，以及各种挂名闲职，这将使他跻身丹麦收入最高的人之列。经过一周的犹豫之后，第谷颇有风度地接受了这座汶岛以及随之而来的财富。

于是，1576年5月23日签发的一纸皇家文书颁布如下内容：

> 我们，弗雷德里克二世等人，昭告天下，谨以特别恩典，凭这封公开文书授予我们亲爱的第谷·布拉赫，克努特斯楚普的奥托之子，

授予他我们的仆从，我们的汶岛之地，在岛上居住的所有国王的子民以及仆从，以此产生的所有地租和劳役，本该上交给皇室的，由他拥有、使用、保留、放弃、自由处置，不收取任何租金，对他终生有效，只要他喜欢继续追寻他的数学研究……[5]

就这样，令人向往的天堡天文台在汶岛上建立起来了，第谷在那里生活了20年，将精确观察的方法传授给了这个世界。

第谷的新领地，他称之为"金星之岛，俗名汶岛"，有自己的古老传统。它常被称为"猩红岛"，一位16世纪的英格兰旅行者在他的记述中解释了这个名字的起因：

丹麦人认为这个汶岛非常重要，因为他们有一个无聊的传说，说一个英格兰的国王要想拥有它，就必须给出能覆盖全岛的猩红色布料，每一匹布的角上都要有皇家的玫瑰金币。[6]

岛上还有一些13世纪的废墟，丹麦民间传说称其与自己的尼伯龙根传说有关。岛上的居民分布在一个小村庄周围的40余个农场里，他们成了第谷的臣民，第谷像一个东方的暴君一样对他们作威作福。

第谷的天堡天文台由一位德意志建筑师在第谷的监督下建造，它将一丝不苟的精确度与梦幻般的豪奢结合，是他性格的象征。它是一个堡垒般的庞然大物，据说是"斯堪的纳维亚建筑史上划时代的"作品，但在幸存下来的木刻画上，它看起来就像是维奇奥王宫和克里姆林宫的混合物，文艺复兴风格的立面顶上是洋葱形穹顶，两侧是圆柱形塔楼，每个塔楼上都有一个可拆卸的屋顶，罩着第谷的天文仪器，周围是设有时钟、日晷、天球仪和寓言人物的柱廊。地下室是第谷的私人印刷所，由他自己的造纸厂提供纸张，还有他的炼金炉和关押不守规矩的佃户的私人监狱。他还有自己的药房、猎场和人工鱼塘。唯一缺少的是他家养的麋鹿。他本来派了人从自家的庄园那里送过来，但没能送达岛上。在途经兰茨克罗纳城堡过夜时，那麋鹿走上楼梯，到了一个空房间，在那里喝了太多的高浓度啤酒，下楼时跌跌撞撞地摔断了腿，死了。

书房里放着他最大的天球仪，直径5英尺，由黄铜制成。第谷及其助理花了25年的时间，在重新绘制天空图的过程中重新确定了恒星的位置，再将它们一个接一个地雕刻在上面。这个天球仪花费5000塔勒，相当于开普勒80年的工资。在西南方的书房里，第谷最大的四分仪——直径14英尺——的黄铜分度弧固定在墙上；分度弧内侧满刻着一幅壁饰，画着第谷被自己的仪器包围着的样子。后来，第谷又在天堡修建了第二座天文台，即"星堡"，它全部建在地下，以保护仪器免受震动和风的影响，只有圆形屋顶升到了地面以上。因此，"即使在地球的最深处，他也可以展示通往星星的道路，彰显上帝的荣耀"。[7] 两座建筑物里都放满了各类小玩意和自动装置，包括有秘密装置制动的雕像，还有一个让他能够摇铃召唤任何一个房间里的助手的通信系统——他的客人们都以为他召唤他们时用的是魔法。宾客络绎不绝，成群结队，有学者、朝臣、王孙贵族，甚至包括苏格兰国王詹姆斯六世。

在天堡的生活并不完全是人们所想象的学者之家的日常，而更像是文艺复兴时期的宫廷。贵客到访按例要举办一系列宴会，由不知疲倦、贪杯嗜饮、高大魁伟的东道主亲自主持，他滔滔不绝地谈论火星偏心率的变化，不时地往他的银质鼻子上涂抹药膏，碰上有意思的事还插科打诨地和他的小丑杰普说上几句。杰普坐在桌子下面主人的脚边，在喧闹声中喋喋不休地唠叨。这个杰普是一个侏儒，据说有未卜先知的本事，在几次事件上他似乎惊人地证明了这点。

在阴郁、扭曲、神经质的科学天才中，第谷真是令人耳目一新的异类。确实，他并不是一个原创性的天才，而是系统观察方面的巨人。尽管如此，他还是在他无休止的诗意的倾诉中展示出了天才所具有的那种自负。他的诗歌比哥白尼教士的更加可怕，而且数量更多。第谷从不缺少出版商，因为他有自己的造纸厂和印刷所。即便如此，他的诗句和隽语还是侵袭了天堡和星堡的壁画和装饰品，上面满是格言、铭文和寓言人物。其中最令人印象深刻的是他主书房的装饰，其中表现了历史上8位最伟大的天文学家，从提摩卡利斯直到第谷本人，接着是"第谷尼德斯"，一个尚未出生的后代——并附有一个说明，寄托了他能配得上自己伟大的祖先的期盼。

4. 流亡

第谷在他的猩红岛上坚持了20年；然后在51岁时，他再次开始了漫游。但那时他一生的大部分工作都已经完成。

他在回顾一生的工作时，将他的观察结果分为"幼稚且可疑的"（他在莱比锡的学生时代），"青少年时期、往往是平庸的"（在他到汶岛之前），"成年男子期、精确并且绝对确定的"（在天堡做出的观察）。[8] 天文学方法上的第谷革命，在于其前所未有的精确性和观察的连续性。第二点可能比第一点更重要：几乎可以说，第谷的工作成果与一众早期天文学家的相比，就像是录制的电影与一堆静止的照片一样。

除了对太阳系无与伦比的测量之外，他对天空图的重绘包含了1000颗恒星（其中777颗恒星的位置都很准确，其余223颗是他在离开天堡之前为了补足1000颗而匆匆填进去的）。他证明了1572年的新星是一颗真正的恒星，也证明了1577年的彗星是在远在月球轨道之外的轨道上运行的，从而清除了已经摇摇欲坠的对于天空不变和天球坚固的信念。最后，则是他提出的用来替代哥白尼系统的宇宙，虽然没有太大的科学价值，但我们将看到它在历史上所扮演的重要角色。[8a]

使第谷放弃他岛国的原因挺上不了台面的。第谷，这位斯堪的纳维亚的乡绅，他对待科学上的事有多谦逊，与人打交道时就有多跋扈；他对待他的仪器有多细腻温柔，对他的同胞就有多傲慢无礼。他对佃户做的事骇人听闻，从他们身上榨取他无权获得的劳动和物品，如果他们反对他就把他们关押起来。他对所有引起他不满的人都很粗鲁，包括年轻的国王克里斯蒂安四世。弗雷德里克国王于1588年去世（韦德尔在他的葬礼致辞中忠实地指出，他是死于酗酒），他的继任者幼时曾在这魔法师的岛上度过愉快的一天，虽然他喜欢第谷，却不愿对第谷在汶岛施行的过分统治视而不见。这时候，第谷的不可一世似乎也已经到了疯狂的边缘。他对年轻国王写来的好几封信置之不理，无视州法院甚至高等法院的判决，把一位佃户及家人都抓了。结果，这位曾经作为丹麦荣誉的伟人，成了一个全国上下彻底厌弃的人物。国王没有对他采取任何直接的措施，但他那一大堆的虚衔被缩减到了一个更合理的数量，这给了在猩红岛上已经变得越来越无聊和焦躁的第谷一个需要的借口，让他可以再次开始游荡。

几年来他一直在准备迁居外国，1597年的复活节他带了20个随从——家人、助手、仆人、侏儒杰普，带着包括印刷机、藏书、家具和所有仪器（除了最大的4个，随后送来）在内的行李以他一贯的大讲排场的方式离开了汶岛。从学生时代在奥格斯堡定制他的第一个四分仪以来，他就很注意把他所有的仪器都制成可拆卸和可运输的。"一位天文学家，"他宣称，"必须四海为家，因为他不能指望无知的政客们重视他们的效劳。"[9]

第谷的车队的第一站是哥本哈根，接下来是罗斯托克，在这里，既然已经离开了丹麦领土，第谷就写了一封相当无礼的信给克里斯蒂安国王，抱怨这个国家对他忘恩负义，并宣称他打算"寻求其他贵族和君主的帮助"，但是也很有风度地表示他愿意回来，"如果条件公平，对我没有损害"的话。克里斯蒂安回了一封令人称绝的信，信中严肃地一条条驳斥了第谷的抱怨，并明确表示，他回到丹麦的条件是"如果你希望朕作为一位仁慈的主上和国王来对待你的话，你本该以另一种方式尊重朕"。[10]

这一次第谷碰到了对手。他这辈子只在两个人面前吃过亏，一个是丹麦国王克里斯蒂安，另一个就是来自魏尔镇的约翰内斯·开普勒。

没了后路，第谷和他的私人"马戏团"继续晃悠了2年，从汉堡附近的万茨贝克城堡到德累斯顿之后再到维滕贝格。最后，1599年6月，他们到达了布拉格，或者更确切地说，是他们闯入了布拉格的神圣罗马帝国皇帝鲁道夫二世的宫禁。凭着上帝的仁慈，第谷·布拉赫被任命为鲁道夫二世的皇家数学家。他又一次拥有了他自己选择的城堡，每年有3000弗洛林的工资（开普勒在格拉茨只有200弗洛林），此外还有一些"不定的收入，可能达到数千弗洛林"。[11]

如果第谷仍然留在丹麦，在他生命余下的短暂时期里，开普勒几乎不可能负担得起去拜访他的开销。在我们看来，使他们两人都流亡在外又引导他们相会的境遇，可以凭旁观者的喜好被归结为巧合或是天意，除非人们认为在历史中也存在着某种未知的万有引力定律。毕竟，物理意义上的引力也只是一个形容超距作用的未知力量的词而已。

5. 会面的序曲

开普勒和第谷在布拉格附近的贝纳特基城堡亲身会面之前，已经通信来往了2年。

由于年轻的开普勒犯下的一个无心之错，从一开始，他们的关系就走上了歧途。这个插曲涉及第谷毕生的宿敌"大熊"乌尔苏斯（Ursus），且使得两位天文学之父看起来就像喜歌剧中的丑角一般。

来自迪特马尔的雷默斯·贝尔（Reymers Baer*），最初是一个猪倌，最终当上了皇家数学家，第谷接的就是他的班，而开普勒将接替第谷。在16世纪，要想实现这样的职业生涯转换，肯定需要相当高的天赋。而在乌尔苏斯的身上，这极高的天赋与顽强凶猛的性格结合在了一起，他随时准备以他的熊抱来粉碎受害者的骨头。在年轻时，他出版了一本拉丁语语法书和一本关于土地测量的书，随后跟随了一位名叫埃里克·朗厄的丹麦贵族，为其服务。1584年，朗厄到天堡拜访第谷，带着乌尔苏斯随行。我们马上就会发现，这次会面的气氛一定相当热烈。

在这次拜访的4年后，乌尔苏斯发表了他的《天文学基础》[12]，在书中，他阐述了他的宇宙系统。除了一些细节之外，这个系统与第谷私下里成功发展出的系统相同，但当时第谷尚未发表他的系统，因为他想要更多数据来加以详细说明。在两个系统中，地球都重获了宇宙中心的位置，但5个行星现在围绕太阳旋转，并且和太阳一起围绕地球旋转。[13] 这显然是赫拉克利德斯和萨摩斯的阿里斯塔克斯之间的中间系统的再现（参见第29页图C）。

因此，第谷的系统并没有太多的独创性，但它又有作为哥白尼宇宙

---

* 德语意思为"熊"，因此他的拉丁名字为 Ursus（大熊）。

与传统宇宙之间的折中的优点。它自动被所有那些不愿与学院科学对立却又渴望"拯救现象"的人接受，并将在伽利略的论战中发挥重要作用。事实上，第谷的系统还被第三位学者哈利萨耶斯·罗斯林独立地"发现"了，这样的事在发明中常常发生。但是，第谷对他的系统就像开普勒对他的5个正多面体一样自豪，他深信乌尔苏斯是在1584年的那次拜访期间偷窥了他的手稿，从而窃取了他的系统。他收集了证明乌尔苏斯一直在窥探他文件的证据，说他采取了预防措施，让他的学生安德烈亚斯与乌尔苏斯同住一个房间。而当乌尔苏斯睡着时，这位忠心的学生"从他的一个马裤口袋里掏出了好一些文稿，但因为害怕把他吵醒而没有搜查另一个口袋"；而乌尔苏斯发现了发生的事后，"表现得像个疯子一样"，于是安德烈亚斯将与第谷无关的所有文稿都归还给了他。

然而，据乌尔苏斯说，第谷对他很傲慢，还拿"所有这些德国佬智力都有缺陷"的话来堵他的嘴。第谷还怀疑他的那些观察结果，说"自己都不需要看，只用鼻子就能嗅出来了"，还让人在他离开的前一晚搜查了他的文稿。

总之，这头大熊很可能确实窥探过第谷的观察结果，但没有证据证明他窃取了第谷的"系统"，也没有证据表明他有窃取的必要。

年轻的开普勒不幸陷入的就是这个马蜂窝。当时他刚刚有了《宇宙的奥秘》中的观点，迫切地想要与整个知识界分享他的快乐。当时乌尔苏斯是布拉格的皇家数学家，于是开普勒就匆忙给他写了一封粉丝信，以典型的粉丝邮件的风格开头："世界上总有些好奇的人，就是别人不认识他，他也会给远方的陌生人写信。"接着用开普勒式的口吻倾诉，说他熟知"您的名望的光芒，这光芒让您在我们这个时代的数学家中名列第一，就像渺小的群星中的太阳一样"。[14]

这封信写于1595年11月。乌尔苏斯从来没有给这位默默无闻的年轻爱好者回过信。但是2年后，开普勒已经成名，乌尔苏斯却在没有请求开普勒许可的情况下就在一本书[15]中公开了这封信。在书中，他宣称了他对"第谷式"系统的优先权，并以最凶狠的语言辱骂第谷。这本书的格言是"我遇见他们［指的是第谷等人］必像丢了崽子的母熊一般。——《何西阿书》第13章"。因此，第谷得到的印象当然是开普勒支持乌尔苏斯，这正是乌尔苏斯的意图。在此期间开普勒还向第谷也写了一封粉丝信，称第谷"不仅是我们这个时代，而且是所有时代的数学家中的君主"，情况对可怜的开普勒来说更令人尴尬了。[16] 而且，他还没有意识到这两位大佬之间的"龙争虎斗"，还偏偏请乌尔苏斯替他送一本《宇宙的奥秘》给第谷。

　　第谷的反应是异乎寻常的圆滑和克制。他非常礼貌地对开普勒的信和书表示了肯定，并赞扬了他在《宇宙的奥秘》中的创意，同时也表示有所保留，并表示希望开普勒能想办法将他的5个多面体的理论应用于第谷自己的宇宙系统中。（开普勒在信纸的页边上写道："人人都自矜，但是可以看出他对我的方法的赞赏。"）[17] 第谷只在附言中埋怨了几句开普勒对乌尔苏斯的称赞。不久之后，第谷给梅斯特林写了一封信，[18] 在信中，他对开普勒的书的批评就严厉得多了，而且他还把他的牢骚又重复了一通。这背后的意图很明显：第谷当时立即就意识到了年轻的开普勒身上的罕见的天分，想要赢得他的支持，并希望梅斯特林能够本着这种精神方针对他的前学生施加影响。梅斯特林适时地将第谷的抱怨传达给了开普勒，开普勒这才意识到自己陷入了这样一个可怕的纷争当中，而他偏偏犯到了第谷的手上——这人可是他唯一的希望。于是，他坐下来，以真正的开普勒风格给第谷写了一封洋洋洒洒、痛心疾首的书信，以拳拳之心，对事实做了一点粉饰，既可怜兮兮又精彩绝伦，也有点让人难为情：

　　　　怎么会这样？为什么他［乌尔苏斯］如此重视我说的恭维话？……如果他是个堂堂正正的人，他就该鄙视这些话；如果他是个明事理的人，他就不该把这些话公开。我当时还是个无名小辈，想找一位名人赞扬我的新发现。我请求他送我一份礼物，却不料，他倒是向求他的人勒索了一份礼物……因为我的新发现，那时的我情绪高涨，心中充满了喜悦。我是出于一己之私而恭维他，如果我因此不慎说了什么超出我对他的评价的话，那是由于年轻人的冲动所致。[19]

如此等等。在信中开普勒还进行了一段令人震惊的心声吐露：他在阅读乌尔苏斯的《天文学基础》时，还以为其中的三角学定律是乌尔苏斯的原创发现，居然完全不知其中的大多数定律都可以在欧几里得的著作中找到！[20] 当时年轻的开普勒单凭直觉绘制出了他后来在《宇宙的奥秘》中成果的雏形，现在他承认自己对数学极度无知，这让人觉得似乎是真话。

第谷的回信很简短，客气的措辞里带着傲慢（这一定让开普勒感觉相当恼怒），说他并没有要求开普勒做这般详尽的道歉。这样这事就算是得到了补救，不过它一直刺痛着第谷，以至于后来在开普勒当了他的助手之后，他还强迫开普勒写了一本小册子《反对乌尔苏斯，捍卫第谷》——一件开普勒很讨厌的差事。

但就目前而言，第谷愿意先按下这段不愉快的小插曲不提，他急于让开普勒给他当助手。因为他发现他很难让贝纳特基城堡的新天文台运转起来，他以前的那些助手并不急于回到这位汶岛的前暴君身边。所以他在1599年12月写信给开普勒：

> 我想你已经得知我被国王陛下仁慈地召唤到此，还得到了最友好和最亲切的接待。我希望你能来这里，不是迫于不幸的命运，而是出于你自己的意愿和共同研究的愿望。但无论你的理由如何，我都愿意做你的朋友，在逆境中不吝给予你建议和帮助，并随时准备好帮助你。如果你尽快到来，我们也许能想办法让你和家人在将来得到更好的照顾。再会。
>
> 1599年12月9日，于贝纳特基或波希米亚的威尼斯，由与你惺惺相惜的第谷·布拉赫亲手致上。[21]

但当这封信被寄送到格拉茨时，开普勒早已经在去见第谷的路上了。

5

第谷和开普勒

1. 命运的引力

贝纳特基镇（城堡）位于布拉格东北方向22英里处，当时有6小时的路程。这里俯瞰伊泽尔河，河水常常泛滥，淹没了周围的果园，因此得名"波希米亚的威尼斯"。在皇帝供他选择的3个城堡中，第谷选择了贝纳特基，也许是因为四面环水的环境让他想起了汶岛。他自1599年8月起占据了这座城堡，距离开普勒的到来还有6个月。他立即开始拆除城墙，修建新墙，打算建造另一座天堡，并把高亢的诗歌铭刻在未来天文台的入口处以明志。他还为皇帝设有一扇单独的大门，保留了一座相邻的楼，以备皇帝来访时使用。

但从一开始一切就似乎出了问题。皇帝拨给第谷的3000弗洛林的薪水打破了之前的所有纪录，"在宫廷里没有任何人，甚至连效力已久的伯爵和男爵都不曾享有如此高额的收入"。[1]鲁道夫二世的头脑及财务状况都处于高度混乱的状态，他的宫廷官员有效地破坏了他过分铺张的圣谕的落实。第谷不得不为他的薪水而战，如果他能从国库榨出皇帝许诺的一半的钱，他就心满意足了。后来当开普勒接替他时，他只得到了本该得到的九牛一毛。

开普勒到达贝纳特基时，第谷已经开始了与给皇帝管钱袋子的内帑大臣的争吵，他向皇帝抱怨，威胁要离开波希米亚，并把自己离开的原因昭告天下。此外，第谷的助手中有若干曾答应和他一起在新天堡工作的

人，他们都没了踪影；而且他的一些从汶岛长途跋涉而来的最大型的仪器
还耽搁在途中。那年年底，瘟疫暴发，这迫使第谷与鲁道夫一起在格尔西
茨的皇家府邸闭门不出，他为皇上提供了一种针对流行病的秘密药剂。更
让第谷头痛的是，在他到来时不在布拉格的乌尔苏斯现在又回来了，正想
找他的茬；而第谷的第二个女儿伊丽莎白，又与他的一名助手容克尔·滕
纳格尔传出了绯闻。年轻的开普勒住在格拉茨的穷乡僻壤之中，他梦想着
的贝纳特基是一座宁静的乌拉尼亚神庙；结果，他到了一个疯人院。城堡
里挤满了做工的、测量的和来做客的，还有可怕的布拉赫家族，包括阴险
的侏儒杰普——在喧嚣不止的就餐时间他就缩在桌子底下，从这个乡下
来的数学家、这个抠抠搜搜的穷光蛋身上寻觅他讽刺挖苦的谈资。

　　开普勒于1月中旬抵达布拉格。到了之后他立刻写信到贝纳特基，几
天后他收到了第谷的回信，说很遗憾他不能亲自来迎接开普勒，因为火星
和木星即将冲相，随后还会有一次月食。第谷邀请他到贝纳特基去，"与
其说是作为客人，不如说是作为一个非常受欢迎的朋友和一位研究天象的
同道者"。送这封信的信使是第谷的长子和容克尔·滕纳格尔，两人从一
开始就嫉妒开普勒，一直到最后都对他充满敌意。在他们的陪伴下，开普
勒完成了他与第谷会面之旅的最后一段路程——这段路耽搁了9天才得以
成行。滕纳格尔和小第谷似乎在布拉格过得很愉快，并不急于回去。

　　1600年2月4日，第谷·布拉赫与约翰内斯·开普勒，新宇宙系统的
两位联合创始人，终于脸对脸地会面了——银鼻子对疤痕脸。第谷当时
53岁，开普勒当时29岁。第谷是一位贵族，开普勒是一介平民；第谷家
累千金，开普勒赤贫如洗；第谷是纯种的大丹犬，开普勒是肮脏的杂种
犬。他们在各个方面都是相反的，有一点除外，就是他们的性格都急躁
易怒。结果是不断的摩擦，后又升级为激烈的争吵，然后是漫不经心的
和解。

　　但所有这些都是表面上的。从表面上看，这是两个精明的学者的会
面，两个人都想要为自己的目的利用对方。但在这表层之下，带着梦游者
的那种笃定之心，他们都明白他们天生就是为了成就彼此的，是命运的引
力将他们吸引到了一起。他们之间的交往就在这两个层面之间一直交替：

作为梦游者，他们在未知的空间里手挽着手漫步；在清醒时的接触中，他们引出了对方性格中最糟糕的一面，就像是电磁的互感作用一样。

开普勒的到来导致了贝纳特基的工作改组。之前是由第谷的小儿子约根负责实验室，高级助手隆戈蒙塔努斯负责研究火星轨道，而第谷本来打算让开普勒负责下一个进行系统观测的行星。但是鉴于他已经迫不及待地想要马上开始工作，而且隆戈蒙塔努斯在火星的研究上毫无进展，因此第谷的行星王国又进行了重新分配：改由开普勒负责火星，众所周知这是最困难的行星，而隆戈蒙塔努斯转而负责月球。事实证明这个决定具有重大意义。开普勒很自豪自己被委任负责火星，夸口说他将在8天内解决其轨道问题，甚至还拿这个截止日期跟人打赌。这8天最后变成了将近8年；但是这些年来与这颗顽固星球的斗争，催生出了开普勒的《新天文学或天空物理学》一书。

当然了，他那时候还并不知道在前面等着他的都是些什么东西。他来第谷这里是为了从这儿搞到偏心率和平均距离的确切数字，以改善他围绕5个多面体和音乐的和谐而构建的宇宙模型。但是，尽管他从未放弃他的执念，但它现在已经被束之高阁了。第谷的数据引起的新问题"吸引住了我，让我几乎要发狂了"。[2] 他自己不过是一个使用最粗陋的仪器的业余观星者，一个"空想的"天文学家——具有天才的直觉，却仍然缺乏智识的训练。他对第谷的观测成果的丰富和精确感到震惊，此时才开始意识到天文学究竟是什么。第谷的数据中体现的明确的事实，第谷的方法的严谨性，就像一块磨刀石一样，磨砺着开普勒易于幻想的头脑。但是，尽管是第谷在磨，而且这个过程对开普勒来说似乎也比对第谷更痛苦，但最终被磨穿的是磨刀石，而刀刃则变得锋芒逼人。

在抵达贝纳特基后不久，开普勒写道：

> 第谷拥有最好的观测结果，也就是说他拥有建造新大厦的材料；他还有人手和他所想要的一切。他缺的只是将所有这些东西按自己的设计来加以使用的那位建筑师。因为尽管他有着快乐的性格，有真正的建筑技巧，他的研究却由于真相深藏于观察到的浩如烟海的现象

之中而受到了阻碍。如今他渐渐变老，精力和体力都渐不如前了。[3]

不难看出开普勒心中的建筑师人选是谁。第谷也不难猜出开普勒对他的心思。他积累了前无古人的数据宝藏，但他老了，缺乏大胆的想象力去用这丰富的原材料建造新的宇宙模型。宇宙的法则就在那儿，就在他那一列列的数据之中；但是它们"藏得太深了"，他无法破译。他一定也感觉到了，只有开普勒才能完成这项任务，而且没有什么能阻止他成功；会收获他毕生辛劳的成果的，是这个举止荒唐的暴发户，而不是第谷本人，也不是他所希望的在天堡的壁画上描绘的第谷家的后人。对于自己的命运，他半是认命，半是震惊，他想至少让开普勒尽可能难以得手。他一直很不情愿透露他珍视的观察结果；如果开普勒以为他可以轻易得到，那他就大错特错了——有开普勒在自己信中的那些愤愤不平的牢骚为证：

> 第谷不给我分享他的经验。他只在吃饭时，或者在谈论其他事的间隙提及一点，好像是顺带一提，今天提到某个行星的最高点的数据，明天又提到另一个行星的交点。[4]

有人可能会说，这就跟他把骨头递给桌子底下的杰普的方式一样。他也不允许开普勒复制他的数据。开普勒恼火之余，甚至请求过第谷的意大利竞争对手马吉尼提供他自己的数据，来换取一些第谷的数据。渐渐地，第谷一步步地屈服了。在让开普勒负责火星时，他被迫交出了他关于火星的数据。

开普勒到贝纳特基不到一个月的时间，第谷就在一封信中首次暗示他们之间出现了问题。又一个月后，4月5日，二人罅隙间的张力爆发，差一点就粉碎了宇宙学的未来。

这次争吵的起因是开普勒起草的一份文件，其中列出了他与第谷未来合作的条件，条款详细到令人不悦。要是想让他和家人在贝纳特基长期待下去，第谷必须为他们提供一套独立的房子，因为王室的噪音和嘈杂会对开普勒的胆汁产生可怕的影响，让他常常大发脾气。第二，第谷必须从皇帝那里为开普勒谋得一份工资，同时每季度再付给他50弗洛林。他还必须向开普勒提供指定数量的木柴、肉、鱼、啤酒、面包和葡萄酒。至于他们的合作，第谷必须任由开普勒选择自己工作的时间和课题，并且只能要求他进行与之直接相关的研究；由于开普勒"需要的不是催促他的马刺，而是给他刹刹车，免得他因为工作过度而得上奔马痨"，[5] 所以如果他头天工作到深夜，就必须允许他在白天休息。如此等等，写了好几页。

这份文件本来不是给第谷看的。开普勒把它交给一个客人，一个叫杰森纽斯的，他是维滕贝格大学的医学教授，当时也是第谷和开普勒之间谈判的中间人。然而，也许是出于偶然，也许是有人使了点儿心机，这份无论怎么看都不算是在给他脸上贴金的文件到了第谷的手上。然而，他却用他这位丹麦贵族大老爷身上那种与善妒和跋扈并存的善良大度接受了它。只要没人挑战他的统治，他就一直是一个仁慈的暴君。在社会地位上，开普勒比他低太多了，他求全责备的吵吵嚷嚷对第谷构不成威胁。顺便说一下，开普勒满腹怨恨的一个原因，就是他在餐桌上被安排了一个下等的座位。

但最重要的是，第谷需要开普勒，只有开普勒才能使他毕生的工作产生像样的成果。因此，他在杰森纽斯的面前坐下来与开普勒谈判，耐心地往鼻子上抹药膏，俨然一副慈父的克制风范。这种态度更是引得开普勒因自卑情结大为光火，他跟第谷大闹了一场，用第谷的话说，他"就像条疯狗一般激动，开普勒在烦躁的时候，就喜欢把自己比作疯狗"。[6]

这次暴风雨般的会谈之后不久，总是想着后代的第谷写下了会议记录，并要求杰森纽斯在记录上签字。不过，他消气儿之后，又恳求开普勒留下来，至少再留几天，等收到皇帝的答复再说，因为当时第谷已经向皇帝提交了雇用开普勒工作的请求。但开普勒不听，第二天他就在杰森纽斯的陪同下去了布拉格，借宿在霍夫曼男爵的府邸。就在他动身之前，开普勒又发过一次脾气；而在告别之际，他又满心悔恨地道了歉。布拉赫悄悄地跟杰森纽斯交代，要他想办法让这个"坏脾气的孩子"（enfant terrible）恢复理智。然而他们一到布拉格，开普勒就又给第谷写了一封毁谤他的信。

他当时一定是处于一种可怕的歇斯底里状态。他那时候正患有一种反复发作的无名热症，他的家人正远在格拉茨，施蒂里亚州对新教徒的迫害和在贝纳特基的失意使他的未来显得荆棘满途，关于火星的数据还在第谷的手中，他依旧碰不到边。不到一周时间，钟摆又摆到了另一个极端。开普勒给第谷写了一封道歉信，听起来就像是一个受虐狂自责的胡言乱语：

前两天我这该死的手伤人比风还快，我不知道该如何弥补。我该先说什么呢？是说我极其痛苦的记忆中仅有的失控的自己，还是感念您义海恩山一般的恩惠呢？最高贵的第谷。这2个月来，您已经极为慷慨地满足了我的需求……您对我亲切友好，允许我分享您最珍贵的财产……总而言之，您对我的付出，超过了对您的孩子、您的妻子，甚至是您自己。因此，我一想到上帝和圣灵让我的言辞莽撞至此，让我的头脑昏聩到如此的地步，我就灰心丧气，我不仅没有表现出节制温和，3个星期以来，我还盲目地纵容自己，愠怒而固执地找您以及您的家人的别扭。不对您心怀感激，我还无缘无故地发火。不仅没有对您表示尊重，我还对您本人表现出极度的傲慢无礼，而您高贵的血统、卓越的学识和杰出的名望本值得我全身心地尊重。我不仅没有向您致以友好的问候，我怨恨难耐的时候还忘乎所以地让自己去猜疑、讽刺……我当时根本没想过自己这种卑鄙的举动会多么残忍地伤害您……我自愿请求您，以上帝的仁慈之名，请求您原谅我这卑劣的罪行。我对您个人、您的名声、您的荣誉和您在科学上的成就所说所写的话……我全部收回，并自愿宣布它为无效、虚假和错误的……我还由衷地答应，从今往后，无论身在何处，我不仅会克制这些愚蠢的行为、言语、做法和文字，而且绝不以任何方式故意不公正地冒犯您……然而做人很难，我请求您，无论何时，如果您注意到我有任何这种愚蠢的行为举止的倾向，请提醒我注意；这是我自愿的。我也保证……服从您的所有吩咐……以我的行动证明我对您的态度已经有别于前，与过去的3个星期里我鲁莽的身心给您留下的那种印象不同了。我祈祷上帝能帮助我实现这一承诺。[7]

我引用了这封信里的很长一段，因为它揭示了开普勒性格的悲剧性的核心。这些婉转的措辞似乎并非来自一个有名望的学者，而是来自一个受折磨的少年，乞求被他又爱又恨的父亲宽恕。第谷取代了梅斯特林。在他色彩斑斓、复杂多变的性格之下，开普勒始终是一只迷途的羔羊。

但第谷对开普勒的依赖并不亚于开普勒对第谷的依赖。在他们的这些世故的接触中，第谷就像是家族里的老人，开普勒是一个爱抱怨、态度恶劣的少年。但是在另一个层面上，规则反转了。开普勒是个魔术师，第谷希望开普勒能够帮他解决他的问题，帮助他渡过难关，为他最终的失败带来救赎。无论他们俩的表现有多么愚蠢，作为梦游者，他们两人都对此心知肚明。

因此，那次争吵过后3周，第谷在布拉格现身，驾着马车把开普勒接回了贝纳特基。我们几乎可以想见，第谷用一只裹在羊腿袖里的肥壮的胳膊，充满深情地紧抱着开普勒，几乎要压碎开普勒的细骨头。

2. 继承人

开普勒和第谷之间的合作总共只持续了18个月，直到第谷去世。对他们两人以及后人而言幸运的是，在这段时期他们只有一部分时间有当面的接触，因为开普勒回了两次格拉茨，一共花了8个月在那里解决他自己的私事，并且试图把他妻子的财产弄出来。

他第一次离开去格拉茨，是在与第谷和解后不久的1600年6月。尽管他们之间已经重建了和平，但关于未来的合作仍然尘埃未定，[7a]开普勒还在犹豫不决，不知道是否会再回到第谷这里。他仍然希望，或者能获许请长假，保住他在格拉茨的职位和薪水，或者在家乡符腾堡谋得一个教授职位——这是他一生的抱负。他写信给梅斯特林和赫尔瓦特——他的养父一号和二号，暗示说三号令人失望。但是没有结果。他寄给斐迪南大公一篇关于日食的论文，同样也无济于事。但在这篇论文中，他忽然想到了之前他从未去想过的东西，即是"地球上的一股力量"影响了月球的运动，这个力的大小与距离成反比。他已经将一种物理力量归因于太阳，用以解释行星的运动，而月球对于地球所系的一种与之相似的力量的依赖，就是接下来通向万有引力概念的重要一步。

但这些琐事无法阻止大公实施清除自己领地上的异端的计划。7月31日及之后数日，格拉茨的所有路德宗公民，共一千余人，必须一个个亲自出现在教会委员会面前，要么宣布愿意重归罗马教会，要么就被驱逐。这一次无人被豁免，即使开普勒也不行——尽管他被准许只需支付一半的退会税，还获得了其他的一些财务上的特许优待。在他面见委员会之后的第二天，流言就传遍了格拉茨，说他已经改变主意，宣布他愿意成为天主教徒。他是否真的动摇过，我们不可能知道；但无论如何，他抵制住了诱惑，同意流亡并接受它的一切代价。

他写了最后一封求救信给梅斯特林。[8] 信一开始是一段关于7月10日的日食的论述，开普勒在格拉茨的市集正中立了一台自制的暗箱（camera obscura），亲眼观看了这次日食。这次观测产生了两个结果，一是一个小偷偷走了他装有30个弗洛林的钱包，二是开普勒发现了一个重要的光学新定律。信中继续带着威胁的语气说，开普勒及家人会沿着多瑙河前来投奔梅斯特林，毫无疑问梅斯特林到时会给他提供一个教授职位（就算是个不起眼的职位），信的最后是请求梅斯特林为他祈祷。梅斯特林回信说，他很高兴为他祈祷，但别的他什么也做不了，并称开普勒是"上帝坚定和英勇的殉道者"。[9] 在此之后，有4年他都没有再回开普勒的信。他可能认为他已经做了他该做的那部分，现在该轮到第谷来照顾这位天才儿童了。

第谷本人对这个不幸的消息感到很高兴。他还以为开普勒可能不会回到他身边了。正赶上他的高级助手隆戈蒙塔努斯的离开，于是乎他也就更加乐于见到这个消息所可能导致的结果。当开普勒告知他说自己即将被驱逐时，他回信说开普勒应该立即过来。"不要犹豫了，赶紧动身，要有信心。"[10] 他补充说，在最近一次觐见皇帝时，他请求正式让他的天文台接纳开普勒为他们的一员，而皇帝也点头同意了。但在这封洋洋洒洒、满怀深情的信的附言中，第谷又忍不住提及了曾让开普勒对贝纳特基不满的一个理由。开普勒刚到贝纳特基时，第谷曾强迫他做一件令人讨厌的苦差事，写一篇反驳乌尔苏斯观点的小册子。虽然乌尔苏斯在此期间已经去世了，第谷仍然坚持要让他在坟墓中都不得安宁。此外，开普勒还得动笔写一篇文章来驳斥苏格兰詹姆斯国王的医生约翰·克雷格所作的一本小册子——他竟胆敢在其中质疑第谷的彗星理论。对于开普勒而言，浪费时间做这些无用功来满足第谷的虚荣心不是什么让他高兴的事，但那时他别无选择。

10月，他带着妻子回到了布拉格，但没有带家具和财产。因为没钱付运费，他不得不把这些东西留在林茨。他再次患上了间歇性的热症，并再次以为自己得的是肺痨。皇上点头同意他的任命，但接下来并没有实质性的举措，因此开普勒夫妇的生活不得不完全依赖于第谷的慷慨。皇帝想让他的数学家待在身边，因此，在他的要求下，第谷放弃了贝纳特基的浮华，搬到了布拉格的一所房子里，而开普勒夫妇没有钱付租金，只好也就在此借宿。接下来的6个月，开普勒几乎没时间研究天文，因为他的全部时间都要用来写这些驳斥乌尔苏斯和克雷格的令人讨厌的论辩文章，还要养他那些真实的或是臆想出来的疾病。芭芭拉夫人就算在日子好的时候也不是个开心的人，现在更是讨厌布拉格的异国道路与狭窄曲折的街道——据当时一位英格兰旅行家形容，它们臭得足以"击退土耳其人"。[11] 开普勒一家真是饱尝了流亡的苦酒。

1601年春天，芭芭拉夫人那有钱的父亲在施蒂里亚州去世了，为了叶落归根，他付出了改宗的代价。这给了开普勒一个求之不得的借口，把家人留给第谷照料，自己回到格拉茨继承遗产。他没能成功拿到遗产，但他在格拉茨又待了4个月，似乎日子过得不错，在施蒂里亚的贵族府上做客用餐，算是一种特别的探亲流放。他登山测量地球的曲率，给第谷写怒气冲冲的信，责备他不给芭芭拉夫人足够的钱，还体贴地询问伊丽莎白·布拉赫（她最终获许嫁给了容克尔·滕纳格尔）是否"显怀了"——那孩子在婚礼后3个月就出生了。他8月回到布拉格，这趟旅程的任务没有完成，但他的健康得到了全面的恢复，整个人都神采奕奕。这时，只需再蛰伏2个月，他一生的转折点就将到来。

1601年10月13日，第谷在布拉格罗森伯格男爵的晚宴上做客。在座的客人中有一位皇家顾问，这番作陪本来应该是很有面子的。第谷向来惯于讨好皇家，也惯于豪饮，因此这次他居然陷入了窘境而且手足无措，就很令人难以理解。开普勒在他的"观察日记"中仔细记录了发生的事情——这本日志记录了布拉赫家里所有的大事：

> 10月13日，第谷·布拉赫在敏柯维茨先生的陪同下，与名流罗森伯格同桌就餐，出于礼貌，他忍住不去如厕，超过了礼貌所要求的限度。等他又多喝了几杯，他感觉膀胱愈发紧张，但他将礼貌置于自己的健康之上。等他回家后，他几乎无法小便。
>
> 在他刚生病时，月球与土星为冲相……［接下来是当天的星座运势］
>
> 5个不眠之夜后，他小便时仍然非常疼痛，而且也不畅通。失眠继续，加上发烧渐渐导致谵妄；他又忍不住不吃东西，吃下的食物又加重了病痛。10月24日，他的谵妄停止了几个小时。老天爷获胜了，他在亲朋好友的安慰、祈祷、泪水中平静地离开了。
>
> 从这天起，天球观测的连续性中断了，他38年来的亲自观察已经结束了。
>
> 最后一夜他的谵妄程度较轻，他反复地说着这句话，就像是在写一首诗："让我不要白活。"
>
> 毫无疑问，他希望将这句话加到他的著作的扉页上，从而将这些书献给后人，供他们回忆和使用。[12]

在他最后的几天，只要疼痛有所消退，这只大丹犬就会拒绝按规定节制饮食，他想到什么食物就命人送来，开始大嚼大吃。当谵妄再次出现时，他就不停地轻声重复，说希望他的生命没有虚度（ne frustra vixisse videar）。这句话的含义就在于他留给开普勒的遗嘱之中。[13] 那就是他在写给开普勒的第一封信中所讲过的希望，即让开普勒在第谷系统而不是哥白尼系统的基础上建造新宇宙。然而，他一定也知道，正如他在谵妄时的那些念叨所说明的那样，开普勒会做出恰恰相反的事，他会把第谷的遗产按自己的想法来使用。

第谷被风风光光地埋葬在了布拉格，由12位皇家侍卫为他抬棺，棺材前面刻着的是他的家族纹章、金色马刺和他最喜欢的马。

2天后，1601年11月6日，皇帝的私人顾问巴尔维茨在他的住处召见了开普勒，任命他为第谷的继任者，担任皇家数学家。

6

三大定律的产生

1.《新天文学》

开普勒于 1601—1612 年在布拉格任皇家数学家，直到鲁道夫二世去世。

这是他一生中建树最丰硕的时期，也带给了他独一无二的荣誉——创立了两门新科学：仪器光学（与本书无关）和物理天文学。他的杰作于 1609 年出版，标题意义深远：

一种基于因果关系的**新天文学**

或**天空物理学**

源于对**火星运动**的研究

以**高贵的第谷·布拉赫**的观察结果为基础[1]

从 1600 年到达贝纳特基直到 1606 年，开普勒一直在撰写这本书，时有间断。这本书包含了开普勒三大行星定律中的前两个：（1）行星不是以圆形而是以椭圆形轨道围绕太阳旋转的，太阳是该椭圆的焦点之一；（2）行星在其轨道上不是以匀速运动的，其速度具有这样的特点，即如果从行星到太阳连一条线，这条线在相同的时间内所扫过的面积相等。第三定律后来才发表，此刻与我们无关。

从表面上看，开普勒定律与爱因斯坦的 $E = mc^2$ 一样单纯无害，后者并没有显露出其原子弹一般的潜在威力。但是，牛顿的万有引力定律对现代宇宙观的塑造超过了其他任何发现，而牛顿的万有引力定律是由开普勒的三大定律而来的。虽然（由于我们的教育制度的特点）有的人可能从未听说过开普勒定律，但他的思想已经在不知不觉中被它们塑造了。它们是整个思想大厦之下藏着的地基。

因此，开普勒定律的发表是历史的一个里程碑。它们是现代意义上最早的"自然法则"：以数学的语言对特定现象中的普遍关系进行的精确、可验证的陈述。这些定律将天文学与神学分离开来，并将其与物理学相结合。最后，它们终结了已纠缠宇宙学2000年的噩梦——对天球套天球的痴迷，并以与地球相似的物质实体取代之，这些天球在太空中自由飘浮，受物理力的作用而运动。

开普勒发现新宇宙学的过程可谓引人入胜，我会试着去重现其推理的曲折路线。幸运的是，他并没有像哥白尼、伽利略和牛顿那样，直接给出他们辛劳工作的结果而将自己来时的踪迹掩盖起来，让我们去猜他们究竟是如何得出他们的结论的。开普勒无法系统地、教科书一般地去展露他的想法，他只能按照这些想法在他头脑中出现的顺序来描述它们，一并包括所有的错误、走过的弯路以及那些他掉入的陷阱。《新天文学》的写作用的是一种非学术化的、欢快的、兴奋的巴洛克式风格，其个人风格浓厚、内容详尽，并且经常使人恼怒。但它以独特的方式揭示了创造性思维是如何工作的。

我认为重要的［开普勒在序言中解释说］不是仅仅告诉读者我想说的话，而首先是告诉他们引导我走向发现的过程中所凭借的理由、种种手段和偶遇的契机。当克里斯托弗·哥伦布、麦哲伦和葡萄牙人讲到他们在旅途中走了岔路的时候，我们不仅原谅了他们，还会遗憾错过了他们的这段叙述，因为如果没有这个部分的讲述，完整的、更大的乐趣就没了。因此，如果我出于对读者同样的感情，遵循了相同的方法，那么也就不该受到责备。[1a]

谨慎起见，在开始讲述故事之前，我应该在开普勒的致歉之上也加上我自己的道歉。受到同样的"对读者的感情"的推动，我也试图尽可能地简化一个复杂的主题，但即便如此，本章也不得不比本书其他部分更具技术性。如果有些段落令读者觉得烦闷，即使偶尔没能把握住某个要点或是失去了头绪，我希望，你们仍然能对开启了现代宇宙的开普勒思想的奥德赛之旅有一个大体上的认识。

2. 开场白

我们还记得，年轻的开普勒抵达贝纳特基城堡后，他们对宇宙进行了分区，开普勒被指定研究火星的运动，当时第谷的高级助手隆戈蒙塔努斯和第谷本人在此都失败了。

> 我相信这是上帝的安排［他后来说］，我到的时候，隆戈蒙塔努斯刚好就在研究火星。只有火星才能让我们参透天文学的秘密，否则这些秘密将永远无法解开。[2]

火星的地位如此关键，原因在于，在外行星中火星的轨道偏离圆形最多，呈现的椭圆形状最为明显。正是由于这个原因，火星使得第谷和他助手的努力都失败了，因为他们预想行星以圆周运行，因而其理论与观测结果无法调和：

> 它［火星］是战胜了人类好奇心的强大胜者，它将天文学家的所有计谋嘲笑了个遍，破坏他们的工具，击败他们的队伍。这样，它在过去许多个世纪才保住了自己的秘密，自由放纵地追寻自己的轨道。因此，最著名的拉丁人、大自然的牧师普林尼，专门控诉它说：**火星是颗公然挑衅人类观测的星球**。[3]

这段话出现在《新天文学》致皇帝鲁道夫二世的献辞中。这篇献辞以开普勒对战火星的寓言形式写成，这场战役在"第谷的最高领导"下开始，尽管有雷蒂库斯的前车之鉴（火星让他失心疯了），有其他的危险和糟糕的不利因素——如由于鲁道夫未支付开普勒薪水而导致物资不足，等等——驾着战车的皇家数学家仍然在耐心地推进，直至最后的胜利，将敌军的俘虏带到皇帝的宝座前。

就这样，火星拥有所有行星运动的秘密，而年轻的开普勒被指派负责解决这个问题。他首先攻击传统战线上的问题；在受挫之后，他就开始抛掉辎重，并且一直这样做，直到渐渐地，他抛弃了对宇宙性质的古老信念的全部负重，代之以一门新的科学。

作为第一步，他做出了3个革命性的创新，可以说是开辟出了足够施展的空间。我们记得，哥白尼系统的中心不是太阳，而是地球轨道的中心。在《宇宙的奥秘》中，开普勒已经对这种假设表示了反对，称它在物理学上是荒谬的。既然移动行星的力量来自太阳，那么整个系统理应以太阳自身为中心。[4]

但事实上并非如此。太阳并没有占据轨道的正中心C点，它占据的位置是椭圆形的两个焦点之一的S点。

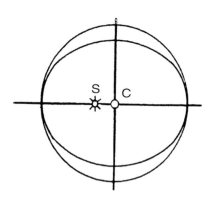

开普勒那时还不知道轨道其实是椭圆形的，他还把它当成个圆。但即便如此，要得到大致正确的结果，圆形的中心必须在C点，而不是在太阳的位置。因此，他的头脑中出现了这个问题：如果移动行星的力量来自

S点，为什么行星非要围绕C点运动呢？开普勒假设每个行星受到两股相冲突的作用力的影响，以此回答了这个问题。这两个作用力是**来自太阳的力和来自行星本身的力**。就是两股力之间的这种"拔河"让行星一会儿接近太阳，一会儿远离太阳。

我们已经知道，这两股作用力就是引力和惯性。我们将看到的是，开普勒从来就没有专门阐述过这两个概念。但他对存在两股动态的力量并以此来解释轨道的偏心现象的设想，为牛顿铺平了道路。在他之前，人们对物理学上的解释的缺失并没有觉察；偏心的现象只需通过引入一个本轮或偏心轮，使得C点围绕S点旋转，就可以得到"拯救"。开普勒用真实的力代替了虚构的轮圈。

出于同样的原因，他坚持将太阳视为他的系统的中心，不仅是在物理学的意义上，也是在几何学意义上的中心，从而使各个行星相对于太阳（而不是相对于地球或中心C点）的位置和距离成为他的计算基础。这个重点的转移——更多是出于直觉而非逻辑——成了他后来成功的一个主要因素。

他的第二个创新更容易解释。所有行星的轨道几乎都在同一平面上，但并不完全在同一平面上；它们相互之间形成很小的夹角，很像一本几乎合上但并未完全合上的书的相邻两页。当然，所有行星的平面都穿过太阳——这一事实对于今天的我们是不言而喻的，但是对开普勒之前的天文学来说并非如此。在这点上，哥白尼再次被他对托勒密的盲目遵从误导了，他假设火星的轨道平面是在空间中振荡的。他让这种振荡取决于地球的位置，而开普勒认为，地球的位置"与火星无关"。他称哥白尼的这个想法"很可怕"（尽管这仅仅是因为哥白尼完全漠视物理现实而造成的），并着手证明，火星的运动平面穿过了太阳，它并没有振荡，而是与地球的轨道平面形成了一个固定的夹角。这一次，他直接就成功了。他用好几种独立的方法，全部以第谷的观察数据为基础，证明了火星轨道平面和地球轨道平面之间的夹角始终保持不变，这个角度是 $1°50'$。他很高兴，沾沾自喜地说："就像常常发生的那样，观察结果支持了我的预想。"[5]

第三个创新是最激进的。为了获得更大的施展空间，他必须摆脱

"匀速圆周运动"的紧身衣，这是从柏拉图一直传到哥白尼和第谷的基本公理。他暂时保留了圆周运动，但抛弃了匀速。这一次，他仍然主要是受物理学考量的指引：如果是太阳在支配行星运动的话，那么当行星靠近太阳时，这个作用力会较强，而远离时会较弱；因此行星移动得较快或较慢，在某种程度上和行星与太阳的距离有关。

这个观点不仅是对古老传统的挑战，而且违背了哥白尼的初衷。我们记得，哥白尼着手改革托勒密系统的原始动机是他对托勒密的系统不满意。根据托勒密系统，行星不是围绕其轨道中心进行匀速运动，而是围绕离中心有一定距离的某个点。这个点被称为"匀速点"（punctum equans）——从空间中的这个点上看行星，会产生行星在匀速运动的错觉。哥白尼教士认为这种安排回避了匀速运动的控制问题，他抛弃了托勒密的匀速点，给他的系统增加了更多的本轮。这并没有使行星的**真实**运动变成圆周运动或匀速运动，但是在这个本该说明这个现象的假想的机械装置中，每个轮圈确实是在做匀速运动——不过只是在天文学家的头脑里。

一旦开普勒放弃了匀速运动的教义，他也就能够扔掉哥白尼为了拯救匀速运动而引入的那些本轮。事实上，他又回归到匀速点的概念，将其作为一个重要的计算装置（参见下图）：

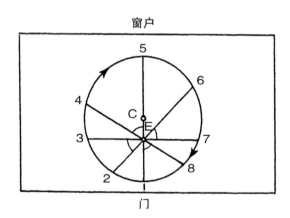

我们想象这个圆圈是房间里的一列玩具火车隆隆开动在转着圈的轨

道上。靠近窗户时它运行得快一点，靠近门口时慢一点。只要速度的这些周期性变化遵循某个简单、不变的规则，那么就有可能找到一个匀速点"E"，从这一点上看火车**似乎是**在匀速移动。我们越接近一辆移动的列车，它似乎就移动得越快；因此匀速点就介于轨道的中心C点和门之间，使得列车经过窗户时的超速被远距离消除，而经过门口时的速度不足被近距离补偿。引入这个假想的匀速点所得到的好处是，从E点来看，列车似乎是在做匀速运动，即它在相等的时间里会覆盖相等的角度，从而使我们在任何时刻都能够对其不同的位置1、2、3等进行计算。

通过这三个初步的措施——（a）将系统的中心转移到太阳；（b）证明了轨道平面并不在空中"振荡"；（c）放弃匀速运动——开普勒清除了自托勒密以来阻碍天文学研究进展并且使哥白尼系统显得笨拙又缺乏说服力的相当一部分垃圾。在哥白尼的系统中，火星在5个圆周上运行；这番清理之后，一个偏心圆就足够了——如果轨道真的是圆形的话。他满怀信心地认为胜利指日可待，在最后一战之前，他为古典宇宙学写了一篇讣告：

> 哦，我为阿皮安努斯［一本极畅销的教科书的作者］那可悲的辛劳而哭泣，他依赖托勒密，从而浪费了他宝贵的时间和才智，为了描绘只存在于头脑中的东西去构建各种螺旋、旋涡、圆环，以及整个曲折反复的迷宫，大自然拒绝承认这与它有任何相似之处。然而，此人已经向我们表明，凭他那深邃的智慧，他本可以掌握自然的秘密。[6]

3. 第一次进攻

开普勒对难题的第一次进攻在《新天文学》的第16章中有详细描述。

他面前的任务是通过确定圆圈的半径，连接火星距离太阳最近和最远（近日点和远日点）两个位置的轴线的方向（相对于恒星），以及太阳（S）、轨道的中心点（C）和匀速点（E）的位置（全都位于轴线上），从而确定火星的轨道。托勒密假设E和C之间的距离等于C和S之间的距离，但开普勒没有这样假设，这让他的任务变得更复杂了。[7]

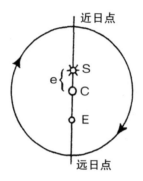

他从第谷的数据宝藏中选取了4个日期合适的火星与太阳冲相时所观测到的火星的位置。[8] 可以看出，他必须解决的几何问题就是如何从这4个位置出发去确定轨道的半径、轴线的方向，以及轴线上3个关键点的位置。这个问题无法通过严谨的数学得到解决，只能通过近似法，即通过一种试错的过程去找，直到拼图中的所有图块都能拼合在一起。这项工作所涉及的劳动量大得惊人，开普勒的计算草稿（保存在手稿里）足足有900页的对开纸，上面写满了密密麻麻的小字。

有时候，他感到绝望：就像雷蒂库斯一样，他觉得有一个恶魔在拽着他的头撞向天花板，一面还在大喊："这就是火星的运动。"还有一些时候，他向梅斯特林寻求帮助（后者对此置之不理），向意大利天文学家马吉尼寻求帮助（这位也一样），甚至想给现代代数之父弗朗索瓦·韦达写信求救："来吧，高卢的阿波罗尼乌斯，带上你的圆柱体、球体或其他的几何用具……"[8a] 但最终他还是靠自己决出了胜负，发明了自己的数学工具。

在戏剧性的第16章中间，他突然大呼道：

> 如果你［亲爱的读者］觉得这种令人厌烦的计算方法很无聊，那就可怜可怜我吧，我至少反复计算了不下70次，花掉了大量的时间。也请你别见怪，自从我开始研究火星到现在，第5个年头也快结束了……

在第16章那令人毛发直立的计算刚开始时，开普勒心不在焉地为火星的3个重要的经度放上了3个错误的数字，并且愉快地从那里开始往下走，完全没有注意到自己的错误。法国天文学历史学家德朗布尔后来重复了整个计算过程，但令人惊讶的是，他的正确结果与开普勒的错误结果差别极其微小。原因在于，在这一章的最后，开普勒犯了几个简单的算术错误——除法错误，学生若是犯了这样的错肯定会得低分——而这些错误刚好差不多抵消了前面的错误。我们马上就会看到，在发现他的第二定律的过程中最关键的地方，开普勒再次犯了若干数学错误，再次前后相互抵消，就"仿佛是奇迹一般"（以他自己的话说），最终导致了正确的结果。

在这惊心动魄的一章最后，开普勒似乎已经胜利地实现了自己的目标。作为他70多次试错的结果，他得到了轨道半径的值和3个关键点的值，给出了第谷记录的火星所有10个冲相的正确位置，误差不到2′，在允许范围之内。不可征服的火星似乎终于被征服了。他用以下这段严肃的话宣告了自己的胜利：

> 你现在看到了，好学的读者，基于这种方法的假设不仅满足其所依据的4个位置，同时也正确地表示了所有其他的观测结果，误差在2弧分之内……[9]

接下来是3页表格，以证明他的说法的正确性。然后，没有进一步的过渡，下一章以下面的话开始了：

> 谁能想到会是这样？这个假设，与观察到的冲相如此接近，却是错的……

4.8 弧分

在接下来的两章，开普勒极其全面地并带着一种近乎受虐狂般的喜悦，解释了他是如何发现这个假设是错误的，以及为什么这个假设必须被抛弃。为了用进一步的检验来证明这一点，他从第谷的观察数据宝库中选取了2个特别罕见的数据，瞧！这2个数据不符合。他试图调整模型来符合数据，情况却变得更糟糕，因为现在手上的观测到的火星位置与理论所要求的有差异，差异多达8弧分。

这是一场灾难。托勒密，甚至哥白尼，都可以忽略8弧分的差异，因为他们的观察结果的误差反正都有10弧分。

> 但是，[第19章的最后总结道]但是对我们来说，由于上帝的仁慈，我们有第谷·布拉赫这样的精确观测者，我们应该感谢这份神圣的恩赐，并且使用它……从此以后，我将按照我自己的想法朝着目标迈进。因为，如果我认为我们可以忽略这8弧分，我就会相应地修补我的假设。但是，因为我忽略它是不能被允许的，这8弧分就指向了通往一次天文学的全面改革的道路，它成了建造这座大厦的重要部分的材料……[10]

这是一个具有冒险精神的头脑在面对"不可改变的顽固事实"时最终的投降。在以前，如果一个小细节不符合一个主要假设，它就会被想办法瞒过去或是干脆被忽略掉。现在这个长期以来的自我纵容已经不再能被允许了。思想史已经开始了一个新时代：一个严谨审慎的时代。正如怀特海所说：

> 世界各地，无论何时，都有实事求是的人，他们专注于"不可改变的顽固事实"；世界各地，无论何时，也都有具有哲学气质的人，他们专注于编织普遍原则。正是这种对详尽事实的热情与同等的对抽象概括的热爱相结合，才造就了我们今日社会中的新奇事物。[11]

这个新的出发点决定了过去3个世纪以来欧洲思想的大气候，它使得现代欧洲与过去和现在的所有其他文明区别开来，使其能够彻底改变它的自然和社会环境，就好像出现在地球上的一个崭新物种。

在开普勒的著作中，这个转折点表现得非常引人注目。在《宇宙的奥秘》中，事实被强制与理论符合。而在《新天文学》中，一个建立在多年的辛劳和折磨之上的理论，由于8弧分的不符就被立即抛弃了。他没有咒骂那8弧分是绊脚石，而是将这些弧分转变成了一门新科学的基石。

是什么引起了他内心的这种变化呢？我已经提到了一些有利于新态度出现的普遍原因：航海家和工程师需要精度更高的工具和理论，工商业的发展对科学的刺激作用。但是，让开普勒成为第一个自然法则的制定者的，却是某种不同的、更具体的东西。正是由于他**把物理学的因果律引入了天空的形式几何学中**，他才无法忽视这8弧分的差异。只要宇宙学仅遵循纯粹的几何规则而不论其物理原因，那么，理论与事实之间的差异就都可以通过在系统中再添加一个轮圈来得到克服。在一个被真正的物理力量所驱动的宇宙中，这已不再可能。这场将思想从古代教条的束缚中解放出来的革命，立即建立了自己严谨的纪律。

《新天文学》的第2卷以下面这段话结束：

> 因此，我们在第谷的观察结果基础上建立起来的大厦，我们现在又将它摧毁……这是我们因遵循古代的伟人们某些看似合理、实则错误的公理而受到的惩罚。

5. 错误的定律

下一幕以第3卷开场。随着幕布升起，我们看到开普勒正打算抛弃更多的重负。**匀速**运动的公理已经被他给扔了出去，开普勒觉得并且暗示道[12]接下来该扔掉的应该是更为神圣的**圆周**运动。我们不可能构建一个满足所有现有观测结果的圆形轨道，这向他表明，圆形必须被别的几何曲线代替。

但在做到这一点之前，他必须要绕一个大圈子。因为如果火星的轨道不是圆形，那么要得到它的真实形状，就必须确定这条未知曲线上足够多的点的位置。一个圆由圆周上的3个点得以限定，而其他的曲线需要的点则要多些。开普勒面前的任务是构建火星的轨道，而不带任何关于火星形状的先入为主的观点。这可以说是从零开始。

要做到这一点，首先必须重新审视地球自身的运动。因为毕竟，地球是我们的天文台。如果对地球的运动有所误解，那么关于其他天球运动的所有结论都将是失真的。哥白尼假设地球在做匀速运动——不是像其他行星一样，只相对于某个匀速点或本轮做"准匀速"运动，而是在做**真正的**匀速运动。由于观察与教条相矛盾，因此，地球运动的不均匀被解释为是由轨道定期的扩张和收缩造成的，就像是在搏动的水母一样。[13] 这是天文学家即兴创作中的典型例子，只要高兴，他们就能够随心所欲地在他们的画板上操纵宇宙。同样典型的是，开普勒视其为"异想天开"[14] 并将之摒弃了，理由仍然是这种搏动没有任何物理原因。

因此，他的下一个任务是比哥白尼更精确地确定地球围绕太阳的运动。为此他设计了一种他独有的极具原创性的方法。这个方法还算简单，之前却没有人想到过。从根本上讲，它的窍门就在于把观察者的位置从地球转移到火星上，然后就像一个火星上的天文学家一样去对地球的运动进行计算。[15]

结果和他预期的一样，地球像其他行星一样，并不是以匀速旋转，而是根据到太阳的距离运动得时快时慢。而且，他还简单、漂亮地证明了在轨道的两个极点——远日点和近日点（参见第278页图）处，地球的速度与距离成反比。

在这个关键的时刻，[16] 开普勒突然偏离了主题，可以说是变得天马行空了起来。到目前为止，他都在苦苦耐心地准备发起对火星轨道的第二次进攻。此刻他却转向了一个完全不同的论题。"你们这些物理学家，竖起你们的耳朵来，"他提醒道，"因为现在我们将要入侵你们的领地了。"[17] 接下来的6章是关于这次入侵天空物理学的报告，自柏拉图以来，天空物理学是禁止天文学进入的。

有一句话似乎一直在他耳边嗡嗡作响，就像一段无法摆脱的曲调。它一遍又一遍地出现在他的著述中：太阳中有一种移动行星的力量，太阳中有一种力量，太阳中有一种力量。正因为太阳中有一种力量，行星到太阳的距离和行星的速度之间必定存在着某种极其简单的关系。一盏灯离我们越近就显得越亮，这一定也同样适用于太阳中的力，行星离它越近，就移动得越快。这是他的直觉，已经在《宇宙的奥秘》中被提出来了；但这回，他终于成功地证明了这一点。

事实上他还没有。他证明速度与距离成反比，但仅仅是对于轨道的**两个极值点**而言的；将这个"定律"延伸到**整个**轨道，明显是一种错误的推广。而且，开普勒明白这个道理，并在第 32 章结束时承认了这一点，[18] 然后他才天马行空起来。但是之后，他马上就随意地把它给忘了。这是"仿佛奇迹一般地"被抵消的重大错误中的第一个，它让开普勒发现了他的第二定律。看起来似乎是他有意识的、批判性的才能被创造性的冲动和他想要揪出太阳系中的物理力量的急切麻痹了。

鉴于他没有使行星维持运动的**动量**的概念，而只有一种对于将这种运动弯曲成一个封闭轨道的**引力**的模糊直觉，他必须找到或构想出一个力，让它就像扫帚一样拖着行星在它的轨道上运动。由于是太阳引起了所有的运动，他就让太阳来控制这个扫帚。这要求太阳是围绕自己的轴线旋转的——一开始这只是一个猜测，在很久之后才得到了确认。太阳发出的力与它一起旋转，就像车轮的辐条一样，拖曳着行星一同旋转。但如果这是唯一作用于它们的力，那么所有行星都应该具有相同的角速度，它们都应该在同一周期内完成公转——但它们并没有这样。开普勒认为，其中的原因是行星的惰性或"惯性"，它们想要停留在同一个地方不动，因而在抗拒那股拖曳的力量。那股拖曳之力的"轮辐"不是硬性的，它们允许行星落在后面，就像一股涡流或漩涡一样。[19] 漩涡的力量随距离而减小，因此行星离得越远，太阳克服行星惰性的力量就越弱，行星的运动也就越慢。

但是，为什么行星会在偏心轨道上运动，而不总是与漩涡中心保持相同的距离，这仍有待解释。开普勒起初认为，除了惰性之外，它们自身还在进行一种方向相反的本轮运动，就好像是出于它们绝对的顽固一样。但他对这个解释并不满意，稍后他又假设行星是"巨大的圆形磁铁"，其磁轴始终指向同一方向，就像陀螺的轴。因此，行星将被周期性地拉近太阳，接着被太阳排斥而远离，这取决于哪个磁极面对太阳。

因此，在开普勒的宇宙物理学中，引力和惯性扮演着相反的角色。而且，他认为太阳的力与距离成反比。他感觉到这里有些不对劲，因为他知道光的强度与距离的**平方**成反比；但是为了满足他的速度与距离成反比的定理（这同样是错误的），他必须坚持这一点。

6. 第二定律

这次进入天空物理学（Himmelsphysik）的远足令我们的主人公精神焕发，他回过头来开始处理眼前的任务。既然地球不是在做匀速运动，那么又该如何去预测其在任意时刻所处的位置呢？（基于匀速点的方法到底还是令人失望的。）因为他相信他已经证明了地球的速度直接取决于它到太阳的距离，所以它覆盖轨道的某一部分所需的时间总是与距离成一定比例。因此，他将轨道（他忘记了自己先前的决定，仍然将它视为一个圆）划分为360个部分，并计算出了每小段圆弧与太阳的距离。例如，0°和85°之间的所有距离之和，是这颗行星经过这段距离所需的时间的尺度。

但是，他以罕见的稳重态度说道，这个过程是"机械的、令人厌烦的"。所以他想找找有没有更简单的方法：

> 因为我知道轨道上存在无数个点，因此有无数个［到太阳的］距离，我突然想到这些距离的总和就是轨道区域的面积。因为我记得阿基米德曾以同样的方式将圆的面积分成无数个三角形。[20]

因此，他得出结论，行星和太阳之间的连线 AS-BS 扫过的区域，度量了行星从 A 到 B 所需的时间；**因此，这条线在相同的时间内扫过的区域面积相等**。这就是不朽的开普勒第二定律（发现于第一定律之前）——这是一个在令人晕头转向的迷宫的尽头发现的简单得匪夷所思的定律。

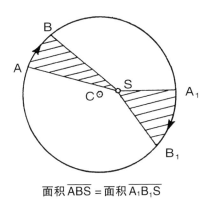

面积 $\overline{ABS}$ = 面积 $\overline{A_1B_1S}$

　　然而，让他走出迷宫的最后一步又是错误的一步。因为面积不能等同于数量无限的相邻线条的总和，就像开普勒所想的那样。而且，他很明白这一点，并详细解释了为什么两者不能等同。[21] 他补充说，他假设轨道为圆形是犯了第二个错误。然后他总结道："但这两个错误——仿佛奇迹一般地——刚刚好相互抵消了，我在下面将进一步证明。"[22]

　　这个正确的结果比开普勒所以为的还要神奇，因为他对于他的错误**为什么**相互抵消的解释又是错误的，而且事实上，后来他自己也完全糊涂了，以至于他的论证根本就让人看不懂——就像他自己所承认的那样。然而，就凭着三个错误的步骤和那些为它们所做的错得更离谱的辩护，开普勒却无意中发现了正确的定律。[23] 这也许是科学史上最神奇的梦游了——我们即将开始讲的他找到第一定律的过程除外。

7. 第一定律

　　第二定律确定了行星沿其轨道的速度变化，但它并未确定轨道本身的形状。

　　在第 2 卷的最后，开普勒承认他试图确定火星轨道的努力失败了，这是由于 8 弧分的误差所造成的。于是他开始绕一个大圈子，从修正地球的运动出发，经过物理上的思考，抵达了第二定律的终点站。在第 4 卷中，他重新开始研究未完成的火星轨道的问题。这次，在他遭受最初的挫败4年之后，他对正统教义的怀疑更深了，而且通过发明他自己的方法获得了无人匹敌的几何学技巧。

最后的猛攻花了近2年时间，它占据了《新天文学》的第41—60章。在前4章（41—44章）中，开普勒最后一次尝试用野蛮彻底的方法，赋予火星一个圆形轨道，但失败了。这部分最后讲道：

> 结论非常简单，行星的轨道不是圆形——它在两侧向内凹进，在两端向外凸出。这种曲线被称为椭圆形。轨道并不是圆形，而是椭圆的。

但是这时发生了一件可怕的事情，接下来的6章（45—50章）俨然就是穿过另一个迷宫的噩梦之旅。这个椭圆形的轨道对他来说是一个疯狂的、吓人的新起点。厌倦了圆周和本轮、嘲笑那些盲从亚里士多德的模仿者是一回事，为天体指定一条全新的、倾斜的、难以置信的轨道则是另一回事。

为什么会是椭圆形？球体和圆形的完美对称中有着某种东西，对人的潜意识具有深刻的、令人安慰的吸引力——否则它就不可能存活2000年。椭圆形缺乏这种原始吸引力。它的形状是随意的。它扭曲了天球和谐的永恒梦想，而天球和谐正是整个探索的源头。约翰·开普勒，汝乃何人，竟要毁灭这神圣的对称性？他能为自己所做的辩解就是，他已经从天文学的马厩中清除了圆周和螺旋，留下的"只是一车粪"：他的椭圆。[24]

这时候，梦游者的直觉辜负了他，他似乎开始头昏目眩，于是一把抓住了他能找到的第一个支撑点。他必须为他的椭圆形在天空中的存在找到一个物理学上的原因，一个"天理"（raison d'être）——他又陷入了他刚刚放弃的庸医之术，变本轮的戏法！可以肯定的是，这个本轮有点不一样：它有一个物理上的原因。我们已经讲过，当太阳的力拖曳着行星做圆周运动时，另一个"行星本身具有的"对抗的力也在使它向相反的方向在一个稍小的本轮上转动。这一切在他看来"非常合理"，[25] 因为在这个组合之下的运动轨迹就是一个椭圆形。但这是一个非常特别的椭圆形：它的形状就像一个蛋，近日点在尖的一头，远日点在钝的那头。

之前从来没有哪个哲学家产下如此可怕的蛋。或者，用开普勒自己在之后意犹未尽的回忆来说：

> 发生在我身上的事情确认了这句古老的谚语：匆忙的母狗生出盲目的小狗……但我根本想不出任何其他方法能给行星加上椭圆形的轨道。这些想法在我脑中出现时，我就庆祝了我对火星的研究取得的新胜利，其间没有受到这个问题的困扰……即这些数字是否符合……因此我让自己陷入了一个新的迷宫……读者必须对我的轻信表现出宽容。[26]

与这个蛋的战斗持续了6章，花了开普勒整整一年的时间。这是艰难的一年，他身无分文，并且因"胆囊的热症"而情绪低落。一颗带有凶兆的新星，1604年的新星，出现在天空中。芭芭拉夫人也生病了，又生了一个儿子，开普勒趁此机会讲了一句很可怕的玩笑："正当我忙着调教我的椭圆时，一位不速之客从一个秘密的入口进到我家，打扰了我。"[27]

为了求得他的蛋形的面积，他再次计算了连续180段太阳到火星的距离，并加总；这整个的过程他重复了不下40次。为了使这个毫无价值的假设起作用，他暂时遗弃了他自己不朽的第二定律，但这也无济于事。最后，一种雪盲症似乎降临在了他的身上：答案就被他攥在手里而他却看不见。1603年7月4日，他写信给朋友说他无法解决他的这个蛋的几何问题，但是"要是形状是一个完美的椭圆形的话，那么所有答案都可以在阿基米德和阿波罗尼乌斯的著作中找到"。[28] 在整整18个月之后，他又写给同一位收信人，说正确答案一定就在蛋形和圆形之间，"就好像火星轨道是一个完美的椭圆形。但到目前为止我还从来没有在这个方面研究过"。[29] 更令人惊讶的是，他在计算中经常使用椭圆形——但仅仅是作为一个**辅助**图形，为了近似地确定他的蛋形曲线的面积。这时候他对蛋形曲线已经到了痴迷的程度。在这背后是否存在某种潜意识的生物学偏好呢？除了把摆弄这个蛋和他孩子的出生联系起来之外，没有什么可以支持那个迷人的假设。*

然而，这些在荒野中游荡的岁月并没有完全白费。《新天文学》中这些关于蛋形假设的章节本来是没有什么生命力的，却由于专注于蛋形的假设而描绘出了走向发明极限微积分的重要一步。此外，开普勒的头脑里现在已经充满了火星轨道的数据，以至于当重大的机遇出现时，它就像带电的阴云遇上火花一样，立即产生了反应。

这个机遇也许是这个不太可能的故事中最不可能发生的事。它以一个数字的形态出现在了开普勒的头脑里并且挥之不去。这个数是0.00429。

当他终于意识到他的蛋形已经"化为乌有"[30]，并且他本以为已经成为俘虏的、"被我的方程式安全地锁住并囚禁在我的表格里"的火星再次逃脱了之后，开普勒决定再次从头开始。

他非常彻底地计算了轨道的各个点上火星到太阳的距离。这些数字再次表明，轨道是某种椭圆形，看起来就像是圆形相对的两侧向内扁了进去，因此在圆形和火星轨道之间留下了两个狭窄的镰刀形或"新月形"。镰刀形最宽处的宽度，相当于0.00429个半径：

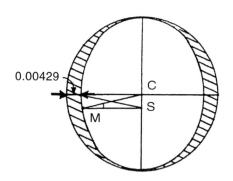

这时候，开普勒毫无缘由地对M的角度产生了兴趣，即从火星上观察太阳和轨道中心的连线之间所形成的角度。这个角度被称为"光学方

---

* 我们记得，哥白尼也偶然发现了椭圆形，并把它踢到了一边。但是哥白尼对圆形十分执着，没什么理由去关注椭圆形，不像开普勒，他已经进步到了蛋形。

程"（optical equation）。当然，随着火星沿轨道移动，这个角度会变化；它的最大值是5°18′。接下来发生的事情，用开普勒自己的话来说是这样的：[31]

> ……我想知道为什么会形成这个宽度（0.00429）的镰刀形，以及它是如何形成的。这个想法让我四处奔忙、反复思考的时候……我取得的对火星的表面上的胜利就是白费力气。我完全出于偶然发现了这个5°18′的角度的正割线（secant）*，这是光学方程的最大值。当我意识到这个正割等于1.00429时，我感觉自己就好像从睡眠中被唤醒了……

这是一个真正的梦游者的表现。起初，在这个意想不到的地方又见到0.00429这个数字，在开普勒看来一定是个奇迹。但他突然灵光一闪，意识到这表面上的奇迹必然是由于M处的角度与MS的距离之间的固定关系，这个关系必定适用于轨道上的任何一点；偶然的只是他发现这种关系的方式而已。"引导人类通往知识的道路与知识本身一样奇妙。"

终于，经过6年之久的辛劳，他掌握了火星轨道的秘密。他可以用一个简单的公式，一个数学的自然法则，来刻画行星到太阳的距离随它的位置而变化的方式了。**但是这时候他仍然没有意识到这个公式已经将轨道限定为椭圆形了。**[†]今天，一个稍微会一点分析几何学的学生一眼就能看出来；但是分析几何学是在开普勒之后才出现的。他凭经验发现了他的戏法的方程，这就像是椭圆形的速记符号，而他并不比本书的普通读者更能辨认得出来。他什么都没看出来。他已经到达了终点，但他没有意识到自己已经到了。

结果就是他又再次出发了，最后一次徒劳无功的努力。他想创建与他新发现的方程相符合的轨道，但他不知道怎么做，结果犯了个几何学上

---

* M处角度的"正割"就是MC与MS的比值。

† 用现代的表示法，公式为：$R = 1 + e\cos\beta$，其中 R 是到太阳的距离，β 是轨道中心的经度，e 是偏心率。

的错误，最后得到了一个过度隆起的曲线。他自己厌恶地说这个轨道是个鼓脸蛋（via buccosa）。

接下来发生了什么呢？我们已经到达了这出喜剧的高潮。在绝望之中，开普勒抛弃了他的公式（该公式刻画的是一条椭圆形轨道），因为他想尝试一个全新的假设，即一条椭圆形的轨道。这就像一个游客在研究菜单后告诉服务员："我不想要côtelette d'agneau（法语的羊排），不管那是什么。我想要一份羊排。"

到现在为止，他确信轨道一定是椭圆形，因为那些他几乎烂熟于胸的火星位置的无数观察数据都不可抗拒地指向了那种曲线，但他仍然没有意识到他靠着运气加直觉所发现的方程式**就是**一个椭圆。所以他放弃了那个方程，用另一种几何方法创建了一个椭圆形。然后，他终于意识到这两种方法产生了相同的结果。

以其惯常的、让人生不起气来的那种坦诚，他后来承认了这段经历：

> 我为什么要藏藏掖掖的？被我拒绝、驱逐的自然的真理，却又偷偷地从后门归来，乔装打扮才被接受。也就是说，我［将原始的方程式］放在了一边，然后又回到了椭圆形上，还以为这是一个完全不同的假设，而实际上，正如我将在下一章中证明的那样，这两个假设是同一个……我一直在思考，在搜寻，几乎要疯了，想搞清楚为什么行星会选择椭圆形轨道［而不是我的方程］……我真是一只笨鸟！[32]

但是在书的目录中，开普勒概述了整本书的内容，对于这个问题，他用一句话做了总结：

> 我［在本章中］展示的是我如何无意识地弥补了我的错误。

这本书剩下的部分基本上就是最终胜利之后清扫战场。

8. 一些结论

　　这确实是一次巨大的胜利。人类妄想的巨型摩天轮和在天上踩着猫步闲逛的诸行星，这个2000年来阻碍了人类理解自然的幻象被摧毁了，"被驱逐到了储藏间"。我们发现，一些最伟大的发现主要在于清除阻碍我们接近现实的心理上的障碍，这就是为什么在事后它们看起来如此显而易见。在写给隆戈蒙塔努斯的一封信中，[33] 开普勒将自己的成就称为"清扫奥吉斯国王的牛舍"。

　　但开普勒不光摧毁了这座古老的大厦，他还建起了一座崭新的大厦取而代之。他的定律并不是那种看上去一目了然、不言而喻的，即使我们回过头来看也是如此（如惯性定律在我们眼中的那样）；椭圆形轨道和确定行星速度的方程式在我们看来是"创建"而非"发现"。事实上，它们只有在牛顿力学的背景下才是对的。从开普勒的角度来看，它们并不太说得通。为什么轨道就应该是椭圆形的而不是蛋形的呢，他看不出其中有什么合理的原因。因此，他当时更多地是为自己的5个正多面体感到骄傲，而不是他的三大定律；他的同时代人，包括伽利略，同样也都不能认识到三大定律的重要意义。在相当长的一段时间内，开普勒的发现不是"飘在空中"（即谁都能想到）的那种通常会由几个人独立得到结果的发现，他的发现属于相当罕见的个人成就。这就是为什么他发现这些定律的过程格外地有趣。

　　我试着追溯了开普勒思想的蜿蜒曲折的发展过程。关于这一点，最令人惊讶的可能是他在手法上既干净又不干净的混杂。一方面，因为那糟心的8弧分，他抛弃了一个他心爱的理论，那是他多年劳动的结果。另一方面，他又明知故犯地做出了不能被允许的全称概括，却不在乎。对于这两种态度他都有一个哲学上的正当理由。他的庄严布道说我们有责任严格遵循观察到的事实。但他又说，哥白尼"在阐释他的杰出发现时对小瑕疵的蔑视给我们树立了榜样。如果我们不这样做的话，那么托勒密就永远无法发表他的《天文学大成》，哥白尼就永远无法发表他的《天球运行论》，莱因霍尔德就永远无法发表他的《普鲁士星表》……如果说他们是在用柳叶刀解剖宇宙的话，那么各种事物以粗陋原始的形式出现也就不奇怪了"。[34]

　　当然，这两条戒律都有它们的用处。关键是要知道什么时候该遵循这一条，什么时候该遵循另一条。哥白尼的思维是单线条的，他从不会突然离题、自我发挥，甚至他在耍花招时也都是笨手笨脚的。第谷是位观测上的巨人，但也仅此而已。他对炼金术和占星术的爱好从来没有像开普勒那样与他的科学相融合。开普勒的天才在于他思想上的冲突的强度，以及他对这些冲突的利用。我们看到他以极大的耐心投入工作，经过了枯燥的试错过程，之后凭着一次连蒙带猜得来的侥幸成功带来的契机，他就突然腾空而起了。让他在数字0.00429出现于一个意想不到的地方时立刻意识到他的机会的，并不仅仅是他清醒的头脑，就连他处于梦游之中的潜意识的自我，都已经在他研究的问题的各个可设想的方面达到了饱和——不单是数据和比例，还包括对物理上的力以及问题所涉及的格式塔的直觉上的"触感"。一个用弯曲的粗铁丝打开复杂锁具的锁匠不是受逻辑的指导，而是受无数过去关于锁的经验的无意识残留的引导，是这些经验给他的手法赋予了一种他的理性所不具备的智慧。也许正是这种断断续续地闪现的整体视野，可以解释开普勒前后犯下的错误的相互抵偿，就好像在他的潜意识里有某种平衡反射或"反馈"机制在起作用一样。

　　因此，例如，他知道他的反比"定律"（行星的速度与行星到太阳的距离成反比）是不正确的。他在第32章的结尾对此做了一个简短的承认，似乎是心血来潮。但是，他辩称其中的偏差很小，可以忽略不计。要知道，对于地球而言，由于它的偏心率很小，所以这可以忽略不计，但对火星则完全不可一概而论，因为它的偏心率很大。然而，即使在他这本书的最后（第60章），在他找到正确的定律很久之后，开普勒在谈到反比假设时，依然好像它不仅适用于地球，也适用于火星。他不能否认这个假设是错误的，即使是对他自己；他只能将它忘记。他很快就做到了。为什么？因为，虽然他知道这个假设在几何学上很糟糕，但因为他觉得这个假设给出了很好的物理学阐述，因此又应该是正确的。行星轨道的问题已经无可救药地陷入了其参考的纯粹的几何框架之中，当开普勒意识到他无法将其解开时，他就将它从框架中拽出来，把它给挪到物理学领域中。这种将一个问题从它的传统语境中移出，置于一个新的语境之下来透过另一种颜色的眼镜看待的做法，在我看来始终是创造性加工的本质所在。[35] 它不仅让我们重新去评估该问题本身，往往还让我们能融合两个先前无关的参考框架，从而产生一个综合了更广泛结果的合成体。在我们的例子中，火星的轨道成为两个本来独立的领域——物理学和宇宙学——之间统一的纽带。

也许有人会反对说，开普勒的物理学思想过于原始，应该仅被视为对他的工作（如5个正多面体）的一种主观刺激，而没有客观价值。然而，事实上，他所做的是人类试图以物理力量解释太阳系运行机制的首次严肃尝试，一旦有了这个范例，物理学和宇宙学就再也不能被分离了。其次，虽然5个多面体确实仅仅是一种心理上的刺激，但是正如我们所见，他的天空物理学对他发现这三大定律起到了直接的作用。

因为，尽管引力和惯性的作用在开普勒的宇宙中被颠倒了过来，但他对有**两种相对抗的力**作用于行星的直觉把他引向了正确的方向。人类以前所认为的（第一推动者或类似精神的）单一力量绝不会产生椭圆形轨道和速度的周期性变化。这些只能是天空中的某种动态的"拔河"产生的结果——事实上它们也确实如此。尽管他对"太阳的力"和行星的"惰性"或"磁性"本质的看法都还是前牛顿时代的。

9. 引力的陷阱

我通过前文想说的是，如果开普勒没有进入物理学的领域，那他就不可能获得成功。我现在必须简要讨论一下开普勒特有的物理学。可以预料的是，这是一种处于亚里士多德和牛顿之间的"分水岭上的物理学"。这种物理学不包括如果没有外力的帮助，运动的物体将保持运动的动量或冲量的基本概念。行星仍然被拖曳着在以太中穿行，就像一架在泥浆里行进的希腊牛车。在这个意义上，开普勒并没有比哥白尼走得更远，而且两人都没有注意到巴黎的奥卡姆主义者所取得的进展。

另一方面，他离发现万有引力已经很接近了，而他却未能发现，其原因不仅具有历史因素，而且也具有现实因素。他似乎一次又一次地在这个想法的边缘摇摆，然而，就像被某种无意识的阻力拉了回来一样，他又都在迈出最后一步之前退缩了。《新天文学》的序言中有一段非常值得注意的话。在这段话中，开普勒先是摧毁了认为性质为"重"的物体会向宇宙的中心奋力运动，而"轻"的物体会向边缘运动的亚里士多德派学说。他的结论如下：

> 因此很明显，关于引力的传统学说是错误的……引力指的是同源［即同种物质的］物体之间的一种相互合一或接触的倾向（磁力也是一种这样的力），因此地球对石头的吸引力比石头对地球的吸引力大得多……
>
> 假设地球处于宇宙的中心，重物被它吸引，不是因为它处于中心，而是因为它是一个同源［同种物质］的物体。因而无论我们把地球放在哪里……重物总是会向地球运动……
>
> **如果把两块石头放在空中的某处，彼此靠近，并且在第三个同源体的引力范围之外，那么，这两个石头就会以磁体的方式，在中间某个点聚合到一起，这两块石头各自所移动的距离与另一块的质量成正比。**［黑体为我所加］
>
> 如果地球和月球没有被精神的或其他等效的力量约束在各自的轨道上，那么地球将向月球的方向上升月地距离的 1/54，而月球会下降，移动该间隔所剩余的 53 个单位距离，这样它们就会连接在一起。只是，这个计算假定了两个物体的密度相同。
>
> 如果地球不再吸引海水，那么海洋会上升并流向月球……
>
> 如果月球的引力向下延伸到了地球，那么地球的引力就走得更远，会延伸到月球乃至更远……
>
> 用地球物质构成的物体不可能是绝对轻盈的，但是，天然的或通过加热而变得密度较低的物质则相对较轻……
>
> 根据轻的定义就能理解其运动，因为我们不应该认为，一个轻的物体如果飘浮起来，它就会逃到宇宙的边缘，或者就没有被地球所吸引。它只是受到的引力比重的物体要小，因此被重的物体取代了，

所以它会静止下来并被地球保持在原位不动……[35a]

在同一个段落中，开普勒首次正确解释了潮汐，即水域"朝着月球位于天空中最高点的区域"的运动。在他后来的一本著作《梦》中，他解释潮汐不仅是由于月球的引力，而且是由于月球和太阳的引力相结合；他也就意识到了，太阳的引力足以远及地球！

尽管如此，他的宇宙学中的太阳并不是一种引力，而是在像扫帚一样产生作用。在《新天文学》的文本中，他似乎又忘记了他在序言中所说过的关于空间中两个物体之间的相互吸引且引力与物体的质量成正比的正确得令人吃惊的定义。序言中引力的定义确实非常惊人，以至于德朗布尔惊叹道：[36]

> 这是真正迷人的新东西，只需要一点点发展和解释。这就是现代物理学的基础，包括地球物理学和天空物理学。

但是当他试图弄清楚太阳系的运行机制时，所有这些迷人的新见解又在一片混乱中被丢掉了。现代物理学的危机是被某种类似的佯谬引起的吗？——像是什么阻止我们看到"显而易见的"东西，迫使我们坚持我们自己的波动力学的矛盾立场的无意识的阻碍之类的东西？

无论如何，20世纪的物理学家大多都会对那个开始尝试引力的概念，却暂时还无法吞下它的人私下里感到同情。因为牛顿的"万有引力"概念一直是一大块的、搁在科学的胃中无法消化的东西；而爱因斯坦的外科手术虽然缓解了症状，却没有真正地治好病。第一个同情开普勒的就是牛顿本人，他在写给本特利的一封著名的信中写道：

> 纯然的、无生气的物质竟然能在没有某种非物质的东西介入的情况下，不经由相互接触而对其他物质施加作用和影响，这是不可思议的；如果引力就是伊壁鸠鲁所说的那种物体基本的、固有的性质的话，那么就必定会如此。这就是为什么我希望你不要把固有的

引力归于我名下的根本原因。认为引力是物质天生的、固有的本质，因此一个物体可以不需要任何其他东西介入，在真空中，从一定距离之外，对另一个物体产生作用，并且可以通过这种方式将运动和力从一个物体传递给另一个物体，这对我来说实在荒谬，我相信任何一个在哲学问题上具有思考能力的人，都绝不会相信。[37]

事实上，牛顿只能通过诉诸一种无处不在的以太（其属性同样是矛盾的）或者上帝本人，来克服自己概念的"荒谬"。一种不需要中间介质就可以瞬间穿越遥远的距离，用无处不在的幽灵般的手指去施加作用并拉动巨大星体的"力"——这个想法周身都散发着神秘主义的和"不科学"的味道，以至于像开普勒、伽利略和笛卡尔这样的当年正在努力摆脱亚里士多德万物有灵论的"现代派"的头脑会本能地倾向于去否定它，认为它是旧思想的死灰复燃。[38] 在他们的眼中，"万有引力"的概念与古人的"宇宙灵魂"有太多相似之处。牛顿的公理之所以后来成了一个现代的自然法则，是因为他对其中所涉及的神秘存在进行了数学表述。而这个数学表述是牛顿从开普勒的发现中推断出来的——开普勒本能地窥见了引力，却避开了它。科学之树就是这么歪歪斜斜地生长的。

10. 物质和精神

在该书接近完成时，开普勒给赫尔瓦特写了一封信，[39] 在信中，开普勒讲述了他的计划：

> 我的目的是表明天上的机械装置不是某种神圣的、活的存在，而是一种钟表装置（认为一台时钟有灵魂的人，是将造物主的荣耀赋予了作品），因为几乎所有的复杂运动都是由一种简单的、有吸引力的、物质的力所产生的，正如时钟的所有运动都是由一个简单的砝码所带动的那样。我还展示了这些物理上的原因要如何用数字和几何表达来给出。

　　他已经阐明了科学革命的本质。但是他自己从未完成从一个由有目的的精神所推动的宇宙到一个被不动的、"盲目"的力所推动的宇宙的转变。我们习以为常的没有目的、物理意义上的"力"的概念，在当时才刚刚从万物有灵论的子宫中诞出，而用来表现它的词virtus或vis则透露了它的起源。在当年（和当下），谈论一个"简单的、有吸引力的、物质的力"，较之于形成一套关于它运行的具体想法，要更为容易。下面这段话可以说明从太阳发出的"移动物体的力"的概念给开普勒的头脑带来的巨大困难：

　　　　虽然太阳光本身不能成为移动物体的力……它也许代表了移动物体的力所使用的一种载体或工具。但以下的考虑似乎与此矛盾。首先，光无法到达被遮挡的区域。如果是这样的话，要说移动的力是用光作为载体，那么黑暗就应该会使行星陷入停滞状态……

　　　　由于在更宽、更远的轨道中存在的这种力，与在更近、更窄的轨道中存在的力一样大，那么就说明这个力从其来源开始的旅程上没有任何损失，在源头和星体之间这个力一点没有减损。因此，这种力的散发就和光一样，是没有实体的，并不会有物质的损失，不像气味的散发或者燃烧的火炉的热量的散发等那样，令中间的空间［由于散发］充满了气味或热量。因此，我们必须得出结论，正如照亮地球上万物的光是太阳体内的火的非实体形式那样，同样，这个紧紧地抓住行星并令其移动的力也是内在于太阳本身的力量的一种非实体的形式。它具有无可估量的力量，从而为宇宙中的所有运动提供了第一个推动力……

　　　　这种力量，就像光的力量……不能被视为散发到其来源和移动物体之间的空间中的某种东西，而应该被当成可移动天体从其所在的空间中接收到的东西……*它在宇宙中传播……但又只在有可移动天体（如行星）存在的地方，才能接收得到。这是因为，虽然这种让行星移动的力没有实体，但它的目标是实体，即可被移动的行星……

---

* 请注意，这种描述更接近于引力场或电磁场的现代概念，而不是经典的牛顿关于"力"的概念。

　　我要问问，谁佯称光是有实体的呢？然而它仍然在空间中起作用并被作用，它被折射和反射，它有量可言，因此可以说是稠密的或稀疏的，可以被视为一个能被照亮的东西所接收到的一个虚构平面。如我在《光学》中所说，同样的原理既适用于光，也适用于我们的移动的力：虽然它通过了空间，但它的存在并不在光源和被照亮的物体之间的这段空间中显现；它"现在"不在，它"过去在过"，可以这么说。[40]

　　正在跟相对论和量子力学的悖论较劲的当代物理学家会在这儿为他们的迷茫找到共鸣。在最后，开普勒设法将他的"移动的力"视为一个旋涡，从而终于可以与其和平共处了，"一股汹涌的激流，撕裂了从西到东所有的行星，也许还有太空中所有的以太"[41]。但他不得不赋予每个行星一种精神，使其能够识别自己在太空中的位置，并相应地调整自己的反应。《新天文学》的读者若是不够细心，会将这看作动物精神已经重新进入这个他本来设计为一个纯粹机械装置的模型，就像不愿离开生灵世界并接受最终的放逐的鬼魂。但是，开普勒的行星心智（planetary mind）实际上与中世纪的那些移动行星的天使和精神之间没有任何相似之处。它们没有"灵魂"，只有"心智"；没有感觉器官，没有自己的意志，它们更像导弹的计算机器：

　　　　开普勒啊，你就不想给每颗行星装上两只眼睛吗？一点儿也不想。因为它们也不是必须装上脚或翅膀才能移动……我们的猜测还没有穷尽自然的所有珍宝，为了让我们理解，有多少感觉存在……

　　　　一些人关于神圣的天使和神明的性质、运动、位置和活动的细致思考，并不是我们在此所关心的。我们讨论的是层级低得多的自然问题：在改变活动时并不会行使自由意志的那些力，和与其所移动的星体并非分离，而是依附于它们且与它们合而为一的智力。[42]

　　因此，行星心智的功能仅限于以规律、有序因而"智慧"的方式来回应拉扯它的各种力量。它实际上是一种带有亚里士多德哲学偏见的高等的电子大脑。在最后的分析中，开普勒的含糊不清纯粹就是"心–物"难题的一种反映，这个难题在过渡时期会变得尤为尖锐——也包括我们自己的过渡时期。正如他最杰出的德国传记作者所说：

> 对于那些觉得有必要去探究自然的力学解释的最初根源的人来说，开普勒的物理学阐述传达出了一个特别的信息。在他不动声色地直面**人**与**自然**的概念，比较它们的实际含义并界定它们的应用领域时，他实际上触及了自然哲学上最深刻的问题。今天的我们已经超越这一对概念了吗？只有那些没有意识到我们关于物理学上的力的概念背后的形而上学本质的人，才会相信这点……无论如何，在我们这个到处都是失败的科学教条主义的时代，开普勒的解释也许可以刺激我们对机械论学说的原理和局限性进行全面的思考。[43]

虽然开普勒无法解决这个难题，但他将它阐明，并可以说是擦亮了它的两端。天使、精神和不动的推动者被从宇宙学中驱逐出去，他将这个问题升华、提炼到只剩下最终的奥秘。虽然他总是对吸引他的神学争论既厌恶又着迷，但他毫不妥协，并且强烈地反对神学家对科学的入侵。关于这一点，他在《新天文学》的序言中做出的声明——更确切地说是一声战斗口号——清晰地表明了他的立场：

> 《圣经》的权威已经足够了。至于圣徒们对这些自然问题的看法，我用一句话回答，在神学中权威最重，但在哲学中重要的只有理性的分量。因此，拉克坦提乌斯是位圣人，他否认地球是圆形的；奥古斯丁是位圣人，他承认地球是圆形的，但否认对跖点的存在。我们这个时代的宗教法庭是神圣的，它承认地球的渺小却否认它在运动。但是对我而言，比这些都更神圣的是真理，我尊敬教会的博士们，但我从哲学上证明了地球是圆形的，环球都布满着对跖点，而且它渺小得微不足道，是众星中的一个匆匆的流浪者。

7

低迷时期的开普勒

1. 出版遇挫

《新天文学》的创作成了一场耗时超过6年的障碍赛。

一开始是与第谷的争吵，在格拉茨的长途旅行，生病，以及撰写驳斥乌尔苏斯和克雷格的小册子的苦差事。"大丹犬"去世之后，开普勒刚被任命为他的继任者时，他本来希望能安静地工作；事实却相反，他的生活变得更加混乱了。他的正式和非正式的职责包括：出版带有占星预测的年历；为宫廷的贵客计算星座运势；公布对日食/月食、彗星和新星的解释；在与各位赞助人的通信中对他们提出的天南地北的各种问题进行详细的解答；还有最重要的是为了讨回欠他的至少一部分工资和出版费用而承担的各种请愿、游说和谋划工作。早在1602年，他就发现了他的第二定律，那是第谷死后的第二年；但是之后的一年他的时间几乎完全被其他工作占据了，其中包括那本出版于1604年的伟大的光学著作。在那之后的一年里，他对蛋形轨道的研究陷入了困境，还生了病，他又觉得自己快死了。直到1605年的复活节前后，《新天文学》的大纲才得以完成。

但该书的出版又拖了4年。造成拖延的原因是他没钱支付出版的费用，以及他与第谷的后人们之间的争议的干扰。其中领头的就是仗势欺人的容克尔·滕纳格尔。我们还记得，这个家伙把第谷的女儿伊丽莎白搞大了肚子然后娶了她——这是他仅有的可以凭此宣称继承第谷遗产的成就。他决心要把握机会，把第谷的观测结果和仪器以20000个塔勒的价钱卖给皇帝。但是，王室的金库从未把这笔钱给容克尔，所以他只得满足于这笔债务每年5%的利息了——这仍然是开普勒薪水的2倍。结果是，第谷的那些仪器——世间的奇观——都被滕纳格尔给锁了起来；不出几年，它们就朽成了一堆废铜烂铁。要不是开普勒匆忙顺走了第谷的观测数据以造福子孙后代，那么第谷观测的宝藏无疑也将遭受类似的命运。在给一位英格兰仰慕者的信中，[1] 开普勒平静地说：

> 我承认，第谷去世那会儿，我趁着他家后人不在，或是他们疏忽的当口，迅速把观测数据给弄到了手，大概也可以说是我篡夺了那些数据……

他一直口口声声地说想把第谷的宝藏据为己有，然后他成功了。

第谷家人的愤怒是可以想见的，然而开普勒这个知错的盗墓贼，也很理解他们：

> 这场争吵的原因既在于布拉赫家人的多疑和无礼，但另一方面也在于我自己冲动和不恭的秉性。必须承认滕纳格尔有很多怀疑我的理由。我拿着观测数据却拒绝将其交给他家的后人……[2]

谈判拖了好几年。容克尔这人既眼高手低又好面子，他提出了一桩肮脏的交易：如果开普勒未来所有的作品都以他们的名字联名发表的话，他就不再闹事了。令人惊讶的是，开普勒居然同意了——他对他出版的作品的命运总是淡然得不可思议。但作为交换条件，他要求容克尔把每年从国库中支取的那1000塔勒的1/4给他。这位滕纳格尔觉得拿每年250塔勒的钱来换不朽名声的代价太高，就拒绝了。后世的学者们本有可能对滕纳格尔-开普勒定律的发现究竟是归两位合作者中的哪一位展开讨论，而他就这样让我们丢掉了这个令人愉快的话题。

与此同时，容克尔归信了天主教，并成为宫廷的上诉法律顾问。这使他能够将自己提出的条款强加给开普勒，让他没法在未经滕纳格尔同意的情况下出版他的书。因此，开普勒发现自己"处处受制"，而容克尔"占着窝却不下蛋，自己没本事让宝藏物尽其用，还不让别人用"。[2a] 最后双方终于达成了和解：滕纳格尔慷慨地同意了《新天文学》的出版，条件是序言必须由他亲自执笔。序言的文字见本章尾注。[3] 如果说奥西安德在《天球运行论》的序言中显示了一条温和的蛇的智慧，那么在滕纳格尔为《新天文学》所写的序言中，我们听到的就是一头妄自尊大的蠢驴的叫声，在几个世纪以来不断地回响。

1608年，该书的印刷终于可以开始了。在开普勒的监督下，书的印刷在1609年夏天的海德堡得以完成。该书是精美印刷的对开本，只有几本存留了下来。皇帝声称整个印次的书都是他的财产，并禁止开普勒"未经朕事先知晓和同意"出售或赠送任何书册。但由于工资被拖欠，开普勒觉得自己可以任意处置，就将印刷的所有书卖给了印刷厂。这样说来《新天文学》的故事其开始和结束都是属于盗窃行径，犯了"愈显主荣"（ad majorem Dei gloriam）之罪。

2.《新天文学》引起的反响

开普勒有多超前（不仅仅是他的发现，还有他的整个思维方式），从他的朋友和通信者们的负面反应中可见一斑。他没有得到任何帮助、任何鼓励；他有资助人和支持者，但没有和他意气相投的人。

在过去的5年里，老梅斯特林一直都没有给开普勒写信，尽管来自开普勒的信件可谓是源源不断，他坚持写信给他这位之前的老师，让他了解自己生活和研究中的每一件大事。就在《新天文学》完成之前，梅斯特林打破了他的沉默，写来了一封非常动人的信，然而，就开普勒所希望获得的指导，或至少是他所寻求的共同的兴趣而言，这封信令人非常失望：

图宾根，1605年1月28日

虽然我已经好几年都没有写信给你，但你坚定的爱戴、感激和真挚的感情并没有变得淡薄，而是愈加强烈了，尽管你已经身居高位，

> 如果你愿意，你本可以瞧不起我……我不想再道歉，想说的只有这句话：我写不出水平相当的东西给你这样一位杰出的数学家。……我还必须承认，我的学识和才能无法与你相比，你的问题有时候对我而言太精深了。因此我只能保持沉默……你急着想要我对你关于光学的书的批评，也是没有用的；这本书的内容太过高深，我无法允许自己对其进行评判。我祝贺你。你［在书中］反复提及我的名字还大加褒扬，这尤其证明了你对我的忠诚。但恐怕你太过高看我了。只愿我当得起你的赞美。但我明白我只有平平无奇的才能而已。[4]

信就这样结束了，尽管开普勒坚持单方面的通信，而且提出各种各样的请求 —— 请梅斯特林打听一下开普勒妹妹的追求者的情况，请梅斯特林帮他找个助手，等等 —— 这位老人家都坚决不予理睬。

关于《新天文学》的进展，开普勒写得最详细的信是写给弗里斯兰的牧师和业余天文学家大卫·法布里修斯的。其中一些信长达20多页，乃至40页大页纸。然而，他根本就无法说服法布里修斯接受哥白尼的观点。当开普勒告诉法布里修斯自己发现了第一定律时，后者的反应是：

> 你拿你的椭圆形废除了行星的圆形轨道和匀速运动，这让我越是深入思考，就越觉得荒谬……要是你能保留正圆形的轨道，再加上一个小本轮来证明你的椭圆形轨道的话，就会好得多。[5]

至于那些资助人和祝福者，他们都试图鼓励他，但无法理解他在做什么。其中最开明的是医生约翰内斯·布伦格，开普勒对他的看法尤其重视，这位医生写道：

> 当你说你的目标是教授一种不基于圆形轨道，而是基于磁力和有智慧的力的新天空物理学和一种新的数学时，我和你一样高兴，但我必须坦率地承认我没有办法去想象，更不用说去理解这样的一套

数学上的方法。[6]

这就是开普勒在德意志的同时代人的普遍反应。对此，其中有一位是这么总结的：

> 为了用物理原因证明哥白尼的假说，开普勒引入了奇怪的猜测，它并不属于天文学领域，而是属于物理学领域。[7]

然而几年后，这个人又承认说：

> 我不再反对行星轨道的椭圆形形式，并且也愿意相信开普勒关于火星的研究中的那些证明。[8]

最先认识到开普勒发现的意义和影响的人，既不是他的德意志同胞，也不是意大利的伽利略，而是些英格兰人：旅行家埃德蒙·布鲁斯；沃尔特·罗利爵士的家庭教师，数学家托马斯·哈里奥特；牧师约翰·邓恩；天文学天才耶利米·霍罗克斯（21岁去世）；最后，还有牛顿。

3. 兴奋之后的低潮

从他那伟大的工作中解脱出来之后，开普勒迎来了他常见的兴奋后的低潮。

他又回到他挥之不去的梦里——天球的和谐，他坚信《新天文学》只是通向他"孜孜以求追寻造物主之路"的最终目标的一块踏脚石。[9]他发表了两篇关于占星术的辩论著作、一本关于彗星的小册子、一本关于雪花晶体形状的小册子，写了大量的信件讨论基督诞生的准确日期。他还坚持做他的年历和天气预测：有一次，与他早在两周前的预测相符的一场猛烈的雷雨在正午袭来，天空一片昏暗，布拉格街头的人们指着云层大声地喊："开普勒预测的那个要来了。"

他那时是一位国际知名学者，意大利猞猁之眼国家科学院（皇家学会的一个前身）的成员，但他更高兴的是融入了布拉格的这个优秀的圈子：

> 皇家顾问和第一秘书约翰·波尔兹非常喜欢我。[他妻子和]全家人在布拉格都很引人注目，因为他们具有奥地利人的优雅气质和高贵举止。所以如果日后我在这方面有所进步的话，应该归功于他们的影响，当然，现在我还差得远……尽管我家徒四壁、地位卑微（他们被看作贵族），我却可以随意出入他们的府邸。[10]

他的社会地位的提升也反映在他在布拉格出生的两个孩子的教父教母的身份中，给他的第一个孩子当教母的是载兵的妻子，而到了第二个孩子，孩子的教父就成了普法尔茨的贵族和大使。开普勒显示其社交魅力的努力带有一种可爱的、卓别林式的特点："邀请十五六个女人到产妇床前探望我的妻子，接待她们，恭维她们，一直送到门口，这活儿可真不易，好大的一顿折腾。"[10a] 虽然他穿的衣服有精美的布料和西班牙式的褶边，但他的工资仍然总是被拖欠："我饥肠辘辘的胃就像只小狗一般，眼巴巴地望着曾常常喂它的主人。"[11]

来到布拉格的客人无一例外地对他活泛的个性和敏捷的头脑留下了深刻的印象；然而，他仍然缺乏自信——一种慢性病，成功只是一种起暂时作用的镇静剂，无法完全将之治愈。时代的动荡让他更加惴惴不安，他一直生活在对贫困和饥饿的恐惧中，而且由于他的强迫性的疑病症，整个症状变得更加复杂：

> 你问我的病情？这是一种潜伏的热症，发于胆囊，因为我多次饮食不当反复来袭了4次。5月29日，我妻子不停唠叨，强迫我清洗一次全身。她让我泡在装满热水的浴缸里（因为她对公共浴室有恐惧症）；水的热度折磨着我，使我的内脏收缩。5月31日，我照常服用了轻泻药。6月1日，我又照常给自己放血，没有急症，甚至也不

是因为怀疑自己得了什么病而做的这件事，也没有出于任何星座运势方面的考虑……失血后，我有几个钟头感觉不错；但是晚上又做了噩梦，让我在床上动弹不得、内脏发紧。果然，胆汁立刻绕过了肚肠，进入了我的头部……我想我就是那种胆囊直接连通胃部的人，这样的人通常命不长。[12]

即使没有疑病症，让他焦虑的事情也有的是。他的帝国赞助人的皇位已经摇摇欲坠了——事实上，鲁道夫很少坐在皇座上，他更喜欢藏在他的机械钟表和玩具、宝石和硬币、曲颈瓶和蒸馏器后面，躲避他讨厌的同胞。摩拉维亚和匈牙利发生了战乱，国库空虚。当鲁道夫从古怪继而发展到漠然和忧郁的地步时，他的兄弟正在蚕食他的领地。总之，鲁道夫最后退位只是早晚的事。可怜的开普勒，先是丢了在格拉茨的生计，如今又眼看着第二次流亡迫在眉睫，不得不再次开始拉人情，找关系，抓向救命稻草。但是，在他亲爱的家乡符腾堡的那些路德宗的贤达之士不愿意和他们这个"坏脾气的孩子"有瓜葛，而巴伐利亚的马克西米利安也和他求助的其他贵族一样斯文地置若罔闻。《新天文学》出版后的那一年是他一生中的最低潮，他无法做任何严肃的工作，"我的心下一片凄凉"。

之后发生了一件事，不仅解冻了他的心，而且还让它滚滚地沸腾了起来。

4. 好消息

1610年3月的一天，一位名叫约翰内斯·马特乌斯·瓦克尔·冯·瓦肯费尔斯的先生，皇帝陛下的枢密顾问、金链骑士团和圣彼得骑士团骑士、业余哲学家和诗人，驾着马车来到开普勒的家，异常激动地呼唤他。开普勒下来后，瓦克尔先生告诉他说刚有消息送到宫廷，帕多瓦的一位名叫伽利略的数学家用一架小望远镜观测了天空，透过镜头，伽利略在除了之前已知的5颗行星之外又发现了4颗新的行星。

> 我听到这个奇特的故事时，产生了一种美妙的感觉。我感到最深切的感动……[瓦克尔]兴高采烈、非常兴奋，一开始我们因为互相搞糊涂了而大笑起来，接着他继续他的叙述，而我十分专注地听着——无休无止……[13]

瓦克尔·冯·瓦肯费尔斯比开普勒年长20岁，很喜爱他。开普勒深受这位枢密顾问的恩惠，他将关于雪晶的论文致献给瓦克尔，作为一件新年礼物。瓦克尔虽然改宗了天主教，却相信有多个宇宙；因此，他认为伽利略发现的是太阳系之外的其他恒星的行星。开普勒反对这个观点，但是他同样拒绝认为新发现的天体是围绕太阳旋转的，理由是因为只有5个正多面体，所以只能有6个行星——他在《宇宙的奥秘》中已经得意地证明了这一点。因此，他先验地推断，伽利略在天空中看到的只能是围绕金星、火星、木星和土星旋转的卫星，就像围绕地球旋转的月球一样。他再一次凭借错误的理由几乎猜到了正确的答案：伽利略所发现的确实是卫星，只不过那4个都是木星的卫星。

几天后，确定的消息以伽利略简短但意义重大的小册子《星际信使》[14] 的形式来到了他们的面前。它预示了用一种新型武器，一种光学的撞击锤——望远镜——对宇宙发起的攻击。

8

开普勒和伽利略

1. 关于神话的题外话

这确实是一个新的起点。智人的主要感官的能力大小和范围突飞猛进，剧增到其自然能力的30倍、100倍，乃至1000倍。其他器官的能力范围也同样在突飞猛进，很快将这个物种转变成了一个力大无穷的巨人族——而其道德高度却一寸也没增长。这是一个可怕的单方面的突变，就像鼹鼠变大到鲸鱼的大小，却仍保留着鼹鼠的本能。这场科学革命的缔造者们就是在这场物种突变过程中的那些作为突变的基因的个体。这些基因事实上是不平衡、不稳定的。这些"突变体"的个性已经预示了人类在接下来的发展中的差异：科学革命中的智识上的巨人们却是群道德上的矮人。

当然，他们比起同时代人的平均水平，既不更好也不更差。说他们是道德侏儒只是相较于他们在智识上的伟大而言的。以一个人的智识成就为标准来判断一个人的性格，可能会被认为不公平，但过去的那些伟大文明正是这样做的。道德与知识价值的背离本身就是过去几个世纪的发展特点。它在伽利略的哲学中得到预示，并在现代决定论的价值中立说之中得到了完全的体现。科学史家对待始创的科学之父们的宽容正是基于科学之父所引入的那种传统，即将智识和性格进行严格的区分，就像伽利略教导我们的要区分物体的"第一"和"第二"性质。因此，对克伦威尔或丹东来说，道德评估被认为是必不可少的，但对伽利略、笛卡尔或牛顿来说，这被认为是无关痛痒的。然而，科学革命不仅提供了发现，还产生了一种对生活的新态度，一次哲学气候的变化。在这种新气候下，那些创始人的个性和信念的影响持久地延续了下去。其中最显著的就是伽利略和笛卡尔在他们各自不同的领域中所造成的影响。

相比于哥白尼教士，从畅销的科学著作中体现出来的伽利略的个性，与历史事实的关系甚至还要更少些。然而在他的这个例子中，这并不是出于将个人区别于其成就的那种善意的中立，而更多是出于拉帮结派的动机。在具有神学倾向的作品中，他看起来似乎是别有用心的；而在理性主义的神话中，他是科学的圣女贞德，是屠杀宗教裁判所之恶龙的英雄圣乔治。因此，这位杰出天才的名声主要源自他从未做出过的发现和他从未建立过的功勋，这也就不足为奇了。与近年来科学提要中的陈述相反，伽利略并没有发明望远镜，也没有发明显微镜，没有发明温度计，也没有发明钟摆。他没有发现惯性定律，没有发现力或运动的平行四边形法则，没有发现太阳黑子。他对理论天文学没有做出贡献，他并没有从比萨斜塔上往下抛重物，也没有证明过哥白尼体系是正确的。他没有遭到宗教裁判所的折磨，没有在地牢里挣扎，也没有说"然而地球仍在转动"（eppur si muove），他并不是一位科学的殉道者。

他所做的是创立了关于动力的现代科学，这让他成了塑造人类命运的伟人之一。动力学为开普勒定律提供了走向牛顿宇宙不可或缺的补充。"如果说我能够看得更远，"牛顿说，"这是因为我已经站在了巨人们的肩上。"这些巨人主要就是开普勒、伽利略和笛卡尔。

2. 伽利略的青年时期

伽利略·伽利莱1564年出生，1642年去世——这也是牛顿出生的那一年。他的父亲文森托·伽利莱是一个低等贵族的落魄子孙，一个极具修养的人，作为作曲家、音乐评论家都取得了相当大的成就。他蔑视权威，有激进分子的倾向。例如，他（在一项关于对照法的研究中）写道："在我看来，那些试图仅仅通过依靠权威的分量来证明一项主张的人，他们的做法极其荒谬。"[1]

在童年时代的大气候方面，我们能立即感受到伽利略与我们前文的主角们的反差。哥白尼、第谷、开普勒，从来没有完全切断过滋养他们的中世纪神秘主义汁液的脐带。伽利略是一位二代知识分子，是反对权威的第二代反叛者；若是在19世纪的环境下，他的父亲会是自由主义者，而他会是社会主义者。

早期的肖像画显示他是一个头发姜黄、脖子短粗的健壮年轻人，五官颇有些粗俗，鼻子肥厚，眼神自负。他在佛罗伦萨附近的瓦隆布罗萨修道院的耶稣会学校上学，但老伽利略希望他成为一名商人（对于一位托斯卡纳贵族而言，这绝不是堕落），将他带回了比萨。后来，父亲看到儿子表现出来的天赋，就改变了主意，在他17岁时又将他送到当地大学学医。但文森托有5个孩子要照顾（另有小儿子米开朗琪罗和3个女儿），上大学的费用很高，所以他试图为伽利略获得奖学金。尽管当时在比萨有40多项授予贫困学生的奖学金，但伽利略一项都未能获得，他被迫退了学，没有获得学位。这实在令人惊诧，因为他早已明确证明了他的才华。1582年，大学第二年，他发现了一定长度的钟摆以恒定频率摆动，无论振幅的大小。[2] 大约同一时间，他发明了"脉搏计"，一种用于测定患者脉搏的节拍器。此外，还有其他证据证明了这位年轻学生在机械方面的天才，鉴于此，他的早期传记作者将他申请奖学金被拒解释为他的非正统的反亚里士多德观点招致了敌意。然而，事实上，伽利略早期的物理学观点并不具有任何革命性。[3] 奖学金被拒更有可能不是由于伽利略的观点不受欢迎，而是因为他的为人——冷淡、好嘲讽而傲慢，这毁掉了他的一生。

回到家后，他继续学习，主要是他越来越感兴趣的应用力学，他制作机械仪器和小装置的技巧也日臻完善。他发明了一种流体静力平衡仪，写了一篇有关的论文，并以手稿的形式传播，开始引起学者们的注意。其中包括圭多巴尔多·德尔·蒙特侯爵，他将伽利略推荐给他的兄弟德尔·蒙特红衣主教，后者又将他推荐给了执政的托斯卡纳公爵斐迪南·德·美第奇。结果，伽利略被任命为比萨大学的数学讲师，这是在这同一所大学拒绝授予他奖学金的4年之后。就这样，从25岁起，他就开始了他的学术生涯。3年后，1592年，他再次在赞助人德尔·蒙特的操作下，获得了著名的帕多瓦大学数学教授的任命。

伽利略在帕多瓦一待就是18年，这是他一生中最有创造力、最多产的时期。正是在这里，他奠定了现代动力学的基础，即与运动物体有关的科学。但这些研究的成果直到他生命的尽头才得以发表。46岁时，《星际信使》传播到世界各地，而在此之前，伽利略没有发表过任何科学著作。[4] 在他运用望远镜做出发现之前，他在这一时期的声名鹊起一部分依赖于他以手稿形式传播的论文和讲稿，一部分则在于他的机械发明（其中包括测温仪，这是温度计的前身），以及他在自己的工作坊中与手艺精湛的工匠们一同制造的大量仪器。但是他真正伟大的发现——如落体和抛物的运动定律——以及他的宇宙学观点，仅有他自己和与他私下通信的一些人知道。这些人中就有约翰内斯·开普勒。

3. 教会和哥白尼体系

两位科学之父的第一次接触发生在1597年。开普勒当时26岁，是格拉茨的数学教授；伽利略33岁，是帕多瓦的数学教授。开普勒刚刚完成了他的《宇宙的奥秘》，并且借助一位前往意大利的朋友，送了一些书（包括这本）给"一位自己署名为伽利略·伽利莱的数学家"[5]。

伽利略在下面这封信中确认收到了礼物：

> 亲爱的博士，你托保罗斯·安伯格带给我的书，我不是在几天之前，而是刚刚才收到的。因为这位保罗斯告诉我他即将回到德意志，我若是不立即向你致谢，就太无礼了。我非常感激收到你的赠书，更是因为我认为这是我值得你给予友谊的证明。到目前为止，我仅仔细阅读了书的序言，但是从中我对这本书的意图有了一些认识*，我庆幸自己有了一个共同研究真理的伙伴，而他正是真理的朋

---

* 序言（和第1章）宣称开普勒相信哥白尼体系是正确的，并概述了他支持它的论点。

友。因为可悲的是，很少有人追求真理而不去歪曲哲学上的论证。然而，在此我不是要哀叹我们时代的苦难，而是要祝贺你在证明真理的过程中找到的巧妙论据。我只想说，我保证会安静地读你的书，肯定能在书中找到最令人钦佩的东西，而且我乐于这样做，更是因为我在多年前就采纳了哥白尼的学说，他的观点使我能够解释许多根据更流行的假说无法解释的自然现象。我写过许多支持他的观点、驳斥相反观点的论证，然而，到目前为止，我还不敢将这些论证文章公开，因为我被哥白尼本人的命运吓到了，我们的这位老师，虽然在某些人心中流芳百世，却仍然被无数的其他人（这是蠢人的数量）视为嘲讽的对象。如果有更多像你这样的人存在，我肯定敢立刻发表我的观点；然而情况并不是这样，因此我现在不会这样做。

接着是更多客气地表示尊敬的言语，签名"伽利略·伽利莱"，日期是1597年8月4日。[6]

这封信之所以重要有几个原因。首先，它提供了确凿的证据，表明伽利略从早年起就已经是哥白尼的信徒。他写这封信时33岁，而"多年前"表明他信仰哥白尼发生在他20多岁时。然而，他第一次明确公开宣布支持哥白尼系统都已经到1613年了，也就是在他写给开普勒这封信的整整16年之后，那时候伽利略都已经49岁了。这些年来，他不仅在课堂上讲授托勒密的旧天文学，而且还明确地否定了哥白尼。他曾写过一篇交由学生和朋友传阅的论文，其中有一份日期为1606年的手稿幸存了下来。[6a] 在这篇论文中，他引证了反对地球运动的所有传统论证：旋转将使地球解体，云层将被抛在后面，等等——这些是他自己在多年前就已经反驳过的论证，如果上面这封信可信的话。

但这封信之所以很有趣，还有其他原因。伽利略一口气提到了4次真理：真理的朋友，研究真理，追求真理，证明真理。接着，他显然没有意识到自己的自相矛盾，他又平静地宣称他打算压制真理。这也许可以部分解释为意大利文艺复兴晚期的风俗（如某位精神病学家所称，"没有超我

的时代"）；但就算是考虑到这一点，人们仍然会对他藏藏掖掖的动机感
到好奇。

为什么他与开普勒相反，就这么害怕发表他的观点呢？在那个时候，
他没有理由比哥白尼更害怕宗教迫害。是路德宗教徒，而非天主教徒，最
先起而攻击哥白尼系统的——但这既没有阻止雷蒂库斯，也没有阻止开
普勒公开对其进行捍卫。而另一方面，天主教徒当时并没有表态。在哥
白尼的时代，他们还对他很有好感——我们还记得红衣主教勋伯格和吉
泽主教是如何力劝他出版他的书的。在出版 20 年后，特利腾大公会议
重新定义了教会教义和政策的各个方面，但对宇宙的日心说系统没有任
何反对的说法。我们将看到，伽利略本人也受到了许多红衣主教的积极
支持，包括以后的乌尔班八世，也得到了耶稣会士中的主要天文学家的
支持。在决定命运的 1616 年之前，对哥白尼系统的讨论不仅得到了他
们的允许，而且受到了鼓励——有一个附带条件，即这应该仅限于科学
的语言之中，而不应该触碰神学问题。在 1615 年红衣主教迪尼给伽利
略的一封信中清楚地概述了这个情况："在圣器安置所之外，可以自由写
作。"[7] 而这正是那些辩论者未能做到的，也正是在这一点上才开始了冲
突。但是，20 年前伽利略写信给开普勒时，没有人能预见到这些事态的
发展。

因此，传说加上后见之明，一同曲解了真相，使人产生了错误的认
识，以为捍卫作为一个可行性假设的哥白尼系统可能招致教会的不悦或
迫害。在伽利略一生的头 50 年里，并不存在这样的风险，伽利略甚至从
未产生过这种想法。他的信中明确指出了他所担心的：和哥白尼一样的
命运，被嘲讽和讥笑；确切的原文是"被嘲笑着轰下讲台"（ridendus et
explodendum）。和哥白尼一样，他怕无知的和博学的蠢驴都嘲笑他，尤
其是后者；他在比萨和帕多瓦的教授同事们，逍遥学派的老古板们，他们
仍然将亚里士多德和托勒密视作绝对的权威。我们将看到，这种担心是完
全合理的。

4.早期的争吵

年轻的开普勒收到伽利略的信很高兴。一等到有人从格拉茨去意大利，他就以他特有的冲动劲儿回了信：

格拉茨，1597 年 10 月 13 日

最优秀的人文学者，你在 8 月 4 日写的信，我在 9 月 1 日收到了。它带给我双重的喜悦，一是因为它意味着我与一位意大利人开始了友谊；二是因为我们对哥白尼宇宙志的认同……我猜假设你的时间允许，你现在应该已经对我的小书更熟悉了，我热切地希望知道你对它的批评意见，因为我的本性就是要逼着我的所有收信人提出他们毫不掩饰的意见。相信我，即使是一位有见识的人最激烈的批评也比普通大众的盲目喝彩好听。

但是，我本希望才智如此不凡的你能采取一种不同的立场。通过你那巧妙的保密的方式，你用你的示范，警告了我们应该避开这世界的无知，不应该轻易引起无知信众的愤怒；在这方面，你追随了柏拉图和毕达哥拉斯，我们真正的老师。然而，考虑到在我们这个时代，首先是哥白尼本人，在他之后还有许多学识渊博的数学家，一直在进行这项宏大的事业，让地球的运动不再是新奇的观点，所以，我们更应该共同努力，帮助把这辆已经在移动的马车推到它的目的地……你可以帮助在这种不公正的批评之下工作的同志们，让他们得到你的认可从而感到安慰，并得到你的权威的保护。因为不仅是你们意大利人拒绝相信自己在运动，因为他们感觉不到；在德意志，持有这样观点的人也不会受人欢迎。但是，在这些困难面前，我们有能保护我们的论据……充满信心吧，伽利莱，挺身而出！如果我的猜测没错，在欧洲的杰出数学家中几乎没人愿意脱离我们，因为这就是真理的力量。如果你的意大利不利于你出版［你的作品］，如果你在那里的生活遇到麻烦，也许我们的德意志能够容许我们去做。就这样吧。如果你不想公开，那么至少私下里告诉我，你

发现了什么证据来支持哥白尼……

接着，开普勒承认他没有任何仪器，问伽利略是否有足够精确的四分仪，可以读取四分之一弧分。如果有的话，他请伽利略做一系列的观察，以证明恒星是会显示出微小的季节性位移的——这将提供地球运动的直接证据。

> 即便我们无法发现任何位移，我们仍然可以享有研究这么一个从来没人触碰过的、宏伟的问题的荣誉。少安毋躁。……别了，以及给我回一封长长的信。[8]

可怜而天真的开普勒！他就从来没想过，伽利略可能会被他的劝诫冒犯，将之视为对他的怯懦的含蓄责备。他空等着伽利略对他热情洋溢的提议的回应。伽利略收回了他的触角；接下来的12年里，开普勒再没有收到过他的信。

但不时有令人不快的流言从意大利传来。在开普勒的崇拜者中，有一位叫埃德蒙·布鲁斯的，他是一个身在意大利的多愁善感的英格兰旅行家、业余哲学家和科学假内行，喜欢与学者们厮混，并且传播关于他们的八卦。1602年8月，也就是在伽利略断绝通信的5年之后，布鲁斯从佛罗伦萨写信给开普勒，说马吉尼（博洛尼亚大学天文学教授）向他信誓旦旦地保证自己喜爱和钦佩开普勒，而伽利略已经向布鲁斯承认，说收到了开普勒的《宇宙的奥秘》，却对马吉尼否认了这一点。

> 我责备伽利略，因为他对你的赞美太少，我很肯定他向他的学生和其他人讲授你的发现和他自己的发现。然而，我行事总是以服务于你的名誉为目的，而不是他的名誉，将来也是如此。[9]

开普勒没闲工夫给这个好事者回信，但是一年后——1603年8月21日，布鲁斯再次写信，这次是从帕多瓦写来的：

如果你知道我与意大利所有学者讨论你的频率和程度，你就会认为我不仅是一个崇拜者，更是一个朋友。我和他们谈起你在音乐方面的令人钦佩的发现、你对火星的研究，向他们解释你的《宇宙的奥秘》，他们全都对之赞誉有加。他们急切地等待着你未来的作品……伽利略有你的书，他把你的发现当作他自己的去教……[10]

这次开普勒回信了。他先是为自己迟迟没有回信道歉，并宣称布鲁斯的友谊让他很高兴，之后，他又说道：

但是有一件事我想提醒你。对我的评价请不要超过我的成就所能证明的高度，也不要诱导别人这样做……因为你当然明白期望变失望最终会导致蔑视。我希望千万不要阻止伽利略把我的东西称作是他自己的。苍天可作证，时间可作证。[11]

这封信以"向马吉尼和伽利略致以问候"结束。

布鲁斯的指控不应该当真。事实上，情况正好相反，伽利略的问题不在于他将开普勒的发现据为己有，而是他视若不见，我们之后会看到这一点。但这个插曲为两人之间的关系提供了一些额外的信息。尽管布鲁斯在事实方面不值得相信，但伽利略对开普勒的敌意态度从布鲁斯的信件中可以清晰得见。这与他中断通信往来以及后来发生的事件，都是一致的。

而另一方面，开普勒有充分的理由对伽利略的沉默感到生气，理应很容易被布鲁斯的搬弄是非激怒，从而发起一场学者之间的激烈争吵，这在当时已经是一种惯例。从他与第谷的关系可以看出，他生性多疑，容易激动。但是对伽利略，他总是表现得非常大度，这很是奇怪。确实，他们生活在不同的国家，从未见过面；但是仇恨，就像引力一样，是能够在远处起作用的。开普勒宽容的原因也许是他没有理由对伽利略产生自卑情结。

布鲁斯事件发生一年后，1604年10月，一颗明亮的新星在蛇夫星座出现了。它所引起的轰动比1572年第谷的著名新星引起的还要大，因为它的出现恰逢木星、土星和火星所谓的"火三角"大合相——这是每800年才发生一次的盛大天象。开普勒的书《新星》（1606年）主要关注它在占星方面的意义；但是他表明，这颗新星和前一个一样，必定位于恒星的"不变"区域，这也就将另一颗钉子钉入了亚里士多德宇宙的棺材板。1604年的新星仍然被称为"开普勒的新星"[*]。

伽利略也观察到了这颗新星，但没有发表任何关于它的东西。他就这个主题做了3次讲座，其中只有一些片段保留了下来。他似乎也反对亚里士多德主义认为这是流星或其他某种月下现象的观点，但他不可能走得更远，因为他支持托勒密学说的课程在之后又上了2年。[12]

在1600年至1610年间，开普勒出版了他的《光学》（1604年）、《新天文学》（1609年）和一些短一些的作品。在同一时期，伽利略在进行自由落体、抛物运动和钟摆定律的基础研究，但除了一本所谓军事或比例尺规的使用说明的小册子外，他没有发表任何作品。比例尺规是50年前在德意志产生的一项发明，[13]伽利略改进了它，他还改进过许多已经存在很久的小玩意儿。这本小册子[14]导致了一系列危险而无益的争执，伽利略的一生都要为此付出代价。

这场争执始于帕多瓦一个名叫巴尔塔萨·卡普拉的数学家，在伽利略发表小册子的一年之后，他发表了另一本关于使用比例尺规的说明手册。[15]伽利略的小册子是意大利语的，卡普拉的则用拉丁语；两本写的都是同一主题，针对的是军事工程师和技术人员。卡普拉很可能从伽利略的手册中借鉴了一些内容却没有注明。另一方面，卡普拉表示，伽利略的一些解释在数学上是错误的，但同样没有指明他的名字。伽利略怒不可遏。他出了一本名为《反对巴尔塔萨·卡普拉等人的诽谤和欺骗》（威尼斯，1607年）的小册子，把这个倒霉蛋和他的老师[16]描述为"荣誉和全人类

---

[*] 约翰·邓恩在写《致亨廷顿伯爵夫人》时提到了开普勒的新星：

> 看到流浪彗星掠过的人，
> 感到惊异，因为彗星很罕见；
> 但是一颗新星却是奇迹，
> 因为它与天空一起运动，
> 怎会突然出现。

的邪恶敌人""一条口吐毒液的蛇怪""一个在他散发着恶臭的恶毒灵魂上培育年轻果实的教育者""一只贪婪的秃鹫，向未来的年轻人俯冲，要撕碎他们柔嫩的肢体"，等等。他还从威尼斯法院获得了以抄袭为名没收卡普拉的小册子的决定。就算是第谷和乌尔苏斯之间的争执也没有堕落到这种泼妇骂街的地步，而且后者争的还是宇宙系统的原创权，而不是军队工程师的一件小玩意儿的发明权。

在他后来的论辩文章中，伽利略的风格从粗野的谩骂升级为了讥讽，有时很低级，常常也很隐晦，总是有效果。他的武器从棍棒变成了长剑，并且耍得出神入化。他在纯粹说明性的段落中清晰有力的文字，让他在意大利劝导文的发展中都占有了一席之地。但在光鲜的外表背后，是与在比例尺规事件中所爆发的相同的激情——虚荣、嫉妒和自以为是结合成了一股邪魔力量，使他走向了自我毁灭的边缘。他完全没有任何神秘主义的、沉思冥想的爱好，在这种冥想中，仇恨的情绪可以不时地得到解决；他无法超越自己，无法像开普勒在最低落的时期那样，在宇宙的奥秘中找到避难之所。他没有跨越在分水岭之上，伽利略完全是个现代得可怕的人。

5. 望远镜带来的波澜

正是望远镜的发明，将沿着各自轨道运行的开普勒和伽利略这两人带到了最接近的会合点。我们再进一步引申一下，开普勒的轨道让人联想起彗星的抛物线，来自无穷远处，消失于无穷远处；而伽利略的轨道则是一个偏心的封闭的椭圆。

如前所述，望远镜不是伽利略发明的。1608年9月，在一年一度的法兰克福展览会上，一名男子售卖一架望远镜，它有一个凸透镜和一个凹透镜，可以放大7倍。1608年10月2日，米德尔堡的眼镜制造商约翰·利珀斯海声称从荷兰国会获得了30年的许可证，可以制造单镜片和双镜片的望远镜。接下来的一个月，他售出了几架望远镜，售价分别为300和600荷兰盾，但他并未获得独家许可，因为与此同时，另外两名男子也声称做出了同样的发明。利珀斯海的两架望远镜被荷兰政府作为礼物送给了法兰西国王。1609年4月，望远镜就可以在巴黎的眼镜商店买到了。1609年夏天，英国的托马斯·哈里奥特用望远镜对月球进行了观测，并绘制了月面的地图。同一年，几架荷兰望远镜被送往意大利，并在那里得到了复制。

伽利略在《星际信使》中声称，他只是读到了关于荷兰发明的报道，这些报告激励他根据同样的原理去造出一台仪器，而之后"通过对折射理论的深入研究"他成功了。他是否实际看到并上手过一架带到意大利的荷兰仪器，这个问题并不重要，因为一旦知道了原理，就算不如伽利略聪明的人也能并且确实建造出了类似的仪器。1609年8月8日，他邀请威尼斯元老院在圣马可塔上试用他的小望远镜，取得了巨大的成功。3天后，他把望远镜作为礼物送给了元老院，并附上一封信解释说，这件仪器可以将物体放大9倍，这在战争时期将至关重要。它使人们可以看到"从远处全速驶向港口的船舶，若用肉眼要两个小时之后才能看见"，[17]因此对海上防御具有无可估量的价值。这不是第一次，也不是最后一次，纯粹的科学研究——这条饥肠辘辘的杂种狗——从军阀大亨的宴会上叼走了一根骨头。

感激不尽的威尼斯政府立即将伽利略的薪水翻了一番，每年增加到1000斯库多*，并把他在帕多瓦（属于威尼斯共和国）的教职变成了终身的。没过多久，当地的眼镜制造商就生产出了具有相同放大倍数的望远镜，并且在街头以几个斯库多一架的价格出售——而伽利略卖给威尼斯政府的是每年1000斯库多——当然威尼斯人对此非常高兴。伽利略一定觉得他的声誉受到了威胁，就像在军事尺规的事件中一样；但幸运的是，这一次他的情绪被转移到更有创造性的渠道上。他开始狂热地改进他的望远镜，并将它瞄向月球和星星，这些天体以前对他并没什么吸引力。在接下来的8个月中，他成功了，用他自己的话说："我不遗余力，不计花费，给自己建造了一架如此卓越的仪器，通过它看到的物体放大近千倍，比通

---

* Scudo，意大利硬币。——编者注

过肉眼观察在距离上要接近30倍。"

这段引文来自《星际信使》，该书于1610年3月在威尼斯出版。这是伽利略的第一本科学出版物，它把他的望远镜观测发现像炸弹一样扔进了学术界的会场。它不仅包含了"凡人以前从没见过的"天体的信息，而且是以一种全新、简洁的写实风格写成，这在以前也是没有任何学者使用过的。这种语言风格是如此新颖，以至于世故的威尼斯的帝国大使将《星际信使》形容为"一番枯燥的叙述或者说夸张的吹嘘，不具有任何哲理"。[18] 与开普勒生气勃勃的巴洛克风格相比，《星际信使》的一些段落风格简朴严谨，几乎有资格获选刊登在当代的《物理学杂志》上。

这本8开本的小册子总共只有24页。在开篇的介绍之后，伽利略描述了他对月球的观察结果，他得出结论：

> 许多哲学家以为月球和其他天体是完全光滑、平坦的，呈完美的球形，但月球的表面并不像他们认为的那样。恰恰相反，月球表面极不平坦，坑坑洼洼，满是空洞和凸起，就像地球表面一样，遍是高山和深谷。

然后他又谈起了恒星，说望远镜给肉眼可见的恒星数量之上又增添了"无数的其余恒星，以前从未见过，数量超过已知恒星数量的10倍以上"。例如，在猎户座的腰带和宝剑上的9颗星之上，他增添了在附近发现的其余80颗星体；给昴宿星团的7颗星也增添了另外36颗。银河系在望远镜面前融成了"由不计其数的星球一堆堆地聚集在一起的一大团"。当观察发光的星云时也是如此。

但他把最大的轰动留到了最后：

> 还有一个我认为是这本书最重要的目的，也就是说，我应该向世界公布，我对我们从创世之初到现在从未见过的4颗行星的发现与观测。

这4颗新行星是木星的4个卫星。伽利略认为这一发现具有如此重要的价值，其原因他在一个有些隐晦的地方做出了解释：

> 此外，我们有一个极好的、非常明确的论点，可以消除某些人的顾虑，他们能够容忍哥白尼系统中行星围绕太阳旋转，却因为地球仅有一个月球围绕其旋转，且两者都表现出每年围绕太阳旋转一周的情况，而感到非常不舒服，以至于认为这种宇宙理论是不可能的。

换句话说，伽利略认为反对哥白尼的人的主要论据是既然地球围绕太阳旋转，那么月球就不可能再围绕地球做出复合的运动。此外他还认为，这个论点将被4颗木星卫星的复合运动证明是错误的。这是整本小册子中唯一一次提到了哥白尼，且没有表现出明确的认同。而且它还忽略了在第谷系统中所有的行星都在做围绕太阳旋转而太阳围绕地球旋转的复合运动；即使在更有限的"埃及"系统中，也至少有2颗内行星在做复合运动。

因此，伽利略的望远镜观测没有产生任何支持哥白尼的重要论据，也没有让他给出任何明确的意见。此外，《星际信使》中宣布的发现并不像表面上那样新颖。他既不是第一个也不是唯一一个使用望远镜观测天空并发现了新奇观的科学家。在伽利略之前，托马斯·哈里奥特就曾在1609年夏天对月球进行了系统的望远镜观测，并绘制了月球地图，只是没有公布。甚至鲁道夫皇帝，也曾透过望远镜观看过月球，那时他都还没有听说过伽利略。伽利略的星图非常不准确，昴宿星团要非常仔细才能识别，而猎户座则完全无法辨认。月球的赤道下方为群山所环绕的、被伽利略比作波希米亚的巨型暗斑，其实根本就不存在。

然而，就算有上述的问题，就算在伽利略首次发表的文本中有这些漏洞，这本书的影响力和重要性仍然是巨大的。其他人看过伽利略看到的东西，甚至在发现木星卫星这一点上也无法确定他是第一人[18a]；但是他第一个发表了他的观察结果，并且用的还是一种让每个人都会洗耳恭听的语言。正是这种累积的效应产生了效果。即使没有明确说明，读者还是本能地感受到了这个更进一步的宇宙发现的巨大哲学意义。月球的山脉和峡谷确认了天上物质和地上物质之间的相似性，宇宙物质的同质性得以建立。那些看不见的星体不可确知的数量，使得称它们是为了人类的愉悦而被创造的说法显得荒唐可笑，因为人只能靠仪器才能看到它们。木星的卫星并没有证明哥白尼是正确的，但它们确实进一步动摇了认为地球是宇宙的中心、万物都围绕地球转动的古老观念。造成轰动的不是《星际信使》的某一个具体叙述，而是书中的全部内容。

这本小册子立刻引起了激烈的争议。值得注意的是，哥白尼的《天球运行论》在半个世纪里都没有造成什么影响，开普勒的定律在当时引发的回应甚至更少，而与这个主题只有间接关系的《星际信使》却引起了如此强烈的情绪爆发。毫无疑问，主要原因就是其极强的可读性。用开普勒的一位同事的话说，要消化开普勒的巨著，需要"终其一生"；但是《星际信使》一个钟头就可以读完，而它的效果就像是给那些在有限宇宙的传统观念中长大的脑瓜在太阳穴来上一记重拳。书中的图景虽然不是特别可靠，却具有强大的、令人安心的条理性。就连开普勒也对伽利略的望远镜所打开的视野感到惊恐。"那无限是无法想象的。"他一再痛苦地喊道。

伽利略的信息产生的冲击波立即蔓延开来，远及英格兰。该书于1610年3月出版，邓恩的《依纳爵的秘密会议》在仅仅10个月后出版，[19] 但是他在其中多次提到了伽利略（以及开普勒）：

> 我将写信［撒旦说］给罗马的主教：
> 他应该召唤佛罗伦萨人伽利略……

但很快，讽刺的态度让位于形而上学的认知，最后是对新宇宙观的全面认识：

> 人类织好了一张网，把这网抛向
> 九重天，如今它们为他所有……

1610年，弥尔顿还在襁褓之中，他与新奇观一同长大。他对望远镜所揭示的"无边无界的深渊"的感悟，反映了中世纪的有限宇宙的终结：

> 在他们眼睛的前面，在视野所及的地方，
>
> 突然间出现一片神秘而古老的浩瀚海洋，
>
> 它又深又黑，宽广无边，尺寸不可丈量……[20]

6. 卫星之战

这就是伽利略的"光学镜筒"给世界带来的大体上的客观影响。但是要理解在他的祖国更小范围的学术界之内的反应，我们还必须考虑到伽利略个性的主观影响。哥白尼教士一生都是一个低调的人；任何人与毫无戒备的开普勒交往，无论是面对面交流还是通信来往，都不可能非常不喜欢他。但伽利略在激起别人的敌意上有一种罕见的天赋。不是第谷那种交替地引起喜爱和愤怒，而是用天才加上傲慢再减去谦逊，在平庸之人中造成的冷酷无情的敌意。

如果没有这种个人背景，就无法理解《星际信使》在出版之后引起的争议。这场争吵的主题并不是木星卫星的**意义**，而是它们的**存在**——意大利一些最杰出的学者对其断然否认。伽利略的主要学术对手是博洛尼亚的马吉尼。在《星际信使》出版后一个月，1610年4月24日和25日的晚上，在博洛尼亚的一所房子里举行了一场值得纪念的聚会——伽利略受邀用他的望远镜展示木星的卫星。一众显赫的来宾之中没有一位宣称自己相信其存在。罗马的顶尖数学家克拉维乌斯神父，同样没有看到它们；帕多瓦的哲学教师克雷莫尼尼甚至拒绝用望远镜观看，他的同事利布里也是如此。顺便说一句，后者很快就去世了，这让伽利略因为这句常被引用的讽刺之语招致了更多的敌人："利布里在世时没选择在地上观看我那些无聊的天体，现在他已经去了天堂，也许会去看了。"

这些人可能是因为情绪和偏见而在一定程度上被蒙蔽了，但他们并不像看起来的那么愚蠢。伽利略的望远镜是当时最好的，但它仍然是一件

不灵巧的仪器，没有固定的配件，视野也非常之小，正如有人说的那样：
"神奇的并不是他发现了木星的卫星，而是他竟然能找得到木星。"使用
这个镜筒需要技巧和经验，而其他人都不具备这些。有时候，一颗恒星会
出现重影。此外，伽利略本人也无法解释望远镜是如何工作的，而且《星
际信使》在这个关键要点上也显然保持了沉默。因此，这些人认为他们那
紧张、含着眼泪的眼睛扑在眼镜大小的镜片上看到的模糊斑点很可能是大
气中的视错觉，或是源自这个神秘仪器本身，这种怀疑也并非完全不合理
了。事实上，当时还有一本轰动的小册子《驳斥〈星际信使〉》，[20a] 是由
马吉尼的助手，一个名叫马丁·霍尔基的傻小子出版的，他就做出了这样
的断言。关于视错觉、光晕、发光云层的反射以及证词不可靠的整套争
论，不禁让人想起300年后类似的争议：飞碟。同样，情绪和偏见，加上
技术上的困难，组合在一起反对得出明确的结论。而且，自尊心极强的学
者拒绝观看图像上的"证据"，以免出丑，这也同样是可以理解的。类似
的考虑因素也可用于解释本来开明的学者拒绝卷入超自然的通灵等神秘现
象。可以说，1610年木星的卫星对严肃学者们的世界观产生的威胁，不
亚于1950年的超感官知觉。

　　因此，当诗人们在庆祝伽利略的发现成为世界性的话题时，在他的
祖国，除了极少数例外，学者们却对此持敌对或是怀疑态度。最先发声，
一度也是唯一一个公开支持伽利略的学术界的声音，来自约翰内斯·开
普勒。

7. 携盾侍从

　　这也是当时最有分量的声音，因为开普勒作为欧洲第一天文学家的
权威地位是无可争议的——不是因为他的两个定律，而是凭借他作为皇
家数学家和第谷继承者的身份。约翰·邓恩对他有一种不大情愿的钦佩，
他对开普勒的声誉进行了概述："（他自己承认）自从第谷·布拉赫去世，
他就掌控了一切，不经他知情就不能做任何与天体有关的新工作。"[21]

　　开普勒得到伽利略发现的消息大约是在1610年3月15日，正逢瓦克

尔·冯·瓦肯费尔斯前去拜访他。接下来的几周，他热切地盼望着更确切的消息。4月初，皇帝收到了刚刚在威尼斯出版的一本《星际信使》，并慷慨地允许开普勒"快速翻阅"。4月8日，他终于从伽利略那里收到了属于他自己的一本，和伽利略要他提意见的请求一起。

开普勒曾热烈地请求伽利略对《宇宙的奥秘》提出意见，但伽利略从未回复过，对《新天文学》他也同样保持沉默。他也没有费心写一封私人信件，请求开普勒对《星际信使》提出意见。这个请求是由布拉格的托斯卡纳大使朱利安·德·美第奇口头传达给开普勒的。虽然开普勒没有望远镜，无法亲自证实伽利略有争议的发现，但是他极其信赖地接受了伽利略的主张。他热情洋溢、毫不犹豫地公开表示——他，皇家数学家，要给那位刚刚才为人所知的意大利学者伽利略做"护卫"或"携盾侍从"而加入论战。这可以说是令人心酸的科学史上最为慷慨大度的姿态了。

前往意大利的信使将于4月19日离开。开普勒还有11天的时间以一封公开信的形式写他致伽利略的一本叫《与〈星际信使〉的对话》的小册子。该书次月在布拉格出版，很快在佛罗伦萨就出现了一个盗版的意大利语译本。

这正是伽利略当时所需要的支持。伽利略的信件显示，开普勒的权威地位的分量对于扭转斗争局势起到了重要的作用。他当时正急着离开帕多瓦，去获得托斯卡纳大公科西莫·德·美第奇的任命，担任他的宫廷数学家。为了向大公致敬，他将木星的卫星称为"美第奇星"。在他给大公的秘书文塔的申请信中，开普勒的支持十分突出：

> 阁下以及各位大人应该知道我收到了一封信，更确切地说，是一篇8页的论文——来自皇家数学家，写的是对我书中所包含的每一个细节的认可，没有丝毫怀疑或反驳。如果我是在德意志或某个偏远地方，你们可能会相信意大利的顶尖学者们一开始就是这么说的。[22]

他写给其他通信人的信几乎用词相同，其中包括巴黎的马泰奥·卡洛西奥：

> 我们已经准备好了会有25个人想要反驳我；但到目前为止，我只看到了皇家数学家开普勒一人的陈述，它证实了我所写的一切，没有丝毫的反对。这篇文章正在威尼斯重印，你很快就会看到它。[23]

然而，尽管伽利略向大公和他的通信人吹嘘开普勒的信，但他既没有向开普勒表达过感谢，甚至都没有承认过自己的谢意。

在宇宙学的论战中，《与〈星际信使〉的对话》除了其在战略上的重要性之外，并没有太大的科学价值。它读起来像是一个巴洛克式的藤蔓花纹，以伽利略论文为核心描出的一个有趣的涂鸦图案。开普勒先是表达了他的希望，称伽利略的意见对他来说比任何人都重要，他希望伽利略对《新天文学》提出意见，从而重拾起"12年前搁置的"通信往来。他热切地谈到他如何先从瓦克尔那里得到了伽利略的发现的消息，他有多么担心木星的卫星是否符合他围绕5个毕达哥拉斯多面体建造的宇宙。但是他一翻看《星际信使》，他就意识到了，"它为天文学家和哲学家提供了一场非常重要和精彩的表演，它邀请所有真正的哲学的朋友去思考最重要的事情……面对这样的消息，谁能无动于衷呢？谁不会感到自己心中充满了跃然于纸上的神之爱呢？"接着他主动表示支持，支持"与斥未知为不可信、视一切有悖于亚里士多德传统的东西为亵渎的死硬反动派的斗争……也许有人认为我因为没有自己观察就认定你主张的正确是鲁莽的。但是，这位值得信赖的数学家仅凭他的语言就展示出了他的判断的正确性，我又怎么能不信任他呢"。

开普勒已经凭直觉感受到了《星际信使》中真理的声音，这已经解决了他的问题。无论他多么憎恨伽利略以前的行为，他都觉得自己要为真理、哥白尼和他那5个正多面体而"投入战斗"。因为，他在完成了《新天文学》的普罗米修斯式的苦修之后，又沉湎于围绕立方体、四面体、十二面体等建造的毕达哥拉斯宇宙的神秘微光之中了。这些就是他的《与〈星际信使〉的对话》的主乐章。无论是椭圆形轨道，还是第一定律或第二定律，他连一次都没提。这些发现在他看来仅仅是他在追求执念的过程中一段沉闷的弯路。

这是一篇漫无边际的文章，匆匆写就，话题跳跃——占星术、光学、月球的斑点、以太的本质、哥白尼、其他宇宙的可居住性、星际旅行：

> 等到我们掌握了飞行的技术时，人类肯定不会缺少先驱者。之前又有谁想过，在广阔的大洋中航行，要比在亚得里亚海、波罗的海或不列颠海峡狭窄而危险的海湾中更安全、更宁静呢？让我们建造能在太空的以太中航行的船只，这样很多人就不会再害怕虚空的荒原了。与此同时，我们将为勇敢的天空旅行者准备天体地图——我会负责画月球地图，而你，伽利略，来画木星地图。

生活在一个充满戾气的大环境里的马吉尼教授、霍尔基教授，甚至梅斯特林，在听到开普勒为伽利略高唱的赞歌之后，都不敢相信自己的耳朵，他们还试着想从论文中找出一些藏着的暗箭。他们幸灾乐祸地研究着开普勒写到伽利略的一位同胞——乔瓦尼·德拉·波塔——在20年前，以及开普勒本人在1604年的《光学》中就已经对望远镜的原理进行了概述的段落。但是，由于伽利略并没有声称自己发明了望远镜，因此开普勒的史学考察并不会引起他的憎恶。而且，开普勒还强调德拉·波塔和他自己的预见都是纯粹理论性质的，"并不会削弱发明者的名望，无论他是谁。因为我知道从理论概念到实际成果，从托勒密提及对跖点到哥伦布发现新大陆，都是一条漫长的道路，而从这个国家使用的双透镜仪器到你，伽利略，参透天空的这件仪器之间的道路，则更是漫长"。

尽管如此，德意志驻威尼斯特使格奥尔格·富格尔还是津津乐道地写道，开普勒"撕下了伽利略脸上的面具"，[24] 而弗朗西斯·斯泰卢蒂（意大利猞猁之眼国家科学院会员）写信给他的兄弟："根据开普勒的说法，伽利略称自己是望远镜的发明者，但在30多年前，德拉·波塔就在他的《自然魔法》中讲述了望远镜……所以可怜的伽利略要出丑了。"[25] 霍尔基也在他极为畅销的反对伽利略的小册子中引用了开普勒的话，为此开普勒立即通知霍尔基："鉴于诚实的要求已经和我与你的友谊互不相容了，因此我结束后者。"[26] 并主动提出要为伽利略发表文章来反驳。不过后来当这位年轻人表示悔改时，开普勒原谅了他。

这些反应说明了伽利略在他的祖国意大利有多么不受欢迎。但无论学者们想从开普勒的文章中挖出什么隐藏的讽刺意味，不争的事实是，皇家数学家已经明确认可了伽利略的主张。这说服了伽利略的一些反对者，他们以前拒绝认真对待他，现在也开始使用改良了的望远镜来亲自观察。首位归信者是罗马最重要的天文学家、耶稣会神父克拉维乌斯。后来，罗马耶稣会的学者不仅证实了伽利略的观察结果，还对其做出了相当大的改进。

8. 轨道分离

我们已经看到，伽利略对开普勒示好的反应是完全的沉默。皇家宫廷的托斯卡纳大使着急地劝他给开普勒送去一架望远镜，使开普勒能够至少在事后证实伽利略的发现，虽然他已经出于对伽利略的信任而表示了接受。但伽利略什么也没做。他的工作坊所制造的那些望远镜，都被他送给了各位贵族赞助人。

4个月就这样过去了，霍尔基的小册子出版了，论战达到了顶峰。到目前为止，还没有一位知名的天文学家公开证实已经看到了木星的卫星。开普勒的朋友开始责备他，说他为自己没见过的东西作证。情况令人难以忍受。[26a] 8月9日，他再次写信给伽利略：

> ……你引起了我极大的兴趣，我很想看看你的望远镜，这样我也可以像你一样，享受天空的奇观。我们这里可以使用的仪器，最大的放大倍数只有10倍，其他的还不到3倍……[27]

他谈到了自己对火星和月球的观察，表达了对霍尔基的无赖行为的愤慨，接着写道：

> 法律规定每个人都应该得到信任，除非事实证明相反。当整个

情况确保了信赖的正确性，那么就更是如此了。事实上，我们面对的不是哲学问题，而是法律问题：伽利略是否故意设下骗局误导世界？

我不想向你隐瞒，有几个意大利人的信到了布拉格，他们否认透过你的望远镜可以看到那些行星。

我在问自己，为什么有包括那些拥有望远镜的人在内的这么多人否认［它们的存在］……因此，我请求你，我的伽利略，尽快为我找到些证人。从你写给他人的各种信件中，我了解到你并不缺少这样的证人。但我现在除了你的证词以外无法找到任何证词……[27a]

这一次，伽利略很快回信了，显然他害怕可能会失去他最强大的盟友：

帕多瓦，1610 年 8 月 19 日

你的两封信我都收到了，我最博学的开普勒。第一封，你已经发表了，我将在我的观测结果的第二版中做出回应。同时，我要感谢你是第一个，也是唯一一个完全接受我的主张的人，尽管你没有证据，这要归功于你坦诚而高贵的心灵。[28]

伽利略接着告诉开普勒，他不能借给他可放大千倍的望远镜，因为他把它交给了大公，大公希望"在他的画廊展出，作为他的珍藏中的一件永恒纪念品"。他提出了各种借口，说要建造同样放大倍数的仪器非常困难，最后以含糊的承诺结束，说他会尽快制造新的望远镜，"送给我的朋友"。而开普勒从来没有收到过。

在下一段中，他提到了霍尔基等俗人，开口骂了起来；"但是木星既藐视巨人，也无视侏儒小人；木星高悬在天空中，任这些马屁精想吠就吠"。然后他提到了开普勒的证人请求，但仍然说不出一位天文学家的名字，"在比萨、佛罗伦萨、博洛尼亚、威尼斯和帕多瓦，很多人都见过［美第奇星］，但他们都沉默不语、犹豫不决"。他搬出了他的新资助人大公，以及美第奇家族的另一名成员（很难指望他会否认以其家族命名的星体的存在）的名字。他继续写道：

> 作为下一个证人，我提名自己，我被我们的大学选中，获得了1000个弗洛林的终身薪水，这个待遇是别的数学家从没有享受过的。就算木星的卫星欺骗了我们，消失了，我也会继续收到这笔薪水。

他苦涩地抱怨他的同事，"他们中大多都认不出木星或火星，甚至连月球也认不出"，在这之后，伽利略总结道：

> 我该怎么做？让我们嘲笑群氓的愚蠢吧，我的开普勒……希望我有更多的时间和你一起开怀大笑。我最亲爱的开普勒，要是你听到比萨的大哲学家们怎么在大公面前说我，你一定会边笑边骂……但是天色已晚，我不能再写下去了……

这是伽利略从头至尾写给开普勒的第二封，也是最后一封信。[29] 我们还记得，第一封信是在13年前写的，它的主题是哲学家们的乖张和群氓的愚蠢，以一句不满足的评论结尾，"只愿有更多像开普勒这样的人存在"。如今，在13年后给开普勒写的第一封信中，他再次将开普勒挑了出来，作为他唯一的盟友，和他一同嘲笑这世界的愚蠢。但是对于他忠诚的盟友所陷入的窘境，这封信却完全帮不上忙。关于开普勒急着想知道的伽利略观测的进展，信中只字未提；也没有提到伽利略已经做出的一个重要的新发现，在2周前他已经与驻布拉格的托斯卡纳大使通了信。[30]

通信内容如下：

SMAISMRMILMEPOETALEUMIBUNENUGTTAURIAS

这个毫无意义的字母序列是一个由描述新发现的词组成的字谜。其背后的目的是在不透露其内容的情况下保护发现的优先权，以免其他人将其声称为自己的发现。自从比例尺规事件发生以来，伽利略一直急于确定他的观察结果的优先权——甚至包括不属于他的优先权，后面我们将讲到。但无论他的动机如何，都很难解释为什么他要求托斯卡纳大使在开普勒的眼前摆出这个字谜，令他干着急，因为他不可能怀疑开普勒想窃取他的发现。

可怜的开普勒试图解开这个字谜，他耐心地将它变换成他自己所称的"原始的拉丁文诗句"："欢呼，燃烧的双子星，火星的后代"（"Salve umbistineum geminatum Martia proles"）[31]。据此他相信伽利略在火星周围也发现了卫星。仅仅3个月后，也就是11月13日，伽利略屈尊透露了答案——当然不是向开普勒，而是向鲁道夫，因为朱利安·德·美第奇告诉他，说皇帝起了好奇心。

答案是："我观察到了最高行星［土星］的三元形式"（"Altissimum planetam tergeminum observavi"）。伽利略的望远镜还不足以观察到土星环（它们是在半个世纪后被惠更斯发现的）；他认为土星在相对的两侧各有一颗小卫星，与土星非常接近。

1个月后，他又给朱利安·德·美第奇寄去了另一个字谜："我在徒劳地寻找这些不成熟的东西"（"Haec immatura a me jam frustra legunturoy"）。开普勒再次尝试了几种解谜方案，其中包括"木星上有一个红斑，以数学的精确方式在旋转"（"Macula rufa in Jove est gyratur mathem, etc"）。然后他恼火地写信给伽利略：

> 我恳请你不要隐瞒答案太长时间。你必须明白和你打交道的是诚实的德意志人……想一想你的沉默给我带来多少难堪。[32]

伽利略1个月后揭晓了他的答案，这回仍然不是直接向开普勒透露，而是向朱利安·德·美第奇："爱之母［金星］模仿辛西娅［月球］的形状"（"Cynthiae figuras aemulatur mater amorum"）。伽利略发现金星就像月球一样，会显示出从镰刀形状到圆盘的盈缺，然后又会恢复，这证明它是围绕太阳旋转的。他也认为这是哥白尼系统的证据——事实上并不是，因为这个现象同样与埃及系统或第谷的系统相符。

与此同时，开普勒最深切的愿望——亲眼看到新奇观——终于实现了。开普勒的资助人之一，科隆的选帝侯、巴伐利亚公爵欧内斯特是伽利略赠送了望远镜的少数人之一。1610年夏天，欧内斯特在布拉格处理国家事务，将他的望远镜借给了皇家数学家一试。因此，在8月3日到9月9日期间，开普勒得以亲眼观察木星的卫星。其结果是另一本简短的小册子《关于木星的四颗漫游卫星的观察报告》[33]，这次开普勒凭借第一手的资料在书中证实了伽利略的发现。这篇论文立即在佛罗伦萨重印，是通过独立、直接的观察证明了木星卫星存在的第一份公开证词。这也是开普勒在之前写给伽利略的一封信中[34]创造的"卫星"一词在历史上第一次亮相。

在此刻，伽利略和开普勒之间的个人接触结束了。伽利略第二次中断了他们的通信。接下来几个月中，开普勒又写去了几封信，伽利略都没有回复，或者只是通过托斯卡纳大使间接回答。伽利略在"他们的轨道相交"的整个期间只给开普勒写过一次信，就是我在上文引用过的1610年8月19日的信。在他的著作中，他很少提及开普勒的名字，就算有也主要是为了反驳他。开普勒的三大定律、他在光学方面的发现以及开普勒望远镜，都被伽利略忽视，他坚定地捍卫着圆形和本轮是唯一可以想象的天体运动形式的观念，直到他生命的尽头。

9

混沌与和谐

1.《折射光学》

我们必须暂时让伽利略从背景里退去，先讲完开普勒的生活和工作的故事。

伽利略把荷兰的望远镜从玩具变成了一件科学仪器，但他无法解释它的工作原理。是开普勒做出了解释。1610年8月和9月，他玩着从科隆的欧内斯特公爵处借来的望远镜，花了几周时间写了一篇理论论文，他的这一论文创立了一门新科学，还为它起了一个名字：折射光学（dioptrice）——透镜折射的科学。他的《折射光学》[1]是一本完全非开普勒式的经典著作，其中包含141个严格的"定义""公理""问题"和"命题"，没有任何繁复的藤蔓花纹、装饰或神秘主义的天马行空。[2]虽然他没有得出折射定律的精确公式，但他凭此建立了他的几何光学和仪器光学的系统，并从中推导出了所谓的天文望远镜或开普勒望远镜的原理。

在1604年出版的《光学》一书中，开普勒就已经表明，光的强度随距离的平方而减弱；他解释了暗箱——摄影机的前身——的工作原理，以及矫正近视和远视的眼镜的原理。自古以来人们就一直在使用眼镜，但没有精确的理论。说到这里，在开普勒第一本关于光学的书出版之前，一直以来我们也没有对视觉产生过程——即进入眼睛的光线被眼睛的晶体折射，然后投射一个反转的图像到视网膜上——的合适的解释。他谦虚地称之为"对维特利欧的补充"。[3]13世纪的学者维特利欧曾写过一本光学纲要，主要是基于托勒密和阿尔哈曾的理论，直到开普勒的著作问世之前，这本书就是这个领域最新的著作了。我们必须时刻牢记，科学的发展是缺乏连续性的，在古代的高峰和分水岭之间绵延着广袤的黑暗低地。这样我们才能以正确的视角看待开普勒和伽利略的成就。

《折射光学》是开普勒最清楚、明白的作品，就像欧几里得的几何学一样。他在同一年还写下了云山雾罩的《与〈星际信使〉的对话》。这是开普勒生命中最激动人心的一年，后面的岁月是极其黑暗、压抑的。

2. 灾难

1611年给布拉格带来了内战和瘟疫。这年还让开普勒的皇家赞助人退了位，他的妻子和他最喜欢的孩子也都死了。

就算是不太信占星术的人，也会把这一系列的灾祸归咎于星座的邪恶影响。奇怪的是，开普勒却没有。他的占星观太成熟了，他对星座影响人的性格的形成，并且对事件有某种催化作用还是相信的，但是更为粗糙的、认为星座会直接导致什么后果的看法则被他拒斥为迷信。

这使得他在宫廷里更是举步维艰。从对政事不闻不问转为精神错乱的鲁道夫，现在几乎被囚禁在了他的城堡里。他的堂兄利奥波德已经集结军队并占领了布拉格的一部分。波希米亚政府向他的兄弟马蒂亚斯求助，马蒂亚斯已经从鲁道夫手中夺走了奥地利、匈牙利和摩拉维亚，并准备接管剩下的地区。鲁道夫渴望从星座运势中得到安慰，但是开普勒太诚实了，无法提供他想要的东西。在给鲁道夫的一位私人顾问的一封密信中，他解释说：

> 如果一个有心机的占星家利用君主作为人而具有的轻信，那么占星术会对君主造成巨大的伤害。我必须当心，不让这样的事发生在我们的皇帝身上……我认为，占星术不仅要从议会中被驱逐，还要从所有希望为皇帝提供有利建议的人的头脑中清除掉。它必须完全脱离他的视线。[4]

他接着说，皇帝的敌人也咨询过他，他对那些人假称星座运势对鲁道夫有利，对马蒂亚斯不利；但他绝不会对皇帝这样说，以免他过于自信而忽略了还可能挽救帝位的机会。开普勒不是不屑于为了金钱去编写星座日历的人，但是在关乎良心的事情上，他行事极为小心谨慎，按那个时代的标准来看这是极不寻常的。

5月23日，鲁道夫被迫放弃波希米亚的王位。他死于次年1月。这时候，芭芭拉夫人感染了匈牙利热，接着是癫痫发作和精神紊乱症状。她刚有好转，3个孩子又染上了军队带来的天花。老大和老小恢复了健康，而他最宠爱的6岁的弗里德里希死了。然后，芭芭拉又再次发病：

> 士兵们的恐怖行径、城里的血腥战斗，把她吓坏了；对未来的极度绝望和对失去的爱子无法抑制的怀念让她油尽灯枯……在忧郁的心灰意冷中，在这最悲伤的心境中，她撒手人寰了。[5]

这只是后面让开普勒在生命的最后20年里被压得喘不过气来的一连串灾祸的开头。为了保持自己的动力，他发表了与各位学者讨论基督年龄的年代学问题的来往信件。年代学一直是他最喜欢的用来娱情的爱好。他认为耶稣实际上出生于公元前4年或前5年，这个理论在今天已经得到了普遍接受。因此，他在"原地踏步/暂停前进"（mark time），在这个词的两层意思上都是如此：他在林茨找到了一份不错的新工作，但鲁道夫还在世的时候他无法离开布拉格。

终于在1612年1月20日一切结束了。这也是开普勒一生中最多产、最辉煌时期的结束。

3. 逐出教会

这份新工作是在上奥地利州首府林茨担任州级数学家——类似于他年轻时在格拉茨担任的工作。他现在已经41岁了，他在林茨待了14年，一直到55岁。

在布拉格的辉煌之后，现在的他似乎已经归于落寞。但其实并没有看起来那么糟糕。首先，鲁道夫的继任者承认了开普勒皇家数学家的称号，这个称号他保留了一生。马蒂亚斯与鲁道夫不同，没有多少时间理他的宫廷天文学家，但是希望他不要住得太远，因此奥地利治下的林茨是一个令人满意的解决方案。开普勒本人也很高兴能远离布拉格的动荡，并能从奥地利皇帝手中领取一份至少肯定能到手的薪水。他还在当地贵族中有一些颇有影响力的赞助人，施塔尔亨贝格家族和列支敦士登家族。事实上，这个职位是专门为他设的，只承担理论上的义务，让他有闲暇做他的研究工作。当三十年战争紧随着布拉格的掷出窗外事件[*]而来时，他很庆幸自己已经离开了那个是非之地。后来当他被邀请继任马吉尼在博洛尼亚大学的教授职位时，他明智地拒绝了。

但尽管如此，他终究是落魄了。对于奥地利人来说，"林茨"至今仍然是乡下的代名词。芭芭拉对奥地利的思乡之情是开普勒选择林茨的原因之一，她已经去世了。他的孤独寂寞令他再次发出了自我剖析的呐喊：

> ……我过度的轻信，装出来的虔诚，用唬人的研究和标新立异的举止攫取名声，对原因的不辍探索和解释，为恩典而受的心灵的煎熬……[6]

没有人跟他说话，甚至没有人和他争吵。

不过，不久之后，当地的一位牧师丹尼尔·希茨勒满足了他的后一项需求。他也来自符腾堡，知道有关开普勒秘密的加尔文主义异端思想的流言。开普勒第一次来参加圣餐仪式时，他们就吵了一架。开普勒与往常一样，反对路德宗关于基督无所不在的教义——基督不仅仅是在精神的意义上，同时也在身体的意义上在世界上无所不在。而希茨勒坚持要求他提供一份遵守该教义的书面声明（这个教义后来被路德宗神学放弃）。开普勒拒绝了，于是希茨勒拒绝让他参加圣餐仪式。开普勒向符腾堡的教会理

---

[*] 1618年5月23日，波希米亚首都布拉格的新教徒发动起义，冲进布拉格城堡，以侵害宗教自由的罪名将两名帝国大臣及一位书记官共3人从窗口扔出。——编者注

事会提交了一份言辞激烈的请愿书表示抗议。该理事会回了一封长信，信中用父亲般耐心的口气责备他，说开普勒应该专注于数学，将神学留给神学家们。开普勒被迫前往林茨郊外的一个教区参加圣餐仪式，那里的牧师显然心胸更为宽阔。教会理事会在支持希茨勒牧师的同时，并没有采取任何措施阻止他的同事为这个迷途的羔羊提供圣餐。开普勒一直在抗议他的良心自由受到限制，抱怨说流言蜚语称他为无神论者和两面派，说他一面讨好天主教徒，一面又与加尔文主义者打情骂俏。然而，这种反反复复的三面不讨好似乎与他的本性一致：

> 很不幸，这三个派系一起将真相撕扯得支离破碎，真让我感到伤心，我必须尽力四处找到这些碎片，并将它们重新拼凑到一起……我费尽心思，抓住每一个机会用诚意使各方相互调和，这样我就能够和他们所有人达到和解……瞧，我或者是倾向于所有三方，或者是至少倾向于两方，反对第三方，希望能达成和解；但是我的对手们只倾向于其中一方，非认为其中必定有不可调和的分野和冲突。上帝，帮帮我吧，我所采取的是一个基督徒的姿态，而他们是什么，我不知道。[7]

这是伊拉斯谟和蒂德曼·吉泽的语言，是宽容的黄金时代的语言——但是在三十年战争前夕的德意志则完全不合时宜。

被欧洲的灾难吞没的开普勒还不得不忍受另一桩磨难：在更大的轮圈之上旋转的一种可怖的、个人的本轮。他的老母亲被指控使用巫术，要被活活烧死。从1615年到1621年，审判程序持续了6年。与此相比，开普勒本人的准（或半）"开除教籍"只是一个小麻烦。

4. 女巫审判

驱逐女巫的狂热贯穿整个16世纪，在17世纪上半叶达到顶峰，包括德意志的天主教和新教地区。在开普勒的出生地、田园诗般的魏尔镇的两百户人家，在1615年至1629年间就有38个女巫被烧死。在邻近的莱昂贝格，也就是开普勒的母亲现在居住的地方，地方也不大，而仅在1615年冬天，当地就有6个女巫被烧死。这是不时席卷世界的疯狂行为之一，似乎是人类生存状态的一部分。

开普勒的母亲如今是一个丑陋的小老太太，爱管闲事，口无遮拦，再加上她可疑的出身，注定会成为一个受害者。我们记得，她是一个旅店老板的女儿，是由一位据说后来在火刑柱上丧生的姨妈抚养长大的。那个姨妈的丈夫是一名雇佣兵，差点上了绞刑架，之后就失踪了。在同一年，1615年，莱昂贝格爆发了驱逐女巫的歇斯底里症，凯瑟琳与另一个老太婆——她之前最好的朋友，玻璃工人雅各布·莱因霍尔德的妻子——发生了争吵。这就种下了祸根。玻璃工的妻子指控凯瑟琳给了她一瓶可以导致慢性疾病的女巫药水（事实上，她的疾病是由堕胎引起的）。人们想起来，凯瑟琳有一个锡罐，里面总是装着为她的客人准备的饮料，有好些莱昂贝格的市民在不同时间喝了饮料之后都染了病。巴斯蒂安·迈耶的妻子就这样死了，校长波伊特许巴赫则永久性地瘫痪了。人们记起来，曾经有一次凯瑟琳向教堂司事索要她父亲的头骨，她想要把它用银浇铸成酒杯给她儿子——就是那个宫廷占星家，他本人也精通黑魔法。她对裁缝丹尼尔·施密特的孩子们使了邪眼魔法，丹尼尔很快就死了。她还曾从锁着的门穿门而入，骑着一只小牛致其死亡，然后她把小牛做成炸肉排，给了她的另一个儿子，那个无业游民海因里希。

凯瑟琳的头号敌人，那个玻璃工的妻子，有一个兄弟，是符腾堡公爵的宫廷理发师。在那命中注定的一年，1615年，公爵的儿子阿基里斯爵士来到莱昂贝格打猎，那个理发师随行。理发师和镇长一起喝醉了，让人把开普勒的母亲带到了市政厅。在这里，理发师用他的剑尖指着老妇人的胸口，要求她收回她对他妹妹施加的致病的女巫法术。还好凯瑟琳知道拒绝——否则她就相当于认罪了。她的家人马上就起诉对方诽谤罪，以此来保护她。但是，镇长启动了控告凯瑟琳使用巫术的正式诉讼，从而阻止了诽谤罪的诉讼。给他提供机会的是一名12岁女孩的事件，有一次，这个女孩在向砖窑里运送砖块的路上与开普勒的母亲擦肩而过时手臂突然感到了疼痛，之后又导致了暂时性的麻痹。肩膀、手臂或腰部的这些突然的刺痛，在对凯瑟琳和其他女人的审判中起了很大的作用；直到今天，腰痛和脖子僵硬在德国仍然被称为"女巫箭"（Hexenschuss）。

诉讼过程冗长、阴森、肮脏。在各个阶段，开普勒的弟弟、莱昂贝格的民兵教头克里斯托夫和他的牧师姐夫，都想与这个老太太撇清关系，还为辩护费用大吵大闹。显然他们很高兴看到自己的母亲被烧死，只是担心这事会影响他们的中产阶级的社会地位。开普勒向来注定要孤军作战，而且还是为了不那么体面的事情而战。他上来就是反咬一口，指责构陷他母亲的那帮人是受到了魔鬼的蛊惑，并专横地建议莱昂贝格镇议会当心这帮人的做法，让他们记住他乃是罗马帝国皇帝陛下的宫廷数学家，要求他们把所有与他母亲案件有关的文件抄送给他。这第一炮产生了预期的效果，使镇长、理发师及其党羽更加谨慎行事，以求在申请正式起诉之前寻找更多证据。开普勒妈妈将他们所需要的证据欣然送上——她给镇长送了一个银酒杯作为贿赂，条件是他同意把砖厂小女孩的报告给压下来。在那之后，她的儿子、女儿和女婿断定，唯一的解决办法就是逃跑了，于是火急火燎地将开普勒妈妈给送到了林茨的约翰内斯那里。她于1616年12月到达。这之后，克里斯托夫和牧师写信给公爵的办公室，说要是镇长的指控被坐实了的话，他们就与老凯瑟琳脱离亲子关系，成全大义。

老太太在林茨待了9个月，然后她就想家了，也不顾火刑的惩罚，就搬回去与玛格丽特和牧师住一块儿去了。开普勒跟着她回去了，在路上读到了伽利略父亲所著的《古代与现代音乐谈话录》。他在符腾堡待了2个月，写了申诉书，试图获准举行原来的诽谤罪诉讼的听证会——但无济于事。他只是成功地获得了将他的母亲带回林茨的准许。但是顽固的老太太拒绝了。她就是不喜欢奥地利。开普勒不得不自己回去了。

随后事情奇怪地暂时平息了2年——那是三十年战争的头几年。在此期间，开普勒写了更多的申诉书，法院也收集了更多的证据，现在已经累积有好几卷。最后，在1620年8月7日晚上，开普勒妈妈在她女婿的牧师住所被逮捕了。为了避免丑闻，她是被藏在一口橡木箱子里带出住所的，随后她被送到了莱昂贝格的监狱。她被镇长审问，拒绝承认自己是女巫，然后进行第二次也是最后一次审讯，然后还上了刑。

玛格丽特再次送了一封紧急求助信到林茨，开普勒再次出发前往符腾堡。他到达后，最高法院立即准许开普勒妈妈有6个星期的时间准备自己的辩护词。她被锁链锁住，囚禁在城门的一个房间里，有2名警卫全天看守——他们的薪水和他们烧掉的大量柴火都由辩方支付。在微小的8弧分之上创建了一门新天文学的开普勒，不会在他的申诉书中忽略这些细节。他指出，对他被锁链锁住的73岁的母亲来说，一名警卫看守已经足够，而柴火的费用应该更公平地分担。当时的他就是不肯服输、不屈不挠、热情而一丝不苟的那个自我。从官方的角度来看的情形，体现在法院抄写员的一份记录中："被告人出庭，由她的儿子、数学家约翰内斯·开普勒陪同。"[8]

诉讼又进行了一年。罪名有49条，还有一些补充的指控——例如，被告在听到《圣经》中的训诫时没有流泪（这种"流泪测试"是女巫审判中的重要证据）。开普勒妈妈愤怒地反驳道，她一生中流的眼泪太多，早就已经流干了。

"检控词"于9月被宣读，几周后，开普勒和律师回以"辩护词"。12月被检方以"确认书"驳回。次年5月，辩方提交了"异议辩护词"。8月，检方以"推论驳斥词"回复。最后辩方提交了"总结词"，长达128页，主要由开普勒亲笔书写。之后，根据公爵的命令，该案件被送到图宾根大学——开普勒的母校——的法学院。该学院认为凯瑟琳应该受到酷刑审讯，建议诉讼程序应停止在酷刑威胁拷问（territio）阶段。

根据为这种情况所制定的程序，这位老妇人被带进了酷刑室，刽子手向她展示各种刑具，向她详细描述各种刑具对身体的伤害，然后给她最后一次认罪的机会。酷刑室极其阴森恐怖，许多受害者会在这个阶段崩溃和供认罪行。[9]镇长在他给公爵的报告中描述了开普勒妈妈的反应：

> 在3名法院成员和镇书记员在场的情况下，对被告进行了友好的劝说，遭到对抗和否认之后，我把她带到了常用的酷刑室，让她看了行刑手和他的刑具，并恳切地提醒她必须说出真相，否则等待她

的就是巨大的痛苦。然而，无论我如何诚恳地告诫和提醒，她都拒绝承认指控的罪行，拒绝承认使用巫术，说她任我们随便处置，就算她身体里的血脉一根根被扯断，她也没有什么可以承认的。然后，她跪在地上，口称"天父"，要求上帝，说如果她是女巫或怪物，或者是与巫术有任何关系，就应该显出神迹。她愿意去死，她说，上帝会在她死后显露真相，会揭露她遭受的不公和暴力；她会把这一切都交给上帝，上帝不会从她身上带走圣灵，而会支持她……她坚持否认使用了巫术，并毫不动摇地坚持她的立场，于是我把她带回了监押她的地方。[10]

一周后，开普勒的母亲被释放，此时她已经被关押了14个月。然而，她不能回到莱昂贝格，因为民众威胁要私刑处死她。6个月后，她去世了。

正是在这种背景下，开普勒撰写了《世界的和谐》[11]。在这本书中，他将行星的第三定律送给了他可爱的同时代人。

5.《世界的和谐》

这本著作于1618年完成，在女儿凯瑟琳去世3个月后，布拉格的掷出窗外事件发生3天之后。书名并没有反讽之意。他只在一个脚注（在第5卷的第6章）中显露了讽刺的意味，他在谈行星沿着各自的轨道行进时发出的声音时写道："地球唱着Mi—Fa—Mi，所以我们从这推断出是苦难（Misery）和饥荒（Famine）统治着我们的所在。"

《世界的和谐》是一位数学家"致敬创世的一片和谐"的雅歌，是约伯对于完美宇宙的白日梦。如果我们同时阅读他关于女巫审判、他被逐出教会、战争和他孩子夭折的那些信件，我们的感觉是从莎士比亚的一部戏剧突然转到另一部一样。这些信件似乎与李尔王的独白相呼应：

> 吹吧，风啊！胀破了你的脸颊，猛烈地吹吧！
> 你，滔滔滚滚的狂风暴雨，尽管倒泻下来，

> 浸没了我们的尖塔，淹沉了屋顶上的风标吧！……
>
> 你，震撼一切的霹雳啊，把这厚实、饱满的地球击平了吧！*

但这本书的格言却可能是：

> 我们将坐下来，让音乐之声
>
> 流淌进我们耳中，柔和的沉静和夜晚
>
> 化为优美的和谐。你眼中所见即便是最小的天体，
>
> 它的运动也像是天使在歌唱……
>
> 这样的和谐存在于不朽的灵魂之中。

《世界的和谐》是《宇宙的奥秘》的延续，也是他痴迷一生的执念的高潮。开普勒在这本书中想做的，简单说来，是在几何学、音乐、占星学、天文学和认识论的全面综合中，揭示宇宙的终极秘密。这是柏拉图以来的第一次尝试，也是至今为止的最后一次。在开普勒之后，经验的碎片化卷土重来，科学与宗教、宗教与艺术、物质与形式、物质与精神再次分离开来。

这部著作分为5卷。前2卷讨论数学和谐的概念，后3卷将这个概念分别应用于音乐、占星术和天文学。

他说的"和谐"究竟是什么意思？无处不在的一定的几何比例、宇宙秩序的原型、从中衍生出行星的定律、音乐的和声、天气的变化以及人的命运。这些几何比例是引导上帝创造世界的**纯粹的**和谐，我们通过聆听音乐的和音而获得的**感官的**和谐仅仅是它的回声。但是，人类天生的本能使他的灵魂与音乐产生共鸣，为他提供了通向音乐的源头——数学和谐——的本质的线索。毕达哥拉斯学派发现八度音阶源于两条振弦长度之比为1：2，五度音比例为2：3，四度音比例为3：4，依此类推。但是开普勒说，当他们想要在秘传的数字学说中寻求对这个奇妙事实的解释时，却搞错了。例如，为什么比例3：5会给出一个和音，而3：7却不

---

* 译文版本为：《李尔王》，朱生豪译，人民文学出版社，2014年。

行，其中的原因必须在**几何学**的思考中寻求，而不是在算术中。让我们想象一下弦，它的振动会产生声音，我们把弦弯曲成一个圆圈，两端连接到一起。一个圆形可以通过内接边数不同的对称多边形而将其圆周进行完美地划分。这样，内接的五边形会将圆周分成5个部分，其中一段和剩下全部与整个圆周之比分别就是1/5和4/5——两个都是和弦。

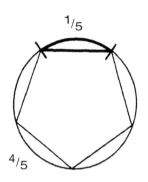

但是，一个七边形将产生1/7和6/7的比率——两者都不是和音。为什么呢？根据开普勒的说法，答案是：**因为五边形可以用圆规和直尺画出来，但七边形不行。**尺规是古典几何学中唯一允许使用的工具。而几何学又是唯一能使人类理解神的思想如何工作的语言。因而，不能用圆规和直尺画出来的图形，例如七边形、十一边形、十三边形、十七边形，在某种程度上是不洁净的，因为它们藐视智者。它们是不可知的（inscibilis）、[12] 无法言状的（inefabilis）非存在（non-entia）。开普勒解释说："这就是为什么上帝没有用七边形或这一类的其他形状来装饰这个世界。"

因此，纯粹的原始的和谐，以及它们的回声——音乐的和音，都是通过可理解的规则多边形来划分圆周而产生的。而"无法言状的"多边形会产生不和谐的声音，在宇宙的架构中是无用的。在对5个正多面体的迷恋之上，现在又加入了对正多边形的双重痴迷。前者是内接球体的三维形体，后者是内接圆形的二维形状。两者之间有一种亲密的、神秘的联系。我们还记得，球体对于开普勒是圣三位一体的象征，二维平面象征着物质世界，球体与平面的交叉，即圆形，从属于两者，象征着人类兼具身体和精神的双重本性。

但事实还是与设想不符，因而必须通过巧妙的推理来解释。例如，十五边形是可理解的，但不能产生和音。此外，可理解的多边形在数量上是无限的，但在开普勒的架构中只需要7组和音关系（八度、大六度、小六度、五度、四度、大三度、小三度）。而且，和音必须被安排在一个"可知程度"或完美程度不同的等级结构上。开普勒为这项臆想出的工作投入的心血不亚于他确定火星轨道的工作。最后，他成功了，心满意足：通过某些复杂的游戏规则，他从他的正多边形中推导出了所有7个和音。他对音乐法则追根溯源，追溯到了至高的几何学者的思想中。

在接下来的章节中，开普勒将他的和音比例应用于世间的每一个主题之上：形而上学和认识论，政治学、心理学和地形学；建筑和诗歌，气象学和占星术。接着，在第5卷也是最后一卷中，他又讲了宇宙学，完成了他那令人眩晕的大厦。他年轻时围绕5个正多面体建造的宇宙与观察到的事实并没能吻合。他现在带领着多边形的二维影子军队，来拯救陷入困境的多面体了。和音比例必须要以某种方式嵌合在多面体之间，才能弥合差距并解释不规则之处。

但是如何才能实现这一点呢？要如何将和音放入一个充满了椭圆形轨道、非匀速运动并且实际上已经失去了所有对称与和谐的宇宙架构中呢？像以往一样，开普勒对读者非常信赖，为了让读者能够理解，他重述了他找到答案的过程。一开始，他试图将和音比例赋给各个行星的运转周期。他一无所获："我们得出结论，造物主不希望在行星周期中引入和音比例。"[13]

接下来，他猜想各个行星的**尺寸**或**体量**是否有可能形成一个和音的序列。答案是否定的。下一步，他又尝试将每个行星**到太阳**的最大和最小**距离**嵌入一个和音的音阶中。还是没有结果。第四次，他打算拿每颗行星的**极限速度**之间的比例来试试。还是没有成功。接着是行星通过其轨道的**单位长度**所需时间的变化。这也不行。最后，他想到了将观察者的位置转移到宇宙的中心，然后研究**从太阳看**到的角速度的变化，而无论距离远近。啊！终于有了结果。

结果比他预期的更令人满意。例如，土星在离太阳最远时，即在它的远日点，以每天 106 弧秒的速度移动；而最接近太阳时，它的速度最大，为每天 135 弧秒。这两个极限速度之比是 106 比 135，与 4∶5 —— 大三度 —— 仅相差 2 秒。木星的最慢和最快运行速度的比例是小三度，火星是五度音，以此类推，偏差都极小，也很类似（它们最后都得到了完美的解释）。对行星的单独研究如上，但当他成对比较不同行星的极限角速度时，结果就更加奇妙了：

> 第一眼看去，和谐的太阳就穿透了云层，清晰地显露了出来。[14]

这些极限值事实上产生了整个音阶上的那些音程。但还不够：如果我们从最远的行星 —— 土星 —— 的远日点开始，那么音阶会在大调上；如果我们从土星的近日点开始，就会在小调上。最后，如果几个行星同时处于各自轨道的极值点，结果就是一首赞美诗：土星和木星代表男低音，火星是男高音，地球和金星是女低音，水星是女高音。在某些情况下，所有 6 个声音可以被一起听到：

> 天体的运动不过是几个声音（由心智而不是耳朵所感知）演唱的一首连续的歌曲；是一种音乐，通过不和谐音的张力，可以说是通过切分音和装饰音（就像人们用它们模仿那些自然的不和谐音一样），实现某种预先设计的、类似于由 6 个声音合成的尾声，从而在时间的无限流逝中设置标的。因此，人类通过模仿造物主，终于发现了古人所不知道的以数字表示的歌的艺术，这也就不足为奇了。人类想要用几个声音一同表现的巧妙的交响乐，在短短的 15 度赤经之内再现宇宙时间的连续性，以获得一点造物主在创造过程中获得的愉悦，并模仿上帝来制作音乐，以此来分享他的快乐。[15]

大厦竣工了。开普勒于 1618 年 5 月 27 日完成了这本书，这是欧洲历史上非常重要的一周：

战神徒劳地咆哮、怒吼，想要用炮声、号角和锣鼓来打断这……[16] 让我们鄙视在这圣地上回响的野蛮的马嘶声，唤醒我们对和谐的理解和憧憬。[17]

他冲出了阴郁的深渊，骤然飙升到了俄耳甫斯的狂喜的高度：

那在我还没有发现天体轨道之间的5个正多面体的25年前有所觉悟的东西……；16年前，我宣称它是所有研究的最终目标；它让我将一生中最好的年华献给了天文学研究，加入第谷·布拉赫并选择布拉格作为我的住所——我，有上帝的帮助，是他点燃了我的热情，在我心中激起了一种无法抑制的渴望，让我的生命和头脑警醒，还借我的家乡上奥地利州的政府和两个皇帝的慷慨为我提供了其余的必需品——才让我在终于摆脱了我可恶的天文学职责之后，最后得以将其揭示……18个月前我看到了第一缕曙光，3个月前看到了阳光，但仅仅在几天前，才看到了清晰的太阳，一个如此美妙的景象——现在什么都不能阻挡我了。是的，我任自己沉浸于神圣的呓语。我坦率地承认，以此嘲笑所有的凡人：我从埃及人那里抢夺了金器，用它们为我的上帝造一顶帐幕，远离埃及的边界。如果你们原谅我，我将为之欢欣雀跃。如果你们被惹恼了，我也将承受。看哪，我已经掷了骰子，我在为同时代的人，也是在为后人写书。这对我来说都是一样。它可能会等上100年才有一个读者，因为上帝也等了6000年才有了一个见证人……[18]

6. 第三定律

上面的引文摘自《世界的和谐》第5卷的前言，这本书包含了开普勒的行星运动第三定律，几乎可以说是隐藏在他枝蔓丛生的幻想当中。

用现代术语来表达，第三定律称，任何两个行星的运转周期的平方与它们到太阳的平均距离的立方相等[19]。举例如下。假设地球到太阳的距离是我们的距离单位，地球的年是我们的周期单位。那么土星到太阳的距离就是9个单位多一点。1的立方是1，9的立方是729。1的平方根是1，729的平方根是27。因此，土星年是27个地球年多一点。实际上是30年。这个例子比较粗糙，是开普勒自己举的例子。[20]

他的第一和第二定律是他通过梦游般的直觉和对线索的敏感这二者的独特结合而发现的——这是具有两个层面的思想过程，从他明显的错误中收获了神秘的成果——而第三定律不是凭别的，它纯粹是耐心地、顽强地尝试的结果。经过无数次的尝试后，他终于发现了平方与立方的比率，当然他也立即发现了为什么会是这样而别的都不行的确切原因。我之前说过，开普勒的先验证明往往是被后验地发明出来的。

同样，开普勒忠实地记录了发现第三定律的情形：

> 要说确切日期的话，那是在今年即1618年的3月8日，［答案］出现在我脑海中。但我当时手气不佳，当我进行测算时，把它当成了错的。最后5月15日它又再次出现，这一次克服了我头脑中的黑暗；它与我17年来研究第谷的观察结果得出的数据非常吻合，起初我以为是在做梦，或者是犯了窃取论点（petitio principii）的错误……[21]

就像他当初庆祝发现了第一定律一样，他引用了维吉尔的《牧歌集》来庆祝他的新发现。这两次，真理都以一个轻佻女子的形象出现，她挑逗她的追求者，当他放弃了希望时，她却出人意料地顺从了。而且在这两回之中，真正的答案在一开始都是被开普勒否定过的，要等到它第二次悄悄地"通过头脑的后门"到来时才被接受。

他从年轻时就一直在寻找这个第三定律，也就是寻找行星**周期**与它的**距离**之间的关系。没有这种相关性，宇宙对他来说就毫无逻辑。它就是一个随意的结构。如果太阳具有控制行星运动的力量的话，那么这个运动必须**以某种方式**取决于它们与太阳的距离。但是以哪种方式呢？开普勒是第一个看到这个问题的人——更不用说，也是他在22年的辛勤工作后找到了答案。以前之所以没有人问过这个问题，是因为没有人从实际的物理力的角度去思考宇宙学问题。只要在人们的头脑中宇宙学与物理原因是脱离的，**正确的问题就无法在这样的头脑里出现**。这再一次令其与当前情况的相似性浮现出来：人们会怀疑，20世纪的人的头脑中也存在一种使其提不出正确问题的分裂。一个新的综合所产生的不是一个现成的答案，而是一个亟须回答的好问题。反之亦然：一种单面的哲学——无论是经院主义还是19世纪的机械学，都会造成很麻烦的问题，比如"天使的性别是什么？"或者"人是机器吗？"

7. 终极悖论

第三定律的**客观**重要性在于它为牛顿提供了决定性的线索。隐藏在其中的是万有引力定律的本质。但它对于开普勒的**主观**的重要性在于，它进一步推动了他不求实际的探索——别无其他。这个定律首次亮相是在"研究天体和谐所需的天文学主要命题"一章中作为"命题8"出现。在同一章（该书中唯一涉及天文学本身的一章）中，第一定律只是顺便，几乎是扭扭捏捏地被提及了一下，而第二定律则根本没有被提到。开普勒反而再次引用了他错误的反比命题，他知道这个是错的而之后又忘记了。牛顿的一项重要成就是在开普勒的著述中发现了隐藏的这三大定律——它们就像是热带园圃里藏着的几株勿忘我。

我们再换一下比喻：三大定律是现代宇宙学大厦的支柱；但是对于开普勒来说，它们不过是用来建造他那座由一位神经错乱的建筑师设计的巴洛克神庙的其中几块砖而已。他从未意识到它们真正的意义。在他最早的书中，他曾说过，"哥白尼都不知道他有多富有"；同样的话也适用于开普勒他自己。

这个悖论我已经强调过很多次了，现在是尝试解决它的时候了。首先，开普勒对于围绕毕达哥拉斯多面体及音乐和声构建宇宙的痴迷，并不像我们看来的那么离谱。它符合新柏拉图主义的传统、毕达哥拉斯学派的复兴，也符合帕拉塞尔苏斯学派、玫瑰十字会、占星师、炼金术士、秘术家、赫耳墨斯主义者的教导，证据显示他们在17世纪早期仍然活跃。当我们谈到"开普勒和伽利略的时代"时，容易忘记他们在当时是被孤立的个体，他们比他们那个时代最开明的人还要领先一代。如果说"世界的和谐"是一个异想天开的梦，那么它的符号早就为正在做梦的整个文化所共有了。如果说它是一个执念，那么它又是从一种共同的痴迷中来的——只是它更详尽、更精确，被放大到了一个宏伟的规模，也更巧妙、更自洽，在数学细节上已臻于完美。开普勒式的宇宙是一幢以巴比伦人开始，由开普勒本人最终完成的宇宙建筑的最高成就。

所以，这中间的悖论并不在于开普勒大厦的神秘主义性质，而在于它所采用的现代建筑元素，在于其中互不相容的建筑材料的组合。梦的建筑师并不担心小数点后的不精确；他们不会用20年的时间进行沉闷的、令人失望的计算，来建造他们所想象的高楼。只有某种形式的精神错乱才会显示出这种疯狂的迂腐的方法。在阅读《世界的和谐》的某些章节时，读者确实会产生看到了精神分裂症患者狂躁但又极为精细的画作的联想。这画如果是由一个野蛮人或是孩子画的，可能关系不大，但如果读者知道这是一位中年注册会计师的作品，就可能会拿这当成某种临床症候来看待。开普勒式的精神分裂，只有在以他在光学方面的成就为标准，将他作为微分学的先驱、三大定律的发现者来评判时，才变得显而易见。他思想上的分裂从他在没有犯痴迷毛病时看自己的方式中显露了出来——在他作为一个清醒的"现代"科学家，不受任何神秘主义倾向的影响的时候。他写到苏格兰玫瑰十字会的罗伯特·弗拉德：

> 很明显，他从关于现实世界的不可理解的谜题中获得了他的主要乐趣，而我的目的恰恰相反，是要将自然被掩藏的事实拖到知识的光明之中。他的方法是炼金术士、赫耳墨斯主义者和帕拉塞尔苏斯学派的方法，而我的方法是数学家的工作。[22]

这段话印在了充满占星术和帕拉塞尔苏斯思想的《世界的和谐》一书中。

第二点也同样与开普勒悖论相关。他之所以无法意识到自己有多富有，即无法理解他的定律的重要意义，其主要原因是一个技术上的问题：

他所处时代的数学工具的欠缺。在没有微分学和/或分析几何学的情况下，这三大定律没有明显地显示出彼此之间的联系——它们是相互脱节的信息片段，没有体现什么意义。为什么上帝想让行星以椭圆形轨道移动？为什么它们的速度应该取决于半径矢量扫过的区域，而不是某个更明显的因素？为什么距离和周期之比会混杂了立方和平方？一旦你知道了引力的平方反比定律和牛顿数学方程，所有这一切就都不言而喻了，简单又漂亮。但是缺了将它们全部囊括的屋顶的话，开普勒定律似乎就没有专门的存在理由（raison d'être）了。对第一定律他几乎是感到羞愧的：它背离了被古人视为神圣的圆形轨道，甚至就连伽利略也认为圆形是神圣的，而开普勒自己也这样认为，只不过理由不同。在上帝和人类的眼中，椭圆形没有任何吸引人的地方；开普勒将它比作一车粪便——这个比喻透露出他心有不安——将之引入系统的目的是清除更多的粪便。他将第二定律仅仅视为一个计算装置，时常为了得到错误的近似值而拒斥它。第三定律是和谐系统的必要一环，仅此而已。但是在当时，没有引力的概念和微积分的方法，也只能是仅此而已。

约翰内斯·开普勒启程去寻找印度，却发现了美洲。这是一个在探索知识的过程中不断重复的现象。探索的结果并不为动机所动。一个事实一旦被发现，就会自行其是，并与其发现者从未想过的其他事实建立联系。佩尔加的阿波罗尼乌斯发现了一个平面以不同角度与圆锥相交时出现的无用曲线的定律；几个世纪后，这些曲线被证明表示了行星、彗星、火箭以及卫星遵循的轨迹。

> 人们无法摆脱这种感觉［海因里希·赫兹写道］，这些数学公式具有独立的存在，具有自己的智慧，它们比我们更聪明，甚至比它们的发现者更聪明，我们从它们之中得到的比它们本来被赋予的更多。

这位无线电波发现者的坦白听起来酷似开普勒的回声，呼应着柏拉图，也呼应着毕达哥拉斯——"据我看来，自然的一切和优雅的天空都是几何学中的符号。"

10

估算新娘

　　唯有一件事，一件人生大事，减轻了开普勒晚年的阴霾：他的第二次婚姻。1613年他娶了苏珊娜·罗廷格，当时他41岁，而她24岁，是一个木匠的女儿。苏珊娜幼时就父母双亡，她是在斯塔勒姆贝格男爵夫人家中被抚养长大的。我们不知道她在这个家庭中占据了什么位置，但是根据开普勒通信者们吃惊的反应来判断，她的地位一定不高，介于女仆和陪护之间。

　　开普勒的第一次婚姻是由好心的人们运筹帷幄而来的，当时他还是一个经验不足且身无分文的年轻教师。在他的第二次婚姻之前，朋友们和各种媒人再次发挥了重要作用，只是这次开普勒不得不亲自从不少于11名候选人中筛选了。在写给一位姓名未知的贵族的信中，开普勒用了洋洋洒洒长达8页对开纸的篇幅，详细描述了他所遵循的淘汰和甄选过程。这是一份奇特的文件，也是在他的大量文字中最能说明问题的文件之一。这封信表明他从11个候选人中选择合适妻子的方式与他找火星轨道的方法大致相同：他犯了一系列可能是致命的错误，但错误相互抵消；直到最后一刻，他都没有意识到正确的答案早已被他攥在手里了。

　　下面这封信的日期是1613年10月23日，寄自林茨：[1]

　　　　虽然所有基督徒在他们的婚礼邀请函中都庄严地宣布他们的婚姻是上帝独一无二的安排，但我作为一名哲学家，想要和你，最睿智的人，更详细地谈谈这个问题。在这两年或更长的时间里将我来回撕扯，让我去考虑与这些不同的人之间结合的可能性的，是神的旨意还是我自己道德上的罪恶呢？如果是神的旨意，它借用这些不同的人和事的用意是什么呢？因为这是我最想彻底研究的事，是我最渴望知道的事：当我思考宇宙时，我几乎可以用自己的双手触摸到上帝，那么我是否也能在我自身之中找到上帝？反过来，如果是我的错，那么是什么错？贪婪，缺乏判断力，还是无知？然而，为什么给我建议的人中没有谁赞同我的最终决定？为什么我失去了或者说是似乎失去了他们以前对我的尊重？我，一位哲学家，已经过了男子的盛年。还有什么比在激情已去、身体干涸、自然老去的年龄，去娶一个我和亡妻都认识，亡妻又明确向我推荐过的能持家的寡妇更顺理成章的？但如果是这样，为什么没有任何结果？……

第1位候选人姻缘落空的一部分原因是，未来的新娘有两个已到婚嫁年龄的女儿，而且她的财产被托管人掌握；而且，事后想来，

也是出于对健康的考虑，因为虽然她身体强壮，却由于有口臭而被怀疑健康状况不佳。我向来在宗教问题上都疑神疑鬼。除此之外，当我在一切都定下来之后与这个女人见面（过去6年我都没见过她），我发现她身上没有任何能让我感到喜欢的东西。因此很明显，这事不会成。可是为什么上帝会让我占用时间去操心这个注定要失败的事情呢？也许是为了让我的思绪在这个人身上，从而免于陷入其他的困扰？……我相信这样的事情也发生在其他人身上，而且不止一次而是常常如此；但不同的是，其他人并不像我一样烦恼，他们更容易忘记，能比我更快地重新开始；或者他们有更强的自控能力，不像我这么容易轻信……现在讲讲别的。

同这位女士一起，她的两个女儿也被介绍给了我，这是个不好的预兆，如果这可以视作对正直之人的冒犯的话：这几位女士的娘家人提出这件事的方式不太恰当。这件事的尴尬使我非常心烦；但我还是开始询问她们的条件。我因此将兴趣从寡妇转向了未嫁的女子，

同时也还继续想着到目前为止我还没见到的那位［母亲］。这时，我被在场的那位［女儿］的外表和讨人喜欢的相貌给迷住了。现在很清楚，她所受的教育比我需要的更加出色。她在远超过她身份的奢华之中长大，而且她还没到成家的年龄。我之前决定将反对这桩婚姻的理由交给那位母亲来作判断，她是个聪明的女人，而且她爱她的女儿。但如果我没有这样做也许会更好，因为母亲似乎并不高兴。这是第2个，现在来说第3个。

第3位是波希米亚的一个少女，开普勒觉得她很迷人，而且她很喜欢他的孩子们。他把孩子们留给她照顾了一段时间，"这是轻率之举，因为后来我不得不自己花钱把他们接了回来"。她愿意嫁给他，但一年前她曾答应嫁给另一个男人。那个男人在此期间与一名妓女生了一个孩子，因此这个少女认为自己是自由之身；但她认为有必要获得前未婚夫的雇主的许可。这位雇主不久前给了开普勒一封推荐信，然而令人费解又不合逻辑的是，开普勒称这封信阻止了这场婚姻。到底发生了什么我们只能靠猜了。

第4个他本来会很高兴地娶她，尽管她"身材高大，具有运动员的体格"，然而第5个人出现了。这就是苏珊娜，他未来的妻子：

　　若把她与第4位比较，后者的优势在于家庭的名望、感情的真诚、财产和嫁妆；但第5位的优势在于她的爱，她承诺会端庄贤淑、勤俭持家，爱她的继子继女……我一面在与这个问题进行长期而激烈的斗争，一面在等待黑尔姆哈尔德夫人到访，想知道她是否会建议我娶第3位，那她就算是赢了上面提到的两位了。我最后听了这个女人说的话，开始决定倾向于第4位，但又为不得不放弃第5位而感到很烦恼。当我思来想去，正要做出决定时，命运插手了：第4位厌倦了我的犹豫，答应了另一个求婚者。就像我之前为不得不拒绝第5位而烦恼一样，我现在对失去了第4位感到非常伤心，以至于第5位也开始对我没有了吸引力。在这种情况下，可以肯定的是，错误在于我的感受。

关于第5位，还有一个问题，如果说她注定是我的，那么为什么上帝会让她在一年的时间里有6个竞争对手呢？除了看到这么多愿望的不可触及之外，难道就没有别的办法可以让我那不安的心满足于它的命运了吗？

之后是开普勒的继女推荐给他的第6位：

一位真正的贵族，再加上有点财产，这给她加了分；不过，她还不够年纪，而且我担心婚礼奢华，花费太高；她的贵族身份可能会让她举止傲慢。此外，我对第5位感到同情，她理解正在发生的事和已经做出的决定。我在情愿和不情愿之间的这种分裂，一方面也有好处，因为它让我在推荐人眼中显得情有可原，但在另一方面也有坏处，它让我就像自己被拒绝了一样痛苦……但在这种情况下，上帝的本意仍是好的，因为那个女人根本不能适应我的习惯和家庭。

这么一来，第5位占据了我的心，这让我感到喜悦，我也亲口向她表达了这个事实。这时突然出现了一个新的竞争对手，我将称之为第7位，因为你认识的某些人怀疑第5位的谦逊，称赞第7位的贵族身份。她的相貌也讨人喜欢。我又准备放弃第5位，选择第7位，前提是他们说的关于她的话都是真的……

但他的话又含糊了起来："除了被拒绝，还能有什么结果呢，拒绝也差不多是我自己招惹的。"

流言传遍了林茨。为了避免更多的闲言碎语和嘲笑，他现在把注意力转向了一个平民出身的候选人，"她渴望成为贵族。虽然她的相貌并不出众，但她的母亲是一位非常值得尊重的人"。但是，她极其善变，而他又没下定决心，她先后7次答应他又反悔，最后，他再次感谢上帝，让她离开了。

他的方法现在变得更加谨慎和神秘。他遇到了第9位，她除了有肺病之外，有诸多优点。他假装爱上了别人，希望这位候选人的反应会透露她的感情。她的反应是马上告诉已经准备好为她祝福的母亲。但开普勒错误地认为她拒绝了他，结果要挽回已经为时已晚。

第10位也是贵族，家境富足却很节俭。

> 可是她的相貌极其丑陋，就算是最不挑剔的男人，也会觉得她的样子很难看。我们身体的对比是最明显的：我又干又瘦，她又矮又胖，而且来自一个以肥胖著称的家庭。她完全不配与第5位相比，但这也没有让我重燃对后者的爱。

第11位也是最后一位，又是"贵族，富裕而节俭"。但等了4个月之后，开普勒被告知，那位少女还未成人。

> 就这样，我所有朋友推荐的人都试过了，在我出发前往雷根斯堡的最后一刻，我又给第5位回了信，给了她我的誓言，也得到了她的誓言。
>
> 这样你已经有了我对我在这封邀请信开头所说的话的详细解释了。你现在知道上帝是如何将我带入这片混乱当中，好让我学会蔑视贵族身份、财富和血统，这些她都没有的东西，学会了平静地追寻别的更朴素的美德……

在信的结尾，开普勒恳求他的贵族朋友前来出席他的婚宴，以他的出席来帮助开普勒勇敢面对不利的舆论。

苏珊娜似乎证明了开普勒的选择是对的，她没有辜负他的期望。在他后来的信中几乎没有再提到过她，但就开普勒的家庭生活而言，没有消息就是好消息。她给他生了7个孩子，其中3个夭折了。

我在本章开头说过，开普勒为自己找到合适妻子的方式奇怪地令人联想到他的一种寻求科学发现的方法。也许，等到这场婚姻的奥德赛之旅结束时，这听起来就不那么牵强或古怪了。在其中具有同样的典型人格的个性分裂，在一方面，是极度渴望的卓别林式的人物，从一个错误的假设跌撞到另一个，从一个候选人跌撞到下一个——椭圆形轨道、蛋形轨道、鼓脸轨道；他采用试错法，落入奇形怪状的陷阱，用学究式的严谨认真分析每一个错误，在每一个错误中发现天意的迹象；很难想象比这更缺乏幽默感的表现了。但在另一方面，靠着梦游般的直觉的引导，他在清醒时犯下的错误又得以相互抵消，而且在关键时刻又总是能坚持己见。他**确实**发现了他的三大定律，也**确实**从 11 个候选人中做出了正确的选择。社会地位和经济情况在他清醒时是最优先的考虑因素，但最终他娶的是唯一一个既没有地位，也没有钱，没有家庭的候选人；尽管他急切地听取每个人的意见，似乎没有自己的主见，很容易动摇的样子，但他最后选中的是被所有人一致反对的那个人。

这是我们在他所有的活动和态度中看到的同样的两面性。在他与第谷的争吵以及不断的抱怨中，他显示出了令人难堪的小家子气。然而，他却出奇地全无嫉妒心，也不会长久地记恨别人。他对自己的发现感到自豪，经常吹牛（尤其是那些后来被证明没有价值的发现），但他却没有想要独占它们的想法。他很乐意与容克尔·滕纳格尔分享三大定律的版权，而且一反当时的惯例，在他所有的书中都向他人慷慨地致谢（向梅斯特林、布拉赫、吉尔伯特和伽利略）。他甚至还感谢并未做出过成果的人，例如法布里修斯，他几乎要将发现椭圆形轨道的荣誉拱手相让。他坦诚地向他的通信者通报他最新的研究，并天真地以为别的天文学家会分享他们尽心守护的观测数据；而当他们像第谷及其继承人当年那样拒绝时，他就一把夺走了数据，没有一丝良心上的不安。事实上，在科学研究方面，他没有丝毫个人产权的意识。这种态度在我们时代的学者中是极为罕见的；就算在开普勒的年代，这看起来也是相当荒唐的。这正是这个自我冲突、不可思议的人身上最可爱的疯狂。

11

最后的岁月

1.《鲁道夫星表》

《世界的和谐》于1618年完成，并于次年出版，开普勒时年48岁。他的开创性工作已经完成。但在他一生的最后11年中，他还在继续源源不断地撰写书和小册子——年历和星历表、一本关于彗星的书、一本关于新发明即对数的书，以及两本更重要的著作：《哥白尼天文学概要》（下文简称《概要》）和《鲁道夫星表》（下文简称《星表》）。

前一本书的书名是一种误导。这本《概要》并不是一本哥白尼系统的摘要，而是一本开普勒系统的教科书。本来只涉及火星的定律，在这本书中被泛化至所有的行星，包括月球和木星的卫星之上。所有本轮都消失了，太阳系的架构已经基本上与现代的学校课本相同。这是开普勒最浩瀚的一本著作，也是自托勒密的《天文学大成》以来对天文学最重要的系统性论述。他的发现依然与他的幻想并驾齐驱，但这并没有减损其价值。正是这两种思想宇宙的交叠，给开普勒一生的生活和工作赋予了独特的价值，也赋予了《概要》在思想史上的独特价值。

尽管开普勒的血液中残留了中世纪的精神，但他仍然遥遥领先于他的同时代人，要认识到这一点，我们必须把《概要》同当时的其他教科书做一个比较。当时那些教科书中没有哪本接纳日心说的观点，甚至在之后一代人的时间内也是如此。梅斯特林在1624年重印了他基于托勒密系统的教科书，这是在《概要》出版3年之后；伽利略著名的《关于两大世界体系的对话》出版于1632年，他在其中仍然坚持认为圆周和本轮是天体运动唯一可能的形式。

开普勒晚年的第二部主要著作是他在实用天文学的最高成就：以第谷毕生的辛劳成果为基础写就的、为人期盼已久的《星表》。由于第谷的去世，与其后人的争议以及战事造成的混乱，星表的完成延迟了近30年。但最根本的原因还是开普勒不情愿费力做这个苦差事。天文学家、航海家、日历制作者和占星家们都在焦急地等待着他所许诺的星表，这种拖延甚至引起了来自遥远的印度和中国的耶稣会传教士们的怨气。有一位威尼斯的通信者也加入了抱怨的大军，开普勒回以强烈抗议：

> 常言道，人不能凡事兼顾。我没有办法遵循严格的时间表和章程按先后次序来工作。如果我拿出来的东西看上去很有条理，那是因为我已经反复整理了不下10次。我常常被一个仓促之间犯下的计算错误耽误很长时间。但是我可以倾倒出无穷的想法……我恳求你们，我的朋友们，不要惩罚我只做单调枯燥的数学计算，请给我留点时间进行哲学思考，这是我唯一的乐趣。[1]

终于，到50岁之后，他才真正定下心来，开始继续推进自第谷去世以来仅做了一点点的工作。1623年12月，他得意扬扬地告诉一位英国的通信人，"我能看到港口了"；6个月后，他对一位朋友说："《星表》，由第谷·布拉赫播下的种子，在我心中孕育了22年，就像在母亲的子宫里慢慢成长。现在我正在经受生产的阵痛。"[2]

但由于缺乏资金，再加上三十年战争的混乱，《星表》的印刷花了4年多的时间，耗去了他余下的精力和岁月中的一半。

由于《星表》以鲁道夫命名，开普勒认为印刷费用应当用拖欠他的款项来支付，总计6299弗洛林。他前往维也纳，帝国宫廷的新驻地，花了4个月才从那拿到满意的结果。但这个所谓的满意其实比较抽象。根据帝国处理财政事务交易的复杂过程，财政部将债务转移给纽伦堡、梅明根和肯普滕三个城镇。开普勒不得不在三镇之间奔波，骑马兼步行——因为他的痔疮；还要去求人，连哄带骗和威胁兼施，最后才弄到2000弗洛林。他用这笔钱购买印书所需的纸张，并"不顾妻子和6个孩子未来的生计之忧"，决定自己掏腰包进行印刷，而且还不得不"动用为第一次婚姻的子女安排的信托基金"。他这番东奔西跑就花了整整一年时间。

然而，这还只是长期奋战的开始。出版《星表》的故事令人不禁想到《出埃及记》中的十灾。首先，林茨当时没有能完成这样一项重大任务的印刷所，因此开普勒还得再次奔波，去从别的城镇招募熟练的印刷工。印刷终于开始进行后，下一个灾祸降临——这次是我们都熟悉了的：林茨的所有新教徒被勒令要么接受天主教信仰，要么就在6个月内离开该城。开普勒再次被豁免，他的路德宗印刷工头及其手下也被豁免；但他被要求将所有疑为异端的书籍移交给当局。幸运的是，哪些书该被上交由他自己判断（这给他的感觉"就好像是要一条母狗交出她的小狗崽"），多亏耶稣会士古尔丁神父的调停，他最终才得以保留所有的书。战事逼近林茨的时候，当局询问开普勒，该如何保护州立图书馆的书籍以防火灾的危险；他建议将图书紧紧塞入酒桶，酒桶可滚动，就可以轻松脱离危险地带。顺便一提，尽管开普勒被逐出了教会（这一次是永久性的），开普勒仍然多次拜访路德宗的大本营——他亲爱的图宾根，并和老梅斯特林愉快相会。所有这些都表明，已经过去的人文主义时代的神牛在三十年战争期间仍然被尊重，在德国和意大利都是如此，后面讲到伽利略时，我们也可以看到这一点。

第三个灾祸是巴伐利亚军队进驻林茨。士兵们四处驻扎，甚至在开普勒的印刷车间里也有。这在知识界引起了传言，甚至传播到了但泽那么远，说那些当兵的熔化了开普勒的铅字活版，用来制作子弹，还将他的手稿制浆，用作弹夹，但幸好这些都不是真的。

接下来，路德宗的农民暴力起义，烧毁了修道院和城堡，占据了魏尔镇，包围了林茨。围攻持续了2个月，从1626年6月直至8月。各种流行病蔓延，民众仅靠马肉活命，但开普勒"在上帝的帮助下，在天使的佑护下"，得以幸免。

　　你问我［他写信给古尔丁神父］，在漫长的围城期间都做了些什么。你应该去问问一个身处士兵之中的人能做什么。别的房子只驻扎了几名士兵。我们的房子挨着城墙。整个期间士兵都在城墙上驻防。我们的房子里安扎了一整个步兵大队。耳中枪炮声不绝，鼻孔里满是硝烟，眼前尽是火光。所有门都必须保持开着，好让士兵们进进出出，这在晚上让人无法安睡，在白天让人无法工作。不过我觉得政府把这座房子给我也算是一大福利，因为这里刚好可以俯瞰护城河和近郊，能看到这里发生的战事。[3]

　　不观战的时候，开普勒就待在他那不平静的书房里，进行他长期以来的职业疗法——撰写编年史。

　　6月30日，农民军在部分地方纵火烧城。烧毁了70栋房屋，其中就包括那个印刷所。所有已经印讫的纸张都化为了灰烬。但天使再次伸出了救援之手，开普勒的手稿逃过一劫。这次他又可爱地轻描淡写了一句："这总是招致这样那样的延误的命运真是奇怪。总是生出新的事来，这完全不是我的责任。"[4]

　　事实上，对于印刷所被毁他并没有太多悲痛，因为他已经受够林茨了，只待有一个借口搬往别处。他听说在多瑙河上游的乌尔姆有一家不错的印刷所，那里隶属他的家乡施瓦本，离图宾根也不到50英里——这个磁极的引力从未消失。等到围攻的士兵撤退，他得到了皇帝的同意，终于在14年之后离开了林茨。他从来就没喜欢过林茨，林茨也从没喜欢过他。

　　然而，乌尔姆的印刷所却令人失望了。从一开始他们就起了争议，到后来几乎闹上法庭。开普勒甚至一怒之下离开了乌尔姆，去寻找一家更好的印刷所——当然是在图宾根。他是步行赶路去的，因为他的痔疮再次发作，骑马太痛苦了。当时是2月，开普勒56岁。他走了15英里，到了布劳博伊伦村，又掉转头来，回来与印刷所达成了和解（这家印刷所名叫乔纳斯·沙尔，即Jonas Saur，"沙尔"意为"没好气"）。

　　7个月后，1627年9月，这本著作的印刷终于完工。正好赶上法兰克福博览会一年一度的书市。购买纸张、铸造活字、给印刷工当工头并支付整个项目的费用的开普勒，如今又带着第一版1000册印本的一部分亲自赶往法兰克福，去安排该书的销售了。这是一场不折不扣的独角戏。

他不得不面对的埃及十灾的最后一灾，也就是再度上场的第谷的家人。容克尔·滕纳格尔5年前已经离世，但乔治·布拉赫，拉着之前失败了的"第谷后人们"，这些年来一直在和开普勒开展游击战。他对这本书的内容根本一窍不通，但对开普勒的序言比他本人的序言占据了更长的篇幅一事感到极为不满，而且开普勒还说他改进了第谷的观测结果，这句话被乔治·布拉赫视为对他父亲名誉的诋毁。由于未经继承人同意该书不能出版，因此，包含了献辞和序言的头两页印张，不得不重印了两次。结果，这本书留存下来的印本存在三个不同的版本。

《星表》在一个多世纪的时间里一直是天文研究 —— 包括行星和恒星 —— 的一件不可或缺的工具。这本巨著包含预测行星位置的星表和规则，以及第谷的777颗恒星位置的目录（被开普勒扩增到1005颗）。还包括首次用于天文学研究的光折射表和对数[5]、世界城市名录及它们相对于第谷的"格林尼治"子午线（即相对于汶岛的天堡的经线）的经度。

扉页由开普勒亲手设计，画面为一座希腊神庙，立柱下有5位天文学家正在激烈地争论着；他们是一个古巴比伦人、喜帕恰斯、托勒密、哥白尼教士和第谷·布拉赫。在这5位不朽之人的脚下，神庙底部的一面墙上，有一个小壁龛，开普勒就那么蜷缩在里面的一张粗糙的工作台前，悲伤地注视着读者，怎么看都像是白雪公主的7个小矮人之一。在他面前的桌布上满是数字，是他用手边的一支鹅毛笔写下的，说明他已经没钱买纸了的状况。在穹顶之上盘旋着帝国之鹰，正从它的喙里撒下达克特金币 —— 这是皇家慷慨赠予的象征。有两枚金币落到了开普勒的桌布上，还有两枚正落到半空 —— 希望的点滴。

2. 弦紧必崩

开普勒生命的最后3年，带着传说中在荒野里流浪的犹太人耳边时刻萦绕的回声。"我该选择什么样的地方？是已经被毁掉的，还是即将被毁掉的？（Quis locus eligendus, vastatus an vastandus?）"[6] 他已经永远地离开了林茨，没有固定的住所。乌尔姆只是印刷期间的临时驿站。他那时住在一个朋友为他安排的住处，尽管房子被特意改造过以容纳开普勒的家人，但他们当时并不在他身边。从林茨沿多瑙河逆流而上，河水已经开始冻结，他不得不坐马车继续赶路，将苏珊娜和孩子们留在途中的雷根斯堡。至少这是他在写给某位通信者的信中做出的解释。但他在乌尔姆待了近10个月，没有派人来接他们。

这个小插曲很典型地表现出了他在晚年时的一种古怪行为。似乎他漂泊不定的父亲和叔叔们的遗产在他中年之后又开始发挥作用了。他的躁动不安在他创造性的成就中找到了发泄的出口；而在他完成了《星表》之后，紧绷的弦断了，思想之流也被切断了，于是他似乎是靠惯性在漫无目的地绕圈子，驱动他的是一种与日俱增、排山倒海般的焦虑。他再次犯了皮疹和疥疮，他害怕自己在《星表》印刷完成之前就死掉，眼中的未来则是饥饿和绝望的荒原。

然而，尽管身处战争当中，他的困境在很大程度上是臆想出来的。他被给予了意大利最炙手可热的教授职位，培根勋爵的使者亨利·沃顿爵士邀请他前往英格兰*，然而他拒绝了：

> 我要渡海去沃顿邀请我去的地方吗？我这个德意志人？我爱这坚实的大陆，一听到狭窄疆域里的岛屿，我就觉得危险。[7]

在拒绝了这些诱人的邀约之后，他绝望地请求他在斯特拉斯堡大学的朋友贝内格尔，问他能否帮他在该校找到一份不高的教师职位。为了吸引听众，他愿意给每一位听课的人占星——因为"皇帝不友好的态度已经在他的所有言行中表现得相当明显了"，这让他几乎不再抱有任何别的希望。贝内格尔回信说只要开普勒愿意赏光，他的城市和大学将张开双臂欢迎开普勒，还非常热情地邀请他住到自己宽敞的还带有"一个非常漂亮

---

* 开普勒曾将《世界的和谐》献给詹姆斯一世。

的花园"的住所去。但开普勒"因为他付不起旅费"而拒绝了。贝内格尔告诉他说大学图书馆的墙上挂了一幅开普勒的肖像:"来到图书馆的所有人都能看到它。真希望他们能见到你本人!"想让他高兴起来。开普勒的反应是,那幅画像"应该从那个公共场所撤掉,更何况,那幅肖像画和我本人几乎没有任何相似之处"[8]。

3. 华伦斯坦

皇帝的敌意,同样也只存在于开普勒的想象当中。1627年12月,开普勒离开乌尔姆,前往布拉格——自从法兰克福博览会以来,他就总是在奔波——令他惊讶的是,他得到了所有人的欢迎。帝国宫廷已经回到了布拉格,准备为皇帝的儿子就任波希米亚国王举行加冕礼。所有人都兴致勃勃:华伦斯坦,这位英勇的新汉尼拔,已经将丹麦入侵者赶出了普鲁士;他攻克了荷尔斯泰因、石勒苏益格和日德兰半岛,帝国的各方敌人无一不在撤退。华伦斯坦在开普勒之前几周到达布拉格,在他之前就已经拥有的弗里德兰公国之外,他又得到了西里西亚的萨根公国作为奖励。

皇帝的大元帅和他的皇家数学家之前就已经打过交道。华伦斯坦沉迷于占星术。20年前在布拉格,开普勒通过中间人牵线,收到一位年轻贵族(希望不提及他的姓名)的请求,为他查算出生星运。开普勒当时为这位未来的战争统帅(他当时25岁)写了一篇精彩绝伦的性格分析,这证明了他心理上的洞察力——因为开普勒已经猜到了这位匿名客户的身份。* 16年后,依然是通过一位中间人,他又被请求将这份星座运势进行扩充——当时华伦斯坦已经在文件的页边写满了各种注解——这一次他没有假装匿名。开普勒再次照办了,但是他照常提醒了对方切勿滥用占星术,算是保存了他的颜面。这第二份星座运势,日期始于1624年,止于1634年,最后的预测是3月将"给这片土地带来可怕的骚乱":华伦斯坦

---

* 华伦斯坦的名字以开普勒的密码形式出现在这份星座运势分析的原稿上,这份原稿仍然存世。

于当年2月25日被暗杀。*

　　因此，在布拉格的庆祝活动期间，他们的会面也就有了铺垫。经过漫长的谈判之后，会谈结束了，开普勒被任命为华伦斯坦刚得到的萨根公国的私人数学家。皇帝没有异议，并允许开普勒保留他的皇家数学家的头衔，不管其价值如何——在真金白银方面肯定不会太多，因为皇家拖欠开普勒的工资和酬劳等现在总额为11817弗洛林。皇帝委婉地通知华伦斯坦，希望后者能支付这笔款项——当然，华伦斯坦从来没有。

　　与华伦斯坦的协议签订了，两人于1628年5月离开了布拉格。华伦斯坦围攻斯特拉尔松德而无果，这将是他军事生涯衰落的开始；开普勒将去雷根斯堡探望妻子和孩子。他继续赶路到林茨，清理各项事务，然后回到布拉格和他的家人在那里碰头；然后他们一起于7月抵达了萨根。但他的财产里有很大的一部分，其中包括工作所需的书籍和仪器，都留存在了当地。这是一个已经心力衰竭的人心不在焉的举动，他的行为正变得越来越古怪和孤僻。

　　跟萨根相比，林茨简直就是天堂：

　　　　我在这里是个异客，几乎完全没人听说过我，我也几乎听不懂当地人的方言，他们反过来还认为我是个野蛮人……[9]

　　　　远离帝国的大城市，我感到被孤独囚禁了；这里的通信往来都极慢，费用也高。再加上［反］宗教改革的骚乱，虽然没有打击到我本人，但我也不可能不受其影响。在我眼前和脑海里，都满是我的熟人、朋友、我附近被毁街区的住户的悲惨事例，人人噤若寒蝉，说不了几句话就怕得闭口不言……

　　　　从这里到奥得河畔法兰克福之间的科特布斯，有一个11岁的女先知，她警告说世界末日将临。她年纪尚幼、天真无邪，拥有大量的听众，这让人们相信她说的话。[10]

---

* 不过10年时间算是一个取整，就算是酬劳不菲的占星报告基本也会采取这样一段间隔。

这里和格拉茨、林茨一样：人们被强迫成为天主教徒，否则就得离开家乡。他们甚至被禁止跟随路德宗教徒的灵车去墓地。开普勒所拥有的特许地位只是加深了他的孤独。他成了事无巨细唠叨抱怨的焦虑的囚徒：

> 我觉得空气中蔓延着灾难的气息。我在纽伦堡的经纪人埃克布雷希特负责处理我的一切事务，他有两个月没有写信给我……我对一切都感到担心，我在林茨的账户、《星表》的发行、我给了经纪人120弗洛林要得到的航海图、我的女儿，还有你们，在乌尔姆的朋友们。[11]

当然在萨根是没有印刷所的，因此他又为购买排版活字、印刷机，找印刷工的事开始了奔波。他在萨根待了共两年，那是他生命的最后两年，而这些事就花了将近18个月：

> 一个个国家、行省、城镇在倒塌，老一代、新一代人都在崩溃，身处这样的环境下，心怀对种种野蛮暴行、家园被毁的恐惧，作为火星的研究者，虽然我不再年轻了，但我认为自己有责任去出面寻找印刷工，不让自己的恐惧表露出来。在上帝的帮助下，我一定要完成这项工作，像战士一样，去英勇地发令，把对性命的担忧留待将来。[12]

4. 月球的噩梦

新的印刷机于1629年12月在开普勒自己的住所里安装完毕，他开始（与他的助手巴尔奇一起，开普勒逼着他娶了自己的女儿苏珊娜）进行一项有利可图的工作：出版1629—1636年的星历表*。自《星表》发布以来，全欧洲的天文学家都争相发表星历表，开普勒也急着想"加入这场赛事"，用他的话说，是加入他所修建的赛道上的比赛。但是同时，他也开始印刷

---

* 星历表提供一年之内有关行星运动的详细信息，而星表仅给出了作为计算依据的大纲。

他写的一本很喜欢的旧作：《梦》——一场奔月的梦。这本书是他在大约20年前写的，后来又不时增添了不少注解，最后注解的篇幅远远超过了原文。

《梦》到最后都只是一个片段。开普勒还未完成就去世了。此书在他死后的1634年才出版。这是第一部现代意义上的科幻小说作品——这是相对于从琉善到康帕内拉所写的传统的幻想乌托邦作品而言的。这本书对后世描写星际旅行的作家造成了非常大的影响，从约翰·威尔金斯的《发现新世界》和亨利·摩尔，一直到塞缪尔·巴特勒、儒勒·凡尔纳、H. G. 威尔斯。[13]

《梦》以一个充满自传性暗示的序曲开篇。男孩杜拉库图斯与母亲费奥克斯希尔达住在"古人所谓极北之地"的冰岛。*父亲是渔夫，在50岁时去世，当时男孩只有3岁。费奥克斯希尔达把草药装在小羊皮袋里卖给海员，还和魔族交谈。男孩14岁时，出于好奇打开了一个小羊皮袋，因此他母亲一怒之下，把他卖给了一个船长。后来船长把他留在了汶岛，之后5年杜拉库图斯就跟着第谷·布拉赫学习天文学。他回到家里时，他的母亲非常后悔，为了款待他，念咒语唤来了月球（Lavanah†）上的一个友善的魔精（demon），在魔精的陪伴之下被选中的凡人可以到月球旅行。"完成了某种仪式之后，我母亲张开手指，命令众人安静，在我身旁坐下。我们刚刚按照安排用布盖上了头，就听到一个沙哑的、不可思议的声音开始耳语，用冰岛语说……"

序曲至此结束。魔精解释说，这种旅行仅在月食期间才能成行，因此必须在4个小时内完成。旅行者由精灵推动，但他同时也受到物理定律的约束；从这里开始，科学接替了幻想：

> ［加速过程的］一开始的震动是最难受的一段儿，因为他被朝上抛起，就像是被火药的爆炸力向上抛出……因此，他必须事先服用

---

* 开普勒选择杜拉库图斯这个名字，是因为它的发音类似于苏格兰语里的"苏格兰位于冰岛的海里"；"费奥克斯"是他在古地图上看到的冰岛的名字。

† 希伯来语的"月球"，意思是"白色"。

鸦片以麻醉自己。*他的四肢必须得到妥善保护，以免被扯断，反冲力会传到全身的各处。接下来他会遇到新的困难：极度寒冷、呼吸受限……旅程的第一部分完成后，就会好受一些，因为在这样的长途旅行中，身体无疑会摆脱地球的磁力，进入月球的磁区，因此后者占了上风。这时候，我们将旅行者释放，让他们自由活动，他们就会像蜘蛛一样伸缩，通过自己的力量向前推进——因为地球和月球的磁力同时吸引物体从而令其悬浮起来，结果就好像两者都没有在吸引它一样——因此最后物体靠自己向着月球移动。

在《新天文学》中，开普勒已经非常接近万有引力的概念了，因此我们不得不认为一定是某个心理上的障碍，让他否定了万有引力的概念。在上面引述的段落中，他不仅将万有引力视作当然，而且还以惊人的洞察力，假定了"零引力区"——这个对于科幻小说来说噩梦一般的存在。在《梦》的后面，他朝这一方向更进一步，假设太阳和地球的共同引力导致月球上出现了潮汐。

旅途完成后，开普勒继续描述月球上的情况。月球上的一个白天，从日出到日落，持续约2周，月球上的一个夜晚也是如此——因为月球绕自身轴线旋转一周需要1个月，绕地球一周也需要1个月。结果是，它总是以同一面对着地球，月球上的生物称地球为volva（来自revolvere，意为"旋转"）。他们称月球的这一面为月球的亮面（Subvolvan half），另一半则是暗面（Prevolvan half）。两面的共同之处是它们的一年有12个日夜，这导致了极大的温差——白昼酷热，夜晚极寒。另一个共同之处是星空的奇特运动——太阳和行星不停地来回踱步，这是月球围绕地球旋转而产生的结果。开普勒以他一贯的精确而建立的这门"月球"（lunatic，也有"疯狂的"之意）天文学——以这个词的双重意义而言——非常有趣；在他之前没人（就我所知，之后也没有）曾试图做过这样的事情。然而，当论及月球上面的情形时，情况变得严峻了起来。

---

* 最近有建议称太空旅行者在最初的加速阶段应该被麻醉。

暗面是最糟糕的。那里的漫漫长夜并不像另一面，由于巨大地球的存在而变得可以忍受，因为暗面上当然永远也看不见地球。这里的夜晚"冰雪交加，寒风刺骨"。白天也好不了多少：在长达2周的时间内太阳从不落山，令空气升至"比我们的非洲热15倍"的温度。

亮面要好一点，因为巨大的地球反射了太阳的部分光与热[14]，让夜晚的情况没那么糟糕。地球的表面积是月球的15倍，它总是停留在天空中同一个地方，"仿佛钉在那里"，但它像我们的月球一样有盈缺，会从满地（full volva）变为新地（new volva）。在满地时，非洲看上去就像是一个齐肩被砍下的人头；欧洲则像是一个身着长裙的少女，俯身去亲吻那颗头颅，她的一只长长的手臂则朝后伸着，正引诱着一只朝她跳起的猫。*

月球上的山比地球上的要高得多，月球上生长的动植物也要高得多。"生长的速度很快。所有东西的寿命都很短，因为它们很快就长得非常大……一天之内就成长衰老。"这里的生物非常像巨蛇。"暗面的生物没有固定和安全的栖息地；它们成群结队地迁徙，一天之内就穿越它们生活的整个世界，跟随退去的水域，或者步行（它们的腿比骆驼还长），或者飞行，或者坐船。"有些动物可以潜水，它们的呼吸非常缓慢，以便能够在深海里躲避烈日的烘烤。"那些停留在水面上的，则被正午的阳光烤熟，成为后来的流动兽群的食物……必须呼吸的那些动物，退避到洞穴里，靠狭窄的水道里的水过活——水流在遥遥路途中逐渐降温，最终变得可以饮用。等到夜幕临近，它们就外出捕猎。"它们的皮肤多孔，呈海绵状。但是，如果被白天的炙热不知不觉地灼伤，皮肤到晚上就会变硬、焦枯、脱落。而且，它们还有一个奇怪的爱好，喜欢在中午晒太阳。但它们只在接近洞穴的地方晒，以便能够迅速地全身而退……

在一段很短的附加说明中，开普勒还描写了亮面的生物居住在城市里，四周环绕着墙壁——就是月球上的那些大坑，但开普勒仅对其形成的工程学问题感兴趣。在书的最后，杜拉库图斯被梦中的一场暴雨惊醒，或者更确切地说，是被史前巨型爬行动物的梦魇惊醒了，当然开普勒并没

* 那颗头的后脑是苏丹，下巴是阿尔及利亚。女孩的头是西班牙，张开的嘴是马拉加，下巴是穆尔西亚；手臂是意大利和不列颠群岛，猫是斯堪的纳维亚。

有这方面的知识。难怪亨利·摩尔受到《梦》的启发，后来写了一首题为《哲学的噩梦》的诗。更有趣的是塞缪尔·巴特勒在《月球上的大象》中对开普勒的诠释：

> 他答曰：月球上的居民，
>
> 正午艳阳高照时，
>
> 住在地下洞窟里
>
> 深 8 英里，方圆 80 英里
>
> （它们立时在此设防
>
> 抵御太阳和敌人）
>
> 因为他们，
>
> 比起住在地面之上的
>
> 被称作暗面人的
>
> 粗鲁的农民，
>
> 要更开化，
>
> 他们之间争战不断。

　　尽管《梦》的大部分内容的创作时间其实要早很多，但我们很容易理解为什么这是他完成的最后一本书，以及为什么他希望能亲眼看到它出版。所有这些困扰他一生的恶龙——从女巫费奥克斯希尔达和她失踪的丈夫，到那些永远在逃命的可怜的爬行动物（皮肤患病脱落，却又如此地渴望烈日骄阳下的徜徉）——所有这一切，展现出了一幅科学上的精确和罕见的原始之美兼具的宇宙图景。开普勒全部的工作，他所有的发现，都是精神宣泄的演出；最后这部收官之作竟以令人惊叹的一挥而终止，真是最恰当不过了。

5. 终结

　　华伦斯坦对开普勒做的事一点也不关心。从一开始，他们之间的协议就成了件让两人互相失望的事。与过去那些曾资助第谷、伽利略和开普勒本人的贵族爱好者们不同，这位华大帅对科学没有真正的兴趣。拥有一位在欧洲有名望的人作为他的宫廷数学家，能让他获得某种虚荣的满足感，但他真正想要开普勒做的，是为他的政治和军事决策提供占星咨询。开普勒对这些实实在在的问题的回答总是闪烁其词，这可能是出于诚实，或是出于谨慎，或是兼而有之。华伦斯坦多数时候会利用开普勒来获取行星运动的确切数据，然后交给那些更积极为他效劳的占星家——比如臭名昭著的塞尼——作为其占卜的依据。开普勒很少谈及他与华伦斯坦的个人来往。虽然他有次曾称之为"小赫拉克勒斯"，[15] 但是他更真实的感觉体现在了他后期的一封信中：

> 我最近刚从伊钦［华伦斯坦的住所］回来，我的赞助人留我在那里住了3个星期——也就是说我们俩都浪费了相当多的时间。[16]

3个月后，来自华伦斯坦的政敌们的压力迫使皇帝撤掉了他的大元帅。这在华伦斯坦跌宕起伏的职业生涯中只是一次暂时的挫折，但开普勒当时误把这次当成了它的尽头。再一次地，这也是最后一次，他启程上路了。

10月，他离开了萨根。他没有带上家人，却带走了好几车的书籍和文件，这些东西在他动身之前就被送往了莱比锡。他的女婿后来写道："开普勒出人意料地离开了萨根，他当时的情形使得他的遗孀、孩子和朋友们都觉得要想再见到他只有等到最后的审判之后才行了。"[17]

他当时是想另找一份工作，还想试试能不能讨回皇帝和奥地利政府拖欠他的钱里的一部分。在他35年前的自我剖析中，他就写过，自己对金钱的长期焦虑"不是出于对财富的渴望，而是对贫穷的恐惧"。而现在，这话仍然是对的。他在不同的地方有存款，但他甚至连欠他的利息都讨不回来。他踏上最后的旅程，穿过被战争蹂躏的半个欧洲时，他带走了他所有的现金，给苏珊娜和孩子们未留分文。即便如此，他还不得不从他旅程的第一站（莱比锡）的一个商人那里又借了50个弗洛林。

他心中似乎有了一个不寻常的预感。他一生都惯于在生日那天占星卜算。在他60岁之前和之后的几年里，他的星座运势仅描述了诸行星的位置，而没有做任何评论。而在60岁那年，却是个例外，他在其中特别注明，诸行星的位置与他出生时几乎完全相同。

他的最后一封信写于莱比锡，日期为10月31日，是写给在斯特拉斯堡的朋友贝内格尔的。他记起了贝内格尔先前的邀请，突然决定接受邀请。但他似乎片刻之后就又忘记了，因为在信的后面他又谈起了他的旅行计划，未再提及邀请的事：

> 我欣然接受你的热情款待。愿上帝保佑你，也怜悯我的故乡所遭受的苦难。在目前无处安宁的情况下，不管多远，人都不应该拒绝别人提供庇护的好意……朋友，我向你和你的妻儿道别。我们一起，紧紧抓住我们唯一的依靠——教会，向上帝祷告吧。为了教会，也为了我。[18]

他骑着一匹可怜的老马继续赶路，从莱比锡到了纽伦堡。他去了那里的一家印刷所。接着到了雷根斯堡，当时正在进行盛大的帝国政府会议，由欠了他1200弗洛林的皇帝亲自主持。

他于11月2日抵达雷根斯堡。3天后，他发起了高烧，卧床不起。一位在场者写道："他不说话，用食指一会儿指指他的头，一会儿又指指头上的天空。"[19] 另一位在场者是路德宗传教士雅各·菲舍尔，他在一封给朋友的信中写道：[20]

> 在最近的国会会议期间，我们的开普勒骑着一匹老马（他后来卖了两个弗洛林）来到了城里。他刚到3天，就患了热病。起初他以为是丹毒或是脓疱发炎，没有太在意。当他的热症加重时，他们给他放血，但没有起任何作用。很快，他的热度不断升高，开始神志不清起来。言谈已经失去了理智。几个牧师前去看望他，用他们同情的活水安慰他。[21] 在他最后的痛苦中，在他要将灵魂交给上帝时，

雷根斯堡的一位新教牧师（也是我的亲戚）西吉斯蒙德·克里斯托弗·杜拉瓦鲁斯，用作为神的仆人来说理所当然的雄劲的气势告慰了他。那是 1630 年 11 月 15 日。19 日，他被安葬在郊外的圣彼得墓园。

墓园在三十年战争期间被毁，开普勒的遗骨四散。但他为自己所写的墓志铭保存完好：

> Mensus eram coelos, nunc terrae metior umbras
> Mens coelestis erat, corporis umbra iacet.
> 吾曾测苍穹，而今测幽冥。
> 灵魂曾向天，肉体今归土。

在他晚年的一封信中，还有一段余音不绝的话，落款的日期是"西里西亚的萨根，在我自己的印刷所里，1629 年 11 月 6 日"：

> 当风雨来袭，国家即将覆舟之际，我们最高贵的行为就是放下平和的研究之锚，让它沉入水底永恒的泥沙之中。[22]

第五部

分道扬镳

1

举证责任

1. 伽利略的胜利

本书的叙事风格和人物必须再次改变。当我们转向新宇宙学和教会之间的悲剧性冲突，人物个性、阴谋诡计、法律程序中的种种东西将占据我们的舞台。

在历史的长河中，很少有哪一段时间能够产生像伽利略的审判这般浩瀚的文献。其中大多都不可避免地具有倾向性，从粗俗的扭曲到和和气气的暗讽，再到想要公正却被无意识的偏见挫败。在一个被称为"信仰与理性分裂之家"的时代，客观性是一个抽象的理想，尤其当涉及的事件是这种分离的历史原因之一时就更是如此。由于要从此规则中获得豁免是愚蠢的，因此在请求读者采信我的客观陈述之前，不如先摆出我的偏见。我对历史的最早和最生动的印象，有西班牙宗教裁判所大规模地将异教徒活活烧死。这令人很难对这个机构产生任何温存的好感。另外，我发现伽利略的个性也乏善可陈，这主要是由于他对待开普勒的所作所为。他与乌尔班八世和宗教法庭的来往可以从不同角度来评判，因为与一些要点相关的证据是基于传言和猜测的；但他与他的这位德意志同事之间的关系，仅就几封信件来说，我们却有非常明确的记录。结果是，大多数开普勒的传记作者都表示出对伽利略的反感，而伽利略的钦慕者对开普勒则怀有一种歉疚之情，这显露出了他们内心的窘迫。

因此，在我看来，就本书所拥有的偏见而言，它不是基于对冲突任何一方的感情，而是基于对冲突确实发生了这一事情本身产生的不满而来的。我在本书中一再重申的一点，就是经验的神秘主义运作与科学运作方式在源头上的统一性。两者之间的分离会带来灾难性的后果。我坚信教会和伽利略（或哥白尼）之间的冲突不是不可避免的；它不是相对立的关于存在的哲学观之间迟早会发生的致命碰撞，而是人们个性之间的冲突由于不幸的巧合而恶化的结果。换言之，我相信伽利略的审判是一种希腊悲剧，是"盲目的信仰"和"开明的理性"之间的决战，是天真的错误。正是这种信念——或者说是偏见，贯穿了接下来的这段故事。

让我来拾起伽利略一生的线头，从他发现了木星的卫星而声名大噪的一刻开始讲起。《星际信使》发表于1610年3月；9月份，他得到了他的新职位——佛罗伦萨的美第奇家族的"首席数学家和哲学家"；次年春天，他就搬到了罗马。

这次访问大获全胜。红衣主教德尔·蒙特在一封信中写道："如果我们仍然生活在古罗马共和国，我相信朱庇特神庙定会立起一根纪念伽利略的柱子。"[1] 由费代里科·切西侯爵主持的意大利猞猁之眼国家科学院将伽利略选为其成员，并为他举办了一场宴会。正是在这场宴会上，"望远镜"一词被首次用于这项新发明。[2] 教皇保罗五世接见了他，在场的人群也都亲切友好。耶稣会罗马学院举行了向他致敬的各种仪式，历时一整天。该学院的首席数学家和天文学家、德高望重的克拉维乌斯神父，也是格里高利历法改革的主要作者，他当初对《星际信使》只是报以一笑，如今却已经完全归信；同样的还有学院的其他天文学家，格林贝格神父、范梅尔克特神父、伦博神父。他们不仅接受了伽利略的发现，还对他的观测加以改善，尤其是改进了对土星和金星的相的观测。学院负责人红衣主教贝拉明大人要求他们对这些新发现做出正式表态时，他们都一致地表示认同。

这极为关键。金星的相得到耶稣会天文学家的前辈们的认可，无可辩驳地证明了至少这颗行星是围绕太阳旋转的，也证明了托勒密体系是站不住脚的，要做的选择只在哥白尼和布拉赫之间。耶稣会是天主教会的知识先锋。欧洲各地的耶稣会天文学家，特别是因戈尔施塔特的施耐德，慕尼黑的兰茨，开普勒在维也纳的朋友古尔丁，以及整个罗马学院，都开始认为第谷系统是通往哥白尼系统的中间站。哥白尼系统本身可以被自由地讨论，并被作为一个权宜假说。但被表现为确定的真理是对其非常不利的，因为它似乎处在了当前对《圣经》的解读的反面——直到有确切的证据能够支持它之前都是如此。关于这个关键要点，我们将多次提到。

在很短的一段时间内，耶稣会的天文学家们也证实了月球"属地的"性质、太阳黑子的存在以及彗星在月球外的外层空间运行的事实。这意味着对认为天球具有完美、不可改变的性质的亚里士多德教义的放弃。因此，天主教会内部在智识上最有影响力的修会开始从亚里士多德和托勒密的方向全线撤退，并采取了一种向哥白尼系统过渡的立场。他们知道伽利略是哥白尼的支持者，他们热捧伽利略，还设宴款待他；他们也将开普勒这位哥白尼学说最重要的拥护者置于他们的保护之下，直至他去世。

但是还有一群强大的敌人，他们对伽利略的敌意从来就没有消退过，那就是大学里的亚里士多德主义者们。人类思想的惯性和对创新的抗拒，最清楚地表现在了那些在传统中拥有既得利益并垄断了知识的专业人士身上，而并非如人们所想的那些无知民众——他们的想象力一旦被挑动就会开始摇摆不定。创新对于学术庸才有双重威胁：它危及他们高不可测的权威地位，而且它还会唤起他们更深层的恐惧，害怕他们辛苦建造的整个知识大厦可能崩塌。学术界的井底之蛙一直就是些难为天才（从阿里斯塔克斯到达尔文和弗洛伊德都是）的祸害，他们拉出了几个世纪的庸碌学者森然列成的敌对方阵。正是这种威胁——而不是但提斯克斯主教或教皇保罗三世——吓得哥白尼教士终生保持沉默。在伽利略这里，这个方阵更类似于一个后卫，但这个后卫依然牢牢占据了学术圈和传教士的讲坛。

> ……逍遥学派的每一个微小论点都有一些坚定的捍卫者，他们一直反对我的著作。据我所知，他们所受的教育包括从襁褓之中就被灌输的观点：哲学思考是且只能是对亚里士多德的文本进行全面研究。从不同的段落中，他们可以迅速收集并拼凑起能解决任何问题的答案。他们希望永远不用从这些书页上抬起眼睛——仿佛宇宙

> 这本巨大的书仅仅是写给亚里士多德来读的，而他的眼睛注定能为所有的后人看清一切。[3]

1611年夏天，伽利略从罗马凯旋，回到佛罗伦萨，马上就卷入了一些纠纷。他曾发表过一篇题为《水面浮体》——听起来并无恶意——的论文。但是，在这篇关于现代流体静力学的开创性作品中，伽利略接受了阿基米德的观点，即物体根据其重力漂浮或下沉，这违背了亚里士多德认为物体根据其形状漂浮或下沉的观点。那些井底之蛙立即激动地叫了起来，个个摩拳擦掌。伽利略没有让事实来自己说明自己，而是采用了他最喜欢的策略——他预见到了逍遥学派学者的论证，用一种假装认真的态度巩固其论点，而后又欢快地将之摧毁了。这让他们更是气炸了肚皮。他们的领头人是个叫洛多维科·德勒·科隆贝（科隆贝的意思是鸽子）的，因此伽利略和他的朋友们称他们的反对者为"鸽子联盟"。亚里士多德主义者们在6个月内出版了4本书来反驳《水面浮体》，这场论战持续了近3年。最后以攻击者的完败告终，无论在精神上还是在身体的意义上。伽利略还在准备他的还击，帕尔梅里尼教授和迪格拉齐亚教授就都死了。乔吉奥·科洛西奥失去了他在比萨大学的教授职位，因为他被发现偷偷效忠希腊教会，后来他疯了；修士弗朗西斯科·希兹，一个年轻的狂热分子，他攻击过伽利略的望远镜发现，但为他的浮体理论辩护，因为写了一本反对法国国王的小册子，在巴黎被处以轮刑。

顺便一提，从比萨斜塔抛下铅球的著名实验不是由伽利略做的，而是由他的反对者，上面提到的科洛西奥做的。而且不是为了反驳，反而是为了证实亚里士多德关于较大物体比较小物体下降速度更快的观点而做的。[4]

2. 太阳黑子

次年（1612年）发生了另一场后果更为严重的论战。它与太阳黑子有关。

导火索点燃于巴伐利亚的因戈尔施塔特，一位享有盛名的耶稣会天文学家沙伊纳神父和他的年轻助手塞萨特，利用浓雾，把望远镜直接对准了太阳。先是塞萨特来看，他惊奇地发现了在太阳表面有"几个小黑点"。他惊呼道："不是太阳在流泪就是上面有斑点。"[5] 然后，他把望远镜交给了他的老师。

经过连续观察之后，沙伊纳神父在给奥格斯堡的马库斯·维泽尔——科学的米西纳斯*，他也资助过开普勒——的几封信中报告了这个轰动性的发现。维泽尔立即发表了这封信，并按沙伊纳的要求署了假名"阿佩莱斯"。维泽尔接着将该小册子送到了开普勒和伽利略处，征求他们的意见。

开普勒立即回了信。他记起自己曾在1607年观测到一个太阳黑子，"大小相当于一个小虱子"，他那时还误认为那是从太阳前面经过的水星。[6] 他嘲笑了自己的错误，然后引述了类似的观测报告，早到查理大帝的时代。然后他给出了自己的意见，他认为这些斑点是一种浮渣，是由于太阳的局部区域温度降低而产生的。

伽利略3个多月后才回了信，他声称自己拥有这个发现的优先权。他宣称他观察到太阳黑子已经有18个月，并且在一年前就曾将这些观察结果展示给"罗马的许多高级教士和绅士"，但没有指明任何一位证人。

事实上，太阳黑子是几乎在同一时间由维滕贝格的约翰内斯·法布里修斯、牛津的托马斯·哈里奥特、沙伊纳-塞萨特，以及伽利略本人各自独立发现的。哈里奥特似乎是第一个观察到的，但法布里修斯是第一个发布消息的，沙伊纳是第二个。哈里奥特、法布里修斯和沙伊纳既不知道其他人同时发现了太阳黑子，他们也没有对优先权提出专门的声索。也就是说，伽利略的说法是站不住脚的，首先是因为法布里修斯和沙伊纳已经率先公开他们的发现，其次是因为他无法提出任何证人或通信者来证明这一点——我们甚至还记得之前提到的几回，他是多么小心地立即以字谜的形式发送出消息，从而保护自己发现的优先权。但伽利略已经渐渐把望远镜的发现视为自己的独家专利了，正如他在后来有一次说：

---

* Maecenas，指慷慨资助者。——编者注

> 你是没办法的，沙士先生，是我一人发现了天空中所有的新现象，一点也没其他人的事。这是无论怨恨还是嫉妒都不能阻止的事实。[7]

先是对太阳黑子强词夺理地声明优先权，随后是对沙伊纳神父发起变相的攻击，伽利略从此在耶稣会天文学家眼中成了第一号敌人，走上了这条最终会让整个修会都起来反对他的要命的路。

整件事情尤为不幸的是，伽利略给马库斯·维泽尔的回复还堪称清楚明晰、运用科学方法的典范。他随后又写了两封关于太阳黑子的信，次年，以《论太阳黑子》为题出版。他令人信服地表明，斑点不是沙伊纳原先设想的围绕太阳旋转的小行星，而是位于或接近太阳的表面；它们与太阳一起旋转，不断改变形状和性质——"蒸汽、喷气、阴云或烟雾"。[8]这样证明了不仅是月球，就连太阳也有生与灭。

这本小册子还包含了伽利略对惯性原理的初步设想，[8a]以及他支持哥白尼系统的首次书面陈述。迄今为止——如今是1613年，他已将近50岁——他还仅限于在餐桌闲聊中捍卫哥白尼，从未付诸笔端。这段话出现在《论太阳黑子》的最后一页，先是提到了土星所谓的卫星，接着写道：

> 也许这个行星与有角的金星一样，完美地符合伟大的哥白尼系统，在哥白尼学说对宇宙的启示之下，吉祥的和风如今向我们吹拂，让我们不再担心阴云或横风。[9]

在开普勒的《宇宙的奥秘》率先吹响哥白尼胜利的号角整整25年之后，终于第一次有了对哥白尼系统的公开认同，尽管在形式上有些模糊。

这本书立即赢得了满堂彩。就教会而言，不仅没有提出反对意见，而且博罗梅奥主教和巴贝里尼主教——未来的乌尔班八世——还写信给伽利略，表达了一番他们由衷的敬佩之情。

而那些井底之蛙就不一样了。当伽利略的得意门生，本笃会的卡斯泰利神父（现代流体动力学创始人）调任比萨大学的教授时，他被大学校长明令禁止讲授地球的运动。这位校长就是阿图罗·德尔希，一个狂热的亚里士多德信徒、"鸽子联盟"的成员，他曾发表过一本小册子反对《水面浮体》。

　　基于宗教理由对哥白尼学说进行的第一次严厉攻击，同样也并非来自牧师，而是出自一个外行之手——不是别人，正是德勒·科隆贝，鸽子联盟的头领。他的论文《反对地球的运动》援引了《圣经》的一些陈述，来证明地球是宇宙的中心。这篇论文在伽利略公开表态之前的1610年或1611年就开始以手稿的形式流传，其中并没有提及伽利略的名字。伽利略本人当时并没有担心这可能会引起神学冲突，因此将近一年后他才询问他的朋友、红衣主教孔蒂关于此事的意见。这位红衣主教回答说，关于诸天的"不变性"，《圣经》似乎更倾向于伽利略的观点，而不是亚里士多德的。至于哥白尼，"渐进"的运动（即每年的运动）是允许的，但**每日**的运动似乎与《圣经》不符，除非假定《圣经》的某些段落不能按字面意思理解，但这样的解释"仅在极有必要的情况下"[10]才被容许。

　　同样，在这种情况下的"必要"指的是：如果有了证明地球真的在运动的有力证据。但是，这一切都不影响对托勒密、第谷或哥白尼系统作为数学假说的相对优势进行自由讨论。

　　要不是伽利略对批评过于敏感，非要卷入论战，此事本来可以就此打住，而且很可能已经自己平息了。1612年底之前，他住在他的朋友菲利波·萨尔维亚蒂（在他的两本伟大的对话录中都留了名）位于佛罗伦萨附近的别墅，一些流言传到他耳里，称一位多明我会神父尼科洛·洛里尼在一次私人谈话中攻击了他的观点。伽利略立即写信给洛里尼，要他解释。洛里尼是一位70岁的绅士，正在佛罗伦萨大学担任教会史的教授。他回信说：

　　　　我从未想过会卷入这种事……我完全不知道引起这样的怀疑的根据是什么，因为我就没那样想过。我不愿与人争辩，只是在别人开始讨论时为了避免给人一个傻瓜的印象，确实会说上几句话，表示我有气儿，这倒是真的。我说过，我现在还是会说，这个葛白

尼——不管他的名字是什么——的看法似乎与《圣经》相敌对。但这对我无关紧要，因为我还有别的事要做……[11]

接下来的一年，1613年，《论太阳黑子》出版了，获得了公众的好评，包括前面提到过的未来的教皇。一片阳光明媚。接着又有一段流言传到伽利略这里，这一次是来自比萨的。缘起是科西莫公爵的一次餐后谈话。这件平凡小事就是后来的"基督教世界的最大丑闻"的开端。

3. 转移责任

忠实的卡斯泰利神父如今是比萨大学的数学教授——伽利略正是从这个职位开始了他的职业生涯——受邀到宫廷赴宴。出席宴会的著名人物，包括公爵的母亲、老公爵夫人洛林的克里斯蒂娜，他的妻子奥地利的马德琳，还有其他几位客人，其中有波斯卡基利亚博士，他是一位哲学教授。克里斯蒂娜夫人牵起了话头，她似乎符合一个专横、饶舌又没头脑的贵妇人的形象。在晚宴期间，她突然想要"好好了解"那些美第奇星。首先，她想知道它们的位置，然后它们究竟是真实的还是幻想出来的。卡斯泰利和波斯卡基利亚都郑重地确认说它们是真实的。此后不久，晚宴结束了，卡斯泰利神父离开。

然而，我刚走出宅邸，克里斯蒂娜夫人的门房就追上了我，告诉我说夫人希望我回去。[卡斯泰利在给伽利略的信中写道]在我告诉你接下来发生的事之前，你要知道，我们在餐桌上时，波斯卡基利亚博士所说的话一度引起了夫人的兴趣。他承认你在天上发现的所有新东西都是真的，说只有地球的运动有些不可思议，是不可能发生的，尤其是因为《圣经》显然与这个观点是相对立的。

当卡斯泰利回到会客厅，"夫人问了一些关于我本人的问题后，开始和我争论起《圣经》来。于是，我做出了适当的免责声明后，就开始做神学家该做的事……像个圣骑士一样地手到擒来"。每个人都支持卡斯泰利和伽利略，"只有克里斯蒂娜夫人继续反对我，但是从她的态度来判断，我认为她这样做只是想要听到我的答案。波斯卡基利亚教授一句话也没有说"[12]。

在随后的信件中，卡斯泰利说，波斯卡基利亚再一次在辩论中落败了，就连脾气暴躁的公爵夫人也被说服，这个话题就结束了。

这就是引发了整场大戏的那段小插曲。

和上一次一样，当洛里尼说到"葛白尼——不管他的名字是什么"的时候，伽利略立刻就恼了。他对这位无名的波斯卡基利亚博士（后来再也没听说过他）在餐桌上那通嘀咕的一番痛批，就是一枚神学上的原子弹——至今我们仍能感受到它所产生的辐射尘。它采取了《致卡斯泰利书》的形式，一年后扩充内容并更名为《致大公爵夫人克里斯蒂娜书》。这本书原本就打算要四处印发，后来也得偿所愿。其目的是令所有反对哥白尼的神学论辩噤声。结果却恰恰相反：它成了哥白尼被禁和伽利略落败的主要原因。

作为论辩文学作品，《致卡斯泰利书》是一部杰作。开篇写道[*]：

> 几年前，如尊敬的夫人殿下您所知，我在天上发现了许多在我们时代之前从未见过的东西。这些东西十分新奇，随之带来了一些后果，与学院里的哲学家们普遍持有的物理学理念相冲突，惹得为数不少的教授学者对我表示反对——就好像是我亲手把这些东西放到天空上，来扰乱自然、颠覆科学……

> 他们爱自己的观点，胜过爱真理，他们试图否认和反驳这些如果他们费心自己去找找看本来可以亲自证明它们存在的新东西。为了实现他们的目的，他们不惜各种花费，发表了无数充斥着无用的论证的文章。他们还处处引述《圣经》中他们自己都没能正确理解的段落来穿插于其中，犯下严重的错误……[13]

---

[*] 此处引用的是《致大公爵夫人书》的最后版本。

接着，伽利略提出了开普勒也常常使用的论点，即《圣经》中的某些表述不应该按字面意思理解，因为其文字是"按粗俗且未受教育的平民百姓的理解能力"来表达的：

> 因此，在阐释《圣经》时，如果总是将自己限制在未经修饰的文法意义中，就可能会陷入误区。不仅有可能由此制造出在《圣经》中存在极其错误的矛盾和主张的观感，甚至可能会出现严重的异端邪说和荒唐的观点。因此，我们有必要给上帝加上脚、手和眼睛，以及感官的和人类的情感，诸如愤怒、悔悟、怨恨，有时候甚至还有对过去的遗忘，对未来的无知……出于这个原因，感官体验置于我们眼前的或者那些我们眼中展现出的必然的证明，似乎都不应该对照作为证言的《圣经》篇章而受到质疑（更不用说被定罪），因为它们可能有与其字面含义不同的意义。[14]

为了支持这个论点，伽利略详尽地援引了圣奥古斯丁的文字，为自己作证——但是他没有意识到，从神学上讲，他正在极薄的冰上行走（见本书第393页及往后）。接下来就是一段惊心动魄的话，我们几乎可以听到冰在他脚下崩裂的声音：

> ……我想知道，如果不能说明是哪些美德赋予庄严的神学以"女王"的称号，是否多少算是有些敷衍塞责。它受之无愧，也许是因为它包含了从所有其他科学中所识得的一切，并且以更好的方法、更深奥的学识建立起了一切……或者，神学之所以为"女王"，是因为它涉及的主题要比构成其他所有学科的主题都更高贵，也因为它的教义流露出来的方式更加崇高。
>
> 我认为，任何一个懂一些其他门类的科学的神学家都不会肯定在第一种意义上属于神学的女王头衔和权威。我认为，这些神学家中没有哪位会觉得《圣经》对几何学、天文学、音乐学和医学涵盖得比阿基米德、托勒密、波伊提乌和盖伦的著作更好。因此，看来

神学是在第二种意义上获得女王的地位的，也就是说，是由于其主题和神奇的传播方式的缘故，即通过神的启示，传播主要是关于获得永恒福乐的方式——这是人类无法以任何其他方式凭自己想象出来的。

因此，就让我们认定，神学擅长最崇高的神圣沉思，并且是由于这种高贵才占据了众科学中的王座的。但是，以这种方式获得最高权威的神学，如果不屈尊对次要科学门类进行更低级、更谦卑的思考，并且由于其他科学门类无关福乐而对其不予关注，那么神学的教授们就不应该硬要擅此权威，来对他们既没有研究也没有实践的专业中的争议进行裁决。唉，这就像一个专政的暴君，本来既不是医生也不是建筑师，只知道自己可以随意发号施令，就非要按一己兴致去开方用药或是建造房屋——不顾可怜病人的性命，也不顾房屋会迅速崩塌……[15]

读到这篇思想自由的杰出宣言，我们几乎要原谅伽利略那些为人处事的缺点了。然而，在我引述的这段话之后的那部分特别辩护中，他的这些缺点变得更加明显，并将带来灾难性的后果。

再一次引述了奥古斯丁的权威文本之后，伽利略又区分了"可靠地证明了"（即证实了）的科学命题与"仅仅是陈述"的科学命题。如果前一种命题与《圣经》文本的字面含义相抵触，那么，根据神学实践，这些文本的含义必须重新解释——例如，关于地球的球形就是这样的。到目前为止，他所描述的教会的态度是正确的。然而，他又接着说道："至于仅作为陈述但没有被严格地证明的命题，其中任何与《圣经》相违背的都必须被认为是毫无疑问的错误，而且应当通过一切可能的手段证明它们的确如此。"[16]

这显然并不是教会的态度。"仅作为陈述但没有严格证明的命题"，**如哥白尼体系本身**，虽然表面上与《圣经》相抵触，却并没有受到彻底的否定。它们只是被归入了"权宜假说"之列（也本该如此），其中隐含的意思是：我们权且观望之，如果你能证明，那么到那时而且只有到那时，我们才会基于这种必要性来重新诠释《圣经》。但是，伽利略并不愿意承担证明的责任；因为我们将看到，问题症结就在于他没有证据。因此，首先，他通过假称一个命题只能要么被接受要么被彻底否定来人为地编造出了一种非黑即白的选择的论调。这个花招的目的在下一句话中就清楚了：

> 这样一来，如果确实证明了的物理学的结论并不需要服从《圣经》文本，而是反过来，后者必须被证明不会与前者相冲突的话，那么，**要否定一个物理学命题则必须先证明它还没有得到严格的证明——**而且这不该由那些认为这个命题为真的人，而是该由那些认为其为假的人来负责完成。这似乎是非常合理、自然的，因为那些认为一个论点为假的人要找到其中的谬误会比那些认为其为真的人容易得多……[17]

举证责任被转移了。关键词是那些黑体字（由我所加）。证明哥白尼体系不再是伽利略的任务，而反驳它却成了神学家们的任务。如果他们不这样做，他们的案子就会按他们缺庭来处理，《圣经》就必须被重新解释。

然而，事实上，教会从来就没有否定过作为一个权宜假说的哥白尼系统。基于《圣经》提出的反对，仅仅是反对有人声称它**不仅仅**是个假说，而是已经得到了严格证明，就是说它实际上已经相当于绝对真理了。伽利略策略的精妙之处是，他并没有明确地提出这一主张。他不能这样做，因为他还没有得出任何支持它的论证。现在我们明白了，为什么他需要用非黑即白的选择作为第一步——是为了转移注意力，让人们忽略哥白尼体系作为一个被正式认可的、期待证明的可行假说的真实处境。相反，他偷偷地在黑体字段落的开头插入了模棱两可的词"物理学命题"，接着是"必须证明它没有得到严格的证明"的要求，以此来暗示（虽然他没有胆量来明确地提出）：哥白尼系统的真**已经**被严格证明了。他做得是如此巧妙，以至于读者几乎察觉不到，而且就我所知，也逃脱了迄今为止的学者们的注意。然而，就是它决定了他在接下来的几年中将要采取的策略。

在整篇文章中，伽利略完全回避了关于哥白尼系统的任何天文学或物理学方面的讨论；他只是给了人一个它已经被证明无疑的印象。如果他讨论了重点，而不是绕题千里，他就不得不承认，哥白尼的40多个本轮和偏心圆不仅没有得到证明，而且在现实中也是不可能存在的，它只是一个几何学上的设计而已，别无其他；恒星不存在每年的视差——恒星的位置即使在望远镜的精度提高之后也不表现出明显的位移——这对哥白尼系统来说是极为不利的；金星的相否定了托勒密系统，但没有否定赫拉克利德斯或第谷系统；他所能支持哥白尼学说的仅仅是它在描述某些现象（行星的逆行）时比托勒密系统更简单；而与之相对的，上述物理学上的反对意见实际上已经驳倒了它。

我们记得，伽利略支持的是正统的哥白尼体系，它是在开普勒抛弃了本轮，将复杂的"纸上谈兵"转化为一种可行的机械模型之前近一个世纪，由哥白尼亲自设计的。不肯承认他的同时代人对天文学的发展做出了任何贡献的伽利略，不假思索地，实际上是自我毁灭式地无视开普勒的工作，他恫吓全世界，以让人们接受一个有48个本轮的摩天轮结构是"被严格证明了"的物理现实，这种无谓的努力一直坚持到了最后。

这背后是什么样的动机呢？在他一生中将近50年的时间里，他对哥白尼系统都保持缄默，不是出于对上火刑柱的恐惧，而是为了避免自己在学术界遭受冷遇。后来，在他被一夜成名冲昏了头脑，终于亲自承认了之后，它立即成了关乎个人威信的东西。他曾经撂下话说，哥白尼是对的，任何否定他的人都是在贬损他作为他那个时代的第一学者的权威地位。这就是伽利略的争论的主要动机，这一点将越来越明确。这并不是为他的对手们脱罪。它与这场冲突在历史上是不是不可避免的有关。

《致大公爵夫人书》的最后一部分描写了约书亚的神迹。伽利略首先解释说，太阳绕自身轴线旋转是所有行星运动的原因。"而且，就如动物的心脏一旦停止跳动，身体所有部分的其他运动也将停止一样，如果太阳停止旋转，那么所有行星也都将停止旋转。"[18] 因此，他不仅与开普勒一样，假定行星**每年**的运行是由太阳引起的，而且它们**每日**围绕自己轴线的自转也是一样——这个专门的假设除了与动物的心脏进行的类比之外，就没有别的"严格证明"了。然后他就得出结论，当约书亚叫道"太阳啊，你要停住！"时太阳停止了转动，于是地球也停止了每年和每日的运动。然而，就差那么一点就要发现惯性定律的伽利略，他比任何人都更明白，如果地球突然在轨道上停住不动，那么山峦、城市都会像火柴盒一样倒塌；就连对动量一无所知的最无知的修士，也知道当马匹用后腿直立起来，送信的马车突然停下或者是船只撞上了岩石时，会发生什么事。如果《圣经》按照托勒密的理论来解释，那么太阳突然停转就不会发生明显的物理后果，神迹也依然是可信的神迹；但如果它是按照伽利略的理论来解释，那么约书亚将不但毁掉非利士人，还会毁掉整个地球。伽利略竟然以为凭此等糟糕的胡言乱语能侥幸成功，这说明他对他的对手们的智商极其蔑视。

伽利略一生的悲剧在《致大公爵夫人克里斯蒂娜书》中化为一个缩影。这里有堪称经典的说理段落，捍卫思想自由的绝妙论证，其中夹杂着诡辩、遁词和全然的欺瞒。

4. 谴责

《致卡斯泰利书》发表后几乎整整一年，都没有发生什么大事。但是，大错已经铸成。它的印本在四处流通，并在这个过程中被曲解，然后流言又对其进行了进一步的歪曲。像老洛里尼神父一样的人们，在一年之前甚至都没有听说过"葛白尼"这个名字，现在以为有个新的路德又冒了出来，他否认《圣经》的神迹，以某种数学上的诡辩来挑战教会的权威。其中很典型的是菲耶索莱主教的反应，他想要立即把哥白尼关进监狱，却惊讶地得知哥白尼在70年前就已经死了。

12月（这是在1614年），出现了一个小范围的公开丑闻。一位多明我会的修士，托马索·卡奇尼神父，他曾在博洛尼亚因为煽动暴乱而被查办，这次在佛罗伦萨的圣母玛利亚教堂讲道时他选择了这段文字："加利利人啊，你们为什么站着望天呢？"以此攻击数学家们，特别是哥白尼。伽利略立即向卡奇尼在教会的上级投诉。结果，路易吉·马拉菲神父，多明我会的总会长，亲笔给他写了一封诚恳的致歉信。"很不幸，"马拉菲写道，

"我必须为三四万兄弟可能或已经犯下的愚蠢行为负责。"[19] 这封信说明了教会高层和基层的无知狂热分子之间态度的差别。

在卡奇尼讲道的时候，洛里尼神父正在比萨访问。12月31日，卡斯泰利写信给伽利略："我听说，洛里尼神父（他正在这里）感到非常难过，你那位牧师已经做得太出格了。"[20] 但几天后，有人给洛里尼看了一本《致卡斯泰利书》。他大为震惊，就又准备了一份该书的副本。他回到他的修道院——佛罗伦萨的圣马可修道院，与牧师兄弟们讨论了书中的内容。此时的氛围已经变得非常紧张，于是他们决定把《致卡斯泰利书》送往宗教法庭。1615年2月7日，洛里尼写信给红衣主教斯冯德拉提：

> 圣马可修道院所有虔诚的神父都认为，此书中包含许多似乎可疑或自以为是的主张，它断言《圣经》的文本并非意指其表面的意思；在讨论自然现象时，《圣经》文本的权威性应该处于最后和最低的地位；《圣经》的解经人在解释《圣经》时经常犯错；《圣经》不应该干涉宗教事务以外的其他事务……时刻铭记我们的誓言：身为宗教法庭的"猎犬"……当我看到他们［那些"伽利略派学者"］从他们个人的角度，以一种不同于早期教父们公认的解释来阐释《圣经》；他们力图捍卫一种似乎与《圣经》文本完全对立的观点；他们以轻蔑的言辞提及古时的教父们和圣托马斯·阿奎那；他们将一直服务于经院神学的亚里士多德哲学全部踏在脚下；最后，为了显示自己的聪明，他们在我们人心坚定不移的天主教城市里四处招摇，大肆散播上千种轻浮、不敬的猜测；我发现这一切时就决心要让大人您了解目前的事态，好让您本着对信仰的圣洁的热忱，与您最杰出的同事们一道，对此给出恰当的补救措施……我认为那些自称是伽利略派学者的人都是讲理的人，也都是好信徒，只是有些聪明过度，为他们自己的想法冲昏了头脑，我声明我这样做全然是出于对神圣事业的热忱。[21]

这封信显然是圣马可修道院的多明我会修士们集体决定的结果。信中没有点名伽利略，只提到"伽利略派学者"。而且似乎洛里尼神父心中也不是非常确定《致卡斯泰利书》的作者究竟是伽利略还是哥白尼。[21a] 但他附上的《致卡斯泰利书》的抄本中有两个故意的誊写错误。伽利略本来写的是，在《圣经》中有些段落，"严格按其字面意思来讲，似乎与事实不同"。而在洛里尼的抄本中变成了"……它们的字面意思有误"。伽利略写的是，有时《圣经》"隐藏"了其本来的含义；而在洛里尼的抄本中，"隐藏"变成了"扭曲"。

这个篡改通常被归咎于洛里尼。但据我们对这位老人的性格和其他内部证据推断，似乎更有可能是另有他人所为。我们很快就会看到，这对于最终的结果并没有影响，但是这第一次的篡改应该引起我们的注意，因为在后面也许还会有第二次也是更重要的一次篡改。

对于不记得教会高层人士对科学和科学家所怀有的尊敬的人而言，洛里尼神父的检举所带来的结果一定令人相当震惊。《致卡斯泰利书》被适时地呈交给宗教法庭的顾问以征询他的意见。这位顾问认为，"'有误'和'扭曲'这样的用词听起来很糟糕"，然而，从整个文本语境来考虑，这些用语在本质上并没有偏离天主教的教义，至于《致卡斯泰利书》的其他内容，他也不反对。

该案件被驳回了。

洛里尼的检举落空了，但一个月后，卡奇尼又出现在了罗马，他没有被他的上司的失败吓倒。他找到宗教法庭，"恳求为伽利略的错误作证，以免除自己良心上的谴责"。

卡奇尼完美地符合讽刺作家笔下的愚昧无知、爱管闲事、满嘴谎言、心怀叵测的文艺复兴时期修士的形象。他在宗教裁判所面前所作的证词完全是由道听途说、含沙射影再加蓄意欺骗罗织而成的。他提出的证人是一位叫希梅内斯的西班牙神父和一个叫阿塔旺特的年轻人。由于希梅内斯当时正在国外旅行，他要到11月13日才能被传唤，而阿塔旺特次日即被召见。他们的证词前后矛盾，令审讯者相信卡奇尼所谓异端邪说和颠覆教廷的指控系属捏造，这个告发伽利略的案子也就又被驳回了。

这是在1615年11月。接下来的18年中，伽利略尽享尊荣、不受干扰，还受到了教皇乌尔班八世和一众红衣主教们的礼遇。

　　然而，《致卡斯泰利书》和《致大公爵夫人书》仍然留在宗教裁判所的档案里和神学家们的脑海中。两封信都字斟句酌，无法被指控为异端，但其意图是明白无误的。它们所提出的挑战迟早都必须得到回应。这个挑战就在于其中隐含的主张，即哥白尼体系属于"被严格证明了的"物理学真理，《圣经》的意思必须得到调整以与其相符合；而且，如果它没有被明确地驳倒并被否定的话，神学上的反对意见将无关紧要，案件将实行缺席判决。

　　在针对伽利略的所有指控被解除的3个月之后，哥白尼的书被列入了《禁书目录》的"待修正"条目之下。我们有必要详细讲述一下导致这一结果的那些事情。

5. 拒绝妥协

　　在这场历史上有名的争议中，伽利略的主要对手既是个魔鬼也是个圣人。在英格兰，他被认为是"火药阴谋案"背后的主使，"一个暴躁、邪恶的耶布斯人"。曾有一段时期，一种上面饰有大胡子人头的酒壶就被称作贝拉明酒壶。他于1923年得到了宣福，并于1930年被封为圣人。

　　在争议发生之时，红衣主教罗伯特·贝拉明73岁，是耶稣会的会长、宗教法庭的顾问，是基督教世界最受尊敬的神学家，他的意见比教皇保罗五世具有更强大的精神上的权威性。他是现代形式的教义问答的开启者，还是拉丁文《圣经》克莱门通行本的合编者。但他长久以来都以好辩著称。他对路德宗、圣公会和天主教国家（如法国和威尼斯共和国）的排他主义倾向发起论战，这是由一个高于一切的想法来的：普世教会是一个国上之国。这不仅意味着反对新教的异端，也意味着反对从绝对君主专制原则衍生出的新的民族主义倾向。普世教会的观点要求教皇的普遍权威凌驾于任何国家的统治者之上。

　　但是，贝拉明是个非常现实的人，他在宣称罗马教皇应拥有世俗的权力的时候讲得比较温和。因此，他一方面与另一位伟大的好辩者詹姆斯

一世进行论战 —— 双方用你来我往的小册子不断相互攻讦，这是西方基督教世界最为津津乐道的丑闻；但另一方面他同时也招致了保罗五世的不满，因为他没有为教皇宣称绝对的世俗权威。在后来耶稣会士与多明我会士之间的一场关于预定论的论战中，贝拉明再次选取了中间路线；我们感兴趣的一点是，鉴于多明我会士（即后来的詹森教派信徒）的论证主要是基于奥古斯丁的观点的，这位非洲圣人的观点也就成了一个极具争议性的话题。伽利略天真地依赖奥古斯丁的权威，这表明一个俗人冒险进入神学纯净而高度紧张的氛围当中是多么地不明智。

贝拉明是一位敢于违抗教皇和国王的令人敬畏的神学家，而他本人又与人们对这一形象的想象大相径庭。他喜欢音乐和艺术，年轻时曾讲授天文学。他作风简洁，生活简单，清心寡欲，与教会的其他高层人士形成了鲜明对比；但最重要的是，他有"一颗孩子一般的心，所有与他接触过的人都能感觉得到"。在与伽利略论战之时，他正在写一本祈祷书，名为《鸽子的挽歌》。他最凶猛的对手，即詹姆斯一世，在其晚年曾随身携带这本书，称它能奇妙地带来精神上的安慰。

贝拉明的官方职责之一是罗马学院的"争议问题主管"。据此，他与罗马最重要的天文学家们 —— 克拉维乌斯神父和格林贝格神父 —— 保持着联系，这两位是最早一批热衷于伽利略的望远镜发现的人，还在他首次访问罗马时欢迎了他。因此，我们很难说伽利略在这场争议中的对手是一个无知狂徒。贝拉明的著作《争议》在1590年曾一度被列入《禁书目录》，这进一步说明了他的思想独立性。

在开始与伽利略纠缠之前16年，贝拉明就曾是参与了审判焦尔达诺·布鲁诺的九名红衣主教审判官之一，一些作家试图猜测这两个事件之间的邪恶联系。事实上这是子虚乌有。布鲁诺是于1600年2月16日，被以最可怕的方式活活烧死在罗马鲜花广场的。他当时是作为一个不知悔改的叛教者和在监禁的7年之中一直拒绝公开放弃他的学说的神学异端，坚定不移地抗争到最后一刻的。[22] 焦尔达诺·布鲁诺和米夏埃尔·塞尔维特（于1553年在日内瓦被加尔文主义者烧死）似乎是16、17世纪仅有的两位由于宗教上的排挤而受害的著名学者 —— 当然这不是因为他们的科学观点，而是因为他们的宗教信仰而导致的。柯勒律治曾说："如果说有哪个可怜的狂热分子以身扑火，那就是米夏埃尔·塞尔维特了。"这句话也适用于急躁狂暴的布鲁诺。他关于宇宙的无限性、有生命的多元宇宙的学说，他的泛神论和普世伦理观，对后世产生了巨大的影响；但他是一个诗人、一个形而上学家，而不是一个科学作家，因此不纳入本书。[22a]

我们追溯了1615年的事件，从洛里尼告发伽利略的《致卡斯泰利书》和卡奇尼告发他的个人活动，到11月针对他的指控案件的取消。当时的诉讼程序是秘密进行的，伽利略并没有受其影响；但他在罗马的一些朋友发觉有些不对劲，就随时把所有听到的传言和进展都告诉他。他的这些线人就是红衣主教皮耶罗·迪尼、费尔莫大主教和乔瓦尼·钱波利蒙席。身在罗马的朋友们与身在佛罗伦萨的伽利略之间于1615年互通的信件，对于了解最终导致哥白尼禁令的事态发展非常重要。

2月16日，伽利略寄了一本《致卡斯泰利书》给迪尼，请求他给格林贝格神父，如果可能的话，也给红衣主教贝拉明看看。在他随附的信中，他照常抱怨了周围的敌意。他说，《致卡斯泰利书》是匆忙写就的，他还打算对其进行修改和扩充，我们已经知道，扩充后的版本就是《致大公爵夫人克里斯蒂娜书》。

在迪尼回信之前，钱波利于2月底写来信件（黑体为我所加）：

> 红衣主教巴贝里尼［未来的教皇乌尔班八世］，你知道，他一向倾慕你，他昨晚才告诉我，说他希望这些观点能更谨慎一些，**不要超出托勒密和哥白尼的论证***，并且最终不要超出物理学和数学的界限。因为神学家们认为解释《圣经》是他们的领域，如果要引入新的东西，即使是来自一个令人钦佩的伟大头脑的东西，也不是每个人都能平心静气地对这些东西就事论事……[23]

几天后，3月3日，迪尼的回信到了（黑体为我所加）：

---

* 即仅被视为数学假说，如奥西安德在序言中所说。

我和贝拉明详谈了你写的那些东西……他说，对于哥白尼，他的书要被禁是毫无疑问的。据他说，最坏的可能是在书的页边增添一些材料，说明哥白尼引入他的理论，目的是拯救现象，或类似的话——就像别人引入本轮，却无须因此相信它们确实存在一样。**无论什么时候你处理这些事都要同样地谨慎。**如果星体就如哥白尼所说的那样乃是固定的，［他说，］那么目前来看，《圣经》文本中最大的障碍不过就是"［太阳］如勇士欢然奔路"等等，这些所有的解释者到现在为止都认为是在说明太阳的运动的段落。尽管我回答说，这也可以解释为是一种对普通的表达形式的让步，但他回答说，这事不能匆忙做决定，道理就和要谴责任何此类观点都不能靠一时冲动一样……我真为你感到庆幸……[24]

3月7日，切西侯爵，国家科学院的院长，也写信给伽利略。他的信中提到了一个轰动一时的消息，一个从那不勒斯来的加尔默罗修会的修士，保罗·安东尼奥·福斯卡里尼，也是一位教区大主教，发表了一本为伽利略和哥白尼辩护的书。[25]福斯卡里尼那时正在罗马讲道，表示愿意与所有前来的人们进行公开讨论。他也送了一本他的书给贝拉明。

3月21日，钱波利转达了红衣主教贝拉明和德尔·蒙特的进一步保证，说只要伽利略不超出于物理学和数学的领域并避免对《圣经》进行神学上的解释，他就没有什么好担心的。[26]他还说，福斯卡里尼的书有可能被禁，但只是因为它妄谈了《圣经》。钱波利还被告知，有几个耶稣会天文学家也是支持哥白尼的，但他们都没有声张，这是因为现在的关键是要静待事态平息下去，避免给谣言制造者们提供新的口实。[27]

迪尼也以同样的方式再次发出了警告："在圣器安置所之外，可以自由写作。"[28]

伽利略3月23日给迪尼的一封信中对这些警告做出了回应。他的回应就是他拒绝做任何关于哥白尼系统的妥协。哥白尼的用意并不是将它理解为一种假说而已。它要么就该被完全接受，要么就该被完全否定。他同意以哥白尼学说为参照来重新解释《圣经》应该是神学家的工作，但如果他为人所迫要对其进行神学上的解释的话，那他也就没办法了。既然贝拉明向迪尼提到了《诗篇》第19节，说太阳"如勇士欢然奔路"的段落，那么伽利略也就"谦卑地"挺身而出，反驳了贝拉明对《诗篇》的解释。"奔路"指的是太阳的光和热，而不是指太阳本身，等等。[29]想来迪尼应该是明智地决定不把这东西交给这位当世最伟大的神学家。

接下来发言的是贝拉明本人。这是一篇对他所持的态度，并且作为宗教裁判所的顾问、争议问题主管等所做的一个明确而具有权威性的声明，相当于教会对哥白尼的态度的非正式说明。这份声明是由福斯卡里尼神父支持哥白尼系统的那本书所引起的，采用了一封致谢函的形式；但它显然也是写给伽利略的，因为其中明确提到了他的名字。这封信的日期是1615年4月4日。（黑体为我所加）

可敬的神父

很高兴读到你寄给我的意大利语的信和拉丁语的文章。两样我都要感谢你，而且我要告诉你，我发现其中满是技巧和学问。既然你问我的意见，我会尽可能简要地写给你，因为目前我实在非常忙碌。

首先，在我看来，阁下你和伽利略先生行事都很谨慎，你们讲话都止步于假设而非绝对，我一直认为哥白尼说话也是如此。**因为，说地球在运动、太阳静止不动的假设甚至比偏心轮和本轮*更好地拯救了所有的天体现象，这非常有道理，也没有什么风险。这种说话方式适用于数学家。**然而，想要断言太阳事实上就是宇宙的中心，仅围绕自身轴线旋转，不会由东向西运动，而且地球还位于第三重天，在围绕太阳快速地旋转，这就是一种极其危险的态度，其目的不仅是要激怒所有的经院哲学家和神学家，而且就是在否定《圣经》，中伤我们的神圣信仰……

其次，我要说的是，如你所知，特利腾大公会议严禁以与神父们的普遍意见相违背的方式来解释《圣经》。如果阁下读一读神父们，

---

* 此处他显然是指托勒密系统中需要的用来解释行星的视逆行的那些本轮，后来被哥白尼放弃。

还有现代的注释者们关于《创世纪》《诗篇》《传道书》《约书亚书》的解释，你就会发现，他们全都对文本进行字面理解，认为其所教导的是太阳在诸天之上，以极快的速度围绕地球旋转，地球离天空很远，处于宇宙的中心，静止不动。那么，请你认真地考虑一下，教会是否会支持以与神父和所有现代注释者们（包括拉丁语的和希腊语的）相反的方式来解释《圣经》……

第三，我说，**如果有真正的证据**表明太阳处于宇宙的中心，地球处于第三重天，而且不是太阳在围绕地球旋转，而是地球在围绕太阳旋转的话，那么我们在解释似乎与此相反的《圣经》文本时就必须非常谨慎，我们应当说，是我们没有理解《圣经》的文字，而不是声称某个被证明为真的观点是错误的。但我现在并不认为有任何这样的证据存在，**因为并没有人向我展示过这样的证据**。证明了假设太阳在中心、地球在天上会使现象得到拯救，并不等同于证明了**事实上太阳在中心、地球在天上**。我认为对**前一个的证明可能存在，但我对后一个的证明非常怀疑；**而尚存疑问的话，就不能放弃神父们所解释的《圣经》……[30]

在第一点说明中的黑体字清楚地表述了，不仅讲解哥白尼系统是被允许的，而且也允许说它作为一个假说，**是优于托勒密系统的**。只要我们保持在假说的范围内，这就是"非常有道理的说法"。在第二点说明中，他阐释了特利腾大公会议反对以与传统相反的方式解释《圣经》的立法决议（当然原本不是针对哥白尼，而是针对路德的）。在第三点说明中陈述了在什么条件下能够算是该规则的例外，即新的宇宙论应该是"真的被证明了"（或"真正被证实了"）。既然他没有见到任何证据，他对这种证据是否存在感到"非常怀疑"；在有怀疑的情况下，重新解释《圣经》的请求就必须被拒绝。他曾咨询格林贝格，而格林贝格一定曾如实地告诉过他，还没有地球运动的物理学证据。他可能还谈及了没有观察到恒星的视差和仅是地球就拥有的9个本轮，这倒更像是些反面的证据。

贝拉明又将为哥白尼系统提供证明的责任归回了它来的那边，也就是该系统的拥护者那边。这下伽利略就只剩下了两个选择：要么给出人家所要求的证据，要么就暂时地承认哥白尼系统应仅被视为一个权宜假说。贝拉明在这封信的第一句话中，以一种巧妙的方式，又敞开了和解的大门。他假称伽利略"讲话满足于假设而非绝对"，还赞扬了他的谨慎，就好像宗教裁判所手里的《致卡斯泰利书》和《致大公爵夫人书》不存在一样。

但伽利略这时候已经不是凭讲理能劝得动的了。因为，如果接受和解，就相当于向全世界承认他没有证据，他就会让人"笑掉大牙"了。因此他必须拒绝和解。那时候，允许乃至鼓励教导哥白尼假说比托勒密假说更优越，都已经不够了。他必须坚持要求教会完全地认可或拒绝它——他为此甚至甘愿冒着被拒绝的风险。关于这点，贝拉明的信、迪尼和钱波利的告诫一定都已经向他传达得很清楚了。

然而他要怎么张口拒绝和解呢？他怎么才能既拒绝出示证据，而同时又要求别人将此事视作已有确证的呢？这个难题的解决方案就是——假装他有证据，但他就是拒绝出示，因为他的对手都过于愚钝，反正他们也理解不了。他对贝拉明的回答写在了于5月的某日写给红衣主教迪尼的信里（黑体为我所加）：

> 对我来说，要证明哥白尼的立场与《圣经》并非对立，最可靠、最快捷的方法就是给出一系列证据，证明哥白尼学说是正确的，而与之相反的东西则是站不住脚的；因此，既然真理不可能相互矛盾，那么哥白尼学说和《圣经》就一定完全是融洽的。**然而，那些必须被说服的逍遥派学者就连最简单、最容易的论证都无法理解，我又如何能说服他们，而不至于枉费我的时间呢？**……[31]

这段话真正令人错愕的地方不在于它的轻蔑、傲慢，而是他在提到"逍遥派学者"时实际上针对的是贝拉明；因为此事的决定权在贝拉明，而不是那些井底之蛙的身上，也是贝拉明在向他挑战，要他提出证据。

在写给红衣主教迪尼的同一封信的前面，他还写道：

　　8 天前，我给阁下您 5 月 2 日的信写了回信。我的回答非常简短，因为当时（现在仍是如此）我身体不是太好，身心都因许多事而烦恼，尤其是因为看到了这些针对我的无端谣言没有结束之日，而那些更高层的人似乎又听信了那些谣言，就好像我是所有这些事的始作俑者一般。然而，我衷心地认为，对《圣经》的讨论本来应该永远处于休止状态；没有哪个在适当界限内工作的天文学家或科学家挑起这些事。但是尽管我遵循一本教会接受的书的教导［原文如此］，却有一群对这些教导一无所知的哲学家们跳出来反对我，说这些教导中含有与信仰相悖的主张。我尽可能地想证明他们是错误的，却被噤声了，我被命令不能引用《圣经》。这相当于说，教会所承认的哥白尼的书中包含了异端邪说，任何人只要高兴都可以公开反对它［原文如此］，然而任何人却都不可以加入争论，来表明它其实并不违背《圣经》……

　　伽利略的行文还是如此令人信服，也容易令人忽略事实：哥白尼的书是限于我们所知的那些先决条件才"被教会接受"的；之前那个在布道时反对它的卡奇尼曾受到他的修会的总教长的训斥；而根据公认的游戏规则，来自《圣经》的反对意见不能以《圣经》为根据进行反驳，而必须由科学上的证明来反驳——这正是贝拉明所要求而伽利略无法提供的。

　　在我上面引用的那段关于对手愚钝的话之后，伽利略接着说：

　　然而，如果我能亲口说出，而不是用笔书写，我就不会丧失克服这个困难的信心；如果我还能康复，能到罗马去，那我就去，希望能至少表现我对教会的感情。我对此事最迫切的愿望是，一定不要做出不完全令人满意的判决。那就是，在一群对主题一无所知却恶意中伤他人者的怂恿下，宣称哥白尼并没有把地球的运动归结为自然中的一个事实，而是作为一个天文学家，仅将它视为一个用来说明现象的方便的假说……

"一群对主题一无所知却恶意中伤他人者"，这显然又包括了贝拉明。贝拉明曾写过，他一直都认为哥白尼的说法是"假设而非绝对的"。

也许这封信中唯一的真情实感就是伽利略想去罗马，在那里他可以"亲口说出，而不是用笔书写"。12月初他到了罗马，战斗的最后阶段已经开始。

6. "秘密武器"

这一次就没有罗马学院欢欣鼓舞的接待了。格林贝格神父送来消息，说伽利略如果想要让《圣经》符合哥白尼学说，最好能带来支持后者的令人信服的科学证据。[32] 驻罗马的托斯卡纳大使圭恰蒂尼曾提醒科斯莫公爵反对伽利略来罗马，而预见到了后果的贝拉明也提出了反对意见。[33] 但是公爵已经向伽利略松口了，伽利略按他的指示，先是入住美第奇别墅，后来又住到了托斯卡纳大使馆——"来寄宿的包括他自己、一位秘书、一个贴身男仆，还有一头骡子"。[34]

我已经引述了伽利略的文章中展现他精湛论辩技巧的一些段落。据他的同时代人说，当他"亲口说出，而不是用笔书写"时，他就更是非比寻常了。他的方法是让他的论辩对手成为一个笑柄——而无论他是对还是错，他干这个总是手到擒来。下面是一位当时在罗马的见证者科伦哥蒙席对伽利略所作所为的描述：

> 伽利略先生在与我们这儿的爱学好问人士的聚会中，常常会在他认为是正确的关于哥白尼的观点上令大家感到困惑……他常常在十几二十个向他发起激烈攻击的客人当中高谈阔论，有时在这家，有时在那家。但他总是如此地言之凿凿，对他们都是一笑置之。尽管他的新奇观点不能说服别人，但他也将他的对手们用来驳倒他的论证大多都驳斥成了无效的论证。特别是周一，在费代里科·吉斯莱里的家中，他大获全胜。我最敬佩的是，在回应对手的论点时，他先是用似乎无可指摘的新理由去加强对手的论点，这样他在之后将

其全部摧毁时就会令他的对手们看起来更加荒唐可笑。[35]

这是个"逞一时之快，树一生之敌"的高招。这个方法并没有确立自己的论点，而是摧毁了对手的论点。然而，就当时的情境而言，他也只能采取这样的策略了：着力去证明托勒密的本轮系统的荒谬，同时对哥白尼的本轮系统的荒谬避而不谈。托斯卡纳大使写道：

> ……他热情地参与这场争论，仿佛这是自己的事。他想不到也看不出这会带来什么，因此他会深陷进去，会和所有支持他的人一起陷入危险的境地……因为他在这事上慷慨激昂、毫不退让，因此你只要在他身边，你就跑不了。这事可不是开玩笑的，而是可能会酿出大事的，而这个人现在就在我们这儿，我们有责任保护他……[36]

但伽利略已经劝不住了。他把自己架到了一个不丢人就下不来台的位置。他把自己绑到了一个观点上，而且他必须被证明是正确的。日心说系统已经成为关乎他个人声誉的东西。

在这场闹剧中，还有一个火上浇油的因素，那就是保罗五世博尔盖塞的个性，他"痛恨人文教育，痛恨他［伽利略］那种头脑，无法忍受这些新奇和微妙的思想"，这是圭恰蒂尼描述他的话。[37]"那些有点知识又有好奇心的人，他们要是明白人的话，就应该尽量表现得正好相反，以免遭人怀疑，让自己惹上麻烦。"

就连贝拉明都曾引起保罗的不满。他和其他要人——红衣主教巴贝里尼，迪尼和德尔·蒙特，皮科洛米尼和马拉费——知道怎么对待他。他们急于让教会避免在天文学家们能够揭示出更多的证据之前，就哥白尼系统做出任何官方的定论；他们对伽利略"误入了圣器收藏室"一事视而不见，就是在着力保持贝拉明信中所阐释的这种现状。但他们明白，这件丑事儿要是让教皇知道了，一场摊牌将不可避免。这很可能就是贝拉明反对伽利略来罗马的原因。

我们已经到了开打之前的最后关头。伽利略一再暗示他已经发现了哥白尼理论的一项决定性的物理学证据，到目前为止他只是拒绝透露它而已。当他开始觉得再讨论约书亚的神迹和托勒密系统的荒谬已经无济于事，而且他的立场已经变得难以为继了，这时，他掏出了作为他手里最后一张牌的，"决定性的物理学证据"。这就是他的潮汐理论。

7年前，开普勒就在他的《新天文学》中发表了他视潮汐为月球引力影响所致的正确解释。伽利略否定了开普勒的理论，认为那是一种占星术的迷信，[38] 并宣称潮汐是地球的复合运动直接导致的，是这种运动导致海洋以一种与陆地不同的速度移动。我们将在下一章详细讨论该理论。它与伽利略本人对运动的研究相矛盾，是粗糙的亚里士多德物理学的一次旧病复发，它假定**每天只能有一次满潮**，刚好发生在正午——然而所有人都知道事实上有两个，而且其发生的时间是不断变化的。[38a] 这整个观点明摆着与事实是矛盾的，而且作为一个力学理论来说——这正是伽利略本人获得了不朽成就的领域——它太过荒谬，以至于其概念只有通过诉诸心理学才能解释。这与他智识上的高度、思想的方法和风格都完全不相称。这不是一个错误，而是一种妄想。

有了新的"秘密武器"（借用一位现代学者对伽利略的潮汐理论的称谓[39]），他现在决定直接对教皇发起进攻。似乎伽利略所有跟教皇有接触的朋友，主教迪尼、巴贝里尼、德尔·蒙特等，都拒绝充当中间人，因为这项使命最终被委派给了红衣主教亚历山大·奥尔西尼，一个22岁的年轻人。伽利略给他在纸上写下了自己的潮汐理论。后面发生的事记录在圭恰蒂尼大使写给托斯卡纳公爵科斯莫二世的报告中：

> 伽利略更听从他自己的想法，而不是朋友们的。红衣主教德尔·蒙特大人和我，以及宗教裁判所的几位红衣主教，都曾试图说服他平静下来，不要再去生事了。我们告诉他，如果他想相信这个哥白尼的观点，他可以安静地秉持这个观点，但不要花那么大的力气去让别人也相信。大家都担心他来这里可能非常不利——最后会弄成冒犯圣座，而不是自辩成功。

> 他在纠缠、叨扰了几位红衣主教后，发现人们对他的打算并不热

心，于是就投向红衣主教奥尔西尼的怀抱，为了达到这个目的，他还从阁下您这里拿到了热情的推荐。因此，上周三在宗教会议上，这位红衣主教——我不知道他是怀着何种程度的审慎——代表这位伽利略和教皇对了话。教皇告诉他，要是他说服伽利略放弃这种观点就好了。随即奥尔西尼又答了几句声明缘由的话，教皇打断了他，告诉他将把这件事转交给宗教裁判所。

奥尔西尼刚一离开，教皇陛下就召来了贝拉明。简短地谈了几句之后，他们认定这个观点是错误的，也是异端的。我听说，前天他们就该事项还举行了一次会议，决定照此宣布。哥白尼以及撰写这个主题的其他作者，都应予以修正或被禁。我相信伽利略个人不会蒙罪，因为他很谨慎，他的所想、所求都是和教会一样的。[3月4日] [40]

这位托斯卡纳大使显然已经被他的客人兼被保护人的荒唐搞得身心俱疲了，此外他的报告也不完全可靠，因为"上周三在宗教会议上"说明事情发生在3月2日，而教皇下令召集宗教裁判所的神学家们就哥白尼理论讨论正式意见，是在2月19日。但日期上的不符，其原因可能微不足道。奥尔西尼曾手握伽利略的"最终证据"，向教皇说情，这一事实是毫无争议的。到底是这件事或是别的类似的什么事导致了事态进入紧要关头，并不十分重要。[41] 伽利略已经为挑起一场最后的对决而做了他力所能及的一切了。

7. 宗教裁判所的判决

事情发生在1616年2月23日，宗教裁判所的初审官们（即神学专家们）在被召集的4天后碰头开会，就提交给他们的以下两个主张发表意见：

1. 太阳是宇宙的中心，它完全不进行局部运动。
2. 地球不是宇宙的中心，也不是固定不动的，而是全然处于运动之中，而且还在做周日视运动。

初审官们一致声明，第一个主张是

愚蠢和荒谬的，在哲学上和形式上都属于异端，因为它明确与《圣经》多处文本相矛盾——无论是从其字面含义上来讲，还是根据神父和圣师们的一般解释来说都是这样。

第二个主张被宣布为"在哲学上理应受到同样的谴责，就其神学原理而言，至少在信仰上是错误的"。[42]

但是初审官们的裁决在更开明的红衣主教们的压力下，暂时被压下来了；该判决要到整整17年之后才得以公布。取而代之的是，3月5日，《禁书目录》全体大会颁布了一项温和一些的法令，其中致命的"异端"一词并没有出现：

……鉴于大会也认为毕达哥拉斯关于地球运动和太阳不动的学说是错误的，而且总体而言是与《圣经》相悖的。尼古拉·哥白尼的《天球运行论》和迪亚哥·德·苏尼加关于约伯［的书中］也教授了这一学说，致使如今它正在世界上流传甚广并且信众甚多。这可以从一位加尔默罗会神父的一封题为《加尔默罗会保罗·安东尼奥·福斯卡里尼神父的信，关于毕达哥拉斯学派和哥白尼的地球运动和太阳不动的观点以及新的毕达哥拉斯式宇宙系统》（那不勒斯，拉扎罗·斯科瑞乔出版，1615年）的信中看出。在信中这位神父试图表明上述的太阳在宇宙中心静止不动、地球在运动的学说是符合事实且并不违背《圣经》的。因此，为了不让这个观点继续浑水摸鱼，以至于损害天主教真理，圣部特此颁布法令，尼古拉·哥白尼的《天球运行论》和迪亚哥·德·苏尼加的《论约伯》在内容被修正前暂停流通；加尔默罗会神父保罗·安东尼奥·福斯卡里尼的书，也一同被判为禁书，所有其他类似作品，讲授同样内容的，也都依照此项法令被判为禁书并暂时禁止流通。这项法令单独点名每一本书，对其实施禁令。该法令由最杰出、最可敬的圣切西利亚红衣主教大人，阿尔巴诺主教亲手签字并以火漆封缄，1616年3月5日。[43]

这份文件所造成的影响我们到今天仍然感受得到。可以说它就相当于导致科学和信仰分裂的那道墙上的裂缝。因此，区别于它所造成的心理上的效应以及历史上的影响，来研究其中的确切含义和意图有着十分重要的意义。

首先，我必须重申，初审官们谈到了异端，而这道禁令并没有。初审官们的意见直到1633年伽利略执意要求第二次摊牌时，才因为他的审判判决中引用了该判决意见而被公之于众。即便在那时，它仍然只是司法上的意见，没有教宗权威的认可，因此对教会成员没有约束力。因此，地球的不动性从未成为一条信仰，太阳的不动性也从未成为一种异端。

类似的司法性考虑也适用于禁令本身。它是由《禁书目录》的圣会颁布的，但并未得到教宗谕旨声明或大公会议的确认，因此其内容从来没有成为绝对正确的教理。这一切都是刻意为之的。现在我们实际上知道，就连这也是在红衣主教巴贝里尼和盖塔尼对教皇的劝说下达成的，保罗五世本来是想把哥白尼定为异端分子了事的。天主教的辩护者一再强调这些要点，但对于普通人而言，这些微妙之处都是缺失的；不管它成没成为教理，1616年哥白尼系统"总体而言与《圣经》相悖"和1633年被"正式确定为异端"的定罪，已经完全足以造成灾难性的影响了。

另一个完全不同的问题是，这道禁令是怎样影响科学讨论的自由的。首先，我们必须明白，虽然伽利略是主犯，但在诉讼之中却没有提到他的名字，他的作品并没有被列入《禁书目录》。同样有违常理的是对哥白尼的《天球运行论》和福斯卡里尼的书的区别对待。对哥白尼的书的对待是"在内容被修正前暂停流通"，对福斯卡里尼的书的对待则是"完全禁止和谴责"。禁令中的前一句话给出了这样做的理由：福斯卡里尼曾试图表明哥白尼学说"符合事实，不违背《圣经》"，而对哥白尼的指控则并不包含这些。在禁令颁布的几天之后伽利略自己说，教会只是判定［哥白尼的］观点与《圣经》不一致。因此他们只封禁了那些专门试图证明它没有与《圣经》不一致的书籍……哥白尼的书中致教皇保罗三世的序言将被删去10行文字，在其中这位作者称，他认为他的学说并没有违背《圣经》，我还听说在书中各处把地球称为星体的地方将删除个别文字。[44]

《论太阳黑子》是伽利略唯一出版的一部提到哥白尼系统并表示支持的作品[*]；但鉴于他在书中仅将其视为一种假说，因此逃过了审查。

这样，这道禁令对科学上的讨论和研究所产生的影响，就是几乎让一切都保持原封不动。天文学家们照样可以讨论哥白尼，也可以根据行星围绕太阳旋转来计算行星的轨迹，只要他们以假设的口气来讨论就行。伽利略之前拒绝让步，但这道禁令让他不得不妥协。然而，在单纯的教会会众眼中，这道禁令所传达的意思是谈论地球的运动是一件很坏的事，而且是与信仰相悖的；而它传达给怀疑论者的信息则是教会已经向科学宣战了。

哥白尼教士的书在《禁书目录》上待了4年。1620年，对该书的"更正"发布了，和伽利略预计的一样，这些更正本质上关乎的都是些鸡毛蒜皮的东西[†]。这些更正是由上面提到的那位红衣主教盖塔尼制订的，他之前曾与未来的乌尔班八世一起成功对抗了怒不可遏的保罗五世。从那时起，任何天主教出版商就都可以自由地重印《天球运行论》了——但是，在接下来的300年里都没有任何天主教或新教的出版商愿意去重印它。1543年第一版幸存下来的印本已成为收藏家的珍品。这书本身，除了其内容的难以阅读之外，也由于第谷的观测结果、开普勒的发现和望远镜带来的新发现而成了一个业已完全过时的纯粹的古董。哥白尼学说就是一个口号，而不是一个站得住脚的天文学系统。

———————————

* 《致卡斯泰利书》和《致大公爵夫人书》还未出版。

† "有9句话表示了日心系统是确定无疑的，必须被删除或修改。"[45] 正如桑蒂拉纳所说："罗马似乎现在流行一种感觉，认为《禁书目录》是一种行政管理上的不幸事件，书写严肃主题的作者迟早都会卷入其中，官方意见的改变只是时间问题。宗教裁判所的3位参与了伽利略审判的神学家中，有两位随后也被封禁，其中一人是红衣主教奥瑞吉斯。"[45a]

总的来讲，这次暂时封禁哥白尼的书，对科学的进步没有产生任何不良影响，但它给我们的文化气候注入了一剂思想上的毒药，这股药劲儿今天仍然存在。

当然，若是真的相信教会反对哥白尼系统只是因为，或者主要是因为它似乎与约书亚的神迹或其他《圣经》文本不符，这就太天真了。特利腾大公会议曾颁布法令，"必须制止易怒的头脑在有关信仰和道德的问题上违反传统的权威去解释《圣经》"，但是这里的"易怒的头脑"所针对的是路德宗教徒，而不是哥白尼等数学家，他的书早在大公会议召开之前2年，闭会之前20年就已经出版。将地球从宇宙中心移除的真正危险要比这深刻得多——它削弱了中世纪宇宙学的整个结构。

贝拉明曾在一次布道中讲过："人就像青蛙。他们对着与他们无关的诱饵张大嘴巴，而那狡诈的钓鱼者，魔王，他知道怎么大量地捕获他们。"[46] 罗马的人们确实已经开始讨论诸如这样的问题：其他行星上是否居住着人，如果有的话，他们是否也是亚当的后裔？如果地球是一颗行星，那么它就与其他行星一样，需要一个天使来移动它；但这个天使在哪儿？他们用与神学家解释信仰相同的基督教激进主义和青蛙张嘴的方式来理解科学的论题。但是，在过去，基督教曾经克服过类似的若干次危机，它已经理解了地球的圆形和对跖点的存在，用它们取代了那个由上层水域覆盖的帐幕宇宙。基督教的世界观已从拉克坦提乌斯和奥古斯丁发展到中世纪的阿奎那和大阿尔伯特的宇宙；在那之后，又发展到库萨主教对无限性的最早的声明，再到方济各会士的后亚里士多德物理学和耶稣会士的后托勒密天文学。

但这一直是一个渐进而持续的发展过程。在一个同样有序的世界观可以取代它之前，封闭的宇宙、存在巨链的等级结构不能被轻易放弃。到目前为止，那个新的宇宙观还不存在。它要到牛顿的综合理论为视角提供了新的焦点之后，才能成形。在这种情况下，唯一可能的策略就是有序的撤退，当阵地变得无法防守时，就放弃——如天空的不变性，被新星、彗星和太阳黑子证明是错误的；如地球是所有天体运动的中心，被木星的卫星证明是错误的。以贝拉明为首的耶稣会的天文学家们在所有这些"危险的创新"中发挥了重要的作用。他们已经悄悄地放弃了托勒密，推进到了第谷式系统：行星环绕着太阳，而太阳则环绕着地球（正如4颗"美第奇星"环绕木星，木星环绕太阳那样）。这就是形而上学的审慎和科学的谨慎所能允许他们走到的极限了——虽然一些耶稣会士在内心里其实是哥白尼主义者。形而上学的审慎是出于神学的原因，而科学上的谨慎则是出于实证上的原因：只要不存在可被观察到的恒星视差，没有地球在空中运动所引起的明显的恒星视位移，这种运动就仍未得到证实。在这种条件下，与观察到的事实似乎最为接近的宇宙系统，是第谷式的宇宙系统。它还具有一个折中的优势。通过使太阳成为行星运动的中心，第谷系统也为一个完全的日心说系统铺平了道路——一旦发现了恒星视差，或者出现了别的一些发现使得天平朝它那一边倾斜的话。而我们即将看到，这是伽利略拒绝的另一个和解方案。

伽利略精彩的论辩为他所带来的那些追随者，对天文学只有一些最模糊的概念（只有少数例外）。但贝拉明与罗马学院的天文学家们一直保持着联系。他思想开明，他知道基督教是可以与地球运动的概念相调和的，就像它之前调和了地球是圆形的概念一样。他在给福斯卡里尼的信中也是这样说的。但他也懂得，这将是一次艰难的再调整，是一个大调在形而上学意义上的再定位，这必须仅在绝对必要的情况下才能进行。到目前为止，这种必要性并不存在。

伯特教授有一段话概括了这个情况，在此我节选如下：

> 可以肯定地说，即使当时对哥白尼天文学没有任何宗教上的顾虑，整个欧洲的有头脑的人，特别是那些最重视实证的人，也会宣称，接受这样一种不受控制的想象所产生的不成熟的果实，认为它胜过人类确证的感官经验经年累月逐渐建立起来的一致的归纳的结果，无疑是一个疯狂的主张。在现代哲学本身所特有的对经验主义的格外强调之中，我们最好提醒自己这一事实。当代的经验主义者要是生活在16世纪的话，他们就将是最先摒弃新的宇宙哲学的人。[47]

因此，3月5日的这道禁令，无论我们后来发现其后果有多么重大，无论它给伽利略学派的人带来了多少沮丧，却让一些旁人——不只是些狂热分子和井底之蛙——长舒了一口气，也就不足为奇了。这反映在了我之前引述过的科伦哥蒙席——这位机敏的旁观者——的一封信中：

> 伽利略先生的争议已经消散为了炼金炉的烟雾，因为宗教裁判所已经宣布，持有这种观点就是公然违背教会绝无谬误的教义。所以，我们终于还是安全地回到了坚实的地球上，我们不用和它一起，像爬在一个气球上的许多蚂蚁一样飞着了……[48]

8. 禁令

伽利略的名字并未被公开提及。禁令刚颁布，他就若无其事地写信给托斯卡纳的国务大臣：

> 从这件事的性质上就可以看出，此事与我一点关系都没有。就像我以前说过的那样，要不是因为我的那些敌人，我也根本不会被牵扯进去。[49]

禁令颁布6天后，教皇当众接见了伽利略，会见持续了三刻钟。尽管所有让他免受公开羞辱的事情都被照顾到了，他还是被秘密严令在规定的范围内活动。这是在2月23日的初审官会议和禁令颁布之间发生的。2月25日，星期四，宗教裁判所的档案中有以下记录（黑体为我所加）：

> 1616年2月25日星期四。红衣主教梅里尼通知神父们、评审员、宗教裁判所的执事，说神学家们已经通过了对伽利略的主张——认为太阳是宇宙的中心，静止不动，而地球在运动，而且是以昼夜运动的方式——的正式谴责；圣座已经指示红衣主教贝拉明把伽利略召唤到他面前，告诫他放弃上述观点；**如果他拒绝服从，执事将在**

公证人和证人面前责令他完全放弃教导或捍卫这种观点和学说，甚至不得讨论它；[50]如果他不默认，他将被监禁。

关于1633年伽利略审判的一个主要争议，就在于这个诉讼中所设想的"如果他拒绝服从"是否确实发生了。如果确有发生，那么伽利略就必须遵守无条件的绝对禁令，不仅不得捍卫，**甚至都不得讨论**哥白尼学说。如果并没有发生，那么我们就可以有弹性地去理解他所担负的这种法定责任。

有三份文件与此有关，它们之间是相互矛盾的。其中一份是在圣会的裁决档案中发现的。那是3月3日的一份会议记录，相关段落内容如下：

> 红衣主教贝拉明报告说，根据圣会的决定，数学家伽利略·伽利莱，已被告诫放弃他迄今为止所持的观点，即太阳是诸天的中心，固定不动，地球在运动，他已经默认……

这似乎表明，"如果他拒绝服从"的情况下所预设的绝对禁令**并未执行**。第二份文件似乎也指向了同样的结论。为了反驳称他遭受了羞辱和重办的传言，伽利略曾要求贝拉明出具一份有关举行过的诉讼的证明，贝拉明的证明如下：

> 本人，红衣主教罗伯托·贝拉明，听说有流言恶意中伤，称伽利略·伽利莱先生在我们手中被勒令起誓，还被罚进行有益的苦修。在被请求说明此事真相的情况下，本人特此声明，这位伽利略并未在本人手中，或在罗马乃至我们所知的任何其他地方的任何人手中，被勒令发誓放弃他所持有的任何观点或学说；也并未强制他进行任何有益的苦修；本人只是将圣父所作并由《禁书目录》的圣会发布的声明通报给他，声明称哥白尼的学说，即地球围绕太阳转动，而太阳在宇宙中心静止不动，并非由东向西运动的学说违背了《圣经》，因此不能被捍卫或持有。作为见证人，本人亲手写下并签署这

份证明，1616年5月26日。

　　这里没有提到正式的禁令，而且关于执行部分的说法是哥白尼学说**不能被捍卫或持有**。[51] 并没有禁止讨论它。

　　第三份文件是梵蒂冈档案中的一份会议记录，声称伽利略被正式禁止"以任何方式，口头或书面，持有、教导或捍卫"[52] 哥白尼学说，它似乎与前两份文件相矛盾。这份会议记录的可靠性无法确定，它引起了科学史上的一场最令人愤恨的争议，这场争议到现在为止*已经持续了近一个世纪。有人可能认为，执着于区分绝对禁令和警告之间的差别，这是纠缠细枝末节。但事实上，在不能"持有或捍卫"某种学说的告诫和不得"以任何方式"教授或讨论的命令之间存在着天壤之别。在前一种情况下，可以像以前一样把它作为一种数学假说加以讨论；但在后一种情况下，则不能。[52a]

　　贝拉明的证明和3月3日的会议记录似乎表明，对伽利略的禁令并不是绝对的。尽管如此，在接下来的几年中，他还是不得不比之前更谨慎地行事。

---

* 指作者写作本书的时间，即20世纪50年代。——编者注

2

伽利略的审判

1. 潮汐理论

　　3月5日法令颁布，此事尘埃落定，之后伽利略在罗马又待了3个月。"他性情固执，"托斯卡纳大使报告说，"（他）与修士们正面交锋，伤敌一千自损八百式地跟知名人士交手。你在佛罗伦萨迟早会听到人说，他傻乎乎地跌入了意想不到的深渊里。"[1] 终于，不安的公爵命令伽利略返回了佛罗伦萨。

　　在接下来的7年里，他没有发表任何著作。但他的执拗正在吞噬着他。因为无从排解，这更是一种自我摧残。他尽可以嘀咕嘀咕"我那些占了上风的对手身上的无知、恶毒和轻慢"；但是，尽管自己不承认，他也一定知道，他失败的真正原因在于他未能提供所需的证明。

　　我认为，这解释了关于潮汐的妄想为何如此有力地占据了他的头脑。他是在绝望之际临时想出了这么个秘密武器。我们会预想到的是，一旦他恢复了正常的思维，他就会意识到它的谬误，将它放下了。然而事与愿违，它后来成了一个执念，就像开普勒的正多面体一样。可是开普勒的执念是一种具有创造性的痴迷，对其的追求会带来丰富的意外收获的神秘幻想；而伽利略的狂热是枯燥、乏味的。我即将试图说明，潮汐理论是他没能发现的恒星视差的一个间接的替代品——而且不仅仅是一个心理意义上的替代品，因为这两者之间存在一种数学上的联系，这种联系迄今为止似乎都没有引起注意。

稍微简化一点来说，伽利略的潮汐理论是这样的。[2] 在地球表面取一个点，如以威尼斯为例。它在做双重运动：每天围绕地球轴线的旋转和每年围绕太阳一周的旋转。在晚上，当威尼斯位于N点的时候，这两个运动的作用是叠加的；在白天，在D点，两个运动的作用是相抵消的：

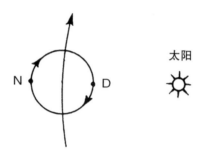

因此，威尼斯以及和它一起的所有陆地，在晚上运动得较快，在白天运动得较慢；其结果就是，在晚上海水被陆地"落在了后面"，而在白天冲到了陆地的前面。这导致海水每24小时堆积而产生一次满潮，时间总是在中午前后。伽利略草率地认为，威尼斯每天有两次满潮而不是一次以及出现的时间不定的情况，是由一些诸如海洋的形状、深度等的次要原因造成的。

整个论证的谬误就在于此。运动只能相对于某个基准点来定义。如果以地球的轴线为参照，则地球表面的任何部分，无论是陆地或是海洋，其日日夜夜的运动速度都是一致的，就不会产生潮汐。如果是以恒星为参照物，那么我们会得到图示上的这种周期性变化，对陆地和海洋都是一样的，它们的动量没有区别。而一种引起海洋"挪地方"的动量上的差别，只可能在地球受到一种外力的强迫——如与另外的物体相碰撞——的情况下才会产生。但是，地球的自转和公转都是惯性的，[3] 即永存永续的，因此对海水和陆地所产生的动量是同等的。这两个运动相结合仍然产生同等的动量。伽利略的推理谬误在于，**他将海水的运动以地球的轴线为参照，而陆地的运动则以恒星为参照。**换句话说，他下意识地将缺席的视差从后门偷放了进来。找不到地球的公转所受的恒星的影响，于是伽利略就通过将恒星放在它们不该在的地方，从而在潮汐中发现了这种影响。潮汐变成了视差的代用品。

伽利略是相对运动领域的先驱，然而他从未发现推理中的这个简单错误，可见这个执念的力量之强大；在想出他的秘密武器17年之后，他仍然坚定地认为这就是地球运动的确凿证据，并在他的《两大世界体系的对话》中照此论述。他甚至曾打算将这部著作命名为《论潮汐涨落的对话》。

2. 彗星

接下来的两年中，大部分时间他都在生病，但他还是做了一些简单的工作，如组装了一架海军望远镜，还尝试过以木星卫星的旋转周期为辅助，来确定地理经度，但此举以失败告终。这貌似是他最后一次对天文学研究产生明确的兴趣。

两年后，1618年，他再也忍不住了，他把他关于潮汐的论文送给了奥地利的大主教利奥波德，随函称这是一个"诗意的幻想或梦想"，是在他得到当局"以比我的卑微头脑所能达到的任何高度更高明的洞见的指引下"做出的判决给他的教训之前，他还相信哥白尼系统就是真理的时候所写的。毫无疑问，他希望这篇论文不需要他那边的正式授权就在奥地利得以印刷出版，但这事后来没能实现。

同年，天空中出现了3颗彗星。它们既宣告了三十年战争的开端，也通报了伽利略所卷入的这场诸多争议之中最糟糕的论战的到来。

这场争议是由罗马学院的耶稣会神父霍雷肖·格拉西的一次演讲引起的，这篇演讲的讲稿随后得到了发表。它所表达的是正确的观点，即彗星像行星一样，在比月球远得多的距离上沿规则轨道运动。为了支持这个观点，格拉西引用了第谷关于1577年的著名彗星的结论并表示了赞同。这篇论文是耶稣会在放弃亚里士多德的路上迈出的更远的一步，因为亚里士多德认为彗星是月下区域的地球大气现象。该论文也进一步反映了耶稣会对第谷系统的含蓄认可。

伽利略在读到这篇论文后勃然大怒。他在书页的空白处写满了各种感叹，如"愚钝之语""拙劣""跳梁小丑""无胆鼠辈"和"忘恩负义的小人"。忘恩负义主要指的是论文中没有提到伽利略的名字——他对彗星理论的唯一贡献，就是他在《论太阳黑子》中曾对第谷的观点顺带表示过支持。[4]

可是眼下已经是此一时彼一时了。必须拒绝第谷式的折中，这样才能将我们要做的选择限于不足信的托勒密系统和哥白尼系统之间。伽利略给他自己的观点突然来了个大转弯儿：他认定彗星根本不是真正的实体，而只是一些视错觉，就像北极光和幻日（mock-sun）一样，是由于地球上的蒸汽上升超过了天空中月球的高度而反射形成的。如果它们是真正的实体，它们在接近地球时应该看上去较大，远离时看上去较小，然而，根据伽利略的说法，彗星出现时的样子就是其整个的大小，接着就整个消失了。

除了想要证明第谷和格拉西对天文学一无所知之外，伽利略还有另一个否认彗星存在的动机：它们的轨道是如此明显地呈椭圆状，以至于根本无法将它们，与所有真正的天体围绕太阳运转所必须遵循的圆形轨道相调和。

伽利略并没有以自己的名义直接攻击格拉西，而是让他之前的学生马里奥·圭第奇在《论彗星》里为他挂名出战——这篇文章的大部分手稿都幸存了下来，是伽利略本人的笔迹。这篇文章在末尾处指责格拉西未提及伽利略的发现，沙伊纳神父则被指责"侵占他人的发现"。

由于伽利略署的并不是他自己的名字，这样，格拉西就也以一个明显的易位构词回敬，即将自己的名字霍雷肖·格拉西·萨隆恩西（Horatio Grassi Salonensi）变作了"洛萨里奥·沙士·思根沙诺"（Lothario Sarsi Sigensano）。他没有理会圭第奇，而是对伽利略大张挞伐。他指出伽利略在对不属于他的发现要求优先权，并回应了对第谷系统的挑战：既然托勒密系统和第谷系统都被伽利略拒斥，那么他的言下之意是不是说格拉西应该支持每个虔诚的天主教徒都谴责和痛恨的哥白尼呢？

格拉西的小册子出版于1619年，题为《天文学和哲学的天平》。伽利略的回应就是著名的《试金者》，这位试金者使用贵金属专用的更精密的天平来称量物品。这一著作花去了他2年的时间，直到1623年才得以发表，这已经是在格拉西反击的4年之后了。

《试金者》的文体形式是写给朋友的一封信，这位朋友是教皇的宫廷大臣切萨里蒙席。一开篇就是一大通对试图抢夺伽利略"发现之荣耀"的所有人的攻讦，他这回还把仙女座螺旋星云（人类观测到的第一座星云）的发现者马吕斯·冯·贡岑豪森也加到了这些人当中。正是在这样的背景下，出现了我之前引述过的段落："你是没办法的，沙士先生，的的确确就是我一人发现了天空中所有的新现象，一点也没有其他人的事。这是无论怨恨还是嫉妒都不能阻止的事实。"

接着《试金者》就开始诋毁第谷，讨论他"所谓的观测结果"，并把彗星称作"第谷的把戏行星"。他还说明了迫使他打破之前决定不再发表作品的决心的理由：伽利略的敌人们，曾试图窃取他的发现未果，如今又试着将"他人的作品"——即圭第奇的小册子——安到他的头上。他愤怒地否认与圭第奇这本小册子有任何干系，除了讨论的论题相同之外；但是这回他不得不打破沉默"以阻止那些偏要折腾，而且惹是生非，让人不得安宁的家伙"。

这篇文章的主要部分是对格拉西说过的一切进行挖苦、讽刺式的反驳，不管这个倒霉蛋是说错了——他常常说错话——还是说得对。格拉西认为抛出的物体由于与空气摩擦就会变热，伽利略对此回答说，它们没有变热，而是变冷了："试图将空气磨碎，就如在那个众所周知的臼中研磨水一样，完全是浪费时间。"[5] 和平常一样，格拉西所试图证实的是一个正确的事实，但他为之所做的是一番糟糕的论证：他引用了苏达（10世纪的一位希腊词典编纂者）的话，称巴比伦人曾将鸡蛋挂在吊索上，通过令其快速在空中旋转来煮熟鸡蛋。这给了伽利略机会，他用一个经常被引用（但大多不提及上下文）的滑稽段子，将他的对手驳了个体无完肤：

> 如果沙士希望我和苏达一样，相信巴比伦人是用吊索旋转鸡蛋来把它们煮熟的，那我就会信；但我必须说，造成这个效果的原因与

他所提出的完全不同。要发现真正的原因，我的推理如下："如果我们没有实现别人曾经取得的效果，那么一定是因为我们在操作中缺少了某种曾令他们成功的东西。如果我们只缺少某一样东西，那么这个东西就是真正的原因。眼下我们既不缺鸡蛋也不缺吊索，也不缺健壮的人来旋转它们，但我们的鸡蛋却没有煮熟——如果他们正好本就是热的话，他们反而只会冷得更快。而既然我们什么都不缺，差的只是我们不是巴比伦人，那么，巴比伦人就是煮熟鸡蛋的原因，而不是空气的摩擦。"[6]

在这些精彩的不相干的讨论和诡辩的段落之中，再次遍布着堪称说教文学经典之作的片段。它们涉及科学推理的原则、实验程序、哲学家质疑权威和既定成规的职责。尤其是，伽利略勾勒出了一个在思想史上极为重要的原则：自然的第一性质，如物体的位置、数量、形状和运动状态，与其第二性质，如颜色、气味和味道这些据说只存在于观察者的意识当中的性质，这二者之间的区别。[7]

> 要激发我们的味觉、嗅觉和听觉，我认为我们只需要外界物体的形状、数量和或快或慢的运动。我认为，如果我们没有了耳朵、舌头和鼻子，形状、数量和运动都将依然存在，但气味、味道或声音则不复存在。我认为，如果后面这些与生物体分开的话，就只不过是名称而已……

尽管希腊原子论者已经预料到了这种区别，但在现代，这还是第一次有人以这样简明的语言来描述这种区别，这是宇宙机械论的第一次系统阐述。但在大多数《试金者》的同时代读者的记述中，无人提及这段话的重要性。他们只在伽利略的身上看到了斗牛士的一面，一致认为，格拉西神父应该被四脚朝天地拖出斗牛场。

格拉西是一位杰出的耶稣会学者，根本不是伽利略所说的蠢人。他曾绘制罗马圣依纳爵教堂的平面图，还曾根据达·芬奇的建议设计过一艘潜艇。他所遭受的对待，再加上沙伊纳所受到的同样的无端攻击，将这两位在耶稣会内极有影响力的人物变成了伽利略的死敌。第三位遭受了他毫无必要的攻击（竟然是在一个关于军事工程的问题上）的耶稣会成员，就是修建了圣安吉洛城堡设防工事的菲伦佐拉神父。25年后，宗教裁判所负责伽利略审判的总主教就是这位菲伦佐拉神父。这一切的结果就是，整个耶稣会都转而开始反对伽利略。继克拉维乌斯之后任罗马学院院长的格林贝格神父后来评论说："如果伽利略没有引起整个修会的不满，他本来可以自由地写作关于地球运动的东西，直至他生命的尽头。"[8]

与亚里士多德主义者的冲突是不可避免的。但是与耶稣会士的冲突并非不能避免。这并不是为格拉西和沙伊纳一被挑衅就怀恨在心而辩护，也不是为耶稣会的这种显示其集体精神的恶劣方式而寻找借口。我想要说明的是，罗马学院和耶稣会士的普遍态度从友好向有敌意的转变，不是因为伽利略所持有的哥白尼学说的观点，而是由于他对耶稣会权威人士的人身攻击。

其他伟大的科学家，包括牛顿，也曾卷入过充满敌意的争辩。但这些相对于他们的工作而言都是次要的，是在他们牢固树立的立场周边发生的小规模冲突。伽利略悲剧的特殊性在于，他的两本主要著作都是在他70岁之后才发表的。在那之前，他的作品主要是各种小册子、单行本、私下传阅的手稿，还有口头辩论——所有这些（除了《星际信使》之外）都是论辩，夹枪带棒的讽刺中夹杂着人身攻击。他一生的黄金时代都耗在这些小打小闹中了。到最后他都没有一部宏伟而坚实的代表作来作为可以依托的堡垒。他给这个世界带来的科学和哲学的新观念，散见于《论太阳黑子》和《试金者》的各处论辩当中——隐藏在乱作一团的带刺铁丝网里，就如隐藏在和谐的迷宫之中的开普勒定律一样。

3. 危险的奉承

就在伽利略撰写《试金者》之时，他忠诚的赞助人科斯莫二世去世了，之后由令人敬畏的克里斯蒂娜夫人摄政。一直以来对耶稣会上层来说有一定约束力的贝拉明，也在同一年去世。然而，为了弥补这些损失，命运往试金者的天平上扔进来一个最意想不到的强大盟友——马费奥·巴贝里尼，他于1623年当选为教皇，时机恰好到让伽利略将《试金者》献给他。

可以说，马费奥·巴贝里尼是个生不逢时的人：这是一位从文艺复兴时代穿越到了三十年战争时期的教皇；一位会将《圣经》的段落翻译成六步格诗歌的文学家；愤世嫉俗、自负虚荣、贪恋世俗权力。他与新教异端古斯塔夫·阿道夫一道，共图反神圣罗马帝国的大业。在得知黎塞留的死讯之后，他说："如果有上帝，那么红衣主教黎塞留就是罪孽深重；如果没有，那么他做得非常好。"他修建了圣安吉洛城堡的防御工事，把万神殿的青铜天花板剥下来铸大炮，这件事是这句讽刺诗的出处："蛮族没有做的，巴贝里尼做到了。"他创建了（传教士的）"传信部"，建造了巴贝里尼宫，是第一位允许在自己在世时就为自己竖立纪念碑的教皇。他的虚荣心之盛确实可堪树碑立传，就算放在这样一个谦逊的美德无用的时代也是非常引人注目的。他那句说他自己"知道得比所有红衣主教加起来还多"的名句，也只有伽利略的那句"天空中所有的新现象都是我一人发现的"才可相比。这两位都觉得自己是超人，一开始就相互奉承——这样的关系照例都不得善终。

早在1616年，巴贝里尼就曾反对圣会的法令，支持过伽利略——他后来经常拿这件事来吹牛。1620年，他写了一首称颂伽利略的颂歌，题为《危险的奉承》（*Adulatio Perniciosa*，可以翻译为"Perilous Adulation"）。他甚至还公开纪念过哥白尼——这是在1624年他已经成为教皇之后，当时在场的还有红衣主教霍亨索伦——并说："教会既没有，也不会谴责他的学说为异端，只会称之为轻率。"[9]

乌尔班正式任职后，这两位——一位是信仰的智者，另一位是意大利的科学的头号代表——开始了第二段蜜月期。红衣主教迪尼的一位兄弟雷伦西尼写信给伽利略说：

我保证，没有什么比提到你的名字更让教皇陛下高兴的了。我
向他讲起你的事，一会儿，我对他说，如果教皇陛下允许的话，你，
尊敬的先生，热切地希望能前来亲吻他的脚趾，教皇回答说，如果
你没有什么不方便的话，这将让他非常高兴……因为像你这样的伟
人应该省省力气，以便能活得更久一些。[10]

　　伽利略当时正在病中，所以他只能于次年春天再前往罗马。在6周
的时间里他与乌尔班进行了6次长时间的会面。教皇赐予了伽利略种种恩
泽——给他的儿子一份年金，一幅珍贵的绘画，一块金银制的勋章。他
还给伽利略提供了一封热情洋溢的证明书，是写给新的大公的，其中歌颂
了"这位伟人"的美德与虔诚，称"他的盛名照亮诸天，名扬四海"。

　　在这6次会面中他们究竟说了些什么，是另一个充满推测和争论的话
题。只有几点得到确定：第一，尽管伽利略试图说服乌尔班，但乌尔班拒
绝撤销1616年的法令；第二，从这6次会谈中，伽利略得到的印象是，只
要他避免神学上的争论，坚持以假设的方式来表达，那么他几乎就可以随
便写支持哥白尼的东西；第三，乌尔班亲自给出了一种对如何提出支持哥
白尼系统的论证而不断言哥白尼系统正确与否这一难题的提议。他的提议
是这样的：假设一个假说令人满意地解释了某些现象，这并不一定表示它
就是正确的，因为全能的上帝也许是用了某种人类尚不能理解的、完全不
同的方式创造出了这些现象。乌尔班对自己的这个建议非常认真，它在后
来起到了至关重要的作用。

　　其时已经年过六旬的伽利略，受到了如此的鼓励，又承蒙教皇的
雨露恩泽，他感觉自己终于自由了，可以开始撰写他支持哥白尼的这
部——我们已经谈到过——他打算起名为《论潮汐涨落的对话》的伟大
辩护书了。尽管如此，他还是花了4年的时间才将其写完；[10a] 其中的3年，
1626—1629年，他似乎不顾朋友们的催促，以各种借口将它搁置在了一
旁。他大概觉得贵族们的青睐就如潮汐一样转瞬即逝，而那些强大的敌人
正在努力反对他。也可能他是受到了反复发作的心理障碍的困扰，一种被
内心压抑着的，对他的"确凿证据"的可靠性的怀疑。

但他再一次退无可退了。1630年1月,《论潮汐涨落的对话》(即《两大世界体系的对话》,下文简称《对话》)一书完成了。

4.《两大世界体系的对话》

《对话》有三个人物参与。杰出学者萨尔维亚蒂,是伽利略的代言人;萨格雷多,一个聪明的业余爱好者,假装中立,其实是萨尔维亚蒂的副手;辛普利西奥,好脾气的傻子,是亚里士多德和托勒密的捍卫者,扮演的是挨教训的丑角。萨尔维亚蒂和萨格雷多生前是伽利略的朋友,但现在都已经去世了;辛普利西奥的名字,据伽利略称,取自6世纪的亚里士多德评述者辛普利丘,但这个词的双关含义是显而易见的。辛普利西奥被反复表现为一头蠢驴,在最后却提出了教皇乌尔班的观点,称来自"一位最杰出、最博学的人,在他面前众人都须肃静";于是另外两人都声称自己被"这令人钦佩的天国般的学说"给震得说不出话来了,决定"去我们的贡多拉*上休息一个小时"。因而《对话》的结尾只能被形容为对教皇的不敬——其后果可想而知。

《对话》中的故事分为4天。第一天驳斥了亚里士多德的一般宇宙观。诙谐的新闻报道般的段落夹杂着另外一些文字,突然上升为一种超然的宏伟观点,语言之优美令人惊叹。萨格雷多在攻击柏拉图关于尘世堕落-天国完美的二元论时解释说:

> 我听说自然物体是没有知觉的、永恒的、不可改变的,等等,这些被认为是一种极大的荣誉和完美,我不禁感到万分震惊,不,是万分怀疑。反过来,我听说如果它们是可变的、可生成的、不定的,就会被视为一种极大的缺陷。我的看法是,地球内部连续不断有着许许多多不同的改变、突变、生成,因此非常高贵、令人钦佩。如果它不发生任何改变,一直是一个巨大的沙堆或一大块玉石,或者,

---

* 指威尼斯小船。——编者注

如果从大洪水时起地面上覆盖的洪水冻结，它就一直是一个巨大的水晶球，里面没有任何物质生长、改变或变化的话，那么我就会把它看作一个对宇宙毫无用处的肿块，一堆废物，用一个词来形容就是累赘，就像从未在自然中存在过一样。对我来说，这种差别就如同活着的生物与死掉的生物之间的差别。对于月球、木星和宇宙中所有其他的球体，我都是同样的看法。我越是仔细思量那些流行的说法中的这种虚荣，我就越是觉得它们空洞又愚蠢。还有什么比把宝石、金银称作高贵的，把泥土斥为粗鄙更愚蠢的呢？因为，这些人难道就不想想吗？要是泥土与珠宝和贵重金属一样稀缺的话，那么无论哪个国王都甘愿拿出成堆的钻石、红宝石和一锭锭的黄金，只为换取仅够栽种一小盆茉莉花或一株橘子树的泥土，好让他能看着它发芽、长高，伸出漂亮的枝叶，绽开芬芳的花朵，结出精巧玲珑的果实。

俗人对待事物，因其稀缺就珍视，因其丰足就鄙视，他们说，这是一颗最美丽的钻石，因为它就像一汪清泉一样，但就算给他们10吨泉水他们也不愿放弃钻石。那些歌颂高洁清白、持久不变的人之所以这样说，我认为，是因为他们渴望长生，他们害怕死亡，却不考虑，如果人是永生的，他们就不必来到这世上。这些人应该见一见美杜莎的头颅，让他们都变成钻石和美玉的雕像，这样他们就会比现在更完美了。[11]

支持和反对哥白尼的战斗事实上要到第二天才真正开始，反对地球运动的意见受到了地球物理学方面的反驳。争论的焦点在于运动的相对性。传统的反对意见全都是同一主题的不同变体：如果地球在旋转的话，那么所有没有与之固定在一起的东西都会被抛在后面——炮弹、落石、飞鸟、云彩等。伽利略对此的反驳已经非常接近正确的动力理论，也非常接近牛顿的第一定律。他指出，从一艘移动的船只的桅杆顶上掉落的石头不会被抛在后面，因为它享有船只的动量；依此类推，从塔顶落下的石头，或飞行中的炮弹，也享有地球的动量。

　　但他无法完全摆脱亚里士多德关于圆周运动的教条。他主张，如果一个物体不受外力影响，它将保持其最初的动量，继续运动，但不是以直线，而是沿一个圆形轨道做永恒运动。其原因伽利略在第一天的最开始已经做出了解释，并且被一再地重复：

　　　　……直线运动从本质上讲是无限的（因为直线是无限的，没有尽头），任何物体都不可能在本质上以直线运动为原则，或者，换句话说，不可能朝着一个无法到达的、没有尽头的地方运动。因为亚里士多德说得好，自然绝不会去做无法做成的事，也不会努力朝着不可能到达的地方运动。[12]

　　这种观点与伽利略熟悉的关于离心力的认识相矛盾，离心力即做圆周运动的物体所具有的沿切线直飞出去的趋势。在第二天，另一个反对地球自转的经典观点，即没有固定在地球上的物体会飞入太空，被伽利略承认在理论上是有效的，但在实践中是可以忽略的，因为离心力比地球的引力要小得多。[13] 因此，他在一段话中声称地上的一块石头具有维持其圆周运动的自然趋势，在另一段话中又说这块石头具有以直线轨迹飞出去的自然趋势。同样地，他还认为自由落体的轨迹是圆形的。[14] 因此，即使这位亚里士多德学说最坚定的反对者也无法摆脱古老的对圆形的痴迷，这也部分解释了伽利略为什么会拒绝开普勒定律。

　　在第二天的最后，伽利略自己承认讨论陷入了僵局。他驳斥了关于地球自转会将没有固定的物体抛在后面的反对意见，以及诸如此类的；但他并没有证明地球确实在旋转。无论是采取哪种假设，无论地球是在运动或是静止的，石头也一样会落下，鸟儿也一样会飞翔。

　　第三天是在天文学方面支持和反对哥白尼学说的论辩，在此伽利略完完全全是在偷天换日。他首先表明，哥白尼系统优于托勒密系统，证据是我们熟悉的关于木星的卫星和金星的相的论证。他接着解释说，为了"拯救"行星的视停滞和逆行，托勒密不得不引入了"非常多的本轮"，而哥白尼仅以"地球的运动一项"就解决了。但他只字不提的是哥白尼也同样需要一个摆满了本轮的工作间。他对轨道的偏心率、各种振动和摆动，以及太阳既不是运动的中心，也不在其运动平面上的事情都避而不谈；总之，他刻意地回避了让第谷与开普勒开启探索之旅的真正天文学问题。所有的行星都围绕太阳做线性匀速圆周运动（这将土星的周期从30年变为了24年）。[15] 所有问题似乎都被"天才般"地解决了，因为"那些托勒密假说中的病症，在哥白尼的假说中找到了良方"。[16]

诚然，伽利略的这本书所面向的是普通读者，而且是以意大利语写成的；然而，他的陈述不是简化而是扭曲了事实，这不是科普，而是误导性的宣传。甚至他最新的一位极仰慕他的传记作者也不禁写道：

> 对哥白尼学说的极端简化可能在他看来是一种更容易的说理策略。至少，这是一个宽厚的假设。但伽利略如何能犯下他自己曾一再警告过他人的，无视最佳的观察结果来构建理论的大错，仍然是个问题。[17]

即便如此，争辩仍未有定论，因为萨尔维亚蒂在反对辛普利西奥时所成功证明的，是日心说系统比地心说系统更巧妙地拯救了现象，而没有证明它就是真相。而且，他对第谷系统同样符合现象的事实闭口不谈。

为了打破僵局，在第四天，著名的潮汐理论出现了。但在此之前，在第三天结束时，出现了一个意外的新论证。这个论证是从太阳黑子而来，它大张旗鼓地出场：

> 倾听这伟大的新奇迹吧。太阳黑子的第一位发现者，也是所有其他新天体现象的第一位发现者，是我们国家科学院的院士，他在公元1610年发现了……[18]

"国家科学院的院士"是伽利略在《对话》中提到自己时的用词。

在重申了他的错误主张后，他接着又宣布了沙伊纳的另一项发现，称：太阳与太阳黑子旋转的轴线与黄道平面呈一个角度。这引起的后果是，太阳黑子也是在以"倾斜"的圆周（从地球上来看）围绕太阳旋转，而且它们的轨道曲线随地球的位置变化而改变——就像我们围绕一个倾斜旋转的陀螺进行观察时，它所表现出的曲率变化一样。因此，伽利略得出结论，太阳黑子运动曲线的变化，以"前所未有的可靠、合理的方式"，证明了地球围绕太阳的旋转。[19]

这时候，可怜的辛普利西奥变成了一个相对主义者，正确地评论道，无论是太阳围绕地球还是地球围绕太阳，太阳黑子的轨道曲线看上去都是一样的。萨尔维亚蒂接着又驳斥了这个反对意见：如果我们假设太阳围绕地球旋转，只有当我们同时假设太阳轴线始终保持角度不变，太阳黑子看上去才会是一样的；而关于太阳轴线不变这一点，他认为"难以置信，几乎无法相信"。[20] 辛普利西奥吓坏了，安静了下来。萨格雷多惊呼道："在我听说过的所有精妙东西中，还从来没有哪个在智识上更让我赞赏，或者能更让我着迷的。"[21]

这简直令人目瞪口呆。萨尔维亚蒂靠假称一个天体根本不可能在围绕另一个天体旋转的同时轴线保持角度不变，从而赢得了辩论。然而地球正是如此围绕太阳运动的：地球轴线的倾斜角度保持为23½度不变。如果无法相信太阳会如此转动，那么也同样无法相信地球会这样转动。然而，在后面的一个章节中，伽利略又详细讨论了**为什么**地球会这样运动，并解释说保持其轴线的固定倾斜角度"根本没有什么犯难或困难的地方"。[22]

太阳黑子运动轨迹的表面变化显然是太阳轴线倾斜的结果，就如同四季的变化是地球轴线倾斜的结果一样。就是这么简单。但是伽利略反驳辛普利西奥观点的这两页，[23] 却是这本书中最晦涩难懂的两页。他采用了他一贯的策略，反驳对手的观点，却不证明自己的观点。这一次他不是意在讽刺，而是要把水搅浑。

毫无疑问，伽利略的潮汐理论是基于无意识的自我欺骗而来的，但从上面的分析来看，我们也可以相信，关于太阳黑子的这番论辩也都是蓄意的混淆和误导。自毕达哥拉斯以来，每一个学生都知道地轴的倾斜正是寒来暑往的原因，他却将之表现为一个不可思议的新假设。他用太阳黑子运动曲线的奇特性来使这个简单问题复杂化，同时又把哥白尼学说的复杂之处表现得貌似简单，这是他基于自己对同时代人的智识的蔑视而深思熟虑出的策略的一部分。我们已经知道，学者们总是有狂热和执着的倾向，容易在细节上造假；但像伽利略这般的瞒天过海，在科学史上也是罕见的。

《对话》的第四天也是最后一天，几乎完全由潮汐理论占据，这次是更详细的阐述。潮汐的年度变化是由地球自转轴的倾斜造成的，每月的变化是由轨道速度的每月变化而造成的。[24] 开普勒对潮汐的解释——由于月球的引力——则被否定了，书中说，"尽管他思维开阔，极有洞察力"，他"却甘愿听任月球对水域的控制，妄信超自然的能力〔引力〕和类似的可怜幻想"。[24a]

关于《对话》的另一个令人惊讶之处是，伽利略不仅歪曲了哥白尼系统，将其表现为一个极其简单的东西，而且似乎自己也并未意识到它的复杂性。他从未细究过关于行星理论的细枝末节的东西，他也没有真正的理由，需要从头至尾仔细研究《天球运行论》的技术性章节。如果他读过的话，他就不可能认为所有行星都在以相同的直线速度运动，也不会将月球会自己发光或者可以透过太阳光的观点归于哥白尼。[25] 关于哥白尼系统无法解决的难题，我们仅仅从一段附言中得知：

> ……每一颗行星是如何支配自己特定的运转，它的圆周结构又是被如何构建出来的，这就是通常所称的行星理论，我们还不能确定无疑地予以解决。令我们现代天文学家一直以来如此困惑的火星，就证明了这一点。[26]

这些话是在开普勒确定火星轨道并进而奠定了行星理论的新基础之后大约20年写的[*]。事实是，在1610年轰动一时的发现之后，伽利略为了他的宣传大业而将他的观测研究和天文学理论都荒废了。等到他写作《对话》之时，他已经跟不上该领域的新发展，甚至已经忘记了哥白尼所说过的东西。

---

[*] 我们还记得《新天文学》的副标题就是《火星的研究》。

5. 出版许可

手稿于1630年1月完成。

伽利略打算亲自监督该书在罗马的印刷，但他不能马上动身。他的朋友们向他保证不会有什么困难，一切都会很顺利。忠诚的卡斯泰利神父如今正住在罗马，他写信来说乌尔班八世已经当众向康帕内拉保证，"如果当时是他说了算的话，1616年的禁令绝不会通过"[27]。伽利略的老警卫团的另一位成员，钱波利蒙席，如今已是教皇的书记官，他写信来说在梵蒂冈"他们期盼伽利略的到来，胜过期待任何心爱的姑娘"。[28]

5月初，他抵达罗马，受到了乌尔班八世的接见，会见时间相当长。教皇再次保证，不反对讨论哥白尼体系的优劣，但条件是将其严格视为一个假说。然而，他对伽利略有意使用的书名《论潮汐涨落的对话》表示了反对，认为它过分强调物理证据，建议将其起名为《两大世界体系的对话》。当然，他太忙了，没时间亲自阅读，因此就把这个任务交给了审查者。

首席审查官和许可官的职能由"宫廷大师"尼科洛·里卡尔迪神父执行。他也是个佛罗伦萨人，是卡斯泰利-钱波利团体的成员，因此也爱戴伽利略，不过，他认为托勒密系统和哥白尼系统只是文化人的消遣，因为星体是由天使推动的才是最根本的事实。但这并不妨碍他欣赏伽利略这种描绘天国体操的人身上的聪明才智。因为他身材魁伟，里卡尔迪被西班牙国王称作"巨人神父"（Il Padre Mostro），他所有的朋友都用这个亲切的昵称称呼他。历史就是这般地不通情理，让这个心地纯良、讨人喜欢的人出的错，成了这场悲剧的主要原因。

巨人神父通读了《对话》的手稿，觉得这远非他所能理解的。他知道教皇陛下已经认可了书里的观点，对伽利略青眼有加，并鼓励他继续下去。虽然他无法完全理解具体的论证，但他也感觉到，这本书是对哥白尼学说的变相宣传，而且伪装得并不好，其思想和文字都违背了1616年的禁令。为了避开这个难题，他指示他的助手维斯孔蒂神父通读全篇文字并进行适当的修改。

维斯孔蒂同样不适合这项工作。他做了一些小修改，旨在使得支持哥白尼学说的论证显得更具有"假设性"，然后将文章交回给他的上司。

里卡尔迪比之前更无奈了。他拖延了一段时间，最后决心他必须自己来挑大梁，亲自修改文本。但这下他就遇到了伽利略及其盟友们共同的压力：盟友们，即教皇书记钱波利，间接代表教皇陛下的意愿；以及新的托斯卡纳大使尼科利尼（他娶了巨人神父最喜爱的表妹卡特琳娜）。

这种压力造成的结果是，里卡尔迪同意进行一项不寻常的交易：为了节省时间，他提前给予了这本书出版许可，但条件是他会亲自修改，然后将改好的每一页交到印刷所。这项工作将由国家科学院德高望重的院长切西侯爵协助。

协议一达成，伽利略就返回了佛罗伦萨，以躲避罗马的酷暑，他打算秋天再回来。但他离开后不久，切西侯爵就去世了。又过了几个星期后，瘟疫暴发，严格的检疫措施使得罗马和佛罗伦萨之间难以实现通信。这给伽利略提供了一个求之不得的机会，可以设法摆脱当初获得出版许可时所附带的条件：他要求这本书直接就在里卡尔迪掌控范围之外的佛罗伦萨印刷。忠诚的卡斯泰利再次在这个行动中起到了关键性的作用，往伽利略所受的嫌疑中又加入了些隐晦的暗示，"他不希望最重大的那些理由见诸白纸黑字"[29]——就像多年以前的那次，他夸大与大公爵夫人克里斯蒂娜的晚餐谈话的重要性一样。

里卡尔迪起初断然拒绝准许未经修改就在佛罗伦萨印刷此书。他要求伽利略将手稿送到罗马印刷。伽利略回答说检疫规定使得手稿无法安全送到，坚持要求最终修改由佛罗伦萨的审查官来完成。他寻求大公的支持（里卡尔迪作为佛罗伦萨人，需要向他效忠）。托斯卡纳大使尼科利尼和教皇秘书钱波利也施加了压力。巨人神父是尼科利尼家的常客。最终他美丽的表妹卡特琳娜在餐桌上用一瓶基安蒂红葡萄酒让他缴械投降。他同意除了必须送到他那里的序言和最后的结论性段落以外，该书可以在佛罗伦萨修改和印刷。

该书的修改由佛罗伦萨的审判官克莱门特·埃吉迪神父来完成。但是这位不合伽利略的心意，伽利略提议由斯特凡尼神父取而代之。里卡尔迪再次同意了。很显然斯特凡尼神父是完全受伽利略摆布的，因为他被这本书中"许多段落的谦卑和恭顺感动得落泪"。斯特凡尼做了一些格式上的修改，印刷在1631年年初就开始了。里卡尔迪对此有不祥的预感，仍然试图拖延时间，将序言和结论部分暂时扣下。伽利略等人再次请求了尼科利尼家的帮助。他们设法从他们这位表哥手里将修改后的序言和结论强扭了下来，按尼科利尼自己的话来说，里卡尔迪是在"被拽着头发"的情况下才同意的。就这样，1632年2月，《对话》的第一批印本出版了。

刚刚过去几个星期，乌尔班和宗教裁判所就发现他们被愚弄了。8月，该书被没收。10月，伽利略被传唤到罗马的宗教裁判所出庭。他以健康状况不佳等借口为由成功拖延了4个月；但到了1633年2月，他不得不动身了。和之前一样，他在托斯卡纳大使馆借住；但又过了3个月，什么都没有发生。直到4月12日，他才受到了宗教裁判所的第一次讯问。

毫无疑问，发起诉讼的决定来自乌尔班八世，他觉得伽利略诓骗了他。同样毫无疑问的是，耶稣会利用了他们的影响力，使得该书被禁，并让教皇转而反对其作者。除了与格拉西和沙伊纳神父团结一致之外，他们很可能还有另一方面的考虑，认为伽利略对第谷的折中系统的反对，会阻碍教会向着新宇宙学的逐步发展，而且他以对太阳黑子和潮汐的错误观点为基础进行的孤注一掷的赌博，可能被教堂内的反动势力所利用，打乱他们精心设计的宇宙战略。

然而无须耶稣会多费心计，乌尔班危险的奉承就转化成了被背叛的情人的愤怒。伽利略不仅是在文字和思想上违背了将哥白尼学说严格视为假说的协定，也不只是利用打擦边球的做法获得了出版许可，而且就连乌尔班最喜爱的论证也仅仅在书的最后才被简略地提及，还是出自那个从始至终都没有说对过的傻瓜之口。乌尔班甚至怀疑，辛普利西奥就是对他本人的影射。这当然不是真的，但乌尔班的怀疑在他的愤怒减退之后还持续了很长时间：

　　　我从罗马听说［在审判的3年之后伽利略写道］，红衣主教安东尼奥·巴贝里尼和法国大使已经见过了教皇陛下，并试图让他相信，我从来没有像我恶毒的敌人们所说的那样，意图如此的亵渎神圣之举，嘲弄教皇陛下，而这正是造成我所有这些麻烦的主要原因。[30]

在尼科利尼的文件中还可以找到更多的确证。其中强调乌尔班"被彻底激怒了，把这件事当作对他的个人攻击"[31]。文件还引用了乌尔班的"充满恨意的话"，说伽利略欺骗了他。

6. 审讯

对伽利略的诉讼程序开始，先是任命了一个特别委员会来调查整个事件。委员会的调查结果是：伽利略没有将哥白尼学说作为假说来对待，并且确实主张地球处于运动之中，因此违反了法令；他还错误地将潮汐现象归因于地球的运动；还有他一直掩人耳目，对宗教裁判所1616年给予他的"完全放弃上述观点……今后也不得以任何口头或书面形式持有、教导或捍卫它"的命令避而不谈。这第三点提到了委员会在档案中发现的关于送达绝对禁令的那份有争议的会议记录（见本书第410页及之后）。

委员会并没有建议针对伽利略采取任何具体措施。至于他的书，其内容被指控有8项罪状，但委员会建议，如果认为此书有价值，那么所有这些问题都可以得到纠正。这份报告随后送交宗教裁判所，以采取下一步行动。宗教裁判所于1632年10月签发了传票，次年4月12日第一次讯问了伽利略。

根据讯问程序的基本规则，控罪并没有被传达给被告；相反，程序是询问他是否知道或者猜到他为什么被传唤。伽利略说，他认为这是由于他的最新著作。总主教菲伦佐拉详细询问他1616年发生的事件。伽利略说，他被红衣主教贝拉明大人告知："哥白尼的观点，如果被彻底采纳，就违背了《圣经》，因此不可持有也不能捍卫，但是可以认定为假说加以使用。"他肯定地说，他"没有以任何方式违背这项命令，也就是说，没有以任何方式持有或捍卫上述观点"。审查官接着将1616年所谓的绝对禁止令读给他听，即伽利略"不得**以任何方式**持有、捍卫或教导该观点"。

伽利略没有直接否认绝对禁止令，但他说，他不记得"不得教导"和"以任何方式"。他指出贝拉明的证明中没有这些文字。审查官随后询问了有关出版许可磋商的整个过程。他问伽利略在申请《对话》的出版许可时，是否曾告知里卡尔迪神父他收到过当局签发的禁令。伽利略回答说，他不认为有必要这么做，"因为我在这本书中既没有持有也没有捍卫地球在运动而太阳不运动的观点，反而展现了与哥白尼学说相反的观点，并且指出了哥白尼的观点是站不住脚的，不是结论性的"。[32]

第一次讯问就这样结束了。

讯问后第5天，宗教裁判所任命检查该书内容的3位专家提交了他们的报告。历史学家们一致认为，他们的报告是准确、公正的。该报告引述了书中一段段文字，确凿无疑地证明了，伽利略不仅仅是将哥白尼的观点作为假说加以讨论，还教导、捍卫并持有这些观点，而且他还称那些不认同该观点的人是"思想上的侏儒""愚蠢的白痴"，"几乎不配称之为人"。

在白纸黑字的确凿证据之下，还嘴硬地咬定与书中所写恰恰相反的东西，这简直是飞蛾扑火。然而伽利略本已经有了好几个月的喘息时间来准备自己的辩护。这只能解释为伽利略对同时代人几乎病态的轻蔑。假称《对话》是对哥白尼学说的驳斥，这是公然的欺骗。无论在什么法庭上，他的案子都没有胜算。

接下来出现了一个意想不到的转折。这场闹剧的主要人物之一、宗教裁判所的总主教菲伦佐拉本人的话做出了最好的说明。在写给乌尔班的弟弟、红衣主教弗朗西斯科·巴贝里尼（他也是审判法官之一）的信中，他写道：[33]

> 按照教皇陛下的命令，我昨天向圣部最重要的大人们通报了伽利略一案，简要汇报了该案的情况。各位大人认可了迄今为止我们所完成的工作，并对案情进一步发展以及结案可能遇到的各种困难进行了讨论。尤其是伽利略在审讯中否认他所写的书中显而易见的事实，因为他的否认将导致有必要采用更严格的程序，并不得不忽略其他的考虑因素。最后，我提出了一个建议，要求圣部准许我与伽

利略庭外和解，目的是让他认识到自己的错误，如果他认识到的话，让他能够供认。这一建议起初似乎显得过于大胆，如果仅仅是与他辩论的话，实现这个目的的希望不大；但是，我表明了我提出这项建议所基于的理由之后，我获得了准许。事关紧急，我昨天下午与伽利略进行了对话。凭着神的恩典，在经过我们之间屡次的争论和答辩之后，我终于实现了目的，也就是说我使他完全认识到了他的错误，他也明确地承认他犯了错误，在他的书中太过分了。*而说这些话的时候，他都满怀感情，就像一个在意识到错误之后得到了巨大安慰的人，他也愿意在法庭上认罪。不过，他要求给他一点时间，考虑该如何供认才最为恰当，我相信，就其实质而言，他的供认将会按照上述的方式进行。

我认为我应该立即向阁下通报此事的进展，我尚未告诉给其他人，因为我相信教皇陛下和阁下将很满意此事能有如此进展，可能很快就能不费劲地解决了。法庭的名誉将不受影响，罪犯也有可能受到宽大处理；并且，无论最终达成什么样的判决，他都将认识到法庭给他的宽容，以及他所期望的其他满意的结果。今天，我想询问他，以获得上述的供认。如果我如我所希望地得到了他的供认，就只需进一步询问他的意愿，并接受他的有罪陈述。完成这些后，他可能会如阁下您跟我透露过的意思那样被软禁在自己的住所，对您我致以我最卑微的敬意。

您最卑微、最服从的仆人，

温科·达菲伦佐拉兄弟

罗马，1633年4月28日

这封信的意思不言自明：无论如何，对待神牛的传统仍在。

4月30日面谈后两天，伽利略被传唤进行第二次讯问，并问他是否有什么话要说。他的陈述如下：

---

* 我看到了桑蒂拉纳对总主教私下突然拜访被告伽利略的评论："这是伊万诺夫见鲁巴乔夫。"很是好笑。

　　我一天天不断地就本月12日对我进行的讯问进行回想和思考，尤其是关于16年前，宗教裁判所是否曾对我宣布了一项禁令，以禁止我"以任何方式"持有、捍卫或教导刚被谴责的关于地球运动和太阳不动的观点。在思考的过程中，我想到我应该仔细重读我出版的《对话》一书——我已经有3年未读过了——为了仔细注意是否在不经意间，违背了我最真诚的意图，从我笔下写出了什么令读者或当局可能会觉得我有所不服的一些污点，以及其他的一些可能令人以为我违反了教会的命令的细节。

　　在当局善意的许可下，我得以指派我的仆人，去为我拿到了一本我的书。书到手之后，我以最大的努力，用心研读，细细思考。因为我已经很久都未读过了，在我看来，这本书就像是一本别人新写的书。我坦率地承认，似乎有几处我阐述的方式可能会令不了解我真正目的的读者，把那些当初本是为了对其进行考量才表述出来的错误论证，当成了是要以其说服力来迫使人相信的东西，而我其实是因为其易于解决才如此处理的。

　　特别是其中的两个论证——一个是关于太阳黑子的，另一个是关于潮汐涨落的——确实，在读者的耳中听来，其鲜活、有力远远超过一个认为它们是不确定的理论并意图驳斥它们的人所应该给予它们的程度，而事实上，我当时确实认为它们是不确定的理论，是可以被驳斥的，我现在也如此认为。而我为自己陷入这样一个无心的错误之中所找的理由是，当一个人在为了反驳而复述对手的观点时，特别是在以对话录的形式进行写作时，他本应当以其最严格的形式来进行陈述，并且不为反对对手而掩饰这些观点。我对这个理由并不完全满意，于是，我又诉诸每个人对自己的小聪明和对自己在产生新颖的、貌似可信的论证——即便是支持错误命题的论证——这方面比一般人更得心应手而天然产生的自鸣得意。在这种情况下，尽管西塞罗曾说过，"我总是贪恋更多的荣耀"（avidior sim gloriae quam sat est），如果要我现在阐述同样的道理，我会毫无疑问地削弱它们，不让它们展现出它们实际上所没有的这种说服力。因此，我的错误——我承认——就是出于虚荣的目标、单纯的无知和疏忽。

这就是我在重读我的书时心里所想，也是我想说的关于这件事的话。[34]

当他完成这一陈述，审讯就结束了。可是伽利略被释放后，回到住处，又自愿写下了如下补充说明：

我希望能确证我所声称的我自己曾经没有、现在也没有认为地球运动和太阳不动这个被谴责的观点是正确的——如果能够如我所愿，准许我用必要的手段和时间来给出更清楚的论证的话，我已经准备好这样做了。现在就有一个好机会，因为在已经出版的书中几位对话者同意在一段时间后再次会面，来讨论几个与他们在会面中讨论过的论题并无联系的关于自然的问题。这给了我一个机会再加上一两"天"，我承诺继续进行之前支持上述观点的辩论——这个观点是错误的，之前就被谴责过的——并且运用神赐的最有效的方式对其进行反驳。因此，我恳请，法庭能协助我这样解决，使我能够如愿。[35]

我之前大肆批评过伽利略，但是现在我觉得不该随意批评他在宗教裁判所面前言行上的转变。他当时已经70岁了，他害怕。批评他夸大了自己的恐惧，他自我献祭式的提议（审查官们谨慎地对此不做回应，就当没有提出过）完全没有必要，这是毫无意义的。他的恐慌是出于心理上的原因：这是一个以为自己能够愚弄所有人，能愚弄教皇本尊的人，突然发现自己被"看穿"时不可避免的反应。他对自己是超人的信念被粉碎，他膨胀的自尊被戳破、被泄了气。用尼科利尼的话来说，他回到托斯卡纳大使馆时"半死不活的"。从那时起，他变得心灰意懒。

10天后，5月10日，他再次被传唤，出席一个纯粹形式上的审讯会，在会上他提交了他的书面辩护词。[36] 在第一部分中，他写道，"为了证明我的意图非常单纯，我的所作所为与任何掩饰或欺骗的行径都全然无涉"——他称自己对于1616年特别的绝对禁令全然不知情，还对此进行了一番煞有介事的论证。他的辩护词主要说的是：

> 那些在我的书中随处可见的错误，并非有任何隐藏的或不单纯的意图的精巧设计，而其实只是由于我的疏忽才见诸我笔下的，是由于我虚荣的目标和自鸣得意，想要表现得比大多数流行作家更为手法精妙而造成的。这一点我在另一份供词上已经交代。无论最尊敬的阁下们何时下达命令或给予许可，我都会孜孜不倦地改正这些错误。

最后是一项语气卑微的个人请求：

> 最后，我仍然想请求各位考虑一下我身体病痛的可怜状况，70岁的年纪，我已经遭受了10个月持续不断的心理焦虑，在气候最恶劣的季节的长途劳顿，再加上这些年的大部分时间由于我先前的健康状况所造成的损耗，我已经有觉悟了。我做出如此的请求，是因为我深信最可敬的阁下们、法官们的仁慈和善良；我希望他们满足我的愿望，出于对我的年迈的考虑——他们也能看出——可以将从他们至公的立场来看是正当的、因为我的罪过而在我所受的痛苦之上再另加些适当惩罚的决定予以免除。同样，我也请求他们考虑一下我的名誉，以防不安好心者的诽谤——他们一如既往地想要损害我的名誉。这从我不得不从红衣主教贝拉明那里获取这封信所附的证明即可看出。

剩下的审讯程序基本上就只是走过场了。在整个诉讼过程中，伽利略一直都受到了极大的关心和礼遇。与所有的先例不同，他并未被关押在宗教裁判所的地牢中，而是被允许作为托斯卡纳大使的客人留在美第奇别墅，直到第一次审讯之后。随后，他被正式移交给宗教裁判所，但并没有关进牢房，而是住在宗教裁判所的一套可以俯瞰圣彼得大教堂和梵蒂冈花园的五居室的房子里，还有他自己的贴身男仆和尼科利尼的总管家照顾他的饮食。他在这里从4月12日一直住到5月10日的第三次审讯。然后，在他的审讯结束之前，他就被允许搬回了托斯卡纳大使馆——这种做法，无论是在宗教裁判所的历史上还是任何其他司法程序中都是闻所未闻的。与传说中的说法大相径庭，伽利略从来没有在牢房里待过一天。

最终判决于6周之后才被公布。6月16日，下述决定被写入法令：

> ……教皇颁布法令，称伽利略将在酷刑威胁下被讯问他［写作《对话》］的意图；如果他执迷不悟的话，就传唤他在宗教裁判所圣会的全体大会上当众宣誓放弃，由圣会处置判处他监禁，并勒令他不得以任何方式，无论是口头或书面形式，继续探讨地球运动而太阳不动的观点；否则他会遭受再犯的处罚。这本题为《伽利略·伽利莱对话录》的书将被禁止。此外，由于这些东西可能已经众所周知了，他下令将判决书的副本发送给所有教廷大使、所有审查异端的检察官，尤其是佛罗伦萨的检察官，他们应该全体集会一同阅读判决书，并召集那些教授数学的人旁听。[37]

在做出这一决定的2天后，教皇公开接见了尼科利尼，暗示他宣判在即，并补充说：

> 不过，判决书公布后，你我还要再见面，一同协商如何让他尽可能少吃些苦头，因为这事不让他出点丑也过不去。

又过了3天，伽利略被传唤进行第三次也是最后一次审讯。在他宣誓后，他被问及关于两个宇宙体系他真正相信哪个。他回答说，1616年的法令之前，他曾认为，托勒密或哥白尼都可能在自然中是真实的，"但在该判决之后，经由当局的智慧确认后，我不再有任何的怀疑；我曾认为，现在也如此认为，托勒密的观点是最正确、最无可争辩的，也就是说，地球是静止不动的"。[38]

接着，他被告诉说，根据在《对话》中处理该主题的方式，以及仅凭他写了这本书这个事实，他被认定之前持有过哥白尼的观点，于是他再次被要求坦白直言。他回答说，他写这本书是为了阐述双方观点以示公平，他再次重申，"我现在并没有持有被谴责的观点，自当局的判决公布后就不再持有那个观点了"。[39]

他又第三次被告诫说，根据该书的内容，他被推定持有哥白尼的观点，或者至少在他写书的时候持有过该观点，因此"除非他已经决定说实话，否则将对他进行追索，以适当补救对法律的损害"。伽利略回答说："我现在没有持有哥白尼的观点，而且，自从对我下达命令要求我放弃此观点后，我就不再持有该观点了。至于其他的，我任由你们处置——请随意处置吧。"当他最后一次在酷刑威胁下被要求说实话，伽利略再次说道："就如我刚才说的，我听从一切命令，自从该决定宣布之后我不再持有这个观点了。"[40]

如果宗教裁判所是想毁掉伽利略，显然这个时候就可以把从他书中选取的大量片段——这些摘录此时就在法官面前的卷宗里——摆在他面前了，给他引述他说反对哥白尼学说的人是低人一等的傻瓜和侏儒的那些话，给他定一个伪证罪。然而，伽利略最后的回答刚完事，庭审记录这样写道：

"鉴于没有进一步的程序来执行该法令，他在证词上签字后被送回。"[41]

法官们和被告都知道他是在撒谎，但法官们和他也都知道酷刑威胁（territio verbalis）*只是一个形式，无法被执行。庭审也纯粹只是走个形式。伽利略被带回了五居室的房子，第二天法庭宣读了对他的判决书。[42] 10名法官中只有7名签了字。弃权的3位中有红衣主教弗朗西斯科·巴贝里尼，乌尔班的弟弟。《对话》一书被封禁；伽利略将宣誓放弃哥白尼的观点，被判关入"由宗教裁判所确定的正式监狱"，被判处在未来3年内，每周一次诵读7首悔罪诗。然后宣誓放弃书[43]被呈交给他，他大声朗读

---

* 不同于开普勒的母亲所受的酷刑威胁（territio realis），后者是把酷刑的刑具展示给被告看。

了。事情就这样完结了。

　　所谓的"正式监狱"就是在圣三一教堂大公的住所暂住，之后是在锡耶纳大主教皮科洛米尼的府邸暂住，在那里，据一位法国访客说，伽利略"在一间铺满了丝绸、装潢豪华的公寓"里工作。[44] 之后他回到了他在阿尔切特里的农场，然后他回到了他在佛罗伦萨的家，在那里度过了余生。经教会同意，朗诵悔罪诗篇的任务由他的女儿，加尔默罗修会的修女玛丽亚·莎莉丝特代为完成。[45]

　　从纯粹的法律角度来看，这个判决显然是判罚不当。如果我们仔细研读这些错综复杂的文字材料，就可以看出，他被判犯了两项罪行：其一，他违反了贝拉明的训诫和1616年的所谓正式禁令，并"故意不告知审查者自己所受的禁令，从而狡诈地非法获取出版许可"；其二，他使自己被"强烈地怀疑为异端，即相信并持有违反《圣经》的以太阳为宇宙中心的学说"。关于第一项控罪，那份援引了所谓的绝对禁令的文件其可疑性已经不必多说；至于第二项，以太阳为中心的宇宙系统从未被正式宣布为异端，因为无论是初审官的意见还是1616年圣会的法令，都没有得到教皇或基督教理事会绝对可靠的宣布确认。乌尔班本人不是还说，哥白尼的观点"不是异端，只是轻率"吗？

　　另一方面，这一判决通过声称伽利略曾表示哥白尼体系仅仅是"可能的"这一极大地避重就轻的说法，掩盖了书中的定罪证据。此判决同样也掩盖了伽利略一直在法官面前说谎、为自己做伪证，假装他写此书是为了反驳哥白尼学说，说他"既没有持有也没有捍卫地球运动的观点"等等的事实。重要的是，如果依法定伽利略的罪，那么他就会被彻底毁掉——而这并不是教皇或宗教裁判所的意图。与此相反，他们使了一个打法律擦边球的计谋。其用意显然是要考虑周全地宽大处理这位著名学者，但同时让他丢一丢面子，让人看看，就算是伽利略这样的人，也不可以嘲弄耶稣会、多明我会、教皇和宗教裁判所；最后，也是为了证明，尽管他摆出了一个无畏斗士的架势，但他并不是块当殉道者的材料。

　　伽利略遭受的唯一真正的惩罚，是他不得不公开宣誓放弃他的信念。另一方面，在50岁之前，伽利略都一直在隐藏这个信念，而在他的审判中，他曾两次提出给《对话》增加一章来反驳哥白尼学说。对于一位学者而言，在密涅瓦修道院的教堂里，当着那些知道这是一个强制仪式的人的面公开宣布放弃信仰，当然远远没有发表一部违背自己信念的科学作品那么丢脸。在后人的眼中，这个违反常理的故事的不可思议之处之一就是，宗教裁判所这样做事实上是给伽利略留了些面子——当然是无意而为之的。

审讯结束后不久，一本被禁的《对话》被偷运了出去，送到了开普勒在斯特拉斯堡的老朋友，忠诚的贝内格尔手中。他安排将该书译成拉丁语，该译本于1635年出版并开始在欧洲广为流传。一年后，贝内格尔也将《致大公爵夫人克里斯蒂娜书》的意大利语和拉丁语版本在斯特拉斯堡安排出版了。

审讯之后的那一年，伽利略写出了令他获得真正的不朽声誉的著作：《关于两门新科学的对话》。到头来，已过七旬的他重新找回了他真正的事业：动力学。他在1/4世纪之前放弃了它，开始为宣传他只有一知半解的日心说天文学而奋斗。这一斗争已经以惨败收场。现代物理学就是从这一片狼藉中诞生的。

这本书于1636年完成，当时伽利略已经72岁。他不指望能在意大利获得出版许可，因此手稿被偷运到莱顿，由埃尔塞维尔出版社出版。但它也有可能是在维也纳印刷的，因为它在维也纳获得了许可，很可能在耶稣会保罗神父的斡旋之下取得了皇帝的首肯。

第二年他的右眼发炎而失明，到年底双眼就都看不见了。

> 唉！［他写信给他的朋友迪欧达第］你的朋友和仆人伽利略已经无可救药地瞎了一个月了，所以通过我超乎古代智者的想象的奇妙发现和清晰的演示放大了10万倍的这天、这地、这宇宙，从今以后，对我而言，就被收缩到了狭小得只有我自己身体感觉的空间之中。[46]

然而，他继续口述，往《关于两门新科学的对话》里添加新的章节，并接见了源源不断前来拜访的贵宾——其中就包括1638年前来拜访的弥尔顿。

他享年78岁，于1642年去世（当年牛顿出生），去世时身边有他的朋友和学生——卡斯泰利、托里拆利、维维安尼。

他的遗骨没有像开普勒那样被抛撒在风中，而是被安放在佛罗伦萨的万神殿，即圣十字教堂里，在米开朗琪罗和马基雅维利的遗骨旁。他的墓志铭是后人给他写的："但它仍然在动"（eppur si muove）——这句名言他从来没有在审讯中说过。他的朋友们想在他的墓前树起一座纪念碑，乌尔班告诉托斯卡纳大使，这将给世人带来一个坏榜样，因为这位逝者"给整个基督教世界带来了最大的丑闻"。这就是"危险的奉承"的结局，也是思想史上最糟糕的一段插曲的结束，因为正是伽利略考虑不周的斗争败坏了日心说系统的名声，促成了科学与信仰的分离。*

---

* 在前面章节我所表达的观点得到了一个意外的确认，但因为本书的校样已经印出，我只能简要提及。一个众所周知的事实是，16、17世纪在中国的耶稣会传教士对北京的宫廷产生了极大的影响，首先是因为他们作为天文学家的效劳；但我惊讶地发现，从17世纪末起，他们所讲授的天文学就是哥白尼的宇宙体系。因此，地球运动的学说在中国和日本的迅速传播主要是由于在罗马的宣传圣部管理下工作的耶稣会。参见博莱斯瓦夫·什切希尼亚克（Bolesław Szcześniak），《哥白尼的理论对日本封建社会的渗透》（"The Penetration of the Copernican Theory into Feudal Japan"），皇家亚洲学会期刊（*Journal of the Royal Asiatic Society*），1944年，部分Ⅰ和Ⅱ；以及 C. R. 博克瑟（C. R. Boxer），《日本的荷兰人》（*Jan Compagnie in Japan*），海牙，1936年，第52页之后。

3

牛顿的综合

1. 乱珠一盘

在本书的开篇（距本故事2300年前），我将公元前6世纪基督教时代的希腊知识界比作了一支正在调音的管弦乐队，每个乐手都沉浸在他自己的乐器中，等着乐队指挥入场。在基督教化的17世纪，科学的第二个英雄时代中，这种情况又再次上演了。将这个乐队拢到一起，并从哀怨的不和谐之音中创出新和声的这位乐队指挥，正是艾萨克·牛顿。伽利略去世的11个月之后，他于1642年的圣诞节那天出生。

本书对于人类宇宙观的研究可以在牛顿这里结束，原因是，尽管他已经去世两个多世纪了，我们对宇宙的看法仍然大体上是牛顿式的。爱因斯坦对牛顿引力公式的修正非常微小，目前只涉及专业层面。现代物理学两个最重要的分支，即相对论和量子力学，迄今尚未被纳入新的宇宙综合（universal synthesis）之中，因此爱因斯坦理论的宇宙意义仍未成形，具有争议。尽管有各种有关空间曲率、时间的相对性、星云的远离等令人不安的流言存在，在新的大师出现之前，或是在太空旅行能带给我们关于宇宙环境的新观测数据之前，宇宙的蓝图基本上仍然是牛顿为我们绘制的。从巴比伦的星神到希腊的水晶球再到中世纪的封闭宇宙，经过这漫长的旅程之后，我们的想象力暂时得到了休息。

最近250年来人类经历了前所未有的变化，牛顿在其中所享有的影响力和权威，只有之前2000年中的亚里士多德可以相比。如果要用一句话总结关于宇宙的科学观的历史，那么我们只能说，在17世纪之前，我们的宇宙观都是亚里士多德式的，之后则是牛顿式的。哥白尼和第谷、开普勒和伽利略、吉尔伯特和笛卡尔，居住在这两人之间的无人地带——在两片宽阔平原之间的一块高地上；他们令人联想到湍急咆哮的山涧，一条条山涧的汇合最终产生了牛顿思想那磅礴、壮阔的江河。

遗憾的是，我们对牛顿的头脑如何工作以及他实现其伟大的综合所使用的方法知之甚少。我将不会讲述他的个人生活。关于牛顿的文献浩若烟海，试图为此添砖加瓦将是一项单独的任务。与此相反，我将简要描述年轻的牛顿眼前所见的各个零散的宇宙学拼图碎片。他是如何成功地认识到这些奇怪的杂乱碎片是属于同一幅拼图的拼片，又是如何设法将它们组合在一起的，我们并不知道。他所实现的就像是一场爆炸的逆向过程：当一枚炮弹爆炸时，它光滑、发亮的匀称主体就碎裂成了锯齿状的不规则碎片。牛顿找到了碎片，使它们组成一个飞行中的、严丝合缝而又简单紧凑的弹体，它简单得似乎不言而喻，紧凑得随便哪个文法学校的中学生都可以将其握在手中。

以下就是在开普勒去世后30年、伽利略去世后20年的17世纪60年代，牛顿所面对的拼图中的一部分。其中的关键就是开普勒的天体运动定律和伽利略的地球物体运动定律。可是，这两块拼图并不能拼合到一起（就像现在的相对论和量子力学）。在开普勒模型中驱动行星的那些力经不住物理学家的审视。反之亦然，伽利略的落体和抛物定律与行星或彗星的运动也没有明显的关系。开普勒认为，行星按椭圆形轨道运动；伽利略认为，它们按圆形轨道运动。开普勒认为，行星由旋转的太阳所发出的力的"轮辐"所驱动；伽利略认为，它们根本没有被驱动，因为圆周运动是永存永续的。开普勒认为，行星的惰性或惯性使它们倾向于落在后面；而伽利略认为，惯性原理使它们持续以圆形运动。"乱珠一盘，全无连贯"（'Twas all in pieces，all cohesion gone）。

前牛顿时代的最后一位伟人笛卡尔则使这一切更加混乱。他认为，惯性不是使物体以圆形持续运动，而是以直线持续运动。这是所有观点中最令人费解的，因为天体可能会以圆形或椭圆形运动，但肯定不会沿直线运动。笛卡尔因此认为，行星是在无处不在的以太旋涡中被拖着旋转的——这算是一种对开普勒的旋转、拖曳的扫帚的详细阐释。[1]

这样一来，对于这两个问题，当时的人们就有了完全不一致的意见，即（a）驱动行星旋转并使它们保持在轨道上的力的本性，（b）在广袤太空中，没有受到外力作用的物体会如何。这些问题与人们口中的"重量"到底是什么意思、神秘的磁力现象，以及物理学新出现的复杂概念"力"和"能量"等等都是纠缠在一起的。

2."重量"是什么？

望远镜观测显示，月球表面和地球一样凹凸不平，太阳常常爆发太阳黑子。这导致越来越多的人开始相信天体具有地球物体的性质，而其运动方式也会与地球上的物体趋同。地球上所有物体最显著的共同性质就是有重量——即向下压或向下落的趋势（除非被更重物体的压力向上推）。在之前的哲学中，这一点得到了圆满的解释，即地球上的每个物体都倾向于向宇宙中心运动或是远离它——而天空中的物体则遵循一些与此不同的规律。在新哲学中，这种二元论被否定了，地球处于宇宙中心的位置也同样被否定了。但是，新的哲学虽然摧毁了旧的常识观念，却没有给它所提出的问题提供答案。如果月球、行星和彗星与地球上的物体性质相同，那么它们也必须有"重量"。但行星的"重量"到底意味着什么，它压着什么或它会往哪里掉落？如果石头落到地上不是因为地球位于宇宙中心，那么为什么石头会下落？

顺便一提，我们中的一些逻辑实证主义者如果回到17世纪，会甩手将行星"有多重"这样的问题斥为毫无意义的，如果当时是他们的态度占了上风的话，那么科学革命就不会发生了。碰巧的是，这场运动的领导者们那时候都在设法以自己的方式从这种两难之中挣扎出来，并没有太关注语义上的纯洁性。哥白尼曾试着提出太阳和月球上的物体和地球上的物体一样具有重量，这个"重量"指的是所有物质要围绕一个中心形成球形的趋势。伽利略则认为"重量"是所有地球物质都有的一种绝对的性质，它不需要原因，实际上与惯性不可区分；而天体的"重量"在某种程度上等同于沿着圆形轨道持续运动的性质。开普勒是第一个将"重量"解释为两个物体之间的**相互吸引**（mutual attraction）的人，他甚至还假定在空间中不受其他外力影响的两个物体，会相互接近并在中间的某点相遇，其中每个物体所经过的距离与它们的质量成反比，他还正确地将潮汐归因于太阳和月球的吸引。然而，正如我们已经讲到的，在关键时刻，他又在具有引力的"宇宙灵魂"这个神奇的念头面前退缩了。

3. 磁性的困惑

威廉·吉尔伯特的理论将地球视为一块巨大的磁石，这一理论增加了人们的困惑，并引起了轰动。开普勒据此将太阳对行星的作用认定为一种"磁性"的力。在磁力和引力之间产生这种混淆是非常自然的，而且确实是合乎逻辑的，因为对于物质在一个无须接触或介质的超距的"力"的影响下相互结合的这种神秘趋势，磁石是唯一具体而有形的证明。因此，磁铁成了超距作用力的原型，为万有引力铺平了道路。如果没有吉尔伯特博士，人类可能根本无法做好准备，把"重量"就是物体向着中心下落的自然趋势这个传统朴实的观念，替换为物体在空间中彼此抓取的这个前卫性概念。磁学证明，令铁屑冲向磁铁的这种如鬼魂在抓取东西一般的神秘力量就像石头冲向地球一样是事实；大约半个世纪以来，这两种现象被认定为或被视为连体双胞胎。此外，"磁性"（magnetism）一词被用于更广泛的比喻意义，它具有一种非常迷人的模糊性，就像是另一个具有双面性的中介，既属于精神世界也属于物质世界。一方面，磁铁发出的能量，如精确科学所要求的那样，"没有错误……快速、明确、恒定、有方向、有动力，是强制性的、和谐的"；另一方面，它又是能动的、活生生的东西，它"像一种灵魂"，不，它就是"地球的灵魂"，是地球"自我保全的本能"。"地球散发的磁性就像一只伸出来的手臂，环绕住被吸引的物体并将它拉到自己身上。"这只手臂"一定很轻盈，而且是属灵的，才能进入铁里面"，但同时它也必须是物质性的——一种稀薄的以太。[2]

再次提及，尽管表达的语言没那么富有诗意，这种两面性也同样存在于当代的物质理论中，物质既是粒子，也是波，其具体所是取决于它呈现的是哪一面。自吉尔伯特以来，磁力、引力和超距作用力那令人困惑的神秘感一点也没有减少。

为这种不可避免的困惑而挠头的不止开普勒一个。伽利略也认为吉尔伯特已经就为什么地球的轴总是指向空中的同一个方向给出了解释——地轴不过就是一种磁针。就连现代化学之父罗伯特·波义耳——也是牛顿的主要影响者之一——也认为引力可能来自地球上散发出的"磁性蒸汽"。

其中，只有同时代人中最执着于怀疑和逻辑的那位，才拒绝接受磁力、引力以及任何形式的超距作用，那就是笛卡尔。笛卡尔让物体坚持其直线运动，而不是做伽利略所说的圆周运动，这向前迈出了决定性的一步。*同时，他将磁力和引力解释为以太中的旋涡，从而也向后退了同样重要的一步。笛卡尔承诺仅以物质和广延来重建整个宇宙，他创立了最精妙的数学推理工具，解析几何。其思考方法前所未有地彻底，这使他堪称前无古人的科学革命的罗伯斯庇尔，但就连他也不惜让所有空间充满怪异荒诞的旋涡和涡流，以此为代价来拒绝了隔空作用的引力，这足以凸显出牛顿是多么大胆无畏。就像碰触到了引力概念却将它踢开的开普勒和否认月球影响潮汐的伽利略一样，笛卡尔开放包容的头脑也被鬼魅般的手臂隔空捉物的想法吓得退缩了——在"万有引力"抑或是"电磁场"被尊以令人迷醉、沉默的地位，将它们是披着物理学的数学语言外衣的形而上学概念这一事实掩盖起来之前，彼时没有成见的头脑难免会这样做。

4. 引力登场

这些就是牛顿面前散乱的拼图碎片：有关于在没有干扰力的情况下，

---

* 牛顿的第一运动定律事实上是由笛卡尔构想出来的。

空间中的物体行为的对立理论；有关于使行星运转的力的对立理论；有关于惯性和动量、重量和自由落体、引力和磁力的晦涩的资料残篇；还有关于宇宙中心的位置以及它是否有中心的疑问。比这些都重要的，则是对于《圣经》中的上帝在这个图景中占据何种地位的疑问。

有一些语焉不详、方向正确的猜测，但没有严格的论证支持。例如，法国数学家吉尔斯·佩隆·德·罗伯瓦尔在伽利略去世1年后提出，宇宙中所有物质都曾被聚集在一处；另外，如果没有以太作为一种衬垫撑着的话，月球就会落到地球上。继承了伽利略在比萨大学的教职的乔瓦尼·博雷利采纳了古希腊人的一种观点，即认为月球的表现就像是"一块吊索上的石头"，令其飞舞的力使它不会落到地球上。但他也是自相矛盾的，因为他和开普勒一样相信，月球是在被一只看不见的扫帚推着以圆形轨道旋转，也就是说，月球没有自己的动力。那么它为什么会飞离呢？

1666年，24岁的牛顿找到了解决的关键，但接着他的兴趣转向了其他问题，直到20年后，他才完成了他的综合。唉，可惜我们无法像在讲述开普勒时那样，重现他在雅各的天梯上与那在天梯上守护着宇宙秘密的天使的纠缠，因为牛顿对他的发现史并没有谈太多，而他所给出的为数不多的那些信息看起来更像是事后合理化的说法。而且，其中一部分思考过程是由皇家学会的圈内人——胡克、哈雷、克里斯托弗·雷恩等——集体完成的，其中还受到了荷兰的惠更斯等相似思想者的影响。因此，我们不可能确切地知道中间的哪一步是由哪一位迈出的。

我们同样无从得知，引力定律，即声称引力与相互吸引的物体的质量成正比并随距离的平方而减小的这一理论，其基石是在什么时候，于什么样的确切情形下被定下来的。这个说法早在1645年就由布里奥提出了，但当时尚没有切实的证据。也许它是经由与光的传播进行类比而推断出来的，如开普勒所说，光的强度也是随距离的平方而减弱。另一个说法是它是由开普勒第三定律推导而来的。牛顿本人说，他通过计算抵消月球离心力所需的力，从而找到了这个公式——但这听起来并不完全令人信服。

种种细节我们无从确定，但大致的轮廓十分清晰。凭借真正的梦游者的信心，牛顿避开了原野上密布的饵雷——磁性、圆周运动的惯性、伽利略的潮汐、开普勒的扫帚、笛卡尔的旋涡，却故意走进了貌似最致命的陷阱——像圣灵般无处不在、充斥整个宇宙的超距作用。这一步之巨大，可以形象地用这个事实来说明：一根直径相当于地球直径的钢缆也不足以将地球保持在轨道上。然而，将地球保持在轨道上的引力从太阳出发，穿过9300万英里的空间而不经任何物理介质传导而来。[2a] 牛顿自己的话更是摆明了这个悖论，这话我之前已经引用过，但它值得再被重复一次：

> 不可思议的是，纯然的、无生气的物质竟然能在没有某种非物质的东西介入的情况下，不经由相互接触而对其他物质施加作用和影响。……这就是为什么我希望你不要把固有的引力归于我名下的根本原因。认为引力是物质天生的、固有的本质，因此一个物体可以不需要任何其他东西的介入，在真空中，从一定距离之外，对另一个物体产生作用，并且可以通过这种方式将运动和力从一个物体传递给另一个物体，这对我来说实在荒谬，我相信任何一个在哲学问题上具有思考能力的人，都绝不会相信。引力必定由某种动因（agent）根据某些法则持续地进行作用才会产生；但至于这个动因是物质的还是非物质的，我且留给我的读者来思考。

他所说的"动因"是指星际间被认为在以某种方式传递引力的以太。但人们对它是如何做到这一点的仍然没有解释；而且，以太究竟是某种物质的还是非物质的东西，也依然是个悬而未决的问题——不仅在读者心中是如此，显然在牛顿心中也是如此。他有时称之为媒介，但有时又使用"精神"（spirit）一词。因此，在牛顿的引力概念中，同样存在着（但没有明确说明的）含糊性——这种含糊性我们在开普勒将"力"用作一个兼具有灵论和机械论的概念时曾注意到。

这个概念所面对的另一个严重问题就是：一个充满引力的宇宙应该会塌陷，也就是说，所有的恒星都会撞到一起，发生一种最终的宇宙超级爆炸。*这个难题确实无法解答，牛顿也找不到其他答案，只好让上帝来对抗引力并将群星保持在其现在的位置：

> 虽然物质最初被划分为若干系统，每个系统都和我们的系统一样由神的力量创建，但是外部系统会向中央系统下降；所以如果没有神力的保护，这整个架构无法维持……[3]

我们只有将牛顿引力学说的内在矛盾及其形而上学的含义都明明白白地摆出来，才能认识到将引力作为宇宙学基本概念所需要的巨大勇气——或者说是梦游者将其作为宇宙学的基本概念所需要的强大信念。这是思想史上最孤注一掷、最广泛的概括，在其中，牛顿令整个宇宙空间充满了连锁的吸引力：它们从一切物质微粒中散发而来，穿过无边的黑暗渊薮，又作用于一切物质微粒。

但就其本身来说，用"宇宙引力"（gravitatio mundi）来取代"宇宙灵魂"（anima mundi），这本来可能就只是一个奇思异想或者诗人的宇宙幻梦。至关重要的成就是用精确的数学术语来表达它，并证明该理论与我们观察到的宇宙体系的运行是相符合的——月球围绕地球运动，几大行星围绕太阳运动。

5. 最终的综合

牛顿的第一步是去通过想象来达成历史所未能达成的事：将开普勒和伽利略聚在一起。更确切地说，将半个开普勒与半个伽利略合在一起，丢弃两个人各自多出来的另一半。

这个相汇点就是月球。21岁早逝的英国神童，年轻的耶利米·霍罗克斯曾将开普勒定律应用于月球的轨道。这为牛顿提供了他的综合的一半。他又在伽利略的地球附近的抛物运动定律中发现了它的另一半。**牛顿**

---

* 没有发生这种情况的原因在于恒星、星系和星云的巨大距离和相对速度，而这些牛顿并不知道。

通过伽利略的抛物轨道确定了开普勒的月球轨道，这个轨道不断倒向地球，但是由于它处在快速的向前运动之中，它永远也无法触碰到地球。在他的《论宇宙的系统》中，他进行了如下的推理：

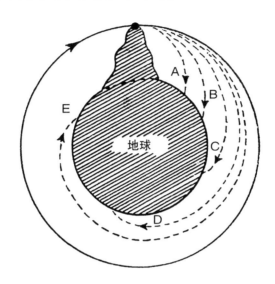

　　如果一个抛射物从山顶发射出来，它将由于地球引力而偏离其直线轨道。根据被赋予的初始速度，它将遵循曲线 A、B、C、D 或 E；如果初始速度超过某个临界值，抛射物将描绘出一个圆形或椭圆形"并返回它发射出来的山顶"。而且，根据开普勒第二定律，"它返回山顶时的速度不会低于它的初始速度，并且它将以相同的速度，根据同样的法则反复描绘出相同的曲线……持续地在天空中旋转，就像行星在轨道中的运行一样"。也就是说，通过思想实验，牛顿早在技术可以实现之前就推演出了人造卫星。

　　可见，牛顿天体力学的基本思想就是两个力的相互作用：将行星拉向太阳的引力和对抗引力的离心力。其通常的展示方法是在一根绳子末端系一块石头，并令其旋转。保持绳子拉紧的力是石头的离心力；保持石头在其轨道上的绳子的内聚力体现的就是引力。

　　为什么行星遵循椭圆形而不是圆形轨道呢？用一句简单的话来说，这是因为当我抡转一块石头时，绳子的长度是固定的，它并不会伸

长 —— 而太阳引力的牵拉却是因距离而异的。因此，被绳子系着的石头会以正圆形旋转，而行星只有在它的切向速度和由此产生的离心力恰好抵消了太阳的引力的情况下才会以正圆形旋转。如果它的速度比所需的速度小，那么行星将以逐渐变小的螺旋形轨道围绕太阳旋转并最终落到太阳上，就像陨石盘旋着落到地球上一样。如果行星的速度恰恰"刚好"，那么它就会依亚里士多德理论的说法以正圆形旋转。但是，如果它的速度大于所需的速度，行星将不是以圆形而是以椭圆形旋转。其切向速度相比于引力越大，该椭圆的形状就越狭长；直到它的一端向无限远处拉开，椭圆形变成一条抛物线 —— 一些来自太空深处的彗星会被太阳吸引而偏离其轨道，但又不足以被捕获，于是又再次退入无限空间，它们的轨道就是抛物线。

用数学解释行星为什么会以椭圆形运动很容易，如果不用数学，我们可以把这种机制想象成引力和离心力之间的一种拔河。如果连着旋转的石头的绳子是由有弹性的材料制成的，我们可以设想它会交替地伸长和缩短，从而使石头的轨道成为一个椭圆。* 或者，也可以将这个过程想象如下。当行星接近太阳时，它的速度增加。它快速从太阳旁边经过，但是此时，引力的力量使它旋转起来，就像一个跑步的孩子抓住一根柱子并开始围绕它旋转一样，于是行星现在开始朝相反的方向继续运动。如果它在助跑时的速度恰好等于它不至于落向太阳所需的速度，那么它将以圆形继续运动。但是由于它的速度要比这更快一点，其速度减慢的过程会使它的轨道变得狭长，行星在太阳引力的控制下速度减慢，看起来就好像轨道慢慢向内弯曲了；直到通过远日点后，轨道曲线再次接近太阳，整个循环再次开始。

椭圆形的"偏心率"是它偏离圆形的程度。太阳系的共同起源使得它们的切向速度几乎完全平衡了引力，因此行星的偏心率很小。

但到目前为止，这一切都还只是推测，而纯粹推测性假说的时代已经过去了。假定月球不断地向着地球"下落"，就像一个抛射物或者乌尔

---

* 弹性阻力和引力之间的类比当然是非常错误的，但它可能有助于让读者获得椭圆形轨道的"感觉"。

斯索普花园里著名的苹果一样 —— 也就是说，假定地球的引力能远及月球，太阳的引力能远及行星，星际空间确实被引力"填满"或"充满"了，这是一个狂放的猜想。要想把这个狂放的猜想转化为科学理论，牛顿必须要提供严格的数学证明。

也就是说，（a）他必须计算月球的离心力；[4]（b）他必须计算地球需要施加在月球上的引力；（c）他必须证明，这两种力的相互作用产生的理论上的轨道与我们观测到的月球轨道相一致。

为了开展这项工作，他必须首先确定地球的引力随距离增加而减少的比率。苹果从树上落下，已知的加速度为每秒约10码。但遥远的月球对地球的加速度是多少呢？换句话说，他必须发现引力定律，即引力随距离平方而减小。第二，他必须知道地球与月球距离的确切数值。第三，他必须裁定，用一种抽象的方式处理地球和月球这两个巨大的球体，把它们的整个质量集中在一个中心点上是否合理。最后，为了减少数学计算上的麻烦，月球的轨道必须被视为圆形而不是椭圆形。

由于所有这些困难，牛顿最初的计算只与事实"差不多"符合。这还不够理想。在近20年的时间里，他放弃了整个问题。

在这20年间，让·皮卡德到卡宴的远征提供了关于地球直径及月地距离的更精确数据；牛顿创制了自己的极限微积分，这是解决这个问题不可或缺的数学工具；哈雷-胡克-雷恩三人组继续拼出了更多的图块。这个管弦乐队现在已经到了能听出来所有的乐器在演奏某一个曲子的阶段，现在只需要乐队指挥的指挥棒一敲，就可以使每个部分各就其位。

1686年，在哈雷的激励下，牛顿完成了他最终的综合。他计算出了地球对月球的引力，并表明这个引力结合月球自身的离心力，是符合我们观测到的月球运动的。接下来，他计算出了太阳对行星的引力，并证明了一个随距离平方减小的引力所产生的轨道就是一个开普勒椭圆形，太阳是其中一个焦点；而反过来，椭圆形轨道需要引力遵循平方的反比。开普勒第三定律将行星周期的长度与它们到太阳的平均距离相关联，这成了这个系统的基石；而第二定律 —— 相同的时间内扫过的区域面积相等 —— 现在则被证明对于任何中心力轨道（central orbit）都适用。彗星被证明以非常狭长的椭圆形或抛物线轨道运行，并飞入无限远的空间之中。牛顿还证明了地球表面上的任何物体都表现为好像地球的整个质量都集中在它的中心一样，这使得我们可以将所有天体都视为数学意义上的点。最后，宇宙中所有可观察到的运动都被还原为4个基本定律：惯性定律，外力下的加速度定律，相互作用和反作用定律，万有引力定律。

奇迹已经完成。这些碎片在这次反向的爆炸中飞到一起，聚合成一个光滑、紧凑、单纯的东西。如果邓恩还活着，他也许会将他的挽歌变为凯歌："万物一体，一切凝聚（'Tis all in one piece, all coherence now）。"

自巴比伦人的时代以来，太阳、月球和5颗行星的运动就一直是宇宙学的主要问题。现在这些天体都被证明遵循相同的简单法则，太阳系被认为是一个整体的单元。天文学和天体物理学的迅速发展很快让人们进一步认识到，这个整体单元仅仅是更大单元的一个分部：我们的星系有数百万颗与太阳性质大致相同的恒星，其中一些毫无疑问也被行星包围；而我们的星系也只是在处于不同演变阶段的星系和星云中的一个，它们全都遵循相同的普遍法则。

但这些后话与我们的书关系不大了。随着牛顿的《自然哲学的数学原理》于1687年出版，宇宙学成了一门学科化的科学。现在，我们关于人类不断演变的宇宙观的叙述必须要结束了。柏拉图的洞穴墙壁上，群星乱舞所投下的婆娑的阴影，平复成了一支高雅端庄的维多利亚时代的华尔兹舞曲。所有的奥秘似乎都已经从宇宙中消失了，神性被降为立宪君主的一部分——由于体面而继续存在，但并不具备真正的必要性，对事物的发展也没有影响。

这个故事的可能影响仍然有待讨论。

第四、第五部年表

年份	第谷·布拉赫	伽利略	开普勒
公元1546年	12月14日出生于克努特斯楚普		
公元1559—1572年	在丹麦、德国、瑞士学习		
		1564年2月15日出生于比萨	
			1571年5月16日出生于魏尔镇
公元1572年	第谷新星的出现		
公元1576年	获得汶岛		由祖父母抚养
公元1581年		被比萨大学录取	"在乡间努力劳作"
公元1584年			进入初级神学学校
公元1589年	在汶岛工作	被任命为比萨大学数学系讲师	被图宾根大学录取
公元1592年		任帕多瓦大学数学教授	
公元1593年			格拉茨州级学校数学教师
公元1597年	离开汶岛	写信给开普勒，支持哥白尼的理论	发表《宇宙的奥秘》
公元1599年	被任命为鲁道夫二世的皇家数学家		被驱逐出格拉茨。学校关闭
公元1600—1601年	第谷、开普勒的合作		开普勒在贝纳特基和布拉格
公元1601年	10月13日在布拉格去世		被任命为第谷的继任者

年份	伽利略	开普勒
公元 1609 年		发表《新天文学》（第一和第二定律）
公元 1610 年	望远镜发现。《星际信使》。被任命为科学家·美第奇二世的宫廷"首席数学家和哲学家"	《与〈星际信使〉的对话》
公元 1611 年	成功访问罗马	《折射光学》
公元 1612 年	撰写《论太阳黑子》	鲁道夫去世；离开林茨。被逐出教会
公元 1613 年	撰写《致卡斯泰利书》	
公元 1614 年	卡奇尼劝诫伽利略学派	
公元 1615 年	洛里尼谴责伽利略学派。伽利略在罗马。潮汐理论	对其母亲的诉讼程序开始
公元 1616 年	哥白尼著作被禁，"直至被修正"。伽利略被指示放弃哥白尼学说	
公元 1618 年	关于彗星的争议开始	三十年战争爆发
公元 1619 年		《世界的和谐》出版（第三定律）
公元 1620 年	哥白尼的著作经微小的修改后被允许阅读	母亲被捕
公元 1621 年		母亲被无罪释放；去世。《哥白尼天文学概要》出版
公元 1623 年	巴贝里尼成为乌尔班八世。《试金者》出版	

伽利略

公元1625年	开始撰写《对话》
公元1626年	
公元1627年	
公元1628年	
公元1630年	《对话》完成。进行关于其发行的谈判
公元1632年	《对话》出版并被禁。伽利略被召住罗马
公元1633年	审判伽利略
公元1637年	双目失明
公元1638年	《关于两门新科学的对话》在莱顿出版
公元1642年	1月8日在阿尔切特里去世

开普勒

开始印刷《鲁道夫星表》

林茨被围困。印刷所被毁。逃往乌尔姆

《鲁道夫星表》印刷完成

飘忽不定的旅行。在萨根的华伦斯坦那处获得职位

撰写《梦》。最后一次到雷根斯堡。11月15日去世

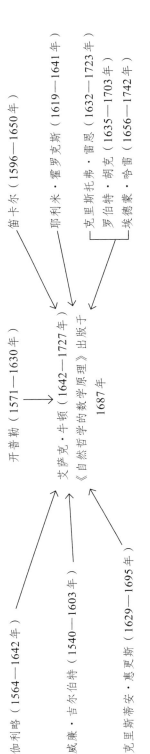

伽利略（1564—1642年）

威廉·吉尔伯特（1540—1603年）

克里斯蒂安·惠更斯（1629—1695年）

开普勒（1571—1630年）

艾萨克·牛顿（1642—1727年）

《自然哲学的数学原理》出版于1687年

笛卡尔（1596—1650年）

耶利米·霍罗克斯（1619—1641年）

克里斯托弗·雷恩（1632—1723年）

罗伯特·胡克（1635—1703年）

埃德蒙·哈雷（1656—1742年）

尾 声

我认为，在宗教中若没有太多的不可思议，人就难以对它产生积极的信仰。

——托马斯·布朗爵士

1.心智进化的陷阱

我们习惯于将人类的政治和社会历史视为一条在进步与失败之间交替的曲折之路，而认为科学史是一个稳定的、累积的过程，表现为一条不断上升的曲线，每个时代都为过去的思想遗产增添了一些新的知识，使科学的殿宇一砖一瓦地发展到更高的高度。或者，我们将之视为一种"有机体式的"发展，从充满魔法和神话的文明的婴儿时期，经过青春期的各个阶段，直到超然、理性的成熟期。

事实上，我们已经看到，这种发展既不"连续"也不"有机"。自然哲学的演化历经了偶尔的跳跃，间或夹杂着对妄念的追求，在死胡同中碰壁，种种的倒退，以及一段段盲目和健忘发作的时期。决定其发展历程的重大发现有时候是追逐了好几只完全不同的野兔后出现的意想不到的副产品。还有些时候，发现的过程只是在清除阻塞道路的垃圾，或者在以不同的模式重新排列现有的知识。疯狂的本轮装置一直持续了2000年。15世纪的欧洲所掌握的几何学知识比阿基米德的时代还要少。

如果历史发展是连续而有机的，那么我们所知道的东西，如数论或分析几何学，都应该在欧几里得之后几代人的时间内就已经被发现了。因为这种发展并不依赖于技术进步或对自然的征服，数学的整个语料库可以说已经存在于人类头脑中的计算机的100亿个神经元之中了。迄今为止，人脑被认为在结构上已经保持了大约十万年的稳定。知识的不平稳的以及（大体上来讲）非理性的发展，可能与智人没能正确使用演化赋予他的这一器官有关。据神经学家估计，即使在现阶段，我们也只使用了大脑内置"电路"的2%或3%的潜能。从这个角度来看，发现的历史就是对错综复杂的人类大脑中那未知的阿拉伯半岛的随机穿透中的一项而已。

这真是一个有意思的悖论。所有物种的感官和器官都根据适应性需要（通过突变和选择）而演化，解剖学结构中的新变异在很大程度上由这些需求决定。大自然满足生物的要求，给它们更长的脖子，能啃食树顶；更硬的蹄子和牙齿，以对付干涸的草原上粗硬的野草；随着鸟类、树栖动物和两足动物慢慢从地面上抬起了头，自然缩小了它们司嗅觉的脑，扩大了其视觉皮层。然而，前所未有的是，自然界竟然赋予某个物种一个极其复杂、奢侈的器官，远远超过其当前的实际需求，这个物种竟需要花费数千年的时间才能学会如何正确使用它 —— 如果它最终能够被正确地使用的话。演化本应该是满足适应性需求的；而这次，货物比需求早到的时间堪称地质学量级的漫长。所有物种的习性和学习潜能都受其神经系统和器官的结构所许可的有限范围的限制，而智人的结构所许可的范围似乎是无限的，其原因正是他头骨内那个演化出来的新鲜事物的潜能与他所在的自然环境所提出的要求极不相称。

进化遗传学无法解释，一个在生物学构造上相对稳定的物种，在心智上竟然能实现从洞穴人到太空人的进化演变。因此我们只能得出结论，"心智进化"这个术语不仅仅是一个比喻；它指的是由一些我们至今毫无线索的因素所运作的一个过程。我们只知道，心智进化不能被理解为一个累积的、线性的过程，或者一个可比作个体成熟的"机体成长"的过程。也许更好的做法是从生物进化的角度来考虑，将它视为一个生物进化的延续过程。

事实上，借助生物学的术语（即使它们只能产生类比）来讨论思想史似乎比用一个算术级数来类比要更为方便。"智识发展"可以说是有着线性关联的——一条连续曲线，一个稳步上升的水平面；而"进化"被认为是一种浪费的、摸索的过程，其特征是原因未知的突然变异、漫长煎熬的选择过程、过度特化和极端不适应性的死胡同。从其定义而言，"进步"永远不会出错，进化则不断出错，观念的演变也是如此，这也包括对于"精确科学"的观念。新思想像突变一样自发地出现，其中大多数都是无用的奇思异想，相当于生物学上没有生存价值的怪物。在思想史的每一个分支中，相互竞争的理论之间都不断在斗争以求生存。"自然选择"的过程在心智进化中也一样存在：在出现的众多新概念之中，只有那些能够很好地适应时代知识环境的才能存活。一个新的理论概念将根据它是否能顺应这个环境而生存或死亡，其生存价值取决于其产生结果的能力。当我们称思想为"多产"或"贫瘠"时，我们无意识地受到了生物类比的引导。托勒密、第谷和哥白尼系统之间的斗争，笛卡尔和牛顿的引力理论之间的斗争，正是由这些标准所决定的。此外，我们在思想史中发现了似乎并不与任何明显需求相对应的突变，乍看之下似乎只是有趣的异想天开——就像阿波罗尼乌斯对圆锥截面的研究，或者非欧几里得几何学，其实用价值在后来才变得明显。反过来讲，有些器官已经失去了它们的用途，却作为一种进化的遗产继续遗传了下去，现代科学满是阑尾和退化的猴子尾巴。

生物学的进化中存在危机时期和过渡期，这时候会在各个方向上迅速地，几乎是爆发性地生长出新的分支，往往会导致主要发展趋势的根本变化。同样的事似乎也发生在如公元前6世纪或公元17世纪等思想演变的关键时期。在这些"适应性辐射"的阶段中，物种具有了可塑性，在这些阶段之后，通常会沿着新的路线出现稳定期和特化的时期——这些路线往往会通向极端的过度特化的死胡同。当我们对亚里士多德经院哲学奇怪的衰落或狭隘单一的托勒密天文学进行回顾时，我们会想起那些"正统的"有袋目哺乳动物的命运——比如从攀爬树木变成了离不开树木的考拉。它们的手脚变成了钩子，它们的手指不再用来采摘水果和摸索物体，而是退化为弯曲的爪子，其唯一的用途是将考拉固定在树皮上，它们就这样挂在上面一辈子都不放了。

　　最后一个类比，我们在进化中发现了"错误的连锁"，这令我们联想到某些意识形态的不匹配（mésalliance）。无脊椎动物如龙虾，它的中枢神经链位于其消化道下方，而其退化的大脑大部分位于消化道上方，在前额。也就是说，龙虾的食道，从口到胃，必须要通过其大脑神经节的中间。如果它的大脑要扩张——如果龙虾的智力要发展，它的大脑就必须扩大——它的食道就会受到挤压，它就会挨饿。这样的事确实发生在蜘蛛和蝎子身上，它们的大脑压迫了消化道，只有流质食物可以通过。它们就不得不变成了吸血鬼。和这一描述相类似、经过一些修正的事在人类身上也存在：新柏拉图主义的诫令不允许人摄入任何固体的经验性食物来思考，迫使人在整个黑暗时代及之后以超脱尘世的流质为食。另外，19世纪机械唯物主义的束缚，不也造成了反向的影响，导致了精神上的饥饿吗？在前一个例子中，宗教与一种拒绝自然的意识形态实现了不恰当的结合；在第二个例子中，科学与一种没有生命力的哲学成了盟友。还有匀速圆周运动教条的束缚将哥白尼系统变成了一种甲壳类动物的意识形态的事。这些类比可能看起来很牵强，它们确实也很牵强，但是它们所要表达的是，这种错误的连锁具有一种自我挫败的特性，它在生物进化和心智进化的领域都会产生。

2. 分离和重新整合

　　进化的过程可以被描述为构造的差异化和功能的整合。身体部件越差异化和特化，就越需要更精密的相互协调来创造一个平衡的整体。衡量一个功能性整体的价值的最终标准是其内部和谐或整合的程度，无论这个"功能性整体"是一个生物物种还是一个文明或个人。整体由其各部分之间的关系的模式来定义，而不是由其各部分的总和来定义；文明不是由其科学、技术、艺术和社会组织的总和来定义的，而是由它们形成的总体模式以及该模式中的和谐整合的程度来定义的。一位医生最近说过："一个有机体的总体性对于解释其基本元素的重要性，不亚于其基本元素对于该有机体的解释的重要性。"这适用于我们谈论肾上腺，也同样适用于我们谈论一个文化的要素，如拜占庭艺术、中世纪宇宙学或是功利主义伦理学。

反过来讲，一个生物体、一个社会或文化的病态，其特征是整体控制的弱化，各部分倾向于以独立专断的方式行为，忽视整体的更高的利益，或者试图将各自的法则强加给整体。这种不平衡状态的产生，可能是由于整体的发展超过了某个临界点乃至衰老等情况导致协调能力变弱；或者是由于器官或部件受到过度刺激；或者器官或部件被切断了与整体中心的沟通。器官与中央控制的分离，根据环境条件可导致过度活跃或退化。在心智领域，思想和情感、人格的某个方面被"剥离"，也会导致类似的结果。"精神分裂症"（schizophrenia）一词就直接源于这种剥离过程。"压抑"和"自主"的情结所指的是同一个向度。在强迫性神经官能症中，在"固定观念"和"固定行为模式"中，我们看到人格的某些部分与整体的分离。

在一个社会或文化中，其各部分或领域之间的整合程度同样举足轻重。但在这方面，对于分裂症状的诊断要困难得多，而且总是存在争议，因为没有一种正常状态的标准。尽管如此，我还是相信，本书所述的故事将被视为一个知识和研究领域的各个分支被剥离以及随后孤立发展的故事——天空几何学、地球物理学、柏拉图理论和经院学说，每一个都导向了僵化的正统学说、片面的特化和集体的执念。它们之间的这种互不兼容，在双重思想和"受控性精神分裂症"的症状中有所体现。而它同时也是一个从残破的碎片中生出令人意想不到的和谐与新的综合的故事。我们能否从这些自然而然的愈合所发生的条件中得到什么有用的提示呢?

3. 一些发现的模式

首先，一个新的综合从来不是将生物进化或心智进化中的两个发展完善的分支简单地相加。每一次新的开端，每一次将已经分离的东西重新整合到一起，都需要打破固定的、僵化的行为和思维模式。哥白尼没能成功，他试图将日心说传统与正统的亚里士多德学说相结合，但这失败了。

牛顿成功了，这是因为正统的天文学已经被开普勒分解，正统的物理学也已被伽利略分解。他在这些碎片中读出了一种新的模式，将它们在一个新的概念框架中统合了起来。与之类似，只有在物理学放弃了原子不可分割和不可渗透的教条，摧毁了物理学自己的古典物质概念，而化学放弃了基本元素的最终不变性的教条之后，化学和物理学才有可能联合为一体。只有经过一定程度的去差异化，在孤立的、过度专门化的发展所导致的僵化结构破裂、融化之后，新的进化才可能启程。

给思想史带来重要突变的天才们大多具有某些共同特征：一方面，对传统的观点、公理和教条，对一切被视为理所当然的东西都具有怀疑精神，常常到了反偶像的程度；另一方面，对于似乎能给他们本能的探索带来希望的新观念怀有包容和开放的心态，几乎到了天真轻信的程度。这二者相结合，产生了一种至关重要的能力，使得我们能够意想不到地从一个新的角度或语境出发来理解一个熟悉的对象、情境、问题或数据集合；能够将一根树枝看作一个潜在的武器或工具，而不是一棵树的一部分；能够将苹果的下落与月球的运动而不是果实的成熟联想到一起。发现者能够感知到前人从未见过的关系模式或功能类比，就像诗人在飘移的云朵里可以看见骆驼的影像一样。

将一个物体或概念从其惯常的背景关联之中抠出来并将其置入一个新的背景的做法，如我所展示的，乃是创造性过程的一个关键部分。[1] 这是一个破旧和立新兼而有之的过程，因为它要求打破头脑中的一种习惯，用笛卡尔式的怀疑的焊枪，将现有理论的僵化结构熔化，使新的融合可以进行。这也许解释了为什么创造性天才的身上有着怀疑和轻信的奇怪组合。[2] 科学、艺术、宗教中的每一个创造性行为都包含了向一个更原始的层面的回归，一个从已有信念的洪流中解放出来的单纯的新看法。这是一个以退为进（reculer pour mieux sauter）的过程，是在新的合成出现之前的分解过程，类似于神秘主义者必须经历的灵魂的暗夜。

基础性的发现得以产生并被接受的另一个先决条件，就是我们所谓的时代的"成熟"。这是一件难以捉摸的事情，因为一门科学"成熟"到产生决定性的变革，并不取决于这门科学单独的状况，而是取决于整个时代的大气候。正是马其顿征服之后的希腊的哲学氛围，扼杀了襁褓中的阿里斯塔克斯的日心说宇宙观；天文学愉快地任其艰涩的本轮继续滚滚向前，因为这就是中世纪气候所偏爱的那种科学的类型。

而且，它还**奏效**了。这个脱离了现实的僵化的学科，能够相当准确地预测日食、月食和合相，并能提供在很大程度上满足需求的星表。另一方面，17世纪之于牛顿的"成熟"，或者20世纪之于爱因斯坦和弗洛伊德的"成熟"，是由于一种普遍的过渡期心态和危机意识，涵盖了人类全部的活动、社会组织、宗教信仰、艺术、科学和风尚。

科学或艺术的某个特定分支已经成熟到了要发生改变的征兆，就是一种挫折感和心神不宁，不一定是由该分支的任何急性的危机所造成的——从传统的参考系来看，它可能一切都很正常——而是感觉到整个传统都开始莫名其妙地不协调起来，感觉到传统在被与主流隔绝开后，种种标准都开始变得毫无意义，与眼前的现实脱节，与整体相隔离了。这正是专家们的**傲慢自负**开始屈服于哲学的自省的时刻，痛苦地向对他的基本公理和他视为理所当然的术语的含义进行的重新评估低头；总而言之，产生了教条的消融。这种情况为天才提供了机会，这样他才能创造性地纵身跳入已被破开的冰面。

4. 神秘主义者和专家学者

在这个关于分解和重新整合的故事中我一直在回避的最麻烦的一个方面，与神秘主义者和专家学者有关。

在这个漫长旅程刚开始时，我引用了普鲁塔克评论毕达哥拉斯学派的话："思考永恒之物是哲学的目的，正如思考神秘事物是宗教的目的。"对于毕达哥拉斯和开普勒来说，这两种思考是一对双生子。对他们而言，哲学和宗教都是受同一种渴望驱动的：透过时间的窗口去窥视永恒。神秘主义者和学者一起平复了人类减轻自己的宇宙焦虑症和超越人类极限的双重冲动，满足了人类对庇护与解放的双重需要。他们通过提供解释给人带来安慰，将威胁性的、不可理解的事情化为人类经验所熟悉的认识：电闪雷鸣是像人一样的众神在大发脾气，日食/月食是由于吞吃月球的猪的贪婪。他们宣称在看似随意和混乱的不稳定状态背后，甚至在一个孩子的夭亡和一次火山爆发的背后，都有旋律和理性，即一种隐藏的法则和秩序。他们共同满足了人类的基本需求，表达了人类的基本直觉，即认为宇宙是有意义的、有序的、理性的，受某种形式的规律的管辖，即使其法则尚不是显明的。

除了给宇宙赋予意义和价值，从而使人类有意识的心灵感到安心之外，宗教还以更直接的方式在人类自我的潜意识、前理性的层面上起着作用，可以说，它是通过一种神秘主义的短路的形式，为人类超越其心灵在时空上的界限提供了直觉的方法。我们看到，同样的这种方法上的二元性——理性和直觉——也是科学探索的主要特征。因此，仅通过直觉和情感来理解宗教上的需求，单凭逻辑和理性来理解科学，是一个有悖常理的错误。先知和发现者们，画家和诗人们，都具有这种在轮廓分明的干旱地区和无边无沿的海洋中两栖生活的特点。从这一竞赛的各自的历史来看，对宇宙进行探索的两个支流都发端于同一个源头。祭司们就是最早的天文学家，巫医则既是先知也是医生，狩猎、捕鱼、播种、收割的技艺之中充满了虔诚的巫术和仪式。劳动有分工和方法上的多样性，但它们的动机和目的是统一的。

就我们对历史的了解来看，第一次分离出现在奥林匹亚宗教和爱奥尼亚哲学之间。爱奥尼亚人那文雅的无神论反映出了城邦宗教向一系列复杂的专门仪式的退化，在其中它失去了它的宇宙意识。毕达哥拉斯的综合，要到俄耳甫斯教的余波所带来的神秘主义复兴令严格的神学框架有所松动时才成为可能。16世纪也出现了类似的情况，当时的信仰危机撼动了中世纪神学，这使开普勒得以建立他的新的"愈显主荣"的宇宙模型——那是神秘的灵感和经验的实际一次短暂的新毕达哥拉斯式的结合。

放眼整个黑暗时代，修道院都是无知沙漠中的知识绿洲，僧侣们就是这些枯水井的守护者。尽管缺水，但在神学和哲学之间没有争议的是，两者都同意粗俗的自然不配做知识的对象。这是一个思想矛盾的时代，一个文化与现实分离的时代，但在神学家和科学家之间并没有分离，因为后者并不存在。

后来出现的有关伟大的存在之链的中世纪宇宙学是一个高度整合的理论。确实，《神曲》中的"金星骑在第三本轮上"无法通过机械模型表现出来，但是其中的隔断墙依然并非立在宗教和自然哲学之间，而是立在数学和物理学、物理学和天文学之间的，就如亚里士多德学说所要求的那样。同样，教会也确实在一定程度上应该为此事负责，因为它与亚里士多德结了盟，就像过去它与柏拉图结过盟一样，但这并不是一个彻彻底底的联盟，方济各会修士和奥卡姆主义者的例子证明了这一点。

我们没有必要去重述阿奎那是如何将理性之光复原为恩典之光的合伙人的；无须去谈论多明我会和方济各会的修士及奥雷姆、库萨或吉泽主教等神职人员在复兴知识方面起到的重要作用；也不必再细究重获《圣经》七十士译本和欧几里得著作所带来的共同影响。宗教的改革和科学的复兴是互有联系、打破僵化的研究模式，是回归源头去发现问题出在哪里的过程。伊拉斯谟和罗伊希林、路德和梅兰希顿回归到了希腊语和希伯来语文本中去，就像哥白尼和他的继任者回归到毕达哥拉斯和阿基米德那里去一样，都是受同样的动机的激励——"为了跳得更高而后缩"。他们都是为了恢复由于教条主义的过度专门化而失去的统一图景。纵观人文主义的黄金时代，甚至是反宗教改革的硝烟时代，从保罗三世到乌尔班八世时期，科学家一直是红衣主教们和教皇们的神牛。同时，罗马学院和耶稣会在数学与天文学上取得了领先。

教会和科学之间的第一次公开冲突是伽利略的丑闻。我已经试图表明，除非我们相信所谓历史的必然性——这种宿命论的反向版本——否则我们就应该将其视为一个本可以避免的丑闻。我们不难想象，在一个第谷的过渡阶段之后，天主教会采纳哥白尼宇宙学说的时间比实际上要早了两百年。在科学与神学的关系史中，伽利略事件是一个孤立的，事实上就像代顿的猴子审判一样非常不典型的插曲，并不具有代表性。它的那些被大肆渲染过的戏剧性的情节，催生出了认为科学即代表自由，教会即代表对思想的压迫这样一个流行的观念。这个观念只在有限的意义上，在有限的过渡期内是正确的。例如，一些历史学家希望让我们认为，科学在意大利的衰微是由于伽利略审判所造成的"恐怖"。但在下一代人中就出现了托里拆利、卡瓦列里、博雷利，他们对科学的贡献比伽利略之前或在世时的任何一代人都更加重要。科学活动的中心开始向英国和法国转移，意大利的科学的逐渐式微，就像意大利的绘画一样，是由于不同的历史原因。自三十年战争以来，教会对思想自由和表达自由的压迫从未曾达到过纳粹德国造成的恐怖程度。

　　信仰与理性在当代的分离，并不是权力上的或是知识垄断上的竞争的结果，而是一个没有敌意或戏剧性场面的渐行渐远的结果，因此也更严酷。如果我们将注意力从意大利转向欧洲的那些新教国家及法国，这就更加明显了。开普勒、笛卡尔、巴罗、莱布尼茨、吉尔伯特、波义耳和牛顿本人，这一代的先驱者是伽利略同时代或稍后的人，他们都是虔诚信教的思想家。但是他们心中上帝的形象已经逐渐发生了一个微妙的变化。它已经被从僵化的经院哲学的框架中解放了出来，淡出了柏拉图的二元论之外，回归到了将上帝视为首席数学家的神秘主义毕达哥拉斯思想中了。新宇宙学的先驱，从开普勒到牛顿以降，他们对大自然的探索都基于一个神秘主义的信念，即认为在种种令人困惑的现象背后都一定有某些法则存在，宇宙是一个完全理性、有序、和谐的造物。用一位现代历史学家的话来说：

　　　　想要证明宇宙就是如同一个机械装置般运行的……这本身就发源于一个宗教上的愿望。有人认为，除非能够证明整个宇宙系统是联动的，从而具有理性和有序的模式，否则宇宙这造物本身就有缺陷，就不值得上帝这么创造它。开普勒在17世纪开辟了科学家对于机械宇宙的探索，这对此有重大的意义，他的神秘主义、诸天的音乐和他那理性的上帝都需要一个具有数学之美的系统。[3]

　　开普勒没有去寻求具体的神迹来证明上帝的存在，而是在天球的和谐中发现了至高的神迹。

5. 致命的疏离

然而这个新的毕达哥拉斯式的综合只持续了很短的时间，随后又是一次在我们看来比之前任何一次都更加无法挽回的新的疏离。其最初的迹象在开普勒自己的文字中就已经可以看出。

> 除了数字和大小之外，还有什么能在人的头脑中长存呢？如果光是这些，我们能够正确理解，如果虔诚允许我们这样说的话，那么我们的理解在这个事情上和上帝是同类的，至少在我们此世的一生之中所能够理解的那些是相同的。[4]

> 几何学是独一无二的、永恒的，是上帝的思想的反映。人类能够参与其中，这正是为什么说人是上帝的一个形象的原因之一。[5]

> 因此我碰巧想到，整个自然和奇丽的天空都是用几何学的符号来表示……如此，造物的上帝一边玩着，一边将这游戏教给了他以他的形象所创造的自然，把他曾玩给它看的自己的游戏教给它。[6]

从神学家的角度来看，所有这一切完全是值得赞许的，也是无可非议的。但在开普勒后期的著述中，又出现了一种新的笔调。我们听他说"几何学给造物主提供了一个装饰全宇宙的范例"，[7] 几何学似乎先于宇宙的创造，以及，"数量是宇宙的原型"。[8]

在这里出现了一个微妙的重点转移，给人的印象是上帝从与他永恒并存的几何学原型中将宇宙誊写了出来，而且在创造宇宙的行动中，上帝是在某种意义上受模板的约束的。帕拉塞尔苏斯用更平实的语言表达了相同的看法："上帝可以造出三条尾巴的驴来，但他造不出四条边的三角形。"[9]

同样，对于伽利略来说，"自然之书是以数学语言写成的……没有它的帮助就无法理解这本书的任何一个字"[10]。但伽利略的"首席数学家"叫作"自然"，而不是上帝，他提到后者时所说的话听上去都像是门面话而已。伽利略将整个自然都简化为"大小、图形、数字、慢速或快速的运动"，将任何无法被简化为这些要素的东西——包括伦理价值观和种种精神现象——降为"主观的"或是"第二性"的质的不定状态，从而使数学的具体化迈出了决定性的一步。

对宇宙进行的"第一"和"第二"性质的划分，是由笛卡尔完成的。他进一步将第一性质缩小为"广延"和"运动"，两者形成"广延的领域"——广延物（res extensa），而其他的一切都归为思维物（res cognitans）——思维的领域，以一种吝啬的方式封装在一个小小的脑垂体里。对笛卡尔来说，动物就是些机械装置，人体也一样。宇宙（除了几百万个豌豆大小的脑垂体之外）的机械化是如此彻底，以至于他声称："给我物质和运动，我就会建造出整个世界。"然而，笛卡尔同时也是一个非常虔诚的宗教思想家，他从上帝的不变性推导出了宇宙运动总量不变的定律*。然而，既然有了物质和运动，他就可以创造出一个由相同定律支配的宇宙，那么真的还有必要从上帝的思想中推导出这个宇宙吗？这个问题的答案就在伯特兰·罗素写的关于笛卡尔的格言中："没有上帝，就没有几何学；几何学如此之美妙，所以上帝一定存在。"

至于牛顿，比起伽利略和笛卡尔，他是一个更好的科学家，因此也是一个头脑更为混乱的形而上学家，他给上帝分配了一项双重职能——既是宇宙机械装置的创造者，又是负责其维修的监督者。他认为，所有的行星轨道都被以如此有序的方式置于一个平面，而且，系统中只有一个足以给其他的东西提供光与热的太阳，而不是有几个或没有太阳，这些都证明了宇宙是"一个智能主体"的造物，该主体"不是盲目的，也不是偶然的，而是对力学和几何学非常精通"[11]。他还认为，在引力的压力下，"如果没有某种神力的支持"，宇宙将会分崩离析；[12] 而且，如果上帝没有随时校正系统的话，行星运动中的那些显微的参差会寸积铢累并引发整个系统的脱轨。

牛顿和开普勒一样，是一位思路清奇的神学家，而且，他和开普勒一样，也沉迷于年代学。他采纳了乌舍尔主教的看法，将宇宙的创造时间

---

* 能量守恒定律的前身。

认定为公元前4004年，并认为《启示录》中第四兽的第十角代表的是罗马教会。他拼命地试图在这个机械装置的转轮之间的某个地方找到上帝的位置——就像后来的琼斯等人试图在海森堡的不确定性原则中找到上帝的位置一样。但是，我们已经看到，这种将两个完全成熟的专门学科机械地加以组合的做法从来不会奏效。康德−拉普拉斯的太阳系起源理论表明，太阳系的有序排列可以用纯粹的物理学原因来解释，而无须诉诸神的智慧；所谓上帝是负责维修的工程师被牛顿的同时代人讥为笑谈，其中领头的就是莱布尼茨：

> 根据他们［牛顿及其追随者］的学说，上帝不时地要紧一紧他的手表，否则它就会停止运转。看起来，就像是他没有将其制成永动的机械装置的远见一般。不，按照这些先生的说法，上帝创造的这台机器是如此不完善，以至于他必须不时地在大庭广众之下对其进行清洁，甚至像个钟表匠修东西一样对其进行修理……而我认为，当上帝显示神迹时，他不是为了满足自然的需求，而是要充实他的恩典。不这么认为的人一定是将上帝的智慧和权柄看得过于浅薄了。[13]

总之，无神论者在科学革命的先驱之中是特例。这些科学革命的先驱都是信仰虔诚的人，他们不想从他们的宇宙中将上帝驱逐出去，但又找不到安置上帝的地方——就像他们无法在宇宙中为天堂和地狱留位置一样。这位首席数学家成了多余的，成了逐渐融入自然法则的组织中的一个礼节性的建构。机械的宇宙无法容纳任何先验的因子。神学和物理学分道扬镳，其中没有愤怒，而是饱含着忧伤——这不是因为伽利略先生的缘故，而是因为它们开始对彼此感到了厌倦，无话可说了。

过去的类似桥段让我们对这次分别所导致的后果非常熟悉了。神学从过去的自然哲学、现在的精确科学中分离出来，继续在它自己的专门化、教条主义的路线上行进。本笃会、方济各会、托马斯主义、耶稣会在研究领域占据领导地位的时代已经过去。对于爱寻根究底的知识分子来说，已经建成的教会成了可敬的不合时宜的东西——尽管仍然偶尔能给数量越来越少的人一种道德上的激励，但代价是将他的头脑分裂成互不相容的两半。怀特海极好地总结了1926年的情况，他所说的话在一代人之后的今天甚至更加贴切：

> 有过抗拒，也有过复兴。但总体来说，自许多代人以来，宗教对欧洲文明的影响力已经逐渐衰微。每一次复兴触到的高点总是低于前一次，而每一次衰落的低点都探得更低。宗教基调的平均曲线表现为稳步下跌……宗教正趋于退化为一个用于装点舒适生活的体面仪式。

> ……在过去超过两个世纪的时间里，宗教一直处于防御姿态，而且其防守颇为薄弱。这段时期是智识发展前所未有的一个时期。如此就出现了一系列促进思想发展的新情况。这样的状况一一出现每每令宗教思想家们措手不及。某种曾被宣称为至关重要的东西，在经过种种挣扎、痛苦、怨念之后，终于得到了修改并得到了另一种解释。下一代的宗教辩护者们之后又会为宗教界获得了更深入的见解而高兴。这种不提气的退避不断重演，结果就是在经过许多代人之后，最终几乎完全摧毁了宗教思想家们在知识上的权威地位。想想这种反差，当达尔文或爱因斯坦公开了改变我们思想的理论，这是科学的胜利。我们不会因为科学的旧观点被抛弃，就说这是科学的另一次失败。我们知道，我们已经取得了科学见解的进一步发展。

> 只有当宗教能够以与科学相同的精神面对改变时，它才能重获过去的力量。它的义理也许是永恒的，但其表达方式需要持续的发展……

16、17世纪的宗教论战令神学家陷入了一种最令人扼腕的心智状态之中。他们一直在忙于攻守。他们将自己视为敌对势力包围之下的堡垒守军。所有这些所想之中的情况所表达的都是不完全的事实。这也正是它们被广泛接受的原因。可是，它们其实非常危险。这种特定的想象豢养出了一种好斗的党争意识，而这实际上正说明了一种根本性的信仰的缺失。他们没有去进行修改的魄力，因为他们在将他们的宗教教诲从特定的意象中脱离出来的任务面前退缩了……

　　……我们必须要明白我们所谓的宗教意味着什么。教会在表达他们自己对这个问题的回答时，要么是用的适合往昔的宗教情感的语言，要么就是以刺激现代的非宗教人士在情绪上的兴趣为导向的……

　　宗教是对身边事物的流逝变迁之上、之后和之中的某种东西的构想；某种真实的却尚未澄明的东西；某种漫漫的可能之物，却又是存在的事实之中最重要的；某种赋予所有流逝的东西以意义却又令人参详不透的东西；某种终极而不可企及的善；某种最完美的理想，渺茫的求索。[14]

6. 消逝术

然而对于分离的另一方——科学——而言，分道扬镳似乎从一开始就全然是一个福音。神秘主义的压舱石没有了，科学仿佛能以惊人的速度扬帆前行，去征服超越所有的梦想的新领土。不到两个世纪，它就改变了智人精神的风貌，改变了他身处的星球的面目。这也付出了相应的代价，它将这一物种带到了物理上自我毁灭的边缘，也将其带入了一个同样前所未有的精神困境之中。航行中没有了压舱石的坐镇，实在开始在物理学家的手中逐渐溶解。物质本身从唯物主义的宇宙里蒸发、消散了。

我们已经看到，这种可怖的消逝始于伽利略和笛卡尔。根据《试金者》的那个著名段落（见第418页），伽利略从物理学领域中驱逐了感官世界的那些最基本的性质——颜色、声音、热度、气味、味道，将其赶入了主观错觉的领域。笛卡尔则更进一步，将外部世界的现实切削为仅具有空间上的广延和时空中的运动性质的微粒。起初，这种对待自然的别开生面的思路看起来很有前景，以至于笛卡尔认为他应该有能力独自建成新物理学的整个大厦。而那些没他那么乐观的同时代人却认为，可能得需要两代人才能从自然的手中夺取其最后的秘密。"除了少数例外，人文和科学之中的那些最可圈可点的现象都在现实世界之中，"弗朗西斯·培根说，"所有的原因和科学的答案只需几年的时间就可以明白。"[15]

　　然而，在随后的两个世纪之中，消逝术仍在延续。物理世界的每一项"根本的""不可还原的"基本性质都被依次证明为一种错觉。物质的坚硬原子变成烟火升上天空；实体与力的概念，多个原因是如何产生作用的，以至于最后就连作为框架的时空概念本身，都被证明与伽利略嗤之以鼻的那些"味道、气味、颜色"一样是虚幻的。物理学理论的每一次进步，以及它所带来的丰富的技术上的收获，都是以它的可理解性为代价买来的。然而，这些在知识的资产负债表上的亏损，与其巨大的收益相比显得极不起眼。它们被轻松地当成了会被下笔入账消除的过眼云烟。这个困境的严重性到20世纪将近中叶时才变得明显起来，而且这还仅仅是对于更具哲学头脑的科学家们而言的，因为他们对所谓的理论物理学的新经院哲学还保有一定的免疫力。

　　相较于现代物理学家的宇宙图景，托勒密的本轮和水晶球宇宙是明智的典范。我坐的椅子似乎是一个严格的事实，但我知道我是坐在一个近乎完全的真空之上。椅子的木材包含纤维，纤维由分子组成，分子由原子组成，原子就是些微型的太阳系，其中心有一个原子核，电子就是各大行星。这听起来都挺不错，但这里面重要的是其规模的大小。一个电子占据的空间直径只有电子到原子核距离的五万分之一；而原子内部的其余部分是空的。如果原子核被放大到一颗干豌豆的大小，其最近的电子就应该在约175码的距离外围绕它旋转。一个空中飘浮着几粒灰尘的房间，相比于我屁股底下所坐的椅子内部的虚空而言，可以说算是非常拥挤了。

　　就连可不可以说电子"占据空间"都是尚待商榷的。原子具有吞吐能量的能力——例如，以光线的形式。当一个最简单的氢原子——带有一个电子或行星——吞噬了能量之后，这个行星就会从它的轨道跃迁到一个更大的轨道，就好比从地球的轨道跳到火星的轨道；而当它释放出能量时，它就会跳回到较小的轨道。但是，这种跳跃并不是通过两个轨道之间的空间来达成的。它就奇怪地从轨道A消失了，然后又在轨道B重新现身了。而且，由于氢原子的电子绕自己轨道运行一周所进行的"活动"的量是不可分割的最小量（即普朗克基本常数"h"），要问电子在某个时刻处于其运行轨道的哪个精确的点上，是毫无意义的。它在各处都均等地存在。[15a]

这些悖论可以无限地写下去。事实上，新的量子力学所包含的就只有悖论，因为在物理学家中有一个长久以来得到了公认的说法，那就是任何物体——包括我坐的椅子——的亚原子结构，都不能被嵌入一个时空的框架。像"实体"或"物质"这样的词语已经没有了意义，或者被赋予了自相矛盾的含义。因此被视为物质基本粒子的电子所组成的电子束，在某一类实验中其行为表现为微粒，但在另一类实验中其行为表现为波；反过来讲，光线有时像波，有时像子弹。因此，物质的根本构成既是实体，又非实体，既成块儿也成波。它是什么的波，在什么当中，又如何波动呢？波是运动，是波动；但是构成我的椅子的这个既运动又波动的东西是什么呢？它是人的头脑无法想象出来的东西，甚至不是虚空，因为每个电子自身都需要一个三维空间，两个电子需要六维，三个电子需要九维，才能共存。从某种意义上说，这些波是真实的，我们可以拍摄到电子穿过衍射缝所产生的著名的标靶图案，而这些图案看起来就像是柴郡的猫在咧嘴傻笑。

> 因为我们应该知道，[伯特兰·罗素说]一个原子可能完全由它散发出来的辐射所组成。要论证辐射不可能从虚空中散发出来，这是无用的……认为其中存在一个小硬块，它就是这一电子或质子，这是一种借由触觉衍生而来的常识概念的非法入侵……"物质"是用以描述物质不在之处情况的一种方便的表达。[16]

因此，我坐在上面的这些波，来自虚空，在一个多维的非空间中通过某种非介质传播，这就是现代物理学为人类对现实世界本质所提出的问题给出的最终答案。构成了物质的波，被一些物理学家解释为完全非物质的"概率波"，标记着电子有可能会"出现"的"扰动区域"。"它们就像席卷一个国家的沮丧、忠诚、自杀等浪潮一样，都是非物质的。"[17] 从这里只差一步就可以将它们称作宇宙意识的抽象波、心智波或脑波——没有讽刺的意思。那些分歧巨大的、富有想象力的科学家，伯特兰·罗素等为一派，爱丁顿和琼斯为另一派，实际上几乎就要迈出这一步了。因此爱丁顿写道：

世界之物即心智之物。心智之物不会在时空中传播。时空归根结底是由它衍生出来的循环体的一部分。但我们必须假定它可以以某种别的方式或在某个别的方面区分为不同的部分。它只是到处出现，达到意识的水平，而所有的知识正是从这样的孤岛中产生的。除了每个认识自身的单元中包含的直接知识外，还有推理的知识。后者包括我们对物理世界的知识。[18]

琼斯甚至写道：

如今，一些我们用来理解自然的基本概念——有限的空间；中空的空间，其中一个点［在我们看来由一个物质实体占据］与另一个点的差异仅仅在于其空间本身的属性之中；四维、七维乃至更多维度的空间；一个永远在膨胀的空间；一系列遵循概率定律而不是因果定律的事件，或者，一系列只有走出时空才能全面、一致地描述的事件，所有这些概念在我看来都是纯粹思想的结构，无法在任何（可以被恰当描述为是）物质的意义上去实现。[19]

还有：

如今我们有了一个在科学的物理学方面近乎全体一致的、广泛的共识，即认为源源不断的知识正在奔向一种非机械性的现实；宇宙开始看起来更像一个宏大的思想，而不是一台巨大的机器。心智不再像是随随便便侵入物质领域的，我们开始考虑我们是否应该称它为物质领域的创造者和管理者……[20]

如此这般，中世纪的封闭宇宙及其物质、思想和精神的等级结构，已经被一个不断扩张的、弯曲的多维空间宇宙所取代，其中恒星、行星及其星族都被吸入这个抽象连续体的空间褶皱中——从"虚空的空间焊接到虚空的时间"时产生的一个气泡。[21]

　　这是从何而来的呢？早在1925年，在新的量子力学产生之前，怀特海就写道："原子的物理学说已经到了一种让人对它与哥白尼之前的天文学中的本轮产生强烈联想的地步。"[22] 前开普勒时代的天文学与现代物理学之间的共同特征是，两者都是在相对孤立条件下形成的"封闭系统"，都是根据特定的游戏规则来操演一组符号。两个系统都"起了作用"；现代物理学产生了核能（理论），托勒密天文学则给出了精度让第谷大为惊讶的预测。现代物理学拨弄薛定谔的波动方程或狄拉克的矩阵，而中世纪的天文学家拨弄的则是他们的本轮，而且这还奏效了——虽然他们对引力和椭圆形轨道一无所知，相信的是圆周运动学说，而且根本不知道它**为什么**奏效。这让我们想起乌尔班八世被伽利略蔑视的著名观点：一个假说有效不一定就跟现实有什么关系，因为很可能还有别的关于上帝如何创造有关现象的解释。如果能从我们的故事中吸取一个教训的话，那就是根据严格自洽的规则来操演一组表示某些现象的某一方面的符号，也许可以得出正确的、可验证的预测，同时可以完全忽略构成现实的所有其他方面：

　　　　……科学只着手于现实的一个方面，而且……完全没有理由认
　　为科学所忽视的那些东西不如它所接受的东西真实……为什么科学
　　所造成的是一个封闭的系统呢？为什么它忽略的现实要素完全不会
　　出来妨碍它呢？原因是，物理学的所有术语都是相互定义的。物理
　　学从一开始就具有的抽象建构就是它需要解决的所有问题……[23]

　　现代物理学真正关心的不是"事物"，而是某些抽象事物之间的数学关系，这些抽象的东西是事物消失后的残余。在亚里士多德的宇宙中，数量只是事物的属性之一，而且是最不重要的一个。伽利略的"自然之书是以数学语言写成的"在他的同时代人眼中是一个悖论。今天，它已成为毫无争议的信条。在很长一段时间里，将性质——从颜色、声音、辐射，到振动的频率——化为数量的还原法非常成功，似乎可以解答所有问题。但是，当物理学接近物质的根本成分时，性质就开始它的报复了：还原为

量的方法仍然有效，但我们再也无法知道被还原的是何种性质了。事实上，我们只会读取仪器上的数据——盖革计数器嘀嗒声的数量或者表盘上指针的位置——并根据游戏规则解释符号的意思：

> 因此，在其实操过程中，物理学所研究的不是［物质世界］这些难以名状的性质，而是我们可以观察到的指针读数。确实，这些读数反映了世界性质的波动；但我们的精确知识是关于读数的，而不是关于性质的。前者与后者的相似之处就如同电话号码与电话用户的相似之处。[24]

伯特兰·罗素用更简洁的语言表达了这种状况："物理学关乎数学，不是因为我们对物理世界了解太多，而是因为我们知之甚少：我们所能发现的只有它数学上的属性。"[25]

7. 现代科学的保守主义

有两种方式来解释这一情况。

要么宇宙的结构所具有的性质确实无法用人类的空间和时间、人类的理性和想象来理解。在这种情况下，**精确科学**已经不再是**自然哲学**，并且也不再能给探索中的人类头脑带来什么启发。这样的话，科学家就可以名正言顺地退入他的封闭系统，去摆弄他那些纯粹形式的符号，回避有关这些符号的"真正含义"的问题，顺应潮流，称其为"毫无意义"。但如果真是这样的话，他就必须接受他仅仅是一名技术人员的角色，他的任务一方面是生产更好的炸弹和塑料纤维，另一方面是创造更精巧的本轮系统来拯救现象。

第二种可能是将当前的物理学危机视为一种暂时的现象，是片面的、过度专门化发展的结果，就像长颈鹿的脖子一样——我们已经见过好多次的那种心智进化的死胡同中的一种。然而，如果情况确实如此，那么，在从"自然哲学"到"精确科学"的3个世纪的旅程中，与现实的疏离是从何处开始的呢？柏拉图的"你应该以圆周来思考"的魔咒的新版本是在什么时候念起的呢？如果我们知道答案，我们当然也会知道如何补救；一旦我们知道了答案，它就会像太阳位于太阳系的中心位置那样明显得令人心碎。"我们真是一个盲目的物种，"一位当代科学家写道，"而下一代人，为他们自己的盲目所遮蔽，却对我们的盲目大惊小怪。"[26]

我将引用两个我认为说明了这种盲目性的例子。尽管物质这个概念本身已经蒸发不见了，但是对由唯物主义哲学养育长大的普通的现代科学家们来说，唯物主义哲学仍然在他们的头脑中保留了其教义式的影响。而这些现代科学家对那些与其不相符的现象所做出的反应，就如同他的经院哲学前辈们对新星可能在不变的第八重天出现的说法所做出的反应一般。过去的30年中，在严格的实验室条件下汇集了大量的证据，这些证据表明，心灵可以感知到来自人或物体所发出的刺激，而无须借助感觉器官的中介作用；在控制实验中，这些现象还体现出了一定的统计频率，因而引发了科学上的研究。然而，学院科学对"超感觉的感知"现象所做出的反应，就如同鸽子联盟对美第奇星所做出的反应一样；而且，在我看来，他们也没有什么更好的理由。如果我们不得不接受电子可以从一个轨道跃迁到另一个轨道而无须穿过轨道之间的空间，那么，为什么我们一定要不假思索地拒绝这种可能性，即一个比薛定谔的电子波更容易理解的信号，不需要感觉上的中介便可被发射和接收？如果说现代宇宙学得到了一个综合性的教训，那就是，物理世界中的基本事件不能用三维时空来表示。然而，经院哲学的现代版本却否定了思想或大脑的更多维度，而乐于将其应用于一锭铅块的粒子上。我并没有把"维度"这个词当作一种力学上的类比来做文字游戏——就像是在模仿神秘夸克的"第四维度"。我只是说，既然经典物理学和常识经验所理解的时空框架、物质概念、因果关系概念，已被现代物理学抛弃了，那么我们似乎没有理由因为经验现象不符合那种已经被抛弃的哲学就拒绝对其进行研究。

第二个说明当代科学**傲慢**的例子，就是它从它的术语中严格地驱逐了"目的"这个词。这也许是反对亚里士多德物理学的万物有灵论和目的论的世界观所带来的后果，万物有灵论认为，石头加速下落是因为它们等不及要回家，而目的论世界观认为，星星的目的是成为给人类服务的航海表。从伽利略开始，"终极因"（或简称"终极性"）被贬入了迷信的领域，而机械的因果关系则占据了至高的地位。在由不可分割的坚硬小原子构成的机械宇宙中，因果关系通过撞击起作用，就像在台球桌上一样。事件由过去的机械推动而产生，而不是被未来"拉动"。这就是为什么引力和其他形式的超距作用无法与大环境契合而被怀疑的原因，也是为什么必须发明以太和旋涡来代替机械推动的神秘拉力的原因。机械宇宙逐渐瓦解，但机械式的因果观留存了下来，直到海森堡的不确定性原则证明其难以为继为止。今天我们知道，在亚原子的层面上，一个电子或整个原子的命运并不是由它的过去所决定的。但是这一发现并没有导致关于自然的哲学得到任何根本上的新发展，而只是带来了一种困惑的尴尬状态，让物理学又退回到了一种甚至更抽象的象征主义的语言中。然而，如果因果性已经被破坏，事件不再严格地受过去的推动和压迫控制的话，那么它们可能会在某种方式上受未来的"拉力"影响。这相当于说"目的"，无论是在有机的层面上还是在无机的层面上来说，可能在宇宙的演化中是一个具体的物理因素。在相对论的宇宙中，引力是空间弯曲和折叠的结果，这些弯曲和折叠不断地趋于平展它们自身——如惠特克所说[27]，这"是一个完全目的论的说法，肯定会让经院学者们满心高兴"。如果时间在现代物理学中被视为几乎与空间相当的一个维度，那么为什么我们要先验地排除我们在被沿着轴线推动的同时也在被拉动着的可能性呢？毕竟，未来与过去一样，都具有同样多的现实，将终极性的要素作为一种可行的假设来代入我们的方程式，作为对因果关系要素的补充，这在逻辑上不是完全不可以设想的。认为"目的"的概念必然与某些拟人化的神祇相关联，这显露出了我们在想象力上的极度匮乏。

这些都属于推测，可能也有些离题了。但我们在过去学到的是，进化中的困境只能通过向某个意想不到的新方向开拔才能将其克服。每当一个知识的分支与主流分离时，它冰冻的表面必须首先被敲碎、解冻，在这之后才能重新与流动之中的现实统一在一起。

8. 从层级结构到连续体

由于信仰和科学彼此分离，它们单凭自己都无法满足人类在智识上的渴求。在分庭而居的家庭中，两边的住户都过着一种失意的生活。

后伽利略时代的科学被称为宗教的替代者，或者宗教的合法继承者；因此，它无力提供最重要的答案一事，不仅带来了智识上的挫败感，也引发了人们精神上的饥馑。对科学革命之前和之后欧洲人的世界观进行一番总结概述，也许有助于把这一情况说得更通透些。我们将1600年作为分界线或分水岭，可以发现，几乎所有的思想和情感的川流的流向都是相反的。"前科学时代"的欧洲人生活在一个在空间和时间上有着确定的界限，空间上跨越几百万英里，时间上持续几千年的封闭的宇宙中。这样的空间并不以一个抽象的概念存在，而只是作为各式物体的一种特性——它们的长度、宽度、高度。因此真空的空间是无可设想的，是种用词上的矛盾，无限的空间就更是如此。同样，时间也只是一个事件的持续。任何有理智的人，都不会说事物**穿过**空间或时间，或在**其中**移动——一个物体怎么能在其自身的属性中移动或穿过呢？有形的物怎么能穿过抽象的东西呢？

在这个界限稳定、规模适宜的宇宙中，一场精心策划的戏剧正按照其预定的程序上演。舞台自始至终一直保持静止：动植物的物种没有变化，自然、社会秩序和人的心智也没有变化。这个自然和精神的层级结构中既没有前进也没有退步。可能的知识其总体与宇宙本身一样有限。我们可以得知的关于造物主及其造物的一切已经在《圣经》和古代先贤的著述中得以揭示。自然与超自然之间没有明显的界线：物质浸透着动物精神，自然法则与神的意志相互渗透；任何事件都有一个终极因。超验的正义和道德价值观与自然秩序密不可分；没有任何一个事件或事实在伦理上是不带色彩的；没有任何植物或金属，昆虫或天使，能免于道德的判决；没有任何现象处于价值的等级结构之外。苦难都有回报；灾难都有意义；戏剧的情节有一个简单的轮廓，明确的序曲和终章。

这基本就是我们在不到十五代人以前的祖先对世界的看法。尔后，从哥白尼教士到艾萨克·牛顿，在大约不到五代人的时间内，智人经历了历史上最举足轻重的变化：

> 但丁和弥尔顿的辉煌浪漫的宇宙，对人类在空间和时间上的想象力都没有限制，现在它已经被摒弃了。空间被等同于几何学领域，时间则等同于一连串数字。人类原本以为自己生活在一个充满色彩和声音、芬芳四溢、充满欢乐、爱与美的世界，到处都是特意的和谐和奇妙的逸想；而现在，这个世界在四散的有机生物体的大脑中已经被挤进了犄角旮旯里。在外面的、真正重要的世界是一个坚硬、冰冷、苍白、寂静、了无生气的世界；一个数量的世界，一个在做可被数学计算、依照机械规律的运动的世界。种种性质可以被人所直接感知的那个世界，变成了他们把握之外的那个无限的机器所生成的一个有趣而相当次要的效应。[28]

文艺复兴时期的通才是艺术家又是工匠，是哲学家又是发明家，是人文主义者又是科学家，是天文学家又是修士，彼时集全部为一身，现在分裂为各个部分。艺术失去了神话的想象，科学失去了神秘主义的灵感；人又听不见天球和谐的音乐了。自然哲学在伦理上成了中性的，而"盲目"则成了对自然法则运作的最好的形容。空间-精神的等级结构被空间-时间的连续统所取代了。

结果，人类的命运不再是由来自"天上"的超人类智慧和意志所决定，而是由来自"下面"的腺体、基因、原子或概率波的种种亚人格的动因决定。这种命运轨迹的偏移很关键。只要命运是在高于人类自己等级的位置上运作的，它就不仅给出了人类的命运，还指导了他的良心，为他的世界赋予了意义和价值。命运的新主人们在等级结构中的位置低于他们所控制的生命的等级；它们可以决定人类的命运，却无法为他提供道德指导、价值和意义。一个被神操纵的傀儡是一个悲剧性的人物，而一个由染色体牵线操控的傀儡只是怪诞可笑而已。

在这个偏移发生之前，各种各样的宗教为人类提供了种种的解释，从更广泛的超验因果关系和超验正义的角度出发，为发生在人身上的一切都赋予了意义。但是，在这种较宽泛的意义上，新哲学所提供的那些解释却不具有意义。过去的答案是多样、矛盾、原始、迷信的，随便你怎么说，但它们也是坚决、确定、绝对的。它们至少在给定的时期和文化范围内，满足了人在一个残酷得难以估量的世界中对慰藉和庇护的需要，是他在困惑中的些许指引。用威廉·詹姆斯的话来说，那些新的答案，却"使得我们无法在宇宙原子的漂移中——无论它们是在普遍的还是在特定的尺度上起作用——找到任何东西，而只是一种漫无目的的气象，产生或者毁灭，成不了真正的历史，没留下任何结果"。总之，旧的解释尽管是任意且零散的，却回答了追寻"生命的意义"的问题，而新的解释，虽然精确，却使得追寻意义的问题本身变得毫无意义。随着人类的科学变得更加抽象，人类的艺术变得更加玄奥，人的愉悦也更关乎于化学。最后，人就只剩下"一块裸露的岩石之上的抽象的天堂"了。

人类进入了灵性上的冰河时代。业已建立的教会如今能提供的不过是爱斯基摩人的小屋，在小屋里，人们颤抖着拥挤在一起，而其他意识形态的篝火吸引着人群向着冰面蜂拥而去。[29]

9. 最终的决定

与这种逐步的精神干涸相辅相成的，是文艺复兴后的几个世纪带来的前所未有的建设和破坏能力的增长。这里关键的词是"前所未有"。我们这个物种已经获得了消灭自己的手段，使得地球无法居住；在可预见的未来，人类将有能力把地球变成一颗新星，变成太阳系中的另一个太阳。在这个事实面前，所有与过去时代的比较都瓦解了。每个时代都有它的预言者卡珊德拉，人们往往会从这样一个事实中得到安慰：毕竟，无论有怎样悲观的预言，人类都能够设法生存下来。但是这样的类比已不再有效了，因为无论过去的时代有多么动荡，那时都没有实施自我灭绝和妨碍太阳系秩序的实际手段。

　　我们这个时代最根本的新情况，是物理上的力量的这种突然而不寻常的增长，与同样前所未有的精神退潮的交会。要理解这个新情况，我们就必须放弃欧洲历史的有限视角，通过人类物种的历史来思考。我在其他地方已经提出，导致我们目前困境的过程可以用两条类似于温度图表的曲线来表示，一条表现人类物种不断增长的物理力量，另一条则表现其精神洞察力、道德意识、宽容和相关的价值观。在大约几十万年的时间里，从克鲁马努人时代到大约公元前5000年，第一条曲线几乎没有偏离水平线。随着滑轮、杠杆和其他简单机械装置的发明，人在力量上增强了，比如说，5倍；之后曲线再次保持水平，长达五六千年的时间。但是在过去的200年间——这一段长度不到图表总长度的千分之一——曲线在物种历史上第一次出现了突然的升跃；在过去50年间——这大约是总长度的十万分之一——曲线急剧上扬，现在几乎呈垂直向上了。一个简单的例子可以说明这一点：统计学家们认为，在第一次世界大战之后广岛事件之前不到一代人的时间里，要杀死一名敌军士兵，平均需要1万颗步枪子弹或10个炮弹。

　　较之第一条曲线，第二条曲线在几乎平坦的史前进程中显示出非常缓慢的上升；接着，它摇摆不定地上下起伏，这贯穿了人类文明的历史；最后，在图表夸张的最后一段，力量曲线像眼镜蛇蹿向天空一样垂直竖起，而精神曲线则急剧下降。

　　这个图表可能过于简单化了，但肯定没有过度夸大。如果要按实际尺寸来绘制，我们将不得不使用大约100码长的纸张，但即便如此，相关部分也只占据了1英寸。我们不得不使用10万年，然后1000年的时间单位，而当我们接近现在时，力量曲线在1年中的垂直上升比之前1万年的都多。

　　因此，在可预见的未来，人类要么会自我毁灭，要么会奔向星空。理性论证在最终的决定中能否发挥重要作用，是值得怀疑的，但如果确实如此的话，那么对导致目前困境的思想演变的更清晰的洞察也许还有一定的价值。启迪和迷惑，富有远见的洞察和教条式的盲目，千年的痴迷和自律的双重思想，我们的故事试图追溯的这个困惑混沌的状态，也许可以作为一个警示故事，告诫人们警惕科学的**傲慢**——或者更确切地说，是基于科学的哲学观的傲慢。我们的实验室仪表板上的刻度盘正在变成另一种洞穴中的影子。我们被现实中的数字催眠一般地奴化，这已经使我们对非量化的道德价值的感知变得迟钝；由此产生的"为达目的，不择手段"的伦理观，也许是我们自我毁灭的主要因素。反过来讲，柏拉图对完美球体的痴迷，亚里士多德的被周围的空气驱动的箭头，哥白尼教士的48个本轮和他精神上的懦弱，第谷对宏伟排场的热衷，开普勒的太阳辐条，伽利略的骗局，笛卡尔的脑垂体中的灵魂，这些例子也许能使那些崇拜新太阳神（new Baal）——他用他的电子大脑在道德的真空中作威作福——的人稍微冷静一些。

1955年3月—1958年5月

致　谢

感谢下列出版社给予本书引用许可：Sheed & Ward, London (*The Confessions of St. Augustine*, translated by F. J. Sheed)；the University of Chicago Press (*Dialogue on the Great World Systems*, by Professor de Santillana, c. 1953, by the University of Chicago；以及同一作者的 *The Crime of Galileo*, c. 1955, by the University of Chicago)；Edward Arnold (Publishers) Ltd., London (*the Waning of the Middle Age*, by J. Huizinga); Columbia University Press (*Three Copernican Treatise*, translated by Professor E. Rosen); The John Hopkins Press, Baltimore (*From the Closed World to the Infinite Universe*, by Professor Alexandre Koyré)；Doubleday & Co., Inc., New York (*Discoveries and Opinions of Galileo*, translated by Stillman Drake, c. 1957, by Stillman Drake)；Cambridge University Press (*Science and the Modern World*, by A. N. Whitehead)；Wm. Collins, Sons & Co. Ltd. and The Macmillan Company, New York (*The Trail of the Dinosaur*, by Arthur Koestler)。

参考文献精选

ARMITAGE A., *Copernicus the Founder of Modern Astronomy* (London, 1938).

DE BRAHE, TYCHO, *Opera Omnia* (Copenhagen, 1913–29)

DE BRAHE, TYCHO, see also Dreyer, J. L. E.

BRUNO, GIORDANO, *On the Infinite Universe and Worlds*–see Singer, D. W.

BURNET, J. , *Early Greek Philosophy* (London, 1908).

BURNET, J. , *Greek Philosophy*, Part I, *Thales to Plato* (London, 1914).

BURTT, E. A., *The Metaphysical Foundations of Modern Physical Science* (London, 1924).

BUTTER FIELD, H. , *The Origins of Modern Science* (London, 1949).

CASPAR, M., *Johannes Kepler* (Stuttgart, 1948).

CASPAR, M., and V. DYCK, W., *Johannes Kepler in seinen Briefen* (Muenchen and Berlin, 1930).

COOPER, L., *Aristotle, Galileo and the Tower of Pisa* (Ithaca, 1935).

COPERNICUS, NICOLAS, *On the Revolutions of the Heavenly Spheres* (trans. Wallis C. G., Chicago, 1952).

COPERNICUS, NICOLAS, *Commentariolus* (trans. Rosen E. –*Three Copernican Treatises*, Columbia, 1939).

COPERNICUS, NICOLAS, *Letter Against Werner* (trans. Rosen E. –*Three Copernican Treatises*, Columbia, 1939).

COPERNICUS, NICOLAS, see also Prowe, L.

CORNFORD, F. M., *From Religion to Philosophy* (London, 1912).

CUSANUS, NICOLAS, *On Learned Ignorance* (trans. Fr G. Heron, Yale, 1954).

DELAMBRE, J. B. J., *Histoire de l'astronomie moderne* (Paris, 1821).

DELATTE, A., *Études sur la litterature pythagoricienne* (Paris, 1915).

DINGLE, H. *The Scientific Adventure* (London. 1952).

DRAKE, ST., *Discoveries and Opinions of Galileo* (New York, 1957).

DREYER, J. L. E., *History of the Planetary Systems from Thales to Kepler* (Cambridge, 1906).

DREYER, J. L. E., *Tycho Brahe* (Edinburgh, 1890).

DUHEM, P., *Le Système du monde-Histoire des doctrines cosmologiques de Plato á Copernic* (Paris, 1913–17).

DUHEM, P., *Études sur Leonard de Vinci* (Paris, 1906–13).

EDDINGTON, SIR ARTHUR, *The Philosophy of Physical Science* (London, 1939).

DE L'ÉPINOIS, *Les Pièces du procés de Galilée* (Rome, Paris, 1877).

FARRINGTON, B., *Greek Science* (London, 1953).

GALILEO, GALILEI, *Opere* (Ediz. Naz., Florence, 1929–39).

GALILEO, GALILEI, *Opere* (ed. F. Flora, 1953).

GALILEO, GALILEI, *Dialogue on the Great World Systems* –see de Santillana.

GALILEO, GALILEI, *Dialogue Concerning Two New Sciences* (trans. Crew, H., Evanston, Ⅲ., 1950).

GALILEO, GALILEI, *The Star Messenger, The Assayer*, etc. –see Drake, St.

V. GEBLER, K., *Galileo Galilei and the Roman Curia* (London, 1879).

GILBERT, W., *On the Loadstone and Magnetic Bodies* (trans. Mottelay, New York, 1893).

GRISAR, H., *Galileistudien* (Regensburg, New York, and Cincinnati, 1882).

HEATH, TH. L., *Greek Astronomy* (London, 1932).

HEATH, TH. L., *The Copernicus of Antiquity* (London, 1920).

HUIZINGA, J., *The Waning of the Middle A ges* (London, 1955).

JEANS, SIR JAMES, *The Mysterious Universe* (Cambridge, 1937).

JEANS, SIR JAMES, *The Growth of Physical Science* (Cambridge, 1947).

KEPLER, JOHANNES, *Opera Omnia*, ed. Ch. Frisch (Frankfurt and Erlangen, 1858–71).

KEPLER, JOHANNES, *Gesammelte Werke*, ed. Caspar and V. Dyck (Munich, 1938–).

KEPLER, JOHANNES, see Caspar, M.

KOESTLER, A. , *Insight and Outlook* (London and New York, 1949).

KOYRÉ, A. , *Études Galiléennes* (Paris, 1939–40).

KOYRÉ, A. , *From the Closed World to the Infinite Universe* (Baltimore, 1957).

LOVEJOY, A. O. , *The Great Chain of Being* (Cambridge, Mass., 1936).

NEWTON, SIR ISAAC, *Opera Omnia* (London, 1779–85).

NEWTON, SIR ISAAC, *The Mathematical Principles of Natural Philosophy* (trans. Motte, London, 1803).

NICOLSON, M. , *Science and Imagination* (Oxford, 1956).

PACHTER, H. M. , *Magic into Science* (New York, 1951).

PLEDGE, H. T. , *Science since 1500* (London, 1939).

PROWE, L. , *Nicolaus Copernicus* (Berlin, 1883–4).

PTOLEMY, CLAUDIUS, *The Almagest* (trans. Taliaferro, R. C., Chicago, 1952).

REICKE, E., *Der Gelehrte, Monographien zur deutschen Kulturgeschichte* (Leipzig. 1900).

REUSCH, F. H., *Der Process Galilei's und die Jesuiten* (Bonn, 1879).

RHETICUS, JOACHIM, *Narratio Prima* (trans. Rosen, E. –*Three Copernican Treatises*).

ROSEN, E. , *Three Copernican Treatises* (Columbia, 1939).

ROSEN, E. , *The Naming of the Telescope* (New York, 1947).

RUDNICKI, J. , *Nicolas Copernicus* (Mikolaj Kopernik) (London, 1943).

DE SANILLANA, G., (ed.), *Galileo Galilei Dialogue on the Great World Systems* (Chicago, 1953).

DE SANILLANA, G., *The Crime of Galileo* (Chicago, 1955).

SARTON, G., *The History of Science and the New Humanism* (Cambridge, Mass., 1937).

SELTMAN, CH. , *Pythagoras* (*History Today*, London, August, September, 1956).

SHER WOOD TAYLOR, F., *Science Past and Present* (London, 1949).

SHER WOOD TAYLOR, F., *Galileo and the Freedom of Thought* (London, 1938).

SINGER , C., *A Short History of Science to the Nineteenth Century* (Oxford, 1941).

SINGER, D. W., *Giordano Bruno, His Life and Thought with Annotated Translation of His Work, On the Infinite Universe and Worlds* (New York, 1950).

STIMSON, D., *The Gradual Acceptance of the Copernican Theory of the Universe* (New York, 1917).

SULLIVAN, J. W. N. , *The Limitations of Science* (New York, 1949).

TILLYARD, E. M. W. , *The Elizabethan World Picture* (London, 1943).

WHITEHEAD, A. N. , *Science and the Modern World* (Cambridge, 1953).

WHITTAKER, SIR EDMUND, *Space and Spirit* (London, 1946).

WOLF, A. , *A History of Science, Technology and Philosophy in the Sixteenth and Seventeenth Centuries* (London, 1935).

ZINNER, E. , *Enstehung und Ausbreitung der Copernicanischen Lehre* (Erlangen, 1943).

注　释

1968年版前言

1. 《历史研究》，Ⅰ—Ⅵ卷节选本，D. C.索麦维尔节录（牛津，1947年）。在完整的10卷版中，简短提及哥白尼的有3处，伽利略2处，牛顿3处，开普勒无。这些全部为顺带提及。
2. 参见《洞见与展望：对科学、艺术和社会伦理的共同基础的探讨》（伦敦和纽约，1949年）。

第一部　英雄时代

1　黎　明

1. 《大英百科全书》，1955年版，Ⅱ—582c。
2. 同上，Ⅱ—582d。
3. F.舍伍德·泰勒，《科学的过去和现在》（伦敦，1949年），第13页。

   "从巴比伦国王纳巴沙统治时期（公元前747年）开始，"托勒密在约900年后写道，"我们拥有的古代观察结果实际上持续至今。"（Th. L.希思，《希腊天文学》，伦敦，1932年，第ⅩⅣ页及下页）

   巴比伦人的观察结果，由喜帕恰斯和托勒密纳入希腊数据的主要部分，也给哥白尼提供了不可或缺的帮助。
4. 柏拉图，《泰阿泰德篇》，174A，引自希思，同上，第1页。
5. 出自《残篇》并缩写，引自约翰·伯内特，《早期希腊哲学》（伦敦，1908年），第126页及后。
6. 同上，第29页。

2　天球的和谐

1. 参见约翰·伯内特，《希腊哲学》（伦敦，1914年）的第一部分"从泰勒斯到柏拉图"，第42页和54页。

2. 塔伦特姆的亚里士多赛诺斯所著《和谐的元素》，伯内特引用，同上，第41页。亚里士多赛诺斯，4世纪逍遥学派学者，师从毕达哥拉斯学派和亚里士多德。

关于毕达哥拉斯相关文献的批判性评价，请参阅伯内特的《早期希腊哲学》，第91页及后；A.德拉特所著《毕达哥拉斯文献研究》（巴黎，1915年）。关于毕达哥拉斯学派的天文学，参阅约翰·路易·埃米尔·德雷尔所著《从泰勒斯到开普勒的行星系统历史》（剑桥，1906年）和皮埃尔·迪昂所著《宇宙系统——从柏拉图到哥白尼的宇宙学历史》卷Ⅰ（巴黎，1913年）。

3. 地球球形的发现被归于毕达哥拉斯和/或巴门尼德。

4. 《自然史》，卷Ⅱ，第84页。德雷尔引用，同上，第179页。

5. 《威尼斯商人》，第五幕，第一场。（译者注：译文使用朱生豪译本。）

6. 欧里庇得斯，《酒神的伴侣》，菲利普·维拉科特的新译本（伦敦，1954年）。

7. 伯内特，《早期希腊哲学》，第88页。

8. B.法林顿，《希腊科学》（伦敦，1953年），第45页。

9. F. M. 康福德，《从宗教到哲学》（伦敦，1912年），第198页。

10. 卷Ⅲ，第13章，查尔斯·塞尔特曼所著《毕达哥拉斯》中有引用，刊于《今日历史》，1956年8月。

11. T. 丹齐克所著的《数：科学的语言》（伦敦，1942年）引用之，第101页。

12. 法林顿，同前，第43页。

3　飘浮的地球

1. 《自然史》，卷Ⅳ，第25页和42页；德雷尔引用，同前，第39页。

2. 迪昂（同前，第17页）倾向于认为反地球始终与地球相对，在中央火的另一边。但是在这种观点中（从伪普鲁塔克的一段意思不明的话中推断出来的），反地球没有实际功能。如果地球要24小时围绕中央火完成旋转一周，那么除非中央火非常近，否则地球的角速度会变得过高。在这种情况下，似乎真的需要反地球来防止地球着火。

3. 数字方面的知识确实是毕达哥拉斯学派的致命弱点，但是为了避免我们在古人的迷信问题上变得过于自大，让我们想想"波德定律"（Bode Law）。1772年，维滕贝格的约翰内斯·达尼拉·提丢斯宣布他已经发现了一个简单（但非常随意）的数值定律。根据该定律，所有行星与太阳的相对距离可以用0，3，6，12，24等数列的每个数字加4来表示。结果是数列4，7，10，16，28，52，100，196。这与公元1800年已知的7个行星的相对距离非常接近，但距离为28的第八颗行星并不存在。因此，同年，6个德国天文学家开始一同寻找失踪的这颗行星。他们发现了小行星谷神星；从那以后，在附近发现了超过500个小行星，被认为是在预测位置的一个完全大小的大行星的碎片。但是对于**为什么**这个随意的数列会如此接近事实，目前还没有找到令人满意的答案。

	波德定律	观测距离
水星	4	3.9
金星	7	7.2
地球	10	10
火星	16	15.2
?	28	?
木星	52	52
土星	100	95
天王星	196	192

这个表格莫名地令人联想到发现同位素之前的门捷列夫元素周期表。

4. 这个解释是斯基亚帕雷利提出的。参见迪昂，同前，卷 I，第 12 页。

5. 是谁提出了地球自转的假说，我们并不知道。有人说是两个毕达哥拉斯学派的人：希克塔斯（一些来源称尼克塔斯）和埃克凡图斯，据说都来自叙拉古；但他们一直都信息不明，我们甚至不知道他们的年代。参见德雷尔，第 49 页及后；迪昂，卷 I，第 21 页及后。

6. 昼夜平分点的岁差一直没有被发现，或者至少没有得到重视，直到喜帕恰斯出现，他在公元前 125 年非常活跃。

7. 当金星的角速度超过地球的角速度时，从地球上看，金星在冲相时顺时针方向移动，在合相时逆时针方向移动。

8. 然而根据苏达辞书的说法，柏拉图离开西西里岛时，将学园留给了赫拉克利德斯管理。《大英百科全书》，XI—454d。

9. 斯基亚帕雷利、保罗·塔内里、皮埃尔·迪昂。见迪昂，同前，卷 I，第 410 页。但是没有证据支持这一假设。"第谷"系统本来可能是从赫拉克利德斯到阿里斯塔克斯之间的一个符合逻辑的踏板；但是如果真有人支持它，那么应该会留下一些痕迹。似乎更有可能的是如德雷尔认为的那样（第 145 页及后），阿里斯塔克斯进行了一种从图 B 到图 D 的思维跳跃。

10. 德雷尔的译文，同前，第 137 页。

11. 《论月面》，第 6 章。希思在《希腊的天文学》中引用，第 169 页。

12. 除了一位名叫塞琉克斯的巴比伦天文学家，他生于阿里斯塔克斯的年代整整一个世纪之后，根据地球的自转建立了一种潮汐理论。

13. 希思，《古代的哥白尼》（伦敦，1920 年），第 38 页。

4　勇气的失败

1. 法林顿引用，同前，第 81 页。

2. 《理想国》，托马斯·泰勒译，卷 VII。

3. 见上引。

4. G.B.格伦迪关于"希腊"的文章,《大英百科全书》,Ⅹ—780c。

5. 伯特兰·罗素,《非通俗文选》(伦敦,1950年),第16页。

6.《政治学》,卡尔·波普尔在《开放社会及其敌人》(伦敦,1945年)中引用,卷Ⅱ,第2页。

7.《形而上学》,法林顿引用,同前,第131页。

8.《蒂迈欧篇》,第90页,第91页。

9. 斯宾塞,《仙后》。

10.《斐多篇》,引自伯特兰·罗素《西方哲学史》(伦敦,1946年),第159页。

11. 在《蒂迈欧篇》40B的一段话中有一个词 ειλομένην 或者 ιλλομένην 引起了不休的争论。这段话在德雷尔的译本中是这样的:"但是养育我们的地球,**包裹**着穿过宇宙的轴线。它是昼与夜的守护者和发明者,是宇宙中产生的第一个也是最古老的精神。"(同上,第71页及后)伯内特理解的不是"包裹",而是"往复"或"前后"(《希腊哲学》,第348页)。A.E.泰勒教授(引自希思的《希腊天文学》,第Ⅻ页)提出,这个词应该被理解为地球"在宇宙的轴线上上下滑动",而且柏拉图只是引用了毕达哥拉斯的理论(他显然把所有事情都搞混淆了),而没有指明出处。除了这个意思模糊的句子,柏拉图没有在任何地方提到过地球的运动。普鲁塔克在讨论菲洛劳斯的中央火系统时,说:"据说柏拉图在晚年也持有这些观点;因为他也认为地球处于从属地位,宇宙的中心是被某个更高贵的物体所占据。"(普鲁塔克著《努玛的生平》,第11章,德雷尔引用,第82页)虽然有可能年迈的柏拉图从类似神话的角度来打趣"中央火"的说法,但他在他的著述中从未提到过它。

12.《蒂迈欧篇》,33B—34B,希思引用,同前,第49页及后。

13. 法林顿,同前,第56页。

14. 关于亚里士多德和柏拉图对变化的不同态度,参见波普尔的简述,同前,卷Ⅱ,第4—6页,特别是注释11,第271页及后。

5　与现实的分离

1. 欧多克索斯的研究是将天文学放在精确几何学基础上的第一次认真尝试。他的模型不可能声称代表物理现实,但是在纯粹的几何学方面,它的优雅在开普勒之前的天文学中是无与伦比的,也优于托勒密的天文学。其运动过程简述如下:形成行星"嵌套"的四个天球中最外面的一个(S_4)重复周日旋转;S_3的轴线A_3垂直于黄道,因此它的赤道在黄道平面内转动,外行星按黄道周期,内行星为一年。两个最里面的天球用于解释纬度的移动以及停滞和逆行。S_2的极点位于S_3的赤道上,即在黄道圈上;S_2在行星的会合期内旋转。S_1在同一时期但在相反方向上旋转;A_1向A_2倾斜的角度每个行星都不同。行星位于S_1的赤道上。S_1和S_2的旋转相结合使行星描画出一条沿黄道带的双纽线(即细长的"八字形")。详细内容参见德雷尔,同前,第4章;迪昂,同前,Ⅰ,第111—123页。

2. 然而，欧多克索斯及其追随者的理论未能挽救现象，而且不仅仅是那些在以后才第一次注意到的现象，甚至也包括那些之前已知而且已经被作者们接受的现象……我指的是行星有时似乎靠近我们而有时会后退的现象。对于某些行星，这种现象确实是非常明显的，阿佛洛狄忒星和阿瑞斯星在逆行过程中会增大许多倍，以至于阿佛洛狄忒星在没有月球的夜晚使物体投下阴影。即使在肉眼看来，月球显然也并不总是离我们相同的远近，因为它在介质相同的情况下也并不总是相同的大小。而且，通过仪器观察月球也证实了同样的事实。如果在与观察者相同的距离放一个圆盘，使它（刚好）能遮住月球，有时需要11指宽的圆盘，有时是12指宽的圆盘。（辛普利修斯评《论天》，希思引用，同前，第68页及后。）

3. 托勒密是著名的天文学家也是著名的地图制作者，这一点很重要。他的《地理学》被重新发现，在1410年被翻译成拉丁文，这标志着欧洲的科学地理学的开始。哥白尼和开普勒也被委以地图制作任务，他们认为这项工作非常烦琐，试图逃避。即使是最伟大的星图制作者喜帕恰斯和第谷，也回避地球地理学。但正是喜帕恰斯概述了通过正投影（regular projection）进行地图制作的数学原理，托勒密也采用了这种方法。托勒密的本轮宇宙和地理学都是对喜帕恰斯的原创设计的细心实施。

4. 来自Al-majisty，这个词是希腊语Megisty Syntaxis在阿拉伯语中的变体。

5. 德雷尔，同前，第175页。

6. 同上，第184页。在望远镜发明之前，无法计算（甚至估算）太阳的距离。托勒密猜测为610个地球直径（实际为11500倍）；哥白尼也好不了多少，他的估计是571倍地球直径（德雷尔，第185和第339页）。至于恒星，托勒密知道它们之间的距离与太阳系相比十分大。他说，与恒星相比，"地球就像一个点"。

7. 当然，除了轨道是椭圆形；但参见下一页注释15。

8. 引自恩斯特·青纳，《哥白尼学说的起源和传播》（埃朗根，1943年），第49页。

9. 见上引。

10. 同前，第52页及后。

11. 同上，第50页。

12. 见上引。

13. 《论月面》，第6章，希思引用，同上，第169页。

14. 爱奥尼亚哲学家被怀疑不信神，他们给天文学带来了一些不好的名声。但那已经是若干世纪以前，即使在那时候，他们也没有受到伤害。普鲁塔克在6世纪希腊将军尼西阿斯的传记中写道，尼西阿斯害怕日食/月食，人们也同样迷信，并且

　　在那些日子里，对于自然哲学家或者所谓的"失口泄露天球秘密的人"极不容忍。他们被指责解释了神圣的东西，代之以非理性的原因、盲目的力量、必然性的控制。因此毕达哥拉斯被流放，阿那克萨戈拉斯被监禁，伯里克利费尽全力才把他弄了出来；虽然苏格拉底与此毫无干系，但因为是哲学家

而被处死。直到很久以后，通过柏拉图的辉煌名声，这种谴责才从天文学研究中消失，并且对所有人敞开了大门。这是因为他在一生中所受到的尊重，因为他使自然法则服从于神圣原则的权威。（法林顿引用，同前，第98页及下页）

苏格拉底和毕达哥拉斯都与天文学无关了，在整个古代受迫害的唯一事例是公元前6世纪阿那克萨戈拉被监禁，但据另一个来源称，他只是被罚款并暂时流放。他去世时72岁。

鉴于此，我们很难同意迪昂的评论：

在17世纪，新教以及后来的天主教会阻碍了哥白尼学说的发展，这些阻碍只是向我们传达了一个微弱的观念，即在奉行异教的古代一些人招致了不虔诚的指控，因为这些凡人胆敢撼动神的壁炉［原文如此］的永恒不动，并把那些不朽的神圣存在——星星——放在与地球，这生与灭的卑微之地相同的基础之上。（同前，I，第425页）

唯一支持这个说法的仍然是普鲁塔克关于克里安提斯的逸闻评论。值得注意的是，在迪昂的版本中，亚里士多德的形而上学被视为似乎已成为异教版的基督教教义；同时，亚里士多德自己也成了异教徒，因为他也插手了"神的壁炉"。迪昂继续引用保罗·达奈希（他与其具有相同的宗教信仰）的话来支持自己的观点，即尽管伽利略受到了宗教法庭错误的谴责，但"他若是与古代崇拜群星的迷信做斗争，可能会遭受更严重的危险"。此时，迪昂为何犯错以及夸大克里安提斯故事的重要性，就更显而易见了。由于迪昂的权威性，克里安提斯的故事已经进入大多数通俗的科学史（与同样真实性存疑的"可是地球仍然在动"齐名）；它常被引用来支持这个观点（这当然不是迪昂的意图），即在任何形式的宗教和科学之间，始终存在且必须始终存在一种固有而不可调和的敌意。一个值得注意的例外是德雷尔（参见同上，第148页），他简单地评论说，在阿里斯塔克斯的时期，"哲学家可能被依法传唤来解释为什么会提出令人吃惊的天文学理论的时代早已经过去"，"如果真的有人提出了'不敬神'的指控，对该理论也没有太大损害"。

15. 我们必须简要讨论另一种尝试性解释。德雷尔认为观测天文学在亚历山大里亚的兴起是人们放弃了日心说系统的原因。阿里斯塔克斯可以解释行星的逆行及亮度的变化，但不能解释其轨道椭圆度引起的异常表现；而且，"试图用阿里斯塔克斯的简单观点来解释这些现象，这种孤注一掷必定给他的系统带来了致命一击"（第148页）。迪昂的解释也一样（第425—426页）。但这似乎更像是预设不当的谬误，因为所谓的"第二个异常"也可以通过日心说系统中的本轮得到拯救，就像地心说系统中一样；而哥白尼正是这样做的。换句话说，两个系统中任何一个都可以作为建造"摩天轮"的起点；但以阿里斯塔克斯为起点，任务本来可以变得无比简单，因为"第一个异常"已经被排除了。回过头再想一想，德雷尔似乎意识到了这一点，因为他随后（第201页及下页）说：

对于习惯日心说的现代头脑而言，很难理解为什么像托勒密这样的数学家没有想到去除所有外行星的本轮，因为这些本轮不过是将地球的公转轨道转移到每一个行星的轨道上并重复之，也没有想到去除水星和金星的均轮，将它们的本轮中心放在太阳上，就像赫拉克利德斯那样。事实上，将每个行星的长半轴以地球长半轴为单位来表示，就可能重现托勒密的本轮和均轮的半径比的值……显然，阿里斯塔克斯的日心说观点可能来自本轮理论，也同样可能来自可变偏心率的理论……

他进一步指出，就月球而言，托勒密系统甚至比阿里斯塔克斯的系统在拯救现象上更加失败，根据托勒密的说法，月球的表面直径应该在一定范围内变化，这却与最简单的观察结果相矛盾（第201页）。

16.《天文学大成》，Ⅲ，第二章，迪昂引用，第487页。

17. 同上，Ⅱ，青纳引用，第35页。

18. 在后来一部较短的作品《行星假说》中，托勒密做了一次不太认真的尝试，他用一个球或圆盘来代表每个本轮，球或圆盘在一个球形的凸面和凹面之间以滚珠轴承滑动，试图使他的系统模仿物理现实。但这次尝试失败了。参见迪昂，Ⅱ，第86—99页。

19. 德雷尔引用，第168页。

20.《天文学大成》，Ⅰ。

21. 参见青纳，同前，第48页。

22. 约翰·开普勒，给D.法布里修斯的信，1603年4月7日，《作品集》，卷XIV，第409页及后。

23. R. H.威伦斯基引用，《现代法国画家》（伦敦，1940年），第202页。

24. 同上，第221页。

第二部　黑暗的间奏

1　长方形的宇宙

1. 埃德蒙·惠特克，《空间和精神》（伦敦，1946年），第11页。

2.《圣奥古斯丁忏悔录》，F. J.希德译（伦敦，1944年），第111页。

3. 同上，第113页。

4. 同上，第v页及下页。

5. Th. A.莱西博士论"奥古斯丁"，《大英百科全书》，Ⅱ—685C。

6. 同上，Ⅱ—684a。

7. 克里斯托弗·道森，《忏悔录》序言中引用，第v页。

8.《上帝之城》，罗素《西方哲学史》引用，第381页。

9. 同上，Ⅷ，第5页。

10. 惠特克，同前，第12页。

11.《忏悔录》，第197页及下页。

12. 罗素引用，同前，第362页。

13. 德雷尔，同前，第210页。

14. 同上，第211页。

15. 同上，第213页。

16. 同上，第212页；迪昂，Ⅱ，第488页及下页。

17. 德雷尔，第211页。

2　封闭的宇宙

1.《斯齐皮奥之梦》的评注，Ⅰ，第14、15页。A. O.洛夫乔伊引用，《存在巨链》（剑桥，麻省理工，1936年），第63页。

2. 自从喜帕恰斯发现了昼夜平分点的岁差，第一推动者就不再是一个不动的推动者。现在它的任务是解释那种运动，其缓慢——26000年完成一周——被解释为它想要分享相邻的第十重天即最高天的完全静止。

3. 但丁，《飨宴》，ii. 6；德雷尔引用，第237页。

4.《动物志》，Ⅷ，Ⅰ，588b，洛夫乔伊引用，同前，第56页。

5.《驳异大全》，Ⅱ，第68页。

6. 洛夫乔伊，同前，第102页。

7.《蒙田随笔》，Ⅱ，第2页。

8.《仙后》。

9.《人论》。

10.《世界史》，E. M. W.蒂利亚德引用，《伊丽莎白时代的世界图景》（伦敦，1943年），第9页。

11. 奥利维耶·德拉马尔什，《勃艮第查尔斯公爵府邸介绍》，J.赫伊津哈引用，《中世纪的衰落》（伦敦，1955年），第42页及后。

12. H.津瑟，《老鼠、虱子和历史》（1937年），波普尔引用，Ⅱ，第23页。

13.《特洛伊罗斯和克瑞西达》。

14. 参见迪昂，同前，Ⅲ，第47—52页。

15. 有两份手稿以尊者比德之名写成，但显然是在他去世后很久，详细阐述了赫拉克利德斯系统。第一篇被称为"伪比德"，年代为9世纪或更晚；第二篇现在认为是12世纪的诺曼人孔什的威廉所著。参见德雷尔，第227—230页；迪昂，Ⅲ，第76页及后。

16. 迪昂，Ⅲ，第110页。

17. 现存最早的航海图年代为13世纪，但显示出已有十分悠久的传统。而圆形的赫里福德地图（约1280年）和5世纪的"T and O"地图显示，世界地图的"理论"版本和"实用"版本一定共存了好几个世纪。

18. 赫伊津哈，同前，第68页。

19. 同上，第45页，第50页。

3　经院学者的宇宙

1.《范畴篇》和《解释篇》。

2. 怀特海，《科学与现代世界》（剑桥，1953年），第15页。

3.《论天》;《论生成和消灭》，惠特克引用，同前，第27页。

4. 当然也有明显的例外:培根、方济各会的学校和14世纪巴黎的学校。但奥卡姆、布里丹和奥雷姆的反亚里士多德物理学并没有立见成效;例如，哥白尼和开普勒对于他们关于动量的革命性理论一无所知（虽然达·芬奇知道）;他们对战亚里士多德仅在3个世纪之后才通过伽利略获得了胜利，而伽利略从未承认自己受惠于他们。

5. 因为物体不能在同一时间和同一方面，既具有行为又具有潜能。但是，"潜能"和"行动"适用于移动物体时是毫无意义的术语。有关亚里士多德主义–奥卡姆主义者关于运动的论战的简述，可参阅惠特克，同前，附录。

6. 赫伯特·巴特菲尔德，《现代科学的起源》（伦敦，1949年），第14页。

7. 见本页注释4。但即使在古代，这种视而不见也不是完全的。因此，普鲁塔克在《论月面》中认为月球是属于地球的，由固体构成，它有重量却不会落到地球上，是因为:

> ……月球的运动和旋转中有一种安全机制能防止它下落，就像吊索上悬挂的物体圆周旋转时不会掉落一样;**因为任何物体如果不受其他物体影响而偏转方向，那么它的自然运动就会继续保持下去**。因此月球没有因其重量而下落，是因为它的这个自然倾向被它的旋转阻碍。（希思，同前，第170页;黑体为我所加）

　　该书的译者是希思，他评论说:"这实际上就是牛顿第一运动定律。"（希思，同前，第170页）奇怪的是这段话没有引起什么评论。这句话的上下文清楚地表明，普鲁塔克想到动量这个概念并不是碰巧，而是他有了这个"感觉"。当然，每个投掷矛刺的人（及其受害者）都有这个感觉。

8. 巴特菲尔德，同前，第7页。

9.《愚人颂》（1780年），第218页及后。

10. 吉尔伯特·默雷，《希腊宗教的五个阶段》（伦敦，1935年），第144页。

11.《科学与现代世界》，第7页。

第三部　胆怯的教士

　　哥白尼的通行传记仍然是利奥波德·普罗韦的《尼古拉·哥白尼》（柏林，1883—1884年）。

　　关于哥白尼的理论及其起源和影响，新近最重要的著作是恩斯特·青纳的《哥白尼学说的起源和传播》（埃朗根物理学和医学界会议报告，74卷，埃朗根，1943年）。

关于哥白尼系统的概述可以参见安格斯·阿米蒂奇的《哥白尼——现代天文学的创始人》（伦敦，1938年）及上面提及的德雷尔的著作。

普罗韦的书分两卷出版，第一卷有两部分，分别编号。因此，第一卷的引用标记为普罗韦，I，1和I，2。第一卷包括传记，第二卷包括拉丁文、希腊文和中世纪德文的文件。所有提到普罗韦卷II之处指的都是拉丁文原文。

1　哥白尼的生平

1. 他的姓氏在不同文件中拼写不同，有Coppernic、Koppernieck、Koppernik、Koppernigk、Kopperlingk、Cupernick和Kupernick等。最常见的是Koppernigk（普罗韦也采用这种拼写）。他本人在不同场合签名如Copernic、Coppernig、Coppernik、Copphernic，后来大多为Copernicus。

2. 《天球运行论》卷VI（纽伦堡，1543年）。

3. 《天球运行论》，卷V，第30章。

4. 同上，卷IV，第7章。

5. 《瓦格纳国家词典》（1862年），卷II，描述弗龙堡"为维斯瓦河上的一个小镇"。

5a. 普罗韦，I，2，第4页注释。

6. 将弗龙堡的地理位置弄错仅有另一例，同样来自该镇居民：蒂德曼·吉泽1536年写给鹿特丹的伊拉斯谟的一封信，"来自维斯瓦河岸边"——吉泽主教是哥白尼教士最亲密的朋友。参见普罗韦，I，2，第4页。

7. 雷蒂库斯，《新星历表》（莱比锡，1550年），第6页。普罗韦，I，2引用，第8页。

8. 普罗韦，I，2，第314页。

9. 普罗韦，I，1，第111页。

10. 例如，1943年，伦敦的哥白尼四百周年庆祝委员会出版了约瑟夫·鲁德尼茨基博士的一部专著《尼古拉·哥白尼》，其中在描写哥白尼在意大利学习时，忽略了他出现在博洛尼亚大学的日耳曼学生联谊会登记册上的事实，然后谈到哥白尼的下一所大学帕多瓦："……波兰学生联谊会是该大学最大的社团之一。根据帕多瓦的历史学家N. C. 帕帕多波利的说法，在这里，'哥白尼致力于哲学和医学研究达4年之久，这一点从波兰学生的登记表上可以看出'。"

　　哥白尼本来很有能力加入博洛尼亚的日耳曼学生联谊会和帕多瓦的波兰学生联谊会，但事实是关于前者存在文件证据，而后者则没有，而且帕帕多波利引用的来源被他的意大利同胞曝光是欺诈行为，而他们与波兰－德意志争端并没有任何关系（参见普罗韦，I，1，第297页）。在拼写方面也发生了争执；因此，鲁德尼茨基将乔治·约阿希姆的拉丁语笔名从Rheticus翻译成Retyk（第9页），从而将这个蒂罗尔人变成了斯拉夫人。但必须注意的是，这本小册子是在战争期间写成的。另见本章注释28和89。

11. 卡洛·马拉戈拉，《安东尼奥·乌尔切奥·科德罗的生平和著作》（博洛尼亚，1878年）。

12. 雷蒂库斯，《首次报告》，爱德华·罗森译，《哥白尼论文三篇》（哥伦比亚，

1939年），第111页。

13. 普罗韦，Ⅰ，1，第266页。

14. 普罗韦，Ⅰ，1，第89页。

15. 察赫的《每月报道》（卷Ⅱ，第285页），普罗韦引用，同上。

16. 普罗韦，Ⅰ，2，第313页。

17. 普罗韦，Ⅰ，1，第359页。

18. 见注释33。

19.《大英百科全书》，XX—696d。

20. 伯恩哈迪，《希腊文学概要》，Ⅰ，第583页。引自普罗韦，Ⅰ，1，第393页。

21. 普罗韦，Ⅱ，第124—127页，包括希腊文原文。

22. 普罗韦，Ⅱ，第51页。

23.《大英百科全书》，Ⅸ—732b，第13版，1926年（所有其他引用都是1955年版）。

24. 引自普罗韦，Ⅰ，1，第402页。

25. H. R. 特雷弗 – 罗珀，《德西德里乌斯·伊拉斯谟》（《相遇》杂志，伦敦，1955年5月刊）。

26. 见下面第2章注释20。

27. 被称为《反维尔纳书》。见第176页。

28. 这篇论文最初以德语写成，1522年提交给普鲁士政府议会，1528年为议会改写为拉丁文。它旨在减缓普鲁士的货币贬值（因战争而加剧），通过国家垄断硬币铸造以及控制流通中的硬币数量和合金中基底金属的比例。有人称哥白尼已经预想到了格雷沙姆定律"劣币驱逐良币"；事实上，这个原则似乎在两个世纪前已经由奥雷姆的尼古拉首先提出，他的经济学说构成了查理五世货币改革的基础。

　　这两个版本的哥白尼论文都印在普罗韦，Ⅱ，第21—29页，并在普罗韦，Ⅰ，1，第139—152和193—201页中进行了分析。

　　不可思议的是，甚至这个论题也被卷入了波兰与德意志之争。因此，尽管普罗韦对此事进行了详尽的记叙，鲁德尼茨基（同上，第24页）仍然断言说，"值得注意的是，德意志人默默地忽略了哥白尼的经济学论文"，并认为该论文进一步证明哥白尼"观点的核心是波兰的"（第26页），因为哥白尼建议波兰占有的普鲁士区的新币应该以波兰皇室王冠作为顶饰；但鲁德尼茨基忽略了这样一个事实：这篇论文本身就是德语写成的。

　　另一方面，青纳没有提到哥白尼的启蒙老师之一显然毫无疑问是一位波兰人，名叫米科拉伊·沃德卡，后来把他的名字拉丁化，成了阿布斯特缪斯（Abstemius）……参见 L. A. 比肯马耶尔，《15世纪波兰物理学家、天文学家——来自克维曾的米科拉伊·沃德卡（又叫阿布斯特缪斯）》（托伦，1926年）。另见本章注释10和89。

29. 普罗韦，Ⅰ，2，第177页。

30.《克拉科夫路德宗信仰与运动的繁荣发展》，1525年，引自普罗韦，Ⅰ，2，第

172页。

31. 比较下文（第156页及后处）出版雷蒂库斯《首次报告》时同样复杂的折中方案。

32. 《短论》的日期不确定，但内部证据指向1510—1514年。见青纳，同前，第185页，以及A.柯瓦雷，《尼古拉·哥白尼的天球运行论》（巴黎，1934年），第140页。

33. Nicolai Copernici de hypothesibus motuum coelestium a se constitutis commentariolus. 我译为Commentariolus（"短论"）。到该世纪末，该书的手抄本仍然在学者们手中传播。随后这篇论文从视线中消失，直到1878年和1881年在维也纳和斯德哥尔摩各发现了一份。全文由普罗韦首次发表，并附有开头部分的德语译文。爱德华·罗森（同前）出版了完整的英文译本。

34. 也就是说，行星的角速度相对于其本轮的中心不是匀速的；它的所谓匀速只是相对于另一个点，即位于其轨道长轴上的匀速点。见本书第178页及后。

35. 《二十六位哲学家、演说家、修辞学家书信集》（帕多瓦，1499年）。

36. 《君士坦丁堡红衣主教和教会压制柏拉图四书》（帕多瓦，1503年）。

37. 引自普罗韦，II，第132—137页。

38. 《天球运行论》，序言。

39. 引自普罗韦，I，2，第274页。

40. 有人说有一个新的占星家想要证明地球运动旋转，而不是天空、太阳和月球在运动旋转，就好像在马车或船上移动的人可能会认为自己静止不动而地面和树木在移动。但现在的情况就是这样：一个人希望自己显得聪明，他就必须要发明一些特别的东西，而且发明的方式必须是最好的！那个傻瓜想要颠覆整个天文学。然而，《圣经》告诉我们，约书亚也曾请求太阳静止不动而不是地球。（路德，《桌边谈话录》，沃尔奇编，第2260页。引自普罗韦，I，2，第232页。）

41. 引自普罗韦，I，2，第233页。

42. 格奥尔格·约阿希姆·雷蒂库斯，《首次报告——赞美普鲁士》（但泽，1540年），罗森译，同前，第191页。在《首次报告》的后续引文中，除了一些微小改写外，我采用了罗森的译文。

43. 同前，罗森译，第192—195页。

44. 参见上面第144页及注释31。

45. 同前，罗森译，第186页及下页。

46. 同上，第187页。

47. 同上，第126页。

48. 同上，第131页。

49. 约翰内斯·开普勒，G. W.，卷III（慕尼黑，1937年）。

50. 开普勒给隆戈蒙塔努斯的信，1605年春，G. W.，卷XV（慕尼黑，1951年），第134页及后。

51. 雷蒂库斯，同前，第163页及下页。

52. 同上，第188页。

53. 同上，罗森译，第195页。

54. 见下面第2章注释13。

55. 亚历山大·斯库尔泰蒂教士，详见下。与贝纳尔德·斯库尔泰蒂不是同一人，
见上面第131、146页。

56.《三角形的边和角》，维滕贝格，1542年。

57. 青纳，同前，第243页。

58. 同上，第244页。

59. 奥西安德的序言全文如下（罗森译，同前，第24页及下页）：

致读者——关于本书的假设

由于本书中的假设其新奇之处已经被广泛报道，我毫不怀疑一些博学人士已经感觉受到了严重侵犯，因为本书宣称地球在运动，而太阳在宇宙的中心静止不动；毋庸置疑，这些人认为，很久以前建立在正确的基础上的人文教育不应该打乱。但如果他们愿意仔细研究这个问题，他们会发现本书的作者并没有做任何值得怪罪的事。因为天文学家有责任通过仔细和熟练的观察来构建天球运动的历史。至于这些动作的原因或关于天球的假设，因为他无法以任何方式获取真正的原因，他就必须设想和设计出这样的假设，在这种假设下，我们能够从几何学原则正确计算出天球的运动，既适用于过去的运动，也适用于未来的运动。本文作者极好地履行了这两项职责。因为这些假设不一定是正确的，甚至不一定是可能的；如果它们能使计算与观察结果一致，那就足够了。也许有人对几何学和光学非常无知，以至于认为金星的本轮是可能的，或者认为这就是为什么金星有时在太阳之前，有时在太阳之后，相差40度甚至更多。难道有人不知道从这个假设出发，必然会发现近地点的行星直径看起来会是远地点的4倍以上，因此行星的大小会超过16倍，这个结果与古往今来的所有经验相矛盾？在这项研究中，还有其他同样重大的荒谬之处，现在没有必要提出。因为很明显，表面上的不规则运动的原因完全没人知道。如果通过想象设计出任何原因，事实上很多原因都是如此，这些原因并不是为了说服任何人相信它们是正确的，而只是提供一个正确的计算基础。现在，不时地有人会提出对同一个运动的不同假设（如对太阳运动提出偏心率和本轮），天文学家将首先接受最容易掌握的假设。哲学家或许宁愿寻求真理的表象。但他们都不会理解或者陈述任何确定的东西，除非是神已经向他们揭示。因此，让我们允许这些新的假说与那些不再可信的古人的假设一起为人们所知；让我们特别是要允许新的假说为人所知，因为它们值得赞扬，也很简单，并且带给我们专业观察的巨大财富。就这些假设而言，任何人都不该指望天文学能提供任何确定的东西，因为它不能，以免人们将那些为了另外的目的而设想的观点当作真理，并且在完成学习时比他刚开始学习时更加愚蠢。祝阅读顺利。

60. 哥白尼1540年7月1日的信，已佚失。

61. 奥西安德的回信日期是1541年4月20日。开普勒的《第谷驳斥乌尔苏斯》中引用了，该文发表在开普勒的 O. O. 中，弗里施编，I，第236—276页。

62. 相同来源，见上引。

63. 同上。

63a.《天球运行论》，致保罗三世的献辞。

64. 约翰内斯·开普勒，《新天文学》序言部分，G. W.，卷Ⅲ。该段我采用了罗森的译文。

65. 约翰内斯·普雷托利乌斯写给赫尔瓦特·冯·霍森堡的信。这封信最初由青纳出版，同上，第454页。

66. 同上，第453页。

67. 同上，第424页。

67a. 同样可疑的是，开普勒在看过奥西安德与哥白尼的整个通信后，逐字引用了奥西安德写给哥白尼和雷蒂库斯的信，但对于更为重要的哥白尼给奥西安德的回信，却只用一句话概述哥白尼的"坚忍的意志"。《新天文学》试图将哥白尼系统置于物理学基础之上，开普勒不能承认哥白尼对其物理现实有任何怀疑，或者他准备在这个问题上妥协。

68. 私人通信，1955年8月5日。

69. 仔细阅读奥西安德的序言，可以看出他所称的"不可能性"和"荒谬性"是针对哥白尼系统的几何细节，而不是针对地球运动的基本概念。在这个核心观点上，他赞同哥白尼的信念，这从他给哥白尼和雷蒂库斯的信中可以看出，而且他对这个研究的热爱也表明了这一点。他如此强调这个系统是形式上的或虚构的，部分原因是出于对外的谨慎，部分是因为他确实不相信行星的本轮机械装置的真实存在。哥白尼的态度基本相同。关于这一点长期激烈的争论主要是基于未能区分日心说观点和该系统在本轮上的细节。关于前者，致保罗三世的献辞文本足以证明哥白尼确信它是物理学真理。关于后者，文中的一系列段落表明他认为本轮和偏心不仅仅是计算手段。因此，哥白尼既不是"现实主义者"（迪昂的用语），也不是"虚构主义者"，而是在太阳和恒星静止不动上是现实主义者，在行星的运动上是虚构主义者。虚构主义的态度在处理所有行星在纬度上的直线振荡运动、水星的经度和地球的轴线等方面，表现得尤为明显，这些都无法用任何模型表现出来，即便是稍微类似于现实也无法做到。

有关该问题的简短而恰当的讨论，以及《天球运行论》中一些相关段落的清单，可参见阿米蒂奇，同前，第84—87页。

70. 记录在案的唯一一次抗议来自忠诚的吉泽，他在哥白尼去世后才看到了出版的这本书。哥白尼于1543年5月去世，当时吉泽正在克拉科夫参加波兰国王的婚礼。他于7月回到普鲁士，发现了两册《天球运行论》的印本，是雷蒂库斯从纽伦堡送来的，并附有个人的赠言。到此时，吉泽才看到奥西安德的序言，他认为这是对他的故友记忆的亵渎。他（7月26日）写信给雷蒂库斯，责备奥西安德和印刷工佩尔希乌斯，建议重印该书的头几页，将奥西安德的序言删除，代之以雷蒂库斯的哥白尼传记，以及他对哥白尼系统在神学上的辩护。他还要求雷蒂库斯与纽伦堡市的教父们交涉（吉泽直接写信给他们），要他们迫使佩尔希乌斯服从。雷蒂库斯按照他的要求办理，但纽伦堡公司在调查此事后，于8月29日提出解决办法："向库尔姆主教蒂德曼转发约翰·佩尔希乌斯给他的信的书面答复（缓和语气，使其不会显得严厉），并且附言说，鉴于回复的内容，不能对他采取任何行动。"（参见普罗韦，I，2，第535页及后。青纳，第255页及后）

佩尔希乌斯的回复佚失，但显然他针对吉泽的指控提出了一个很好的理由，说明他是按照作者的意愿行事。同样明显的是，如果哥白尼确实明确同意或默许了奥西安德所建议的妥协，那么他就会向吉泽隐瞒此事，因为鉴于他们过去的争执，吉泽肯定会反对。

71. 青纳，同前，第246页。

72. 普罗韦，II，第419—421页。

73.《天文地理学与物理学演讲》（纽伦堡，1542年），在普罗韦，II，第382—386页中重印。

74.《大英百科全书》，XVIII—162C。

75. 普罗韦，I，2，第334页。

76. 见上引。

77. 完整的拉丁文本发表在普罗韦，II，第157—168页。

78. 普罗韦，II，第157页。

79. 普罗韦，II，第158—159页。

80. 普罗韦，I，2，第325页。

81. 牛津，1934年。《牛津晚期拉丁文词汇表》（1949年）中有"士兵的情妇"。

82. 见注释55。

83. 普罗韦，I，2，第364页。

84. 同上，第360页。

85. 青纳，同前，第222页及下页。

86. 普罗韦，I，2，第366页及下页。

87. 但提斯克斯掌管瓦尔米亚后不久，于1538年1月为他的一个宠臣购买了一个神职。这就是未来的红衣主教斯坦尼斯瓦夫·霍斯乌斯（1504—1579），他是波兰反宗教革命的精神领袖，他将耶稣会引入普鲁士，并为将普鲁士的半自治部分纳入波兰和天主教的治下起到了决定性的作用。他被称为"异端之锤"和"路德的死神"；波兰女王形容他兼具鸽子的纯真与蛇的诡诈。他是继人文主义和宽容的时代、伊拉斯谟和梅兰希顿的时代之后，宗教狂热和屠杀的新时代的象征。但提斯克斯是梅兰希顿的朋友，是前面那个时代的孩子，他自己从未成为狂热分子；但作为一名经验丰富的外交家，他知道在欧洲活跃着哪些势力，他知道他统治的普鲁士边境省份必须要么是新教与德国的，要么是天主教和波兰的。不仅是他的宗教和民族忠诚，还有他的整个人生哲学，都使他选择了罗马教会的连续性和传统，以及波兰在雅盖隆王朝黄金时代的文明影响。因此，当他接受库尔姆主教的空缺时，他的努力已经是针对瓦尔米亚；因为属于"皇家"普鲁士的库尔姆对波兰来说是安全的，而瓦尔米亚是整个东普鲁士（条顿骑士团曾经的领地）的战略和政治关键。瓦尔米亚的主教事实上享有统治一方的亲王地位；他对普鲁士政府议会的影响很大，他掌管议会，他的分会则履行政府和行政职能。

通过为霍斯乌斯安排了一份神职，但提斯克斯给分会安插了一个特洛伊木马。不到几个月后，霍斯乌斯即被提名为空缺的唱诗班领唱人的候选人。分会唯恐失去其对波兰王室的准自治地位，选举了另一名成员亚历山大·斯库尔泰蒂来阻止这一行动。尽管但提斯克斯猛烈施压，斯库尔泰蒂仍然拒绝屈服。这是一场漫长而痛苦的斗争的开始，表面上是在霍斯乌斯和斯库尔泰蒂两人之间，实质上是波兰王室针对教廷的某些势力，后者支持斯库尔泰蒂企图挫败波兰的野心，将瓦尔米亚保留在罗马的直接影响之下。虽然斯库尔泰蒂确实与他的管家生了几个孩子，但我们必须在这种政治背景下，来看待针对他生活作风不正、持有异端观点的指控。1540年，他被驱逐出分会，并被王室颁布法令，驱逐出波兰治下的所有领土。接下来的六七年里，斯库尔泰蒂住在罗马，与各种针对他的司法行动做斗争，最终教廷宣布他无罪。然而，在波兰的压力下，瓦尔米亚分会拒绝承认这个决定，结果是所有住在弗龙堡的分会成员都被逐出教会。整个错综复杂的阴谋以霍斯乌斯的胜利而告终，霍斯乌斯在1551年成为瓦尔米亚的主教，并使瓦尔米亚被牢牢掌握在波兰王室的手中。

88. 普罗韦，I，2，第361页。

89. 因此，本来严谨可靠的青纳将但提斯克斯要求哥白尼与他的情妇分开，解释为但提斯克斯的"仇恨和冲动，想要压制在学术上高他一筹的哥白尼，并剥夺他完成著作所需的闲暇时间。但提斯克斯实现了他的目的。这本著作从未完成"（第224页）。

在描述哥白尼与但提斯克斯之间的关系时，青纳没有提到但提斯克斯寄给过哥白尼一首短诗（见下文），让他放入《天球运行论》中。他只在另一处顺带提到了但提斯克斯的短诗（第239页）。青纳对但提斯克斯的偏见似乎仍然出于政治上的动机。他形容后者是一个野心家（第224页），他"为波兰国王服务，支持波兰对他自己的祖国普鲁士提出要求"（第221页）。他还重述了一个传说，即哥白尼拒绝服从但提斯克斯的"命令"，断绝与斯库尔泰蒂的关系，并宣称"他对斯库尔泰蒂比对其他教士更为尊重"。从哥白尼给但提斯克斯的信来看，这一点很难令人相信。这个版本的来源是波兰作家舒尔茨，引自普罗韦（I，2，第361页）。然而，普罗韦在一个脚注中指出，舒尔茨没有给出哥白尼这个声明的出处，"尽管他向来总是会指明出处"。普罗韦本人对但提斯克斯非常客观，并对民族主义争议表现出一种超然的态度。

90. 普罗韦，II，第168页。

91. 普罗韦，II，第418页及下页。

92. 普罗韦，I，2，第554页。

93. 青纳，同前，第244页。

94. 同上，第245页。

95. 青纳引用，第466页。

95a. 同上，第259页。

96. 见上引。

97. 在1543年7月26日给雷蒂库斯的信中（见本章注释70），吉泽说，雷蒂库斯所写的哥白尼的"优美"传记只需添上老师去世的事实就完整了。在同一封信中，他还提到了雷蒂库斯所写的证明地球运动学说与《圣经》并不矛盾的论文。

98. 青纳，同前，第259页。

99. 同上，第261页。

100. 见上引。

101. 同上，第262页。

102. 普罗韦，Ⅱ，第389页，《大英百科全书》，XIX—246d。青纳（第262页）给出雷蒂库斯的死亡时间为1574年。

103. 普罗韦，Ⅰ，2，第387页及下页。

2　哥白尼系统

1. 第一部完整的英文译本于1952年出版于"西方世界伟大著作"系列（卷16，芝加哥，查尔斯·格伦·瓦利斯翻译）。

2. 《大英百科全书》，Ⅱ—584a。

3. 青纳，同前，第273—278页。

4. H. 丁格尔，《科学历险》（伦敦，1951年），第74页。

5. 伦敦，1932年，第26页。

6. 伦敦，1949年，第26—27页。

7. 伦敦，1939年，第38页。

8. 牛津，1941年，第182页。

9.

	《天球运行论》	《短论》
地球		
周日旋转	1	1
经度运动	3	1
地轴的圆锥运动，以解释它在空间中的固定方向*和进动	1	1

---

* 哥白尼和古人一样，认为地球的轴是近乎机械地连接在其轨道环上（类似于月球总是以同一面对着地球），因此必须引入一种特殊的运动来保持地轴在空中保持方向不变。

	《天球运行论》	《短论》
两个直线振荡，以解释（想象中的）进动速度和倾斜度*的波动；每一个都分解为2个圆周运动	4	
合 计	9	3
月球		
经度运动	3	3
纬度运动	1	1
合 计	4	4
三个外行星		
经度运动3×3	9	9
纬度的振荡分解成2个圆周运动3×2	6	6
合 计	15	15
金星		
经度运动	3	3
纬度上的3个振荡运动被分解成6个圆周运动	6	2
合 计	9	5
水星		
经度运动（包括一个振荡运动）	5	5
纬度运动（与金星相同）	6	2
合 计	11	7
总 计	48	34

表中的数字指的是圆周的总和，即包括偏心圆、本轮、均轮和说明直线振荡的摆线。

在《天球运行论》中，除了错误地提到34个本轮，没有任何一处提到圆周的个数。

顺便一提，青纳指出（同上，第187页），即使是在《短论》最后提到的那个著名的数字也是错误的，因为哥白尼忘记了考虑进动、远日点和月球交点的运动。考虑到这些因素，《短论》使用了38个而不是34个圆圈。

10. 这一点由A.柯瓦雷指出，《尼古拉·哥白尼的天球运行论》（巴黎，1934年），第18页注释。

11. 普尔巴赫，《概要》。在他的《新行星论》中，普尔巴赫提供了这个系统的一个流行的简化版本，只有27个本轮。柯瓦雷教授引用（在与笔者的私人通信中，1957年12月20日）。

---

* 见正文第167页及下页。

12. 哥白尼不得不增加圆圈数量的原因是：
    （a）作为取消托勒密系统的匀速点之后的补偿；
    （b）解释进动速度和倾斜度值的假想波动；
    （c）考虑地轴的恒定角度；
    （d）因为他坚持将直线振荡分解为圆周运动——托勒密不是一个正统主义者，他对此不在意。
    这使得额外增加了21个本轮，而不是13个（5个来自地球的公转，8个来自地球的自转）。

13. 初版和随后的3个版本（纽伦堡、巴塞尔、阿姆斯特丹和华沙）不是基于哥白尼的手稿，而是基于雷蒂库斯的抄本，多处细节与手稿不同。哥白尼的原始手稿到19世纪30年代才在布拉格的诺斯蒂茨伯爵的书房中被发现。尽管如此，1854年的华沙版仍然遵循早期的版本，只有1873年的托伦版考虑到了被发现的原版。

14. 巴特菲尔德，同前，第30页。

15.《天球运行论》，卷I，第9章。

16. 同上，卷I，第8章。

17. H. M.帕赫特，《科学的魔法》（纽约，1951年），第26、30页。

18.《驳维尔纳书》，普罗韦，II，第176页及后。英译本由罗森发表，同前。

19. 雷蒂库斯，《新星历表》（莱比锡，1950年），引自普罗韦，II，第391页。

20. 他在《天球运行论》中使用的他自己的最后一次观察（金星月食）是在1529年3月进行的。该书于1542年付印。在这之间的13年里，哥白尼继续进行观察并记下了22个结果，但没有在《天球运行论》中使用这些结果。
    这使我们能够有相当的把握确定手稿的完成日期。它一定是在1529年之后完成的，因为上文提到的金星观察结果出现在正文。它的完成时间不可能晚于1532年，因为那一年进行的观察没有出现在文中，而是在插入的另页中。
    在随后几年他继续进行修改和更正，但改动都不大。
    致保罗三世的献辞中说他将这部著作保留了"4个9年"，这话不能从字面上来理解。（这实际上暗指的是贺拉斯的《书信集》。）他显然是在1506年回到瓦尔米亚时从意大利带回了日心说——这恰好就是《天球运行论》出版的4个9年之前。哥白尼系统的细节一定就是在这个时间到1529年之间逐渐形成的。1529年他50多岁，在那之后他没有再认真地修改他的理论。

21.《天球运行论》，卷III，第1—4章。哥白尼被这些数据误导，错误地得出结论，认为昼夜平分点的进动是非匀速的，并试图通过地轴的两个独立的振荡运动来解释这个假想的波动以及同样是想象出来的黄道倾斜度的波动。

22.《天球运行论》，卷III，第4章。

23.《短论》，罗森译，第57页。

24. 同上，第57页及下页。在《天球运行论》的献辞中他给出了同样的理由。他在那里解释说，托勒密的系统与这些现象相当吻合，但它违反了"匀速运动的第一原则"。雷蒂库斯在《首次报告》中，也反复述说同一个主题："可以看出，在月球的情况下，我们通过这个理论的假设，从匀速点中解放了出来……吾师为其他行星也消除了匀速点……"（罗森译，第135页）"……吾师认为，只有在这个［即哥白尼的］理论中，宇宙中的所有圆圈可以令人满意地围绕各自的中心匀速、规则地旋转，而不是围绕其他中心——这是圆周运动的基本属性。"（同上，第137页）［围绕一个中心的非匀速圆周运动是］"大自然厌恶的一种关系"（同上，第166页）。

25. 《天球运行论》，致教皇保罗三世的献辞。

26. 同上，卷I，第5章。

27. 伪普鲁塔克的《诸哲学案》，哥白尼从中引用了有关菲洛劳斯、赫拉克利德斯等的文章，在几页前说道（II，24，引自阿米蒂奇，第88页）：

> 阿里斯塔克斯将太阳置于恒星之中，并认为地球围绕太阳旋转。

在哥白尼《天球运行论》的手稿上，这句话变成了：

> 菲洛劳斯感觉到地球的运动，有人说萨摩斯的阿里斯塔克斯持有同样的看法。（普罗韦，II，第129页）

但即便是这种淡化了的敬辞在手稿中也被划掉了。阿里斯塔克斯的名字实际上在《天球运行论》中出现了3次（卷III，第2、6、13章），但这些段落仅仅提到了他对黄道倾斜度和回归年长度的观察。并没有提到阿里斯塔克斯创立了日心说以及哥白尼在其基础上建立了他的系统。

除了伪普鲁塔克书中的简短提及之外，哥白尼还从阿基米德的《数沙者》（见本书第一部分，第3章第3节）的经典段落中了解到阿里斯塔克斯的理论，雷吉奥蒙塔努斯对此也有特别标注（参见青纳，第178页）。

28. 阿威罗伊，《论亚里士多德的形而上学》，引自罗森，同前，第194页及下页。

29. 《论有学识的无知》（巴塞尔，第514页）。

30. 同上，II，第11、12页，引自阿米蒂奇，第89页及下页。

31. 同上，第102页及后，引自柯瓦雷，《从封闭世界到无限宇宙》（巴尔的摩，1957年），第14页及下页。

32. 同上，第105页及后，引自柯瓦雷，第20、22页。

33. 见上引。

34. 青纳，同前，第97页。

35. 同上，第100页。

36. 同上，第97页。

36a. 参见普罗韦，I，2，第480页及后。

37. 青纳，同前，第133页。

38. 同上，第32页。

39. 见上引。

40. 同上，第135页。每日的旋转使天空的视运动不变；每年的运行会产生一个较小的恒星视差。

41. 没有直接证据表明哥白尼认识卡尔卡尼尼，但他们是规模不大的费拉拉大学的同时代校友，而且1503年5月31日向哥白尼授予博士学位的安东纽斯·勒乌图斯教授是卡尔卡尼尼的教父。

42. 巴特菲尔德，同前，第29页。

43. 当时已知地球的半径约4000英里，哥白尼认为地球到太阳的距离约1200个半径（《天球运行论》，卷Ⅳ，第21章）。因此，地球轨道的直径被认为是960万英里。

44. 每年的视差到1838年才由贝塞尔证实。

45. 《天球运行论》，卷Ⅰ，第10章。

46. 伯特，同前，第25页。

47. 《天球运行论》，卷Ⅰ，第8章。

第四部　分水岭

《约翰内斯·开普勒全集》，Ch.弗里施编，8卷本（法兰克福和埃朗根，1858—1871年）。

收录了开普勒的著作和通信的一部现代选集《约翰内斯·开普勒文集》，W. v.迪克和马克斯·卡斯帕编辑，与弗朗茨·哈默合作，于1938年开始出版。截至目前（1958年3月），已出版卷Ⅰ至Ⅶ，Ⅸ，ⅩⅢ至ⅩⅦ。文本为拉丁语和中世纪德语原文。

唯一一部严肃的现代传记是马克斯·卡斯帕的《约翰内斯·开普勒》（斯图加特，1948年）。

缩略语：

O. O.——《开普勒全集》

G.W.——《开普勒文集》

Ca.——卡斯帕的传记

1　年幼的开普勒

1. O. O.，卷Ⅷ，第670页及后，以下称为"星座运势"。

2. 1945年，一支法国部队朝该镇进发，他们误以为撤退的德军在镇里留下了后卫部队，因此对其进行炮轰。在关键时刻，一位法国军官——我获知的名字为沙斯提尼上校——到达现场，辨认出此地是开普勒的出生地，命令停止射击，挽救了魏尔镇，使其免遭被毁厄运。

3. "我的一位先祖海因里希和其兄弟弗里德里希被封为爵士……在1430年由皇帝［西吉斯蒙德］在罗马台伯河的桥上加封。"（开普勒致文森托·比安基的信，1619年2月17日；G. W.，卷ⅩⅦ，第321页）贵族封授状还在，但1430年被封为爵士的两位名叫弗里德里希和康拉德，而不是弗里德里希和海因里希。

4. "星座运势"。

5. 同上。

6. 同上。

6a.克雷奇默,《天才心理学》,R.B.卡特尔译（伦敦,1931年）。

7. 即非常接近太阳。

8. O.O.,卷V,第476页及后；以下称"回忆录"。

9. "回忆录"。参见给赫尔瓦特·冯·霍森堡的信,1599年4月9/10日,G.W.,卷XⅢ,第305页及后。

10. "星座运势"。

11.《约翰内斯·开普勒书信集》,卡斯帕和迪克编（慕尼黑和柏林,1930年）,Ⅰ,第26页。

12. "回忆录"。

13. G.W.,卷XⅢ,第19页及后。

14.《第三方调解》,G.W.,卷Ⅳ,第145页及后。

15.《蛇夫座脚部的新星》,G.W.,卷Ⅰ,第147页及后。

16.《第三方调解》。

17.《新星》,第28章。

18.《对罗斯里尼谈话的回应》,G.W.,卷Ⅳ,第99页及后。

19. Ca.,第108页。

20.《第三方调解》。

21. "回忆录"。

21a.《对罗斯里尼谈话的回应》,第127页。

22.《第三方调解》。

23. 给赫尔瓦特的信,G.W.,卷XⅢ,第305页及后。

2《宇宙的奥秘》

1.《宇宙的奥秘》,G.W.,卷Ⅰ,致读者的序言。

2. 同上。

3. 见上引。

4. 尤其引人注意的是开普勒在《宇宙的奥秘》的第一章表现出来的超前的相对主义观点。他说,出于"形而上学和物理学"的原因,太阳一定处于宇宙的中心,但这不一定是对事实在形式方面正确的描述。至于托勒密和哥白尼关于恒星的视运动的观点,他说:"两人都应该说（两人确实这样说）这种现象来自地球和天空之间的相对运动,这就足够了。"关于每年的运行,他说第谷的宇宙（即5颗行星围绕太阳旋转,太阳围绕地球旋转）在实效上与哥白尼的宇宙一样合理。"事实上,'太阳位于中心'的说法过于狭隘,太过度了。更概括的假设就足够了:'太阳是5颗行星的中心。'"

5. 哥白尼的重要性在英格兰得到认可要早于欧洲大陆,主要得益于两部作品。首

注　释　515

先是托马斯·迪格斯的《根据毕达哥拉斯的最均匀学说对天球轨道的完美描述：近来由于哥白尼和几何学证明而复兴》。这是他在1576年对他父亲伦纳德·迪格斯的《永恒的预测》的新版的补充。第二本是乔尔达诺·布鲁诺的《圣灰星期三晚餐》，这是布鲁诺在英格兰逗留期间写的，1584年由查理伍德在伦敦首次出版。

6. 第13章。

7. 本来应该是将水星的球体切入八面体的面，他将其切入中间四条边形成的正方形里。第13章，注释4。

8. 第15章。

9. 第18章。

10. 同上，注释8。

11. 第20章。

12. 同上，注释2和3。

13. 第一次尝试产生的定律是：$R1 : R2 = P1 : (P1 + P2)/2$，其中 $P1$、$P2$ 是周期，$R1$、$R2$ 是两个行星到太阳的平均距离。而正确的定律（开普勒第三定律）当然是：$R1 : R2 = P1^{2/3} : P2^{2/3}$。

14. 第21章。

15. 同上，注释7。

16. Ca.，第78页。

17.《宇宙的奥秘》，第2版献辞。

18.《新天文学》，第45章小结。

19. 给梅斯特林的信，1595年10月3日，G. W.，卷ⅩⅢ，第33页及后。

20.《第三方调解》。

21.《世界的和谐》，卷Ⅳ，第1章，G. W.，卷Ⅵ。

22.《宇宙的奥秘》，卷ⅩⅪ，注释8和11。

23. 奇怪的是，书写开普勒的权威人士似乎都没有注意到他坚持忽略"椭圆形"这个词；也许是因为科学史学家们回避他们的英雄非理性的一面，就像开普勒自己也回避他发现的表面上看来不合理的椭圆形轨道。

24. 伯特，《近代物理科学的形而上学基础》（伦敦，1932年修订版），第203页。对于注释23中提到的那种态度，伯特是一个显著的例外。

25.《第三方调解》。

26.《宇宙的奥秘》，致读者的序言。

26a.同上，注释8。

3　成长的烦恼

1. 给符腾堡公爵弗里德里希的信，1596年2月27日，G. W.，卷ⅩⅢ，第50页及后。

2. G. W.，卷ⅩⅢ，第162页及后。

3. 给梅斯特林的信，1598年6月11日，G. W.，卷ⅩⅢ，第218页及后。

4. "星座运势"。参见给梅斯特林的信，1597年2月10日，G. W.，卷XIII，第104页及后。

5. 给梅斯特林的信，1597年4月9日，G. W.，卷XIII，第113页及后。

6. 给赫尔瓦特的信，1599年4月9/10日，G. W.，卷XIII，第305页及后。

7. 给一位匿名女士的信，约1612年，G. W.，卷XVII，第39页及后。

8. 同上。

9. 给梅斯特林的信，1598年3月15日，G. W.，卷XIII，第185页。

10. E. 赖克，《学者：德意志文化史专著》，卷VII（莱比锡，1900年），第120页。

11. G. W.，卷XIII，第84页及后。

12. G. W.，卷XIII，第207页。

13. 给赫尔瓦特的信，1598年12月16日，G. W.，卷XIII，第264页及后。

14. 开普勒从他的失败中得出结论，极星的视差一定小于8′，"因为我的仪器不允许我测量比这小的角度。因此，地球轨道的半径一定小于恒星的半径的1/500"。（给赫尔瓦特的信，G. W.，卷XIII，第267页及后。）

    哥白尼假定地球到太阳的平均距离等于1142个地球半径（《天球运行论》，卷IV，第21章）。取整的话，地球轨道的半径就达到 $1200 \times 4000 = 4.8 \times 10^6$ 英里；宇宙的最小半径为 $4.8 \times 500 = 2.4 \times 10^9$ 英里。然而，后来在《概要》中，他将宇宙半径扩大到6000万个地球半径，即 24×10^{10} 英里。他通过假设土星的轨道半径是太阳半径和恒星半径之间的几何平均值，以及太阳半径是地球半径的15倍，从而得出了这个数字。（《概要》，IV，I，O. O.，VI，第332页。）

15. 给赫尔瓦特的信，1598年12月16日，见上引。开普勒本人从未接受过无限的概念。他相信恒星都位于到太阳几乎距离完全相同的地方，所以恒星的"天球"（当然，他并不认为这真实存在）的厚度只有"两德里"（German miles）。（《概要》，IV，I，O. O.，VI，第334页）

16. 给梅斯特林的信，1599年2月16/26日，G. W.，卷XIII，第289页及后。

17. 同上。

18. 关于牛顿宇宙论主观要素的深刻分析，见伯特，同上。

19. 开普勒的发现不是那种"飘在空中"（随便就能发现）的发现；三个定律是一场绝技表演产生的曲折结果，表现的是一场非常杰出的"个人秀"。就连伽利略都未能看出其要点。

20. 给梅斯特林的信，1598年12月8日，G. W.，卷XIII，第249页及后。

21. 1597年9月12日，G. W.，卷XIII，第131页及后。

22. 给赫尔瓦特的信，1598年12月16日，G. W.，卷XIII，第264页。

23. 给梅斯特林的信，1599年8月29日，G. W.，卷XIV，第43页及后。

24. 给梅斯特林的信，1599年11月22日，G. W.，卷XIV，第86页及后。

25. 梅斯特林给开普勒的信，1600年1月25日，G. W.，卷XIV，第105页及后。

4 第谷·布拉赫

1. J. L. E. 德雷尔,《第谷·布拉赫》,爱丁堡,1890年,第27页。德雷尔此书是
   第谷的现代权威传记。他还编辑了第谷的全集。
2. 见上引。
3. 同上,第14页。
4. 确切地说,他用了两根线,穿过两对星星,并相交于新星。
5. 同上,第86页及后。
6. 法因斯·莫里森等人写的行程路线,伦敦,1617年,第60页,引自德雷尔,第
   89页。
7. 德雷尔,同前,第105页。
8. 同上,第262页注释。
8a.他的另一个主要成就是改进了太阳和月球轨道的近似值;发现“月球方程”
   (与开普勒分别发现);推翻了哥白尼有关昼夜平分点进动的周期性不均等的
   观点。
9. 同上,第261页。
10. 同上,第249页及下页。
11. 同上,第279页。
12.《尼古拉·里马里·乌尔苏斯天文学基础》,斯特拉斯堡,1588年。
13. 乌尔苏斯系统与第谷系统之间的唯一区别是,前者认为地球每日在旋转,后者
   则认为恒星每日在旋转;而且两者确认的火星轨道不同。
14. 给乌尔苏斯的信,1595年11月15日,G. W.,卷XIII,第48页及后。
15.《尼古拉·里马里·乌尔苏斯天文学假说》,布拉格,1597年。
16. 给第谷的信,1597年12月13日,G. W.,卷XIII,第154页。
17. 第谷给开普勒的信,1598年4月1日,G. W.,卷XIII,第197页及后。
18. 1598年4月21日,G. W.,卷XIII,第204页及下页。
19. 1599年2月19日,G. W.,卷XIII,第286页及下页。
20. 这段话是这样的:

> 某位医生从意大利返回途中在格拉茨暂留,给我看了一本他[乌尔苏斯]
> 的书,我用三天时间匆匆读了这本书。我在其中发现……一些黄金法则,我记
> 得梅斯特林在图宾根经常使用,还有正弦和三角形计算的方法,这些方法虽然
> 众所周知,对我来说却是新知识……因为后来我发现大多数我以为是乌尔苏斯
> 的数学方法其实是欧几里得和雷吉奥蒙塔努斯的。

21. G. W.,卷XIV,第89页及下页。

5 第谷和开普勒

1. 德雷尔,同前,第279页。

2. 给赫尔瓦特的信，1600年7月12日，G. W.，卷XIV，第128页及后。

3. Ca.，第117页。

4. 给赫尔瓦特的信，1600年7月12日，G. W.，卷XIV，第128页及后。

5. Ca.，第119页。

6. 第谷给杰森纽斯的信，1600年4月8日，G. W.，卷XIV，第112页及后。

7. 1600年4月，G. W.，卷XIV，第114页及后。

7a.然而，他签署了一份书面承诺，要求他从第谷那里获得的所有信息都要"绝密"，也就是说，没有第谷的同意，他就不能发表任何东西。

8. 1600年9月9日，G. W.，卷XIV，第150页及后。

9. 1600年10月9日，G. W.，卷XIV，第155页及后。

10. 1600年8月28日，G. W.，卷XIV，第145页及后。

11. F. 莫里森，同前。

12. 德雷尔，同前，第386页及下页。

13. 开普勒在《新天文学》中引用，I，第6章。

6 三大定律的产生

1. *ASTRONOMIA NOVA AΙΤΙΟΛΟΓΗΤΟΣ, sev PHYSICA COELESTIS*, tradita commentariis *DE MOTIBUS STELLÆ MARTIS*, Ex observationibus, *G. V. TYCHONIS BRAHE.*

1a.《新天文学》，G. W.，卷III，目录的序言。

2. 同上，II，第7章。

3. 同上，献辞。

4. "不可思议的是，会有非物质的力量存在于非物体中，并且能穿过空间和时间。"同上，I，第2章。

5. 同上，II，第14章。

6. 同上，II，第14章。

7. 然而，在稍后阶段，他又回归了托勒密的观点。

8. 第谷总共观察到了10个冲相，开普勒观察到了2个（1602年和1604年）。他使用的第谷数据是1587年、1591年、1593年和1595年的。

8a.给赫尔瓦特的信，1600年7月12日，G. W.，卷XIV，第132页及下页。

9.《新天文学》，II，第18章。

10. 同上，II，第19章。

11.《科学和现代世界》（剑桥，1953年重印），第3页。

12.《新天文学》，II，第20章，III，第24章。

13. 同上，III，第22章。

14. 见上引。

15. 每当火星返回到其轨道上的某个位置，即具有相同的日心经度时，火星上的观察者就开始行动。由于已知火星的恒星周期，因此可以确定这种情况发生的时间，还可以确定地球在这些时间点占据的不同位置。这个方法产生了一系列的火星–太阳–地球三角形（Mars-Sun-Earth）：MSE_1，MSE_2，MSE_3，其中 S 和 E 的夹角是已知的（从第谷的数据和 / 或开普勒先前建立的近似法）。这些产生了比率 SE_1/SM，SE_2/SM，SE_3/SM。现在，要用几何学确定地球轨道（仍然假定为圆形）、轨道的偏心率以及匀速点的位置，就是一个非常简单的问题。相同的方法使他后来能够确定火星在任何观测到的地心经度上的火星—太阳的相对距离。

16. 在卷Ⅲ的开头，第 33 章。

17. 目录，第 32 章摘要。

18. "在其他地方［不在远日点和近日点的附近］，有一个非常小的偏差……"这段话暗示偏差可以忽略不计。对于地球而言这话没错，因为地球轨道的偏心率很小，对于火星则不然，因为火星轨道的偏心率极大。

19. 笛卡尔很可能从开普勒这里得出了他的旋涡理论，但这一点未经证实。

20.《新天文学》，Ⅲ，第 40 章。

21. 见上引。

22. 见上引。

23. 概括起来，这三个不正确的假设是：（a）行星的速度与其到太阳的距离成反比；（b）圆形轨道；（c）偏心的半径矢量的总和等于面积。错误的**物理学**假设在这个过程中只起到了间接作用。

24. 给隆戈蒙塔努斯的信，1605 年，G. W.，卷ⅩⅤ，第 134 页及后。

25.《新天文学》，Ⅳ，第 45 章。

26. 见上引。

27. 给 D. 法布里修斯的信，1604 年 12 月 18 日，G. W.，卷ⅩⅤ，第 78 页及后。

28. 给 D. 法布里修斯的信，1603 年 7 月 4 日，G. W.，卷ⅩⅣ，第 409 页及后。

29. 给 D. 法布里修斯的信，1604 年 12 月 18 日。

30.《新天文学》，Ⅳ，第 55 章。

31. 同上，Ⅳ，第 56 章。

32. 同上，Ⅳ，第 58 章。

33. 1605 年，G. W.，卷ⅩⅤ，第 134 页及后。

34.《宇宙的奥秘》，第 18 章。

35. 参见《洞见与展望》（伦敦和纽约，1949 年）。

35a.《新天文学》，序言。

36. 德朗布尔，《近代天文学史》（巴黎，1891 年），卷Ⅰ，第 394 页。

37. 给本特利的第三封信，O. O.（伦敦，1779—1785 年），Ⅳ，380。引自伯特，同前，第 265 页及后。

38. 因此，例如，在伽利略的《两大世界体系的对话》中，正是天真的亚里士多德派学者辛普利西奥说："［为什么物体会下落］原因是明显的，每个人都知道是引力。"但他很快被驳斥："你过时了，辛普利西奥。你说每个人都知道它叫引力，我不质疑这个名称，而质疑其本质。你对其本质的了解，不超过你对星体运动推动者的本质的了解。"（索尔兹伯里译，桑蒂拉纳编，芝加哥，1953年，第250页。）

39. 1605年2月10日，G.W.，卷XV，第145页及后。

40.《新天文学》，Ⅲ，第33章。

41. 同上，Ⅲ，第38章。

42. 同上，Ⅰ，第6章。

43.《新天文学》德文译本，马克斯·卡斯帕的译者序（慕尼黑和柏林，1929年），第54页。

7 低迷时期的开普勒

1. 给海登的信，1605年10月，G.W.，卷XV，第231页及后。

2. 给D.法布里修斯的信，1602年10月1日，G.W.，卷XIV，第263页及后。

2a.给D.法布里修斯的信，1604年2月，G.W.，卷XV，第17页及后。

3.

向读者致以问候！亲爱的读者，我本打算给你们写一篇更长的序言。然而，这些日子里大量的政治事务让我比平日里更加忙碌，而我们的开普勒仓促动身，打算在一小时内就出发前往法兰克福，只给我留下了片刻的时间来写这篇序言。但我想无论如何，我还是要对你们说几句，以免你们对开普勒某些偏离了布拉赫的随意论述感到迷惑，特别是那些物理学方面的论述。自创世以来，在所有的哲学家身上都可以看到这种随意；但它绝不会影响鲁道夫行星表的工作。[这指的是滕纳格尔承诺要制作并致献给鲁道夫的行星表，但他从未完成。]你们将从这部作品中看到，它是建立在布拉赫的基础之上……并且整个材料（即观察结果）都是由布拉赫收集的。与此同时，将开普勒的这部杰作……作为随后将出版的星表和观察结果的前奏，因为上述原因，星表和观察结果只能逐步发表。请和我一同向全能全智的主祷告，祈祷这万众期待的作品能快速进行，祈祷生活愉快。

弗兰茨·甘斯内卜·滕纳格尔，
于营地。皇上陛下的顾问

4. G.W.，卷XV，第131页及后。

5. D.法布里修斯给开普勒的信，1607年1月20日，G.W.，卷XV，第376页及后。

6. 1607年10月30日，G.W.，卷XVI，第71页。

7. 作者是但泽的天文学家P.克吕格，引自W.v.迪克和M.卡斯帕，《新开普勒》，巴伐利亚科学院论文集，XXXI，第105页及后。

8. 同上引。

9.《天文学的光学部分》，致鲁道夫二世的献辞，G.W.，卷Ⅱ。

10. 给贝佐尔德的信，1607年6月18日，G.W.，卷XV，第492页。

10a.给赫尔瓦特的信，1604年12月10日，G.W.，卷XV，第68页及下页。

11. 给赫尔瓦特的信，1607年11月24日，G. W.，卷XVI，第78页及下页。

12. 给D. 法布里修斯的信，1605年10月11日，G. W.，卷XV，第240页及下页。

13.《与〈星际信使〉的对话》，G. W.，卷IV，第281页及后。

14. 关于标题意为"信使"还是"信息"存在争议。参见斯蒂尔曼·德雷克著《伽利略的发现和观点》，纽约，1957年，第19页。斯蒂尔曼·德雷克将标题翻译为 *The Starry Messenger*；桑蒂拉纳（见下）译为 *Sidereal Message (Dialogue)* 或 *Starry Message (The Crime of Galileo)*。我提议使用 *Messenger from the Stars* 或简称 *Star Messenger*。

8　开普勒和伽利略

1. F. 舍伍德·泰勒，《伽利略和思想自由》（伦敦，1938年），第1页。

2. 严格说来，这仅适用于小角度，但就时间测量的实用目的而言则足够了。正确的钟摆定律是由惠更斯发现的。

　　仍展示在比萨大教堂内的烛台，据称曾给予伽利略灵感而产生这个想法，实际上这个大烛台在伽利略做出发现几年后才被装上。

3. 他的论文手稿《运动》写于1590年，并在私下传阅。手稿确实偏离了亚里士多德物理学，但符合15世纪巴黎学校和伽利略的几位前辈及同时代人所教导的完全值得尊敬的动力理论。参见 A. 柯瓦雷，《伽利略研究》（巴黎，1939年）。

4. 关于比例尺规的技术论文，见下。

5. 给梅斯特林的信，1597年9月，G. W.，卷XIII，第140页及后。

6. G. W.，卷XIII，第130页及下页。

6a.《关于天球的论文和著作》，再版（佛罗伦萨，1929—1939年），卷II，第203—225页。以下 O. C. 即指的是此版本，除非标有"F. 弗洛拉编"，后者指的是1953年出版的一卷本的作品和书信选集。

7. 引自舍伍德·泰勒，同前，第85页。

8. G. W.，卷XIII，第144页及后。

9. G. W.，卷XIV，第256页。

10. 同上，第441页。

11. 同上，第444页及下页。

12. 令人惊讶的是，查尔斯·辛格教授认为，1604年的新星没有视差这一发现是伽利略做出的，而且他无视第谷关于1572年的新星的经典著作，这样写道：

　　　以前注意到的新星被认为属于靠近地球的较低等和不完美的区域。伽利略因此攻击了诸天的不可动摇和不可更替，对亚里士多德的体系造成了打击，其严重程度几乎相当于比萨斜塔的实验［原文如此］。（查尔斯·辛格，《19世纪科学简史》，牛津，1941年，第206页）

　　由于那个实验也具有传奇色彩，因此辛格教授的对照包含了一个具有讽刺意味的事实。但这个三重的错误陈述体现了伽利略神话对一些著名科学史学家产生的典型影响。辛格教授似乎也相信伽利略发明了望远镜（同上，第217页），相信在第谷的系统中，"太阳带着所有行星，每24小时围绕地球旋转一周"（同上，第183页），相信开普勒第三定律"在《天文学概要》中已有阐述"（同上，第205页），等等。

13. 参见青纳，同前，第514页。

14.《几何与军事尺规操作手册》（帕多瓦，1606年），O. C.，Ⅱ，第362—405页。

15.《尺规使用与制作指南》（帕多瓦，1607年），O. C.，Ⅱ，第425—511页。

16. 卡普拉的老师是杰出的天文学家西蒙·马里乌斯（1573—1624年），仙女座星云的发现者。伽利略后来又与他卷入了另一场关于优先权的争议。见下，第468页。

17. 给B. 兰杜奇的信，引自格布勒，《伽利略·伽利莱与罗马教廷》（伦敦，1879年），第19页。

18. 格奥尔格·富格尔（著名银行家族成员）给开普勒的信，1610年4月16日，G. W.，卷ⅩⅥ，第302页。

18a.参见青纳，同前，第345页及下页。

19. 这指的是第一个拉丁文版本。

20.《失乐园》，卷ii，I. 890。（译者注：中译文版本为上海译文出版社，2016年版。）

20a.《星际使者朝圣》，曼图亚，1610年。

21.《伊纳爵的秘密会议》。

22. O. C.，F. 弗洛拉编（米兰-那不勒斯，1953年），第887页及后。

23. 同上，第894页及后。

24. 1610年5月28日，G. W.，卷ⅩⅥ，第314页。

25. 引自E. 罗森，《望远镜的命名》（纽约，1947年）。

26. 给霍尔基的信，1610年8月9日，卷ⅩⅥ，第323页。

26a."可怜的开普勒无法消除众人对阁下的反感，因为马吉尼已经写了3封信，也被来自博洛尼亚的24名学者证实，说你试图证明你的发现时他们在场……但并没看到你假装展示给他们的东西。"M. 哈斯达勒给伽利略的信，1610年4月15日和28日，G. W.，卷ⅩⅥ，第300页及下页，308页。

27. G. W.，卷ⅩⅥ，第319页及后。

27a.可能是这封信导致了德·桑蒂拉纳教授的错误陈述："就连包容开明的开普勒，也花了整整5个月的时间才开始起而支持望远镜的发现……他在1610年4月的第1版《与〈星际信使〉的对话》中完全持保留态度。"[《两大世界体系的对话》（芝加哥，1937年），第98页注释]我们看到，开普勒的保留态度针对的是望远镜发明的优先权，而不是伽利略的发现。

28. G. W.，卷ⅩⅥ，第327页及后。

29. 此外，在17年之后的1627年，伽利略还曾为一位旅行者给开普勒写过一封简短的介绍信。O. C.，ⅩⅢ，第374页及后。

30. 格布勒，同前，第24页。

31. 至少，似乎是这个意思。"umbistineum" 这个词不存在，可能来自 "ambustus"（燃烧）或 "umbo"（首领，投射）。

32. 1611年1月9日，G. W.，卷XVI，第356页及后。

33. *Narratio de Observatis a se quatuor Iovis sattelitibus erronibus.*

34. 1610年10月25日，G. W.，卷XVI，第341页。

9　混沌与和谐

1. 这本书应该被称为 "折射光学与反射光学"，因为它处理的是折射和反射。

2. 除前言外。

3. 《致维泰洛内的附录，天文学的光学部分》。

4. 1611年4月3日，G. W.，卷XVI，第373页及后。

5. 《编年纪选集》的献辞，1612年4月13日，引自《约翰内斯·开普勒书信集》，I，第391页及后。

6. Ca.，第243页。

7. Ca.，第252页及后。

8. Ca.，第300页。

9. 我们将在后面看到，伽利略遭受的是更温和的酷刑拷问形式，实际上并没有被带入酷刑室。

10. 引自《约翰内斯·开普勒书信集》，II，第183页及下页。

11. *Harmonices Mundi Libri* V（林茨，1619年）。这本著作有时被错误地称为 "和谐"（Harmonices），好像 "s" 代表复数，实际上它代表的是属格。

12. 开普勒将此词译作 unwissbar。

13. 《世界的和谐》，卷V，第4章。

14. 见上引。

15. 同上，第7章。

16. 1620年《星历表》致纳皮尔勋爵的献辞。

17. 同上。

18. 《世界的和谐》，卷V序言。

19. "Sed res est certissima exactissimaque, quod proportio, quae est inter binorum quorumconque planetarum tempora periodica,sit praecise sesquialtera proportionis mediarum distantiarum，id est orbium ipsorum"（同上，V，第3章，命题8）。

20. 见上引。

21. 见上引。

22. 同上，卷V附录。

10　估算新娘

1. G. W.，卷XVII，第79页及后。以下是缩减版。

11 最后的岁月

1. 给比安基的信，1619年2月17日，G. W.，卷XVII，第321页及后。

2. 给贝内格尔的信，1624年5月20日，《约翰内斯·开普勒书信集》，II，第205页及下页。

3. 1626年10月1日，同上，II，第222页及后。

4. 同上引。

5. 开普勒在1617年开始了解纳皮尔的对数："一位苏格兰男爵出现在现场（他的名字我忘记了），他将所有的乘法和除法转化为加法和减法，这是一项杰作……"（同上，II，第101页）由于纳皮尔一开始没有解释其背后的原理，所以这个做法看起来像是黑魔法并受到了怀疑。老梅斯特林说："一个数学教授因为计算变得简单就表现出幼稚的快乐，这是不恰当的。"（Ca.，第368页。）

6. 给贝内格尔的信，1624年5月20日，见注释2。

7. Ca.，第302页。

8. 给贝内格尔的信，1627年4月6日，《约翰内斯·开普勒书信集》，II，第236页及后。

9. 给贝内格尔的信，1629年7月22日，同上，第292页。

10. 给贝内格尔的信，1629年3月2日，同上，第284页及下页。

11. 给贝内格尔的信，1629年4月29日，同上，第286页及下页。

12. 给米勒博士的信，1629年10月27日，同上，第297页。

13. 参见玛乔丽·尼科尔森的文章，《开普勒、〈梦〉和约翰·邓恩》，收入她的《科学与想象》（牛津，1956年）。

14. 开普勒在这段话中添加了以下注释：

> 我们在仪器的帮助下可以感受到月光的温度。如果将满月时的月光集中在一个凹进的抛物面或天球镜上，就能感觉到月光汇集的焦点有一股温暖的气息。我在林茨时就注意到了这一点，当时我正在用镜子进行其他实验，没有想到会产生这种温度；于是我不由自主地转身看是否有人对着我的手在呼气。

> 《梦》的德文版［*Traum vom Mond*（莱比锡，1898年）］编辑和译者路德维希·贡特尔指出，这段话确定了开普勒的优先权，即他首先发现了月球不仅反射太阳光，还反射了太阳的部分热量——这个事实并不明显，而且（据贡特尔说，第131页）直到19世纪90年代才由C. V. 博伊斯确认。古人认为太阳光被月球反射后即失去了所有的热量（参见普鲁塔克的《论月面》）。

15. 给巴尔奇的信，1629年11月6日，《约翰内斯·开普勒书信集》，II，第303页。

16. 给米勒博士的信，1630年4月22日，同上，第316页。

17. 巴尔奇给米勒博士的信，1631年1月3日，同上，II，第329页。

18. 同上，II，第325页。

19. Ca.，第431页。

20. 引自 S. 兰休斯给佚名者的信，1631年1月24日，《约翰内斯·开普勒书信集》，Ⅱ，第333页。

21. 从这句话可以推断出他们拒绝给他行最后的圣礼。

22. 给巴尔奇的信，《约翰内斯·开普勒书信集》，Ⅱ，第308页。

第五部　分道扬镳

1　举证责任

1. 给科斯莫二世的信，1611年5月31日，引自格布勒，同上，第36页。

2. 这个词是意大利国家科学院的成员德米西安尼发明的，并在1611年4月14日的宴会上宣布。参见 E. 罗森，《望远镜的命名》（纽约，1947年）。

3. 《论太阳黑子》，第三封信，1612年，斯蒂尔曼·德雷克译，同前，第126页及下页。

4. 关于科学－神话的这个滑稽篇章，参阅莱恩·库珀，《亚里士多德、伽利略和比萨斜塔》（伊萨卡，1935年）。

5. 青纳，同前，第346页。

6. 这个小插曲是一个有关错误的典型开普勒式喜剧。1607年5月28日，开普勒透过一种临时准备的相机暗盒观察太阳。这个暗盒由开普勒在布拉格的宅子屋顶上的木瓦之间的窄缝构成。这些窄缝让雨水漏进阁楼，但是每个缝隙都相当于一个（无镜头）相机的光圈；开普勒在狭缝下面拿着一张纸，这样获得了太阳的投影图像。在那一天，他在投射的太阳圆盘上观察到"一个很小的，几乎是黑色的点，大小相当于一个小虱子"。当他把纸靠近缝隙，从而将圆盘放大到手掌大小时，黑点就变成了"小老鼠"的大小。开普勒确信这个黑点是水星的影子，确信他观察到的是水星正从太阳的前面经过。他立即赶到皇帝的宫殿，派一个仆人向鲁道夫报告了这个消息。接着他赶回来，说服了几个人相信这个黑点存在并签署文件作证。他在1609年发表了一篇关于此事的论文：《水星经过太阳》。

7. 《试金者》，引自青纳，第362页。

8. 《论太阳黑子》，斯蒂尔曼·德雷克译，同前，第100页。

8a. 同上，第113页及下页。

9. 同上，第144页。

10. 孔蒂给伽利略的信，1612年7月7日，引自 G. 德·桑蒂拉纳，《伽利略之罪》（芝加哥，1955年），第27页及下页。

11. O. C.，Ⅺ，第427页，引自斯蒂尔曼·德雷克，第146页及下页。一些历史学家（包括最近的桑蒂拉纳教授）试图给这个事件赋予更多的分量，他们声称洛里尼曾公开讲道反对伽利略。但是，如果他真的这样做过（如桑蒂拉纳所说的"在万灵节那天"），而他竟然会书面否认这一事实，这也太匪夷所思了。此外，伽利略自己说这件事发生在"私下讨论"中（O. C.，Ⅴ，第291页，引自德雷克，第147页及下页）。

12. O. C., XI，第605页及下页，引自德雷克，第151页及下页。

13. 德雷克译，同前，第175页。

14. 同上，第181—183页。

15. 同上，第192页及下页。

16. 同上，第194页。

17. 同上，第194页及下页。

18. 同上，第213页。

19. 1615年1月10日，引自格布勒，同上，第52页。

20. O. C., XII，第123页，引自德雷克，第115页及下页。

21. 桑蒂拉纳译，同前，第45页及下页。

21a. 格布勒，同前，第53页。

22. 他缺席审判，坚持认为"基督不是上帝，只是一个非凡的魔术师……而魔鬼将会得到救赎"。（天主教百科全书关于布鲁诺的说明）

22a. 令人惊讶的是，学者们对布鲁诺的殉难反应极为冷漠，至少在德国是如此。这从开普勒的书信中可以说明，在他丰富的书信中，世界上的每一个主题基本上都被讨论过，但几乎不曾提及布鲁诺。开普勒在布拉格时期最喜欢的笔友之一是卡特博伊伦的医生布伦格，一个博学多才、兴趣广泛的人。在1607年9月1日的一封信中，布伦格顺带提到了"诺拉的乔尔达诺·布鲁诺"关于多元宇宙的理论。这是布鲁诺被处决后将近第8年，但布伦格显然还不知道这一事实。开普勒回信（1607年11月30日）说，"不仅是不幸的布鲁诺，他在罗马的炭火上遭受烙刑，就连我可敬的第谷也相信这些星球上有人居住。"（他实际上说了一个可怕的双关语："……infelix ille Prunus prunis tostus Romae"。）在下一封信（1608年3月7日）中，布伦格写道："你说乔尔达诺·布鲁诺在炭火上遭受烙刑，从中我推断他被烧死了。"并询问为什么会这样："我可怜这个人。"开普勒回答说（4月5日）："布鲁诺在罗马被烧死，我是从瓦克老师那里知道的，他坚定不移地承受了他的命运。他坚称所有宗教都是虚无，用圆圈和点取代了上帝！"布伦格认为布鲁诺一定是疯了，想知道如果他否认上帝的存在，那么他的坚毅从何而来（1608年5月25日）。这就是当时两位学者关于乔尔达诺·布鲁诺被活活烧死的评论（G. W.，卷XVI，第39、116、142、166页）。

23. O. C., XII，第145—147页，引自德雷克，第158页。

24. O. C., XII，第151页，引自德雷克，第159页。

25. Lettera del R. P. Maestro Paolo Antonio Foscarini, Carmelitano, sopra l'opinione de i Pittagorici e del Copernico della mobilita della Terra e stabilita del Sole, e il nuove Sisteme del Mondo（那不勒斯，1615年）。

26. 格布勒，同前，第61页。

27. 桑蒂拉纳，同前，第91页。

28. 舍伍德·泰勒，同前，第85页。

29. O. C.（F. 弗洛拉编），第999—1007页。

30. O. C.，XII，第171页及下页。德雷克译，第162—164页。桑蒂拉纳，第98—100页。

31. O. C.，XII，第183—185页。德雷克译，第165—167页。

32. 桑蒂拉纳，同前，第118页。

33. 德雷克，第170页。

34. 桑蒂拉纳，同前，第110页。

35. 给红衣主教亚历山德罗·德埃斯特的信，1616年1月20日，桑蒂拉纳译，第112页及后。

36. 同上，第117页。

37. 同上，第116页。

38.《关于两大世界体系的对话》，索尔兹伯里译，桑蒂拉纳编（芝加哥，1953年），第469页。以下称《对话》。意大利语书名为 *Dialogo... sopra i due Massime Sistemi del Mondo*，明确提到了两大世界体系，即托勒密系统和哥白尼系统；但是，由于我依照的是桑蒂拉纳编辑的索尔兹伯里译本，我必须使用编辑所给的书名。

38a. 他将此解释为在内陆海域（如地中海和亚得里亚海）起作用的次要原因。见后，第465、479页。

39. H. 巴特菲尔德，同前，第63页。

40. 桑蒂拉纳译，同前，第119页。

41. 伽利略的一些传记作者急于给人这样的印象，即3月5日的法令不是由伽利略的持续挑衅引起的，而是宗教裁判所无情图谋扼杀科学之声的行动结果。为了证明这一点，他们坚持认为，召集初审官的做法不是由于奥西尼与教皇的会面或伽利略在罗马的整个行为所导致的一项特别决定，而是从洛里尼和卡奇尼的告发开始，甚至更早时候开始的持续审讯程序所导致的结果。"甚至更早时候"指的是圣部大会早在1611年举行的一次会议上，贝拉明提出了"议程上的一个小议题"："找出对切萨雷·克雷莫尼尼博士的诉讼中，是否有提到哲学和数学教授伽利略。"克雷莫尼尼是伽利略在帕多瓦大学的一个亚里士多德主义敌人。他从未受到审判。记录的日期是伽利略胜利访问罗马之时，此后档案中再也没有提到这事。接下来5年档案中都没有任何相关内容，直到洛里尼对《致卡斯泰利书》提出指控并被驳回，卡奇尼2月作证，希梅内斯和阿塔旺特11月作证，从而结案。

　　但卡奇尼提到了《论太阳黑子》，11月25日的档案中有一项记录，提到大会的一项指示："查看伽利略的《论太阳黑子》"。然后直到次年2月23日，初审官被召集宣读提交给他们的两个提案，但没有提到"太阳黑子"或伽利略的名字。尽管如此，上述11月25日的记录被认为表明了诉讼程序从未被解除，只是被推迟，初审官被召集是"历史的宿命"最终和不可避免的结果。

　　事实上，初审官并未被要求查看或审查《论太阳黑子》；无论谁看了这本书，肯定马上就能看出，它仅有一次提及哥白尼系统，并且无可争议地视其为假说；而且此事也被驳回，就像之前克雷莫尼尼和卡奇尼及洛里尼的指控被驳回一样。

此事并无预先的谋划，这从贝拉明给福斯卡里尼的信可以看出；初审官得到的第二个问题有着笨拙的措辞，也说明这点，这一措辞说地球"以其自身为整体，也进行昼夜运动"（ma si move secondo sè tutta, etiam di moto diurno）。桑蒂拉纳指出（同上，第139页），这些用词毫无逻辑，是从卡奇尼对哥白尼系统断章取义的描述中摘取出来的。如果初审官的召集是早有预谋，而不是教皇一怒之下发出的临时命令，那么负责准备问题的检察官肯定会事先准备好更准确的问题，而不是匆忙翻读档案进行选择。

最近关于伽利略的两部严肃作品中，斯蒂尔曼·德雷克坚持认为，正是奥西尼敦促教皇做出有利于伽利略观点的裁决，才导致这些观点被禁（同上，第152页注释），而桑蒂拉纳认为，奥西尼的故事是宗教法庭故意"泄露"给托斯卡纳大使以蒙蔽他，"而这个决定在很多天前已经在秘密会议上做出了。通过这种方式，告密者被隔离保护了起来；事情看起来好像只是伽利略的急躁轻率刺激了长期受扰的当局采取行动；并且在圭恰蒂尼的合作下，已经找到了最好的方法在大公面前诋毁伽利略"（同上，第120页）。但是，"保护告密者"的提法与上下文没有任何逻辑关系，在大公面前诋毁伽利略的意图也不符合事实，因为颁布法令一周后，教皇保罗五世就当众亲切接见了伽利略，贝拉明也为其签发了一份荣誉证明。伽利略挑起的对决已经变得不可避免；一旦此事结束，大公的数学家就会获得抚慰他的荣誉。

42. 桑蒂拉纳译，第121页。

43. 同上，第123页。

44. 给皮切拉的信，1616年3月6日，引自德雷克，第218页及下页。

45.《大英百科全书》，关于"伽利略"的条目。

45a. 桑蒂拉纳，同前，第90页注释。

46. 同上，第88页。

47. 伯特，同前，第25页。

48. 桑蒂拉纳，同前，第124页。

49. 给皮切拉的信，1616年3月6日。

50. Ut omnino abstineat... docere aut defendere seu de ea tractare［L'Épinois, Les Pièces du procès de Galilée（罗马，巴黎，1877年），第40页］。

51. Non si possa difendere, ne tenere（同上，第72、75页）。

52. Quovis modo teneat, doceat, aut defendat, verbo aut scriptis（同上，第40页及后）。

52a. 关于这个争议的最近一部作品是桑蒂拉纳的《伽利略之罪》，我已在多处引用并表示感激。令人遗憾的是，在这个关键问题上，他没有提到一些相关的事实，这在很大程度上损害了他对伽利略审判的结论。在第128页他谈到2月26

日有争议的那份会议记录，说"是一位非常虔诚的天主教历史学家，也是一位杰出的历史学家，弗朗茨·罗伊施教授，在19世纪70年代提醒人们注意"，2月26日的会议记录书写的形式有某些可疑之处。在第131页，他重申："我们之前曾说过，我们必须在此强调，我们所知的第一位发现该文件有些奇怪的天主教历史学家是罗伊施教授。"实际上，第一位怀疑该文件的不是罗伊施，而是埃米尔·沃威尔在1870年出版的《伽利略·伽利莱的审讯过程》。这可以被视为一个小失误（尽管整个伽利略的争议都与沃威尔这个名字相呼应，是他开启了这个特别的话题）；但既然桑蒂拉纳对罗伊施公开表示如此的尊重，那么他为什么会略去不提罗伊施虽然最初对该文件表示怀疑，但事实上举出了一些有利于该会议记录真实性的重要论据，这就令人费解了。沃威尔及其支持者（格布勒、康托尔、斯卡塔齐尼等人）反对会议记录真实性的主要观点基于三个词："successive ac incontinenti"（随后立即）。会议记录说，在贝拉明告诫伽利略应放弃他的哥白尼观点之后，宗教法庭委员会"随后立即"向伽利略"发布"绝对禁令。但是，争议在于，宗教法庭已经下令，绝对禁令只在**伽利略拒绝服从**的情况下才会实施，而"随后立即"表明禁令是在告诫后立即发布的，并未给伽利略拒绝的机会；换言之，2月26日会议记录描述的程序与前一天法令所规定的程序相矛盾。

针对这一观点，罗伊施证明说，successive ac incontinenti这个短语在梵蒂冈当时使用的意思不是"随后立即"或"没有停顿"，而只是"随后"或"后来"。[*]这段话是不可能被忽略的，因为它在罗伊施的书（第 ix 页）的目录列表中被特别标记，并且它彻底地澄清了这个特殊的争议。耶稣会士 H. 格里萨尔还谨慎地证明了这个表达用语甚至用来指间隔了几天的事。[†]但桑蒂拉纳（第26页）忽略所有这一切（在同一章中他两次引用了罗伊施），将"successive ac incontinenti"译为"随后立即"。

关于会议记录形式、公证人签名缺失等等的附加争论，也被罗伊施等人详尽地分析过，但桑蒂拉纳仍将其列举，似乎他不知道关于这个问题的漫长而复杂的争议。他没有指出2月25日的会议记录和2月26日的会议记录出自同一位公证人之手。最重要的遗漏是桑蒂拉纳未能指出禁令的条款是按照2月26日的会议记录发布的，实际上没有2月25日会议所预期的那么严厉。2月25日，宗教法庭发布命令，如果伽利略拒绝服从，他应该被勒令"完全放弃对该观点和教义的教导或捍卫，甚至不得加以讨论"。但根据2月26日会议记录发布的禁令，只是禁止他以"任何方式，无论是口头或书面形式，持有、教导或捍卫"哥白尼学说；在2月26日的会议记录中没有"甚至不得加以讨论"这几个字。如果这份会议记录旨在构陷伽利略，那么构陷者为什么要去掉这句可以铁板钉钉、构成他罪证的话？正是这最后一点让罗伊施确信构陷的指控在逻辑上是站

---

[*]　F. H. 罗伊施，《伽利略的审判和耶稣会》（波恩，1879年），第136页及下页。

[†]　H. 格里萨尔·S. J.，《伽利略研究》，雷根斯堡出版社（纽约和辛辛那提，1882年），第50—51页。

不住脚的（同上，第144—145页）。

我们能得出什么结论呢？（a）通过对纸张和墨水的仔细分析，我们消除了技术伪造的可能性（参见格布勒，同前，第90页，第334页及后）。（b）基于以上的理由以及其他一些原因，公证人在伽利略某一位或几位身处宗教裁判所高位的敌人的授意之下写下会议记录并恶意构陷的可能性，在逻辑上是站不住脚的。（c）然而，2月25日决定的会议记录与2月26日的程序及贝拉明的证明之间的某些不符之处仍然存在。公证人没有记录伽利略拒绝默认贝拉明的告诫是其一；但是会议记录的简短和总结性质（在 L'Épinois' Pièces du procès 中仅占了20行）也许可以解释这一点；此外，伽利略也许没有正式拒绝服从，而只是出于习惯而辩解。禁令的文本的淡化，以及贝拉明根据伽利略的要求为了给他留面子而出具的证明，或许可以用贝拉明的圆滑处世来解释（如罗伊施的观点），他一方面想要结束伽利略引起的骚乱，另一方面希望能让他自己和科斯莫公爵在感情上好受一些。这至少似乎是最合理的假设，特别是如果我们记得贝拉明给福斯卡里尼的信中称赞伽利略将哥白尼学说仅视为权宜假说，行事"谨慎"，而贝拉明知道情况刚好相反。然而，只有在梵蒂冈的完整档案最终开放给学者使用时，才有可能确定真相。

2 伽利略的审判

1. 桑蒂拉纳，同前，第136页。

2.《关于两大世界体系的对话》，第425页及后。

3. 当然，除了引力，而引力是不入伽利略法眼的。

4. 给马克·韦尔泽的第二封信，德雷克译，第118页及后。

5. 德雷克译，第266页。

6. 同上，第272页。

7. 同上，第276页及后。

8. 桑蒂拉纳，第233页。

9. 同上，第162页及后。

10. 格布勒，同前，第115页。

10a. 对话的某些部分实际上早在1610年就已经写好了。

11.《对话》，第68页及后。

12. 同上，第24页。

13. 同上，第200页及后。

14. 同上，第178页及后。

15. 这一点没有特别说明，但在第458—460页中明确暗示了。

16. 同上，第350页。

17. 桑蒂拉纳，在《对话》的一个脚注中，第349页。

18. 同上，第354页。

19. 同上，第357页。

20. 同上，第364页。

21. 同上，第365页。

22. 同上，第407页。

23. 同上，第362—364页。

24. 由于月球围绕地球旋转，这两个天球的重心在较小或较大的轨道上运行，类似于一个同步的钟摆，其速度一定是在变化的。《对话》，第458—460页。根据相同的类比，所有行星的切向速度应该是相同的（见上，注释15）。

24a. 同上，第469页。这个词（索尔兹伯里译作"trifles"）是fanciullezze。

25. 同上，第342页及后。

26. 同上，第462页。

27. 桑蒂拉纳，同前，第183页。

28. 见上引。

29. 同上，第184页。

30. 格布勒，同前，第161页。

31. 同上，第183页。

32. 桑蒂拉纳，第241页。

33. 同上，第252页及后。

34. 同上，第255页及后。

35. 同上，第256页。

36. 同上，第258—260页。

37. 同上，第292页及后。

38. 同上，第302页。

39. 同上，第303页。

40. 见上引。

41. 见上引。

42. 而你，伽利略，已故的佛罗伦萨人文森托·伽利莱之子，时年70岁，1615年有人向宗教法庭告发，称你持有某些人讲授的错误学说并视其为真理，该学说认为太阳是宇宙的中心且静止不动，地球在运动且昼夜运动；你拥有信徒并向他们讲授同样的教义；你与德国某些数学家就此学说相互通信；你还出版了某些信件，名为《论太阳黑子》，其中将此学说视为真理发扬光大；宗教法庭多次敦促你表示反对意见，你按自己的意图解释《圣经》从而来给予答复；此外还提交了一份文件副本，形式为信件，据称是你写给一位以前的学生的，在这封信中提出了若干不同观点，遵循了哥白尼学说，违背了《圣经》的真义和权威。

　　因此，宗教法庭在教宗和至高的宗教裁判所的红衣主教大人们的命令之下，有意针对由此产生并不断有损于我们神圣信仰的骚乱和损害进行诉讼，关于太阳不动和地球运动的两个观点由神学初审官们认定如下：

　　太阳是宇宙中心且不会移动的观点是荒谬的，在哲学上是错误的，形式上是异端的，因为它明确违背了《圣经》。

地球不是静止不动的宇宙中心而是在运动且昼夜运动，这个观点同样荒谬，在哲学上是错误的，从神学角度来看被认为信仰上至少是错误的。

虽然当时希望能宽大处理你，但在1616年2月25日教宗主持的圣会中颁布命令，红衣主教贝拉明大人应命令你完全放弃上述错误学说，如果你拒绝，宗教法庭委员会将颁布禁令，勒令你放弃上述学说并不得教导他人，不得捍卫，甚至不得讨论；如果你不默许这项禁令，你将被囚禁。次日在教廷当着红衣主教贝拉明大人之面执行这项法令时，红衣主教大人温和地告诫之后，宗教法庭的神父委员会在公证人和目击人面前，向你颁布命令，你必须完全放弃上述错误观点，将来不得以任何方式，无论口头或书面形式，持有、捍卫或教导该观点；当你承诺服从后，你被释放了。

为了使一个如此有害的学说能被彻底根除，不再进一步渗透并对天主教真理造成严重损害，《禁书目录》圣会发布了一项法令，对探讨这一学说的书籍进行封禁，并宣布该学说本身是错误的，完全违背神圣的《圣经》。

最近这里出现了一本书，是去年在佛罗伦萨出版的，书名显示你是作者，书名为："伽利略·伽利莱关于两大世界体系的对话"；圣会后来被告知，由于这本书的出版，地球运动和太阳不动的错误观点每天都在不断传播，因此这本书受到仔细检查，其中发现明显违反了上述针对你的禁令，因为在该书中你为先前被谴责并向你宣读的上述观点辩护，尽管在该书中你通过各种手段想要造成没有定论而明显是可能的印象。然而，这是一个非常严重的错误，因为一个被宣布和定义为违背《圣经》的观点在任何情况下都不可能是正确的。

因此，我们传唤你到此宗教法庭，在你的宣誓之下经过审讯后，你承认这本书是你撰写和出版的。你承认你在10年或12年前开始写这本书，在上述针对你的禁令颁布之后；你申请出版许可，却并未告知授予许可的人，你被命令不以任何方式持有、捍卫或教导有关的学说。

你同样承认，这本书在很多地方的写作手法都旨在使读者认为，错误一方提出的论点是有意以其说服力来迫使读者相信，而不是令其易于被驳斥，你辩解称自己犯下的错误并非本意，理由是你写的是对话，而每个人天生为自己的精妙而沾沾自喜，想显示自己在想法上比普通人更聪明，即使捍卫的观点是错误的。

接着，你被给予一个恰当的期限来准备你的辩护，你提交了红衣主教贝拉明大人亲手写下的一份证明，据你所称，这是你为了使自己免受敌人的诽谤而获得的，你的敌人指控你已经公开放弃信仰并受到了宗教法庭的惩罚，而该证明称你没有公开放弃并且没有受到其他惩罚，只是接受了由圣座制定的、《禁书目录》圣会发布的公告，其中宣布了地球运动和太阳不动的学说违背了《圣经》，因此不得捍卫或持有。而且，在这份证明中没有提到禁令的两个条款，即不得"教导"和"以任何方式"，你声称我们应该相信经过了14年或16年的时间你已经忘记了所有这些事，因此当你申请出版许可时你没有提到禁令。你极力申辩所有这一切都不是为了你的错误请求原谅，而是想将其归结为一种虚荣的野心（而非恶意）。但是你在辩护中出示的这个证明只是加重了你的罪行，因为尽管证明上说上述观点违背《圣经》，但你仍然敢于讨论和捍卫它，并证明其可能性；你巧妙而狡诈地索取的这份证明对你也毫无用处，因为你没有告知针对你施加的禁令。

鉴于在我们看来，关于你的意图你没有全部说实话，因此我们认为有必要对你进行严格的审查（但不影响你上述承认的事项和关于你的意图的说法），你像一个好天主教徒一样对此做出了回应。因此，我们研究并充分考虑了这个案件的是非曲直，连同你上述的坦白和辩解，以及所有应该被研究和考虑的事项之后，我们达成了以下对你的最终判决：

因此，我们祈求我们的主耶稣基督和他最光荣的母亲圣母玛利亚的圣名，我们的最终判决，在我们的评审专家，可敬的神学牧师和两法博士的建议指导之下，在宗教法庭的检察官、两法博士、尊贵的卡洛·辛切里为一方，你——被告伽利略·伽利莱，在场并依据如上调查、审判和供认——为另一方，我们以书面形式做出如下判决：

我们宣判，你，伽利略，由于审讯所属事项和如你上述供认的内容，致使你自己接受宗教法庭判定，法庭强烈怀疑你是异端，怀疑你相信并持有错误且违背神圣《圣经》的学说，即认为太阳是宇宙中心，不会由东向西移动，地球在运动且不是宇宙中心；认为在一个观点已经被宣布并定义为违背《圣经》之后仍可持有和捍卫，视之为可能；由此，你已经引发了在神圣教规和其他法规——无论是一般法还是特别法——中宣布的针对这些违法者的所有谴责和惩罚。然而，我们愿意赦免你，前提是首先以诚挚之心和真实信仰，你在我们面前发誓放弃、诅咒和憎恶上述错误和异端，以及违背天主教和罗马教会的所有其他错误和异端邪说，我们将规定其具体形式。

此外，为了使你的严重有害的错误和违法行为不致完全不受惩罚，令你将来更加谨慎行事，为了以儆效尤，以利于他人避免类似的不良行为，我们发布命令公开禁止《伽利略·伽利莱的对话》一书。

我们判定在适当时候，将你送交到宗教法庭的正式监狱，另判你进行有益的忏悔，命令你在未来三年每周诵读一次《七首忏悔诗篇》。我们保留减刑、改判或撤销上述处罚和忏悔的全部或部分内容的权利。

如上，我们特此宣判或保留权利，立即执行。（同上，第306—310页）

43. 我，伽利略，已故的佛罗伦萨人文森托·伽利莱的儿子，年70岁，被传讯到该法庭，并跪在你们——反对整个基督教世界异端堕落的最尊敬的红衣主教审判官大人们——的面前，我眼前是《圣福音书》，双手触摸《圣福音书》，我发誓我一直相信，现在相信，将来在上帝的帮助下会继续相信，神圣天主和罗马教会所持有、传播和教导的一切教义。但是，宗教法庭依法向我发布禁令，要求我必须完全放弃太阳是宇宙中心且静止不动，地球不是宇宙中心且在运动的错误观点，我不得以任何方式，无论是口头或书面形式，持有、捍卫或教导上述的错误学说，并告知我上述的学说违背了《圣经》，我却撰写并出版了一本书，其中讨论了这个已经被谴责的新学说，并进行有说服力的论证来支持这个观点而没有提出任何结论，我被宗教法庭宣布强烈怀疑为异端，即持有并相信太阳是宇宙中心且静止不动，地球不是宇宙中心且在运动。

因此，我希望从尊贵的大人们和所有忠实基督徒的头脑中消除这种针对我的合理的强烈怀疑，我怀着真诚之心和真实信仰，宣布放弃、诅咒和憎恶上述错误和异端，以及其他一切违背神圣教会的其他错误、异端和教派，我发誓将来不再以口头或书面形式提出或声称任何可能会给我招致类似怀疑的话；然而，如果我知道有任何异端或涉嫌异端的人，我会向宗教法庭或法庭的审判官、法官将其告发。此外，我发誓并承诺履行并遵守宗教法庭已经或将要施加给我的所有忏悔苦修。如果我违反（上帝保佑！）任何一项承诺和誓言，我愿意承担在神圣教规和其他法规，包括普通法和特别法，针对该违法行为规定和宣布的所有痛苦惩罚。所以，上帝请帮助我，我双手触摸的《圣福音书》，请帮助我。（同上，第312页）

44. 同上，第325页。

45. 在帕多瓦大学的时候，伽利略与一个威尼斯女人玛丽娜·甘巴住在一起，后者给他生了两个女儿和一个儿子。他在搬到佛罗伦萨的美第奇宫时与她分开了。

46. O. C.，XVII，第247页。

3 牛顿的综合

1. 然而，没有直接证据证明笛卡尔的旋涡理论来自开普勒。

2. 威廉·吉尔伯特，《论磁石和磁体》，莫特莱译（纽约，1893年），引自伯特，同前，第157页及后。

2a. 这个解释来自 D. 博姆的《近代物理学的因果律和偶然性》（伦敦，1957年），第43页及后。

3. 给本特利的第三封信，O. C.，IV。

4. 离心力的公式是惠更斯发现的，发表在他的《论摆钟》（*Horologium Oscillatorium*，1673年）。

尾　声

1. 参见《洞见与展望》（伦敦和纽约，1949年）。

2. 参见欧内斯特·琼斯，《天才的本质》，英国医学杂志，1956年8月4日。

3. H. 巴特菲尔德，同前，第105页。

4. 给赫尔瓦特的信，1599年4月9—10日。

5. Ca.，第105页及后。

6. 《第三方调解》。

7. Ca.，第314页。

8. 同上，第320页。

9. 引自帕赫特，同前，第225页。

10.《试金者》，O. C.，Ⅵ，第232页。

11. 给本特利的第一封信，O. C.，Ⅳ。

12. 给本特利的第三封信，同上。

13. 引自伯特，第289页。

14. 同上，第233—238页。

15. 引自巴特菲尔德，第90页。

15a. 这指的是波尔理论，波尔理论尽管有矛盾之处，仍是最后一个提供了一种可想象的原子模型的理论。现在这个理论已经被一种纯粹的数学处理代替，这种数学处理从原子物理学中消除了"模型"的概念，具有第二诫（"不可给自己雕刻偶像"）的严苛。

16.《哲学概要》，第163和165页。

17. J. W. N. 苏利万，《科学的局限》（纽约，1949年），第68页。

18. 引自苏利万，第146页。

19.《宇宙的奥秘》（剑桥，1937年），第122页及下页。

20. 同上，第37页。

21. 同上，第100页。

22. 同前，第64页。

23. 苏利万，同前，第147页。

24. 爱丁顿，《物理科学的领域》，苏利万引用，第141页。

25.《哲学概要》，第163页。

26. L. L. 怀特，《形式方言》（伦敦，1955年），第33页。

27.《空间与精神》（伦敦，1946年），第103页。

28. 伯特，同前，第136页及下页。

29.《恐龙的踪迹》（伦敦和纽约，1955年），第145页及后。我还从这篇文章借用了其他几段话，没有加引号。

译名对照表

人 名

A

A. 德拉特 A. Delatte

A. 柯瓦雷 A. Koyré

阿尔·巴塔尼 Al Battani

阿尔巴诺主教 Bishop of Albano

阿尔哈曾 Alhazen

阿尔特多夫的普雷托利乌斯 Praetorius in Altdorf

阿卡德的萨尔贡大帝 Sargon of Akkad

阿皮安努斯 Apianus

阿图罗·德尔希 Arturo d' Elci

阿希莱斯·佩米纽斯·加沙鲁斯 Achilles Perminius Gassarus

埃德蒙·布鲁斯 Edmund Bruce

埃德蒙·惠特克 Edmund Whittaker

埃克布雷希特 Eckebrecht

埃克凡图斯 Ekphantus

埃拉托斯特尼 Eratosthenes

埃里克·朗厄 Erik Lange

埃米尔·沃威尔 Emil Wohlwill

爱德华·罗森 Edward Rosen

安德里亚斯·奥西安德 Andreas Osiander

安德斯·索伦森·韦德尔 Anders Soerensen Vedel

安东尼奥·乌尔切奥·科德罗 Antonio Urceo Codro

安东纽斯·勒乌图斯 Antonius Leutus

安格斯·阿米蒂奇 Angus Armitage

奥雷姆的尼古拉斯 Nicolas of Oresme

奥利维耶·德拉马尔什 Olivier de la Marche

B

B. 法林顿 B. Farrington

B. 兰杜奇 B. Landucci

巴尔塔萨·卡普拉 Balthasar Capra

巴斯的阿德拉德 Adelard of Bath

芭芭拉·米勒克 Barbara Muehleck

保罗·安东尼奥·福斯卡里尼 Paolo Antonio Foscarini

保罗·塔内里 Paul Tannery

保罗五世博尔盖塞 Paul V Borghese

本都的赫拉克利德斯 Herakleides of Pontus

彼得·拉莫斯 Peter Ramus

彼得·佩莱格里纳 Peter Peregrine

布里奥 Boulliau

波斯卡基利亚博士 Dr. Boscaglia

伯恩哈德·瓦珀伍斯基 Bernhard Wapowsky

伯恩哈迪 Bernhardy

伯纳德·斯库尔泰蒂 Bernard Sculteti

博雷利 Borelli

博尼法斯 Boniface

H. 格里萨尔　H. Grisar

H. 津瑟　H. Zinsser

哈勒姆的科斯特　Coster of Haarlem

哈利萨耶斯·罗斯林　Helisaeus Roeslin

哈伦·阿尔·拉希德　Harun Al Rashid

海因里希·赫兹　Heinrich Herz

海因里希·舍伦博格　Heinrich
Snellenburg

赫伯特·巴特菲尔德　Hebert Butterfield

赫尔瓦特·冯·霍恩堡　Herwart von
Hohenburg

赫克塔斯（或尼克塔斯）Hyketas/
Hiketas（Niketas）

赫马·弗里修斯　Gemma Frisius

亨利·沃顿爵士　Sir Henry Wotton

红衣主教贝萨里翁　Cardinal Bessarion

红衣主教博罗梅奥　Cardinal Boromeo

红衣主教大人圣切西利亚　Lord Cardinal
of St. Cecilia

红衣主教弗朗西斯科·巴贝里尼
Cardinal Francesco Barberini

红衣主教霍亨索伦　Cardinal
Hohenzollern

红衣主教孔蒂　Cardinal Conti

红衣主教黎塞留　Cardinal Richelieu

红衣主教罗伯特·贝拉明　Cardinal
Robert Bellarmine

红衣主教皮耶罗·迪尼　Cardinal Piero
Dini

红衣主教斯冯德拉提　Cardinal Sfondrati

红衣主教勋伯格　Cardinal Schoenberg

红衣主教亚历山大·奥尔西尼　Cardinal
Alessandro Orsini

霍雷肖·格拉西·萨隆恩西　Horatio
Grassi Salonensi

J

J. L. E 德雷尔　J. L. E. Dreyer

J. W. N. 苏利万　J. W. N. Sullivan

吉尔斯·佩隆·德·罗伯瓦尔　Giles
Peron de Roberval

教皇撒迦利亚　Pope Zacharias

杰罗米·施莱伯　Jerome Schreiber

杰森纽斯　Jessenius

K

卡利普斯　Calippus

卡洛·马拉戈拉　Carlo Malagola

卡斯蒂利亚的阿方索十世　Alphonso X of
Castile

卡瓦列里　Cavallieri

科斯马斯　Cosmas

科斯莫二世　Cosmo Ⅱ

科西莫公爵　Duke Cosimo

克雷莫纳的赫拉尔杜斯　Gerardus of
Cremona

克里斯蒂娜·瓦特泽罗德　Christina
Watzelrode

库萨的尼古拉　Nicolas of Cusa

L

L. A. 比肯马耶尔　L. A. Birkenmajer

拉托雷的马库斯·安东尼厄斯　Marcus
Antonius de la Torre

莱恩·库珀　Lane Cooper

莱因霍尔德　Reinhold

劳伦休斯·科尔维努斯　Laurentius
Corvinus

雷吉奥蒙塔努斯　Regiomontanus

雷伦西尼　Renuncini

利奥波德·普罗韦　Leopold Prowe

利布里　Libri

利姆纽斯　Limneus

利希滕贝格　Lichtenberg

林肯的罗伯特　Robert of Lincoln

切萨雷·克雷莫尼尼　Cesare Cremonini

R

R. H. 威伦斯基　R. H.Wilenski
让·皮卡德　Jean Picard
容克尔·滕纳格尔　Junker Tengnagel

S

S. 兰休斯　S. Lansius
萨格雷多　Sagredo
萨克索·格拉玛提库斯　Saxo Grammaticus
塞奥非拉克特·西蒙卡塔　Theophylactus Simocatta
塞琉克斯　Seleukos
塞尼　Seni
塞萨特　Cysat
塞维利亚的伊西多尔　Isidore of Seville
塞维利亚努斯　Severianus
桑蒂拉纳　Santillana
沙斯提尼　Chastigny
神父伦博　Father Lembo
神父菲伦佐拉　Father Firenzuola
神父范梅尔克特　Father van Maelcote
神父古尔丁　Father Guldin
神父格林贝格　Father Grienberger
神父克拉维乌斯　Father Clavius
神父克莱门特·埃吉迪　Father Clemente Egidii
神父路易吉·马拉菲　Father Luigi Maraffi
神父尼科洛·里卡尔迪　Father Niccolo Riccardi
神父尼科洛·洛里尼　Father Niccolo Lorini
神父沙伊纳　Father Scheiner
神父斯特凡尼　Father Stefani

神父托马索·卡奇尼　Father Thommaso Caccini
神父维斯孔蒂　Father Visconti
圣拉克坦提乌斯　Saint Lactantius
士麦那的塞翁　Theon of Smyrna
斯基亚帕雷利　Schiaparelli
斯坦尼斯瓦夫·霍斯乌斯　Stanislaw Hosius
斯滕·比勒　Steen Bille
苏达　Suidas
苏格兰人约翰　John the Scot
苏珊娜·罗廷格　Susanna Reuttinger

T

T. 福斯特　T. Forsther
Th. L. 希思　Th. L. Heath
Th. A. 莱西博士　Dr. Th. A. Lacey
塔伦特姆的亚里士多赛诺斯　Aristoxenus of Tarentum
泰奥弗拉斯托斯·庞贝士·帕拉塞尔苏斯　Theophrastus Bombastus Paracelsus
特雷弗-罗珀　Trevor-Roper
提摩卡利斯　Timocharis
托里拆利　Toricelli
托马斯·迪格斯　Thomas Digges
托马斯·哈里奥特　Thomas Harriot

W

W. v. 迪克　W. v. Dyck
瓦伦丁·奥托　Valentine Otho
瓦斯科·达伽马　Vasco da Gama
威廉·吉尔伯特　William Gilbert
文森托·比安基　Vincento Bianchi
文森托·伽利莱　Vincento Galilei
沃尔特·罗利爵士　Sir Walter Raleigh
乌尔苏斯　Ursus
马蒂亚努斯·卡佩拉　Martianus Capella

X

西尔维斯特二世 Sylvester II
西吉斯蒙德·克里斯多弗·多纳瓦鲁斯 Sigismund Christopher Donavarus
西蒙·格吕瑙 Simon Grunau
西蒙·马里乌斯 Simon Marius
喜帕恰斯 Hipparchus
辛普利丘 Simplicius
辛普利西奥 Simplicio
叙拉古的格隆 Gelon of Syracuse

Y

雅各·菲舍尔 Jacob Fischer
雅各·齐格勒 Jacob Ziegler
亚历山大·阿弗罗狄修斯 Alexander Aphrodisius
亚历山大里亚的希罗 Hero of Alexandria
亚历山德罗·德埃斯特 Alessandro d'Este
亚略巴古的狄奥尼修斯 Dionysius Areopagite
耶利米·霍罗克斯 Jeremiah Horrocks
约翰·阿尔贝图斯·魏德曼斯塔迪乌斯 Joh. Albertus Widmanstadius
约翰·阿尔布雷希特·克里斯 Johan Albrecht Kries
约翰·克雷格 John Craig
约翰·利珀斯海 Johann Lippershey
约翰·米勒 Johann Mueller
约翰·佩特罗 Joh. Petro
约翰·萨尔维亚托 Joh. Salviato
约翰·维尔纳 Johann Werner
约翰内斯·布伦格 Johannes Brengger
约翰内斯·达尼拉·提丢斯 Johannes Daniel Titius
约翰内斯·弗拉克斯宾德 Johannes Flachsbinder

约翰内斯·马特乌斯·瓦克尔·冯·瓦肯费尔斯 Johannes Matthaeus Wackher von Wackenfels
约翰内斯·普雷托利乌斯 Johannes Praetorius
约翰内斯·舒伦 Johannes Schoener
约瑟夫·鲁德尼茨基 Jozef Rudnicki

Z

朱利安·德·美第奇 Julian de Medici
主教但提斯克斯 Bishop Dantiscus
主教菲耶索莱 Bishop of Fiesole
主教费贝尔 Bishop Ferber
主教吉泽 Bishop Giese
主教乌舍尔 Bishop Ussher
尊者比德 Venerable Bede

地　名

A

阿德尔贝格 Adelberg
阿尔切特里 Arcetri
阿伦施泰因 Allenstein
埃尔宾 Elbing
埃尔门丁根 Ellmendingen

B

贝纳特基 Benatek
布劳博伊伦 Blaubeuren
布雷斯劳 Breslau

D

但泽 Danzig
迪特玛尔 Ditmar

蒂罗尔 Tyrol

F

费拉拉 Ferrara

弗里舍潟湖 Frisches Haff

G

哥达 Gotha

古斯里兰卡 Taprobrana

H

海尔斯堡 Heilsberg

荷尔斯泰因 Holstein

赫伯鲁河 Hebrus

J

季诺波利斯 Gynopolis

K

卡珊德拉 Cassandras

卡特博伊伦 Kaltbeuren

科特布斯 Kottbuss

克林格布伦纳 Klingelbrunner

克努特斯楚普 Knudstrup

肯普滕 Kempten

M

毛尔布隆 Maulbronn

梅明根 Memmingen

梅塔蓬 Metapontion

R

日德兰半岛 Justland

S

施蒂里亚州 Styria

石勒苏益格 Schleswig

斯特拉尔松德 Stahlsund

T

托伦 Torun

W

维斯瓦河 Vistula

汶岛 Hveen

乌尔斯索普 Woolsthorpe

X

锡耶纳 Siena

Y

伊钦 Gitschin

因戈尔施塔特 Ingoldstadt

机 构 名

日耳曼学生联谊会 natio Germanorum

猞猁之眼国家科学院 Accademia dei Lincei

玫瑰十字会 Rosicrucians

埃尔塞维尔出版社 Elzevirs

卡斯泰利-钱波利团体 Castelli-Ciapoli clique

彼得利乌斯出版社 Petreius

圣依纳爵教堂 Church of St. Ignazio

特利腾大公会议 the Council of Trent

罗马学院 Roman College

作品名

A

《埃朗根物理学和医学界会议报告》
*Sitzungsberichte der Physikalisch—
medizinischen Sozietaet zu Erlangen*
《安东尼奥·乌尔切奥·科德罗的生平和
著作》*Della Vita e delle Opere di Antonio
Urceo detto Codro*

B

《毕达哥拉斯文献研究》*Etudes sur la
Litterature Pythagoricienne*
《编年纪选集》*Eclogae Chronicae*
《勃艮第查尔斯公爵府邸介绍》*L'État de
la Maison du Duc Charles de Bourgogne*

C

《从泰勒斯到开普勒的行星系统历史》
*History of the Planetary Systems from
Thales to Kepler*

D

《第谷驳斥乌尔苏斯》*Apologia Tychonis
contra Ursum*
《第三方调解》*Tertius interveniens*
《洞见与展望：对科学、艺术和社会伦理
的共同基础的探讨》*Insight and Outlook.
An Inquiry into the Common Foundations
of Science, Art and Social Ethics*
《短论》*Commentariolus 18 Brief Outline*
《对罗斯里尼谈话的回应》*Antwort auf
Roeslini Diskurs*

E

《二十六位哲学家、演说家、修辞
学家书信集》*Epistolae diuersorum
philosophorum, oratorum, rhetorum sex et
viginti*

F

《反维尔纳书》*Letter against Werner*
《非通俗文选》*Unpopular Essays*

G

《概要》*Epitomae*
《哥白尼论文三篇》*Three Copernican
Treatises*
《哥白尼天文学概要》*Epitome
Astronomiae Copernicanae*
《哥白尼学说的起源和传播》*Entstehung
und Ausbreitung der Copernicanischen
Lehre*
《鸽子的挽歌》*Lament of the Dove*
《根据毕达哥拉斯的最均匀学说对天球
轨道的完美描述：近来由于哥白尼和几
何学证明而复兴》*A Perfit Description of
the Caelestiall Orbes according to the most
aunciente doctrine of the Pythagoreans,
latelye reuiued by Copernicus and by
Geometricall Demonstrations approued*
《古代的哥白尼》*The Copernicus of
Antiquity*
《古代与现代音乐谈话录》*The Dialogue
on Ancient and Modern Music*
《关于两门新科学的对话》*Dialogues
concerning Two New Sciences*
《关于木星的四颗漫游卫星的观察报告》
*Observation-Report on Jupiter's Four
Wandering Satellites*

《关于天球的论文和著作》*Trattato della Sfera, Opere*

H

《和谐的元素》*Elements of Harmony*

J

《基督教世界风土志》*Topographica Christiana*

《几何与军事尺规操作手册》*Le Operazioni delle Compasso Geometrico e Militare*

《伽利略·伽利莱的审讯过程》*Der Inquisitions process des Galileo Galilei*

《伽利略·伽利莱对话录》*Dialogo di Galileo Galilei Linceo*

《伽利略·伽利莱与罗马教廷》*Galileo Galilei and the Roman Cuna*

《伽利略的审判和耶稣会》*Der Process Galilei's und die Jesuiten*

《伽利略和思想自由》*Galileo and Freedom of Thought*

《伽利略研究》*Galileostudien*

《伽利略研究》*Etudes Galileennes*

《加尔默罗会保罗·安东尼奥·福斯卡里尼神父的信，关于毕达哥拉斯学派和哥白尼的地球运动和太阳不动的观点以及新的毕达哥拉斯式宇宙系统，那不勒斯，拉扎罗·斯科瑞乔出版》*Letter of the Rev. Father Paolo Antonio Foscarini, Carmelite, on the Opinion of the Pythagoreans and of Copernicus concerning the Motion of the Earth, and the Stability of the Sun, and the New Pythagorean System of the World, at Naples, Printed by Lazzaro Scoriggio*

《教阶体系》*The Ecclesiastical Hierarchy*

《今日历史》*History Today*

《近代天文学史》*Historie de l'astronomie moderne*

《近代物理学的因果律和偶然性》*Causality and Chance in Modern Physics*

《禁书目录》*index librorum prohibitorum*

《君士坦丁堡红衣主教和教会压制柏拉图四书》*Bessarionis Cardinalis Niceni et Patriarchae Constantinopolitani in calumniatorem Platonis libri quatuor*

K

《开普勒、〈梦〉和约翰·邓恩》*Kepler, the Somnium and John Donne*

《科学的局限》*The Limitations of Science*

《科学的魔法》*Magic into Science*

《科学和现代世界》*Science and Modern World*

《科学简史》*A Short History of Science*

《科学历险》*The Scientific Adventure*

《科学与想象》*Science and Imagination*

《克拉科夫路德宗信仰与运动的繁荣发展》*Flosculorum Lutheranorum de fide et operibus ανδηλογιχον*

《空间和精神》*Space and Spirit*

《恐龙的踪迹》*The Trail of the Dinosaur*

L

《老鼠、虱子和历史》*Rats, Lice and History*

《两大世界体系的对话》*Dialogue on the Great Systems of the World*

《论摆钟》*Horologium Oscillatorium*

《论潮汐涨落的对话》*Dialogue on the Flux and Reflux of the Tides*

《论磁石和磁体》*On the loadstone and Magnetic Bodies*

W

《瓦格纳国家词典》*Wagner's Staats Lexikon*
《望远镜的命名》*the Naming of the Telescope*
《物理科学的领域》*The Domain of Physical Science*

X

《希腊天文学》*Greek Astronomy*
《希腊文学概要》*Grundriss der Griechischen Litteratur*
《希腊宗教的五个阶段》*Five Stages of Greek Religion*
《新天文学》*Astronomia Nova*
《新天文学或天空物理学》*New Astronomy or Physics of the Skies*
《新星》*De Nova Stella*
《新星历表》*Ephemerides novae*
《新行星论》*Theoricae*
《星际使者朝圣》*Peregrinalio contra Nuncium Sydereum*
《星际信使》*Message from the Stars*
《行星假说》*Hypotheses Concerning the Planets*
《形式方言》*Accent in Form*
《学者：德意志文化史专著》*Der Gelehrte, Monographien zur deutschen Kulturgeschichte*

Y

《亚里士多德、伽利略和比萨斜塔》*Aristotle, Galileo and the Tower of Pisa*
《亚里士多德一无是处》*Whatever is in Aristotle is false*
《依纳爵的秘密会议》*Ignatius His Conclave*
《永恒的预测》*Prognostication euerlasting*

《与〈星际信使〉的对话》*Conversation with Star Messenger*
《宇宙的奥秘》*Mysterium Cosmograhpicum*
《宇宙系统——从柏拉图到哥白尼的宇宙学历史》*Le Système du Monde—Histoire des Doctrines Cosmologiques de Plato à Copernic*
《宇宙志论文绪论，包含天球之间优美比例的宇宙秘密，以及它们的数量、大小和周期运动的真正原因》*A Forerunner Prodromus to Cosmographical Treatises, containing the Cosmic Mystery of the admirable proportions between the Heavenly Orbits and the true and proper reasons for their Numbers, Magnitudes and Periodic Motions*
《约翰内斯·开普勒》*Johannes Kepler*
《约翰内斯·开普勒全集》*Joannis Kepleri Astronomi Opera Omnia*
《约翰内斯·开普勒书信集》*Johannes Kepler in seinen Briefen*
《运动》*De Motu*
《1500 年以来的科学》*Science since 1500*

Z

《早期希腊哲学》*Early Greek Philosophy*
《哲学的噩梦》*Insomnium Philosophicum*
《诸哲学案》*De Placitis Philosophorum*
《争议》*Disputationes*
《致亨廷顿伯爵夫人》*To the Countess of Huntingdon*
《致维泰洛内的附录，天文学的光学部分》*Ad Vitellionem Paralipomena, quibus Astronomiae Pars Optica*
《致乌拉尼亚的挽歌》*Elegy to Urania*
《自然魔法》*Natural Magic*

出版后记

在古埃及人眼中，宇宙仿佛一只长方形的牡蛎，人类身处其中如胎儿安稳地居于子宫；在古代中国则有天圆如盖、地如棋盘的经典说法。这些模型都将人类所居的位置视为寰宇大本营、星体运行的中心。它们几乎完美符合人眼观察所得到的直接印象，由此占据人类心灵长达千年确实一点都不奇怪。然而这与现代人所接受的宏大宇宙图景迥异，其中的变化是如何发生的？或者我们应该问，古希腊的阿里斯塔克斯实际上已经提出了日心系统的模型，然而这样一个"正确答案"却湮没在历史长河里长达千年，西方人何以开倒车？最终他们又是如何摆脱地心说的桎梏，抵达宇宙的全貌？《梦游者》将用动人的笔墨展示这一观念孕育和破壳的过程。

值得注意的是，"梦游"一词并非指生理上的睡眠障碍，在书中作者用它来代表人类心灵在对宇宙进行创造性探索时出现的一种非理性状态。在西方宇宙学探索者之中，最典型的当属开普勒，作者认为他的三大定律其中两个的产生过程"也许是科学史上最神奇的梦游了"。感兴趣的读者不妨先去翻翻这部分。

约翰·格雷在1968年的序中将阿瑟·库斯勒的《梦游者》与库恩的《科学革命的结构》比肩，这是一份非常高的赞誉。当然，库斯勒关注的领域并不局限于科学的创造，结合他生平其他著作，可知他关注的领域更为广泛，包括更为普遍的人类心智运作。

由于水平有限，文中不免出现疏漏，恳请广大读者朋友批评指正。

图书在版编目（CIP）数据

梦游者：西方宇宙观念的变迁 / (英) 阿瑟·库斯勒著；莫昕译. -- 北京：九州出版社，2024. 9.
ISBN 978-7-5225-3338-4

Ⅰ. P1-091

中国国家版本馆CIP数据核字第2024CL5190号

著作权合同登记号：01-2024-3399
审图号：GS（2023）1596号

梦游者：西方宇宙观念的变迁

作　　者　　［英］阿瑟·库斯勒 著　莫　昕 译
责任编辑　　王　佶
出版发行　　九州出版社
地　　址　　北京市西城区阜外大街甲35号（100037）
发行电话　　（010）68992190/3/5/6
网　　址　　www.jiuzhoupress.com
印　　刷　　河北中科印刷科技发展有限公司
开　　本　　655毫米×1000毫米　　16开
印　　张　　35.5
字　　数　　552千字
版　　次　　2024年10月第1版
印　　次　　2024年10月第1次印刷
书　　号　　ISBN 978-7-5225-3338-4
定　　价　　128.00元